동족촌락의 전통민가

지리학적 고찰

박태화 지음

경북대학교출판부

책머리에

동족촌락은 세계적으로도 그 유래를 찾아보기 어려운 독특한 현상이다. 전국에 1만 5천여 개의 동족촌락이 있으며, 그중 동족촌락으로서 독특한 문화경관을 형성하고 있는 저명한 촌락만 하더라도 1천 6백여 개나 된다. 동족촌락에는 문중, 문중의례, 문중 조직 등의 무형적 요소와 종가, 사당, 제각, 정각, 충·효열각 등의 유형적 요소가 어우러져 있다. 이들 유무형의 요소가 어우러져 생겨난 독특한 문화경관 덕분에 수많은 동족촌락들이 번성할 수 있었다.

나는 전공과도 관련이 있는 이러한 동족촌락을 즐겨 방문하였으며, 그때마다 새로운 정감을 느끼곤 하였다. 배산임수를 배경으로 한 곳에 옹기종기 모여 있는 집촌, 마을 앞 숲속에 감춰진 충·효열각, 그리고 마을의 한옥들. 맞배지붕의 직선과 팔작지붕 곡선의 만남에, 주변의 자연 속에 아무렇지도 않게 스며든 한옥의 아름다움에 나는 일찌감치 매료되었다. 후일 외국 여행을 통해 수많은 외국 가옥들을 볼 기회가 있었지만 한옥처럼 나를 빠져들게 한 것은 없었다. 아프리카의 초옥은 너무 자연적이고, 유럽의 고딕 건물들은 너무 인공적이었다. 여행은 자연과 인공의 절묘한 조화를 보여주는 우리 고옥들의 소중함을 새삼 다시 깨닫게 하는 계기가 되었을 뿐이다.

우리 한옥을 알기 위해 1991년부터 나는 고옥이 남아 있는 동족촌락을 답사하기 시작했다. 그때마다 그려 둔 살림집 평면도와 1,500여 장의 사진이 이 책의 밑바탕이 되었다. 이제 이 책의 구성을 살펴보자.

우선 이 책은 총 2부 23장으로 구성되어 있다. Ⅰ부의 1장은 한옥의 얼굴이라고 할 수 있는 지붕에 대한 것이다. 한옥의 지붕을 형태별·종류별로 구분하고, 그 발달과정을 중국 및 일본과 비교하며 고찰하였다. 제2장과 제3장은 한옥의 평면형태에 관한 내용이다. 2장에서는 우선 평면형태 중 개방형으로 볼 수 있는 一자형 가옥, ㄱ자형 가옥, ㄷ자형 가옥 등에 대해 설명하고, 지역별·종류별 분포와 그 구조적 차이에 대해 서술하였다. 또 제3장에서는 한옥의 평면형태 중 폐쇄형으로 볼 수 있는 맞곱패 가옥, 튼 ㅁ 자형 가옥, 뜰집 등의 특수 가옥에 대해 설명하였다.

Ⅱ부에서는 우리나라 전체를 20개 지역으로 나눈 후, 각 지역의 전통민가에 대한 지역적 특색과 형성배경 등을 설명하였다. 평면도의 실명(室名)은 현지에서 부르고 있는 대로 기록하여 지역적 차이를

살필 수 있도록 하였다. Ⅱ부에서는 그 외에도 동족촌락의 형성시기, 전통민가의 건립연대, 동족의 인물들 소개, 그리고 소멸해 가는 동족촌락의 현황을 서술해 놓았다.

마지막으로 전통민가 선정기준에 대해 언급해 보면, 필자는 우선 1900년 이전 건축된 조선시대 고옥으로 대상을 국한하였으나, 지나치게 현대적으로 개조한 가옥은 제외하였다. 또 지정 문화재 외에도 다수의 비지정 문화재를 포함시켰다. 평면도는 현장답사 시 구조를 직접 확인하고 그렸으나 구조를 정확히 확인할 수 없었던 경우도 있었다. 이로 인한 오류는 모두 필자의 책임이며, 독자 제현의 양해를 구하는 바이다.

이 책이 나오기까지는 많은 이의 도움이 있었다. 우선 부담스러울 수도 있는 방문을 허락하고 친절히 안내해 준 수많은 가옥주들, 마을의 현황과 역사를 상세히 설명해 주신 각 마을 이장님, 그리고 나와 함께 답사에 참여해 준 경북대학교 사범대학 지리교육과 학부생, 대학원생, GIS실 조영동 실장, 그리고 항상 묵묵히 뒷바라지 해주고 때로는 답사까지 동행해 준 나의 내자 임경옥 여사에게 고마움을 표한다.

마지막으로 이 책을 저술할 수 있도록 용기를 북돋우어 주고 격려해 주신 나의 은사 서찬기 교수님, 경북대학교 지리교육과 및 지리학과 여러 교수님, 한국문화역사지리학회·한국도시지리학회 회원 여러분께 감사드린다. 필자가 일일이 거명하여 감사를 드리지 않더라도 다 이해하여 주실 것으로 믿는다.

2006년
복현골 우당교육관에서
박태화

목 차

일러두기

문화재 기록은 : 보물은 (보), 중요민속자료는 (중 민), 광역시 도 민속자료는 (민), 광역시 도 문화재자료는 (문), 광역시 도 유형문화재는 (유), 광역시 도 기념물은 (기)로 표시되어 있음

1부 민가의 분류

1장 전통가옥의 지붕

2장 개방형 가옥의 평면형태

3장 폐쇄형 가옥의 평면형태

1장 전통가옥의 지붕

1. 지붕의 발달

지붕은 빗물과 태양광선을 막고 실온(室溫)을 조절하는 기능을 한다. 뿐만 아니라 지붕은 외관상의 의장 효과도 매우 크다. 이런 이유로 대대로 수많은 사람들이 아름답고 독창적인 지붕을 만들기 위해 노력해 왔고, 지붕은 지속적으로 개량되어 왔다. 상공업이 발달하지 않았던 전통사회에서 한 지역의 문화경관을 좌우한 것은 단연 가옥이었고, 이런 가옥의 얼굴 격인 지붕의 차이는 바로 지역 문화의 차이를 의미했다.

수혈식 원시 민가의 상상도인 아래 그림을 보면, 지붕형태가 맞배지붕과 우진각지붕임을 알 수 있다. 초기의 캠핑용 텐트나 군용 야전 텐트 역시 맞배지붕이나 우진각지붕 모양을 하고 있다. 이는 맞배지붕과 우진각지붕이 인류 초기단계의 지붕형태임을 의미하는 것이다.

그런데 원초형의 식물성 재료인 초가지붕이 기와지붕으로 바뀌는 지붕 재료의 발전과정에서 지붕의 형상은 오늘날의 팔작지붕 형태로 바로 완성된 것이 아니라 또 다른 맞배지붕의 단계를 거치게 된다. 이런 사실은 고구려 고분벽화를 통해 확인할 수 있다. 쌍영총이나 마조총을 보면 주인공의 정침(正寢) 건물 지붕은 팔작지붕이 아니라 맞배형 지붕으로 묘사되어 있다. 고구려 시대 건축을 보여 주는 다른 모든 고고학적 유물들로 볼 때 맞배지붕 기와집은 상당히 높은 신분을 가진 고구려인들의 거처였다. 이는 팔작지붕이 맞배지붕보다 후기의 지붕형임을 의미하는 것일 뿐 아니라, 최초의 와가 지붕이 맞배지붕이었음을 암시하는 것이기도 하다.

사실 지붕형태의 발달과정을 살펴보면 볏짚을 지붕재료로 사용하였을 때는 우진각지붕과 맞배지붕이 널리 보급되었으나, 그 후 기와가 지붕재료로 등장하자 처음에는 맞배지붕에 먼저 기와가 사용되었고, 차츰 기술이 발전하면서 우진각지붕과 맞배지붕을 결합하여 개량한 팔작지붕이 기와로 건축되었던 것이다. 우리나라의 건축은 고대로부터 중국대륙의 영향권 안에서 발전되어 왔다. 그러나 순수한 중국식 건축의 모방은 아니었으며 단지 그들의 영향을 받으면서 발전되고 그 안에서 한국화(韓國化)되었다. 그래서 인접하고 있는 중국과 일본의 가옥은 한국의 가옥과는 차이가 있고, 가옥의 지붕 역시 그 형태에서 약간의 차이가 있다.

A:장방형평면과 맞배지붕, B:장방형평면과 우진각지붕

수혈식 원시민가의 상상도(張保雄, 1976)

2. 지붕의 종류

1) 우진각지붕

우진각지붕은 지붕의 용마루에서 사방으로 경사하여 처마가 사면이 고르게 만들어진 형태이다. 정면에서 보면 용마루의 길이가 처마의 길이보다 짧고, 앞뒤 지붕 면은 대체로 제형(梯形)이다. 또 양 측면은 삼각형 모양을 하고 있다. 결국 우진각지붕은 우리나라 촌락에서 흔하게 볼 수 있었던 초가지붕의 형식이다.

전통민가의 가옥은 보통 초가삼간으로 알려져 있으며, 초가삼간이란 단어 속에는 이엉을 이은 작고 초라하고 볼품없는 집이란 뜻도 포함되어 있다. 그러나 한국의 노년기 지형과 조화를 이루고 있는 초가지붕은 어쩌면 정겹고, 소담스럽기 그지없다. 현재 전국 민가의 우진각지붕은 와가이다. 이것은 1970년대 새마을 사업에 의하여 수많은 초가들이 와가로 대체되었기 때문이다. 현재 초가로 보존되고 있는 가옥은 문화재로 지정되어 원형을 유지할 수 있게 되어 다행이다.

2) 맞배지붕

맞배지붕은 지붕의 용마루에서 앞뒤의 양면으로 경사하고, 정면에서 보면 용마루의 길이와 처마의 길이가 동일하고 일직선이며 지붕면은 장방형이다. 그래서 맞배지붕 가옥의 외관은 단순 질박(質樸)하여 힘이 있으며, 간결하면서도 장엄하여 안정감을 준다. 맞배지붕의 또 다른 이름은 박공(∧)지붕이다. 이것은 지붕의 양 측면 아래쪽에 얇은 통널을 대어 비바람을 막는 「박공(朴工)」에서 비롯된 것이다. 사실 「박공(朴工)」은 「바람을 잡거나 묶는다」는 뜻을 가진 「박풍(牔風, 博風)」에서 따온 말이며 단어 자체로는 별 다른 뜻이 없다. 맞배지붕은 지붕형의 발달과정에서 우리 조상이 가장 먼저 채택하여 오늘날까지 오래도록 사용해 온 전통적인 지붕형으로 사찰, 향교, 서원, 사당 등의 전통가옥에서 채택하고 있다. 가장 탁월한 우리나라 건축물 중 하나이며, 서양 건축가들조차 「동양의 파르테논」이라 극찬한 바 있는 종묘(宗廟) 역시 맞배지붕을 채택하고 있다.

3) 팔작지붕

팔작지붕은 일견하면 우진각지붕 위에 맞배지붕을 얹어 놓은 형태이다. 팔작지붕 가옥을 정면에서 보면 처마 중앙은 내려가고 양 모서리(추녀)는 살짝 들려 있다. 또 측면에서 보면 처마의 중앙은 안으로 들어가고 양 모서리는 밖으로 돌출해 있다. 맞배지붕의 처마가 직선인 데 반해, 팔작지붕의 처마가 이중 곡선이라는 것은 바로 이를 두고 하는 말이다. 약간은 부양적(浮揚的)인 팔작지붕은 그래서 경쾌하고 화려한 느낌을 준다.

조선왕조가 경복궁 근정전, 창경궁 명전전, 창덕궁 인정전, 덕수궁 중화전 등 궁궐의 정전(正殿)을 팔작지붕으로 채택하자 도성의 민가에서도 맞배지붕 대신 팔작지붕이 급속히 보급되었고, 결국 전국적으로 확산되었다. 그러나 충청도의 곡가(ㄱ자)형 가옥에서는 한쪽은 맞배지붕, 다른 쪽은 팔작지붕을 채택하고, 경상도 사대부가의 ㅁ자형 가옥에서는 모두 맞배지붕인 경우가 대부분인데 의외로 사랑채만 팔작지붕을 채택하는 경우도 있다. 이것은 맞배지붕이 팔작지붕으로 대체되는 과정을 보여주는 것이다. 즉 한국 지붕의 발달과정에서 나타나는 신구 양식을 혼용한 지붕형태로 중국과 일본에서는 거의 볼 수 없다.

3. 지붕재료

전통가옥의 지붕재료로는 볏짚, 기와, 갈대, 억새, 너와, 목피, 점판암 등이 사용되었다. 첫째, 볏짚은 우리나라 초가지붕의 재료이다. 일제시대 조사자료를 보면 경기도 수원군의 초가와 와가의 비율이 47 : 1 이었으니, 우리나라 지붕재료 대부분은 볏짚이었다고 볼 수 있다. 둘째, 기와는 미려하여 아름다운 한옥 건축에 필수적이나 제작에 많은 비용이 들었다. 그래서 그 수가 적고 전국의 부유한 농가나 권문 세도가의 가옥 건축에나 사용되었다. 셋째, 그 외의 지붕재료는 국지적으로 분포하는데, 갈대는

강(江) 중 · 하류나 해안의 저습한 지역, 억새는 산간분지나 제주도의 완사지역, 너와와 목피는 태백 · 소백산간의 오지, 점판암은 지질학적으로 퇴적지형이 발달한 평창, 옥천, 영동 등의 옥천지향사 지역에 주로 분포되어 있다.

2장 개방형 가옥의 평면형태

1. 직가형 가옥

직가(一자, 二자)형 가옥은 주로 남부지방의 평면형태로서 정면 중앙에 <몸채-큰방 · 대청>이 나오고, 그 양측에 부엌과 건넌방이 있는 개방형 가옥이다. 우진각지붕, 맞배지붕, 팔작지붕 등에서 모두 이 평면형이 나타난다.

하병수 가옥

1) 우진각지붕 가옥

창녕 하병수 초가[중 10호] : 창녕군 창녕읍 술정리에 있는데, 영조 36년(1760)에 건축되었다.

현 소유주의 17대조 하자연 공이 연산군 무오사화 때 한양에서 진주로 낙향하던 중 이곳 진양 하씨의 붙박이로 머물던 곳에 세거하게 되었다. 안채는 4칸은 방 앞에만 툇마루가 있는 고옥이고 억새풀로 엮은 샛집으로 보통 알매 흙을 쓰지 않고 억새와 청솔만 쓰는 것이 특색이다. 그러나 사랑채는 그 후대에 지은 것으로 와가이다. 안채 평면은 건넌방(작은방), 마루, 안방(큰방), 부엌 등 4칸으로 직가(一자)형이고, 전후 퇴가 있는 사랑채를 포함하면 남부지방의 보편적인 二자형 가옥이 된다.

초가 까치구멍집[경북 민 2호] : 영덕군 창수면 갈천리 화수루 바로 우측에 위치하고 있다. 이 집의 평면은 후술하는 영동형 田자형 겹집과 유사하다. 이 겹집은 각 방의 천장 위와 지붕 사이가 하나의 트인 공간으로 되어 있는데, 부엌의 연기는 이곳을 지나 용마루 양측 밑에 있는 까치구멍(사진)으로 빠져나가게 되는 것이다. 또 부엌 앞에는 흙바닥인 봉당[1]이 있다. 함경도 정주간과 유사한 기능을 갖는 봉당은 추위를 피하기 위한 일종의 실내 작업공간이다. 삼척 산간지방의 너와집이나 굴피집에도 이런 봉당이 있다. 까치구멍집은 보통 태백·소백산맥 산간지역에 분포하고 있는데, 이 가옥은 그 분포의 남쪽 한계에 있는 것으로 생각된다.

성읍 이미생 가옥[비지정] : 19세기 초 남제주군 표선면 성읍리에 건립되었다. 지붕은 제주의 강풍에 견디게끔 새끼줄로 촘촘하게 동여매어 놓았다. 그 바람에 용마루와 내림마루가 없어져서 우진각지붕이라기보다 우리나라 노년기 둥그스름한 산 모양을 한 지붕이 되었다. 안채는 一자형 겹집으로 구들(온돌), 상방(마루), 큰 구들, 정지(부엌) 등 정면이 4칸인 중류계층 가옥이다. 가옥의 정면을 제외하고는 돌담으로 둘러져 있으며, 좌측 벽과 돌담 사이에 굴묵(아궁이)이 있다. 양 구들 뒤에는 고팡(고방)이 있어서 겹집이 되었다.

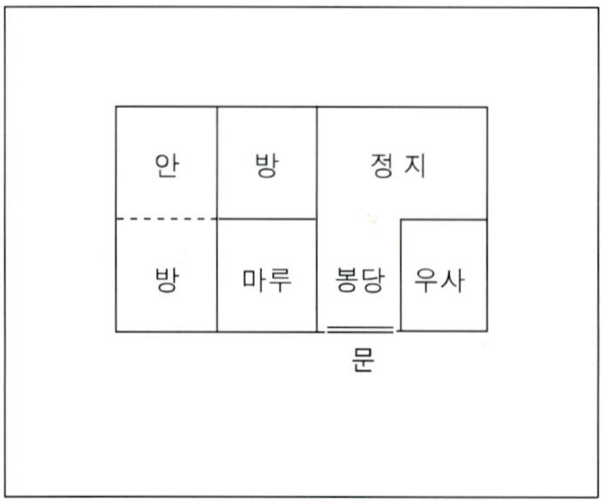

까치구멍집

1) 봉당은 산간지역의 겹집 내에서 마루를 깔지 않고 흙바닥으로 된 내부공간, 즉 토방(土房)을 이르는 것이다. 경기도에서는 맞곱패 가옥에서 안마당을 봉당이라 부르고, 낙안읍성에서는 초가 3칸의 마루 없는 흙뜰, 즉 토상(土床)을 봉당이라 부르기도 한다.

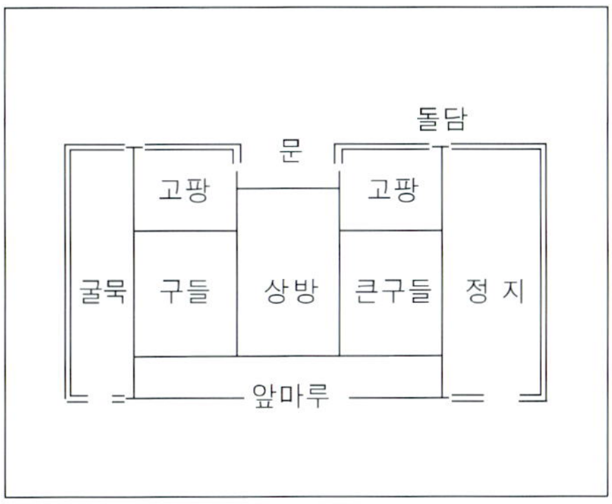

이미생 가옥

2) 맞배지붕 가옥

(1) 단순 맞배지붕 가옥

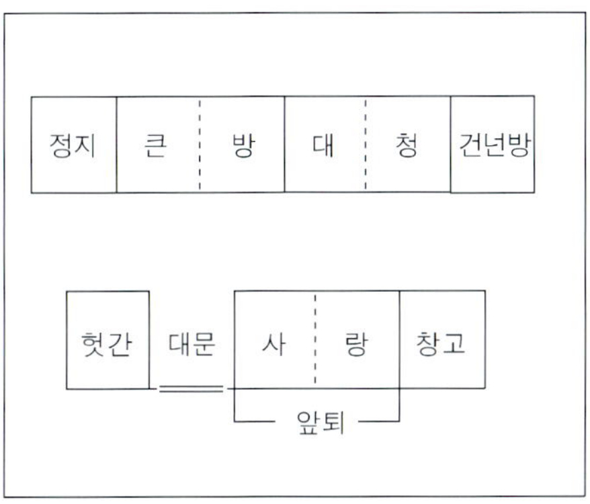

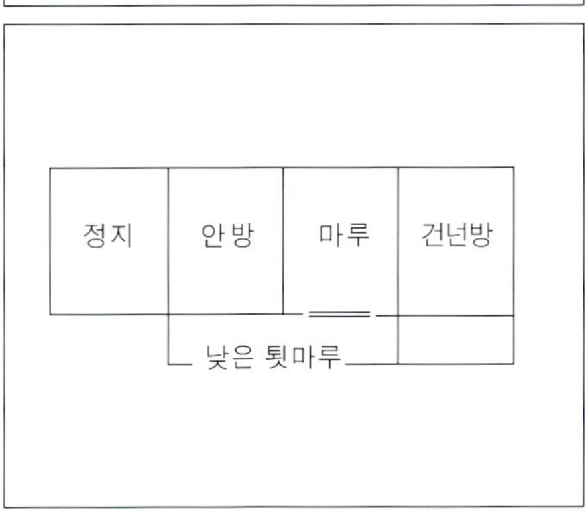

단계 박씨 고택(상) 우각 이정섭 가옥(하)

현재까지 보존되고 있는 초기의 맞배지붕 가옥을 보면, 지붕이 낮고 지붕 면적이 작은 것이 대부분이다. 이와 같은 소규모의 맞배지붕도 지면에서 높은 양 측면의 박공벽(∧)이 풍우에 쉽게 손상된다. 그래서 지붕면을 기둥으로부터 길게(1.2m) 뽑아내거나 방풍널을 붙인다.

단계 박씨 고가[경남 민 4호] : 현 박준규 가옥은 산청군 신등면 단계리에 있는 순천 박씨의 소종가로서 인조 8년(1630) 건립된 맞배지붕의 고옥이다. 그래서 안채와 사랑채는 남부지방 직가 二자형이고, 안채 一자형 6칸은 큰 규모에 비하여 전후 퇴가 없는 초기 고식적 가옥의 특징을 잘 보존하고 있다. 또 사진에서처럼 박공 아래 벽과 앞뒤 벽이 풍우를 피할 수 있도록 지붕면이 기둥으로부터 길게 나와 있다.

우각 이정섭 가옥[비지정] : 경북 포항시 신광면 우각리에 위치하고 있으며 200여 년 전에 건립되었다. 가옥은 一자형 4칸의 맞배지붕 고옥으로 넓은 앞마루 대신 높고 낮은 쪽마루가 있다. 그러면서도 보통 가옥에서는 볼 수 없는, 마루 가장자리에 띠살문을 단 마루방을 만들고 멋을 내었다. 지금은 긴 세월의 풍상을 겪은 주름살 많은 할머니의 정겨운 모습이다.

(2) 부섭(가적) 맞배지붕 가옥

맞배지붕은 보통 박공 벽의 양 측면에 반 칸의 붙임지붕 즉 부섭지붕[2])을 달아서 풍우를 방지한다. 이러한 건물은 얼른 보면 팔작지붕으로 착각을 일으키는데, 이것은 맞배지붕 → 부섭지붕 → 팔작지붕으로 변화하는 과정의 한 유형인 원초적인 팔작지붕이라는 김봉열의 설(說)에서도 알 수 있다

의령 화정면 강씨 고가[경남 민 11호] : 의령군 화정면 덕교리에 있는데, 현 소유자 강영구의 9대조인 강지구 공이 약 250년 전에 건축하였다. 가옥은 직가 二자형이며 모두 맞배지붕으로 양측에 부섭지붕을 달았다. 즉 안채는 6칸의 큰 규모에 각 반 칸을 더하여 좌측은 부엌을 넓히고, 우측은 공로청(空露廳)을 두어 호남지방의 우퇴에 있는 옆마루처럼 사용하고 있다. 사랑채에도 부섭지붕 아래 모두 작은 못방[3])을 둔 것은 전국에서 유일한 양식이다.

경산 난포 고택[경북 유 80호] : 현 최해근 가옥은 경산시 용성면 곡란리에 위치하는데, 임란 시에 전주를 방어한 도사(都事) 영천 최씨 난포(蘭圃) 최철견 공이 명종 1년(1546)에 지은 건물이라 하나, 양식으로 보아 17세기 전후로 추정된다. 가옥은 정침, 사랑채, 아래채, 중 사랑채, 방아실채, 행랑채, 대문채, 고방채, 마판, 사당 등을 고루 갖춘 조선시대의 상류주택이었다. 그러나 지금은 一자형의 정침, 행랑채, 사당만이 단출하게 남아 있으며, 안채 5칸의 맞배지붕 양측에 가적지붕을 달아서 좌측은 부엌을 넓히고, 우측은 곡식을 저장하는 저청(貯廳)으로 사용하고 있다. 또 대청에는 4분합 들문을 달았고, 후면 벽 중방 위에는 고미다락이 설치되어 좌우의 방으로 이어진다.

---

2) 경상도에서는 몸채 양측에 달아낸 지붕을 부섭지붕 또는 가적지붕이라 하고, 충청도와 전라도에서는 2중 지붕을 눈썹지붕, 강원도에서 가옥 정면에 돌출한 우사의 지붕을 와가에서 외쪽지붕, 초가에서 내림지붕이라 부른다.

3) 모방과 못방은 안채나 사랑채에 안주인이나 바깥주인 가까이 있으면서 잔심부름이나 부엌일을 하는 사람이 기거하는 방을 말한다.

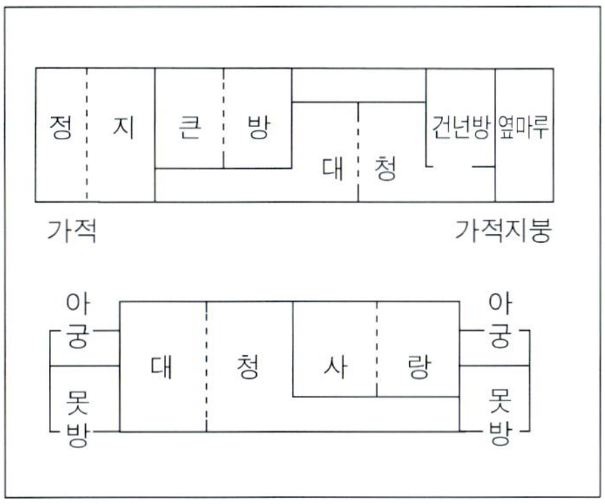

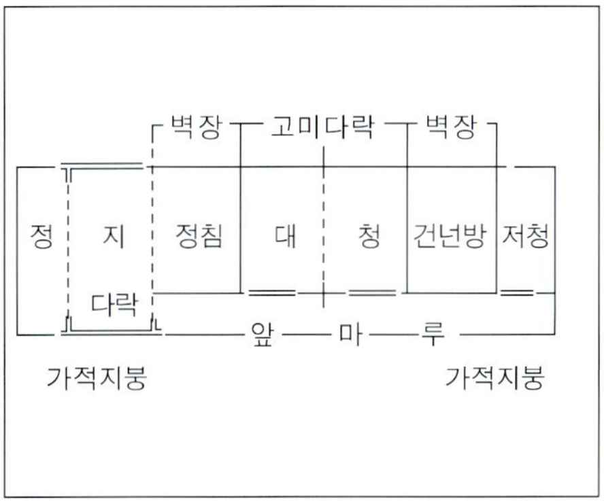

강씨 고가(상)　　　　난포 고택(하)

(3) 계층 맞배지붕 가옥

높이가 상이한 맞배지붕 2개 또는 3개를 직가 一자형으로 연결한 접합 가옥으로서, 역시 박공벽의 풍우를 방지하는 것이 그 목적이다. 그러나 단조로운 맞배지붕에 변화를 주어 다양한 조화미와 균형미를 창조한 느낌도 준다.

산청 소남리 오산재[비지정] : 산청군 단성면 소남리의 함안 조씨 동족촌락에 인접한 산에 있다. 이 가문의 충의공 大笑軒 조종도(1537-1597) 공은 생육신 漁溪 조여의 5대손이고, 남명 선생의 문인으로 임란 때 창의하여 함양에서 순절하였는데, 오산재는 그의 묘막이다. 안채와 아래채가 모두 대칭을 이루는 유일한 가옥으로서 균형미가 있는 2계층 맞배지붕이다. 그래서 이곳 단층 재사(齋舍)는 주변 환경과 조화를 이루고 있으며, 후술하는 안동권의 2층 구조의 누마루식 재사와 좋은 대조가 된다.

하회 주일재[중 91호] : 현 류종하 가옥은 안동시 풍천면 하회리에 있는데, 그중 주일재는 사랑채에 중문채가 접합된 건물이다. 이 가옥은 서애 류성룡의 증손 류만하 공이 충효당에서 분가할 때 지은 집이고, 당호는 그의 아들 세자시강원자의를 지낸 主一齋 류후장(1650-1706)의 호이다. 지붕은 맞배지붕을 차례로 낮게 3계층으로 접한시킨 비대칭 건물로, 맞배지붕 용마루 직선의 단조로움을 극복하였다. 평면은 지붕의 높이와 그 지붕 아래 칸의 기능이 상관(相關)되어 중요함을 알 수 있다. 즉 사랑의 지붕이 가장 높고, 대문의 지붕은 중간이고, 고방이 가장 낮은 위계적인 배열을 하고 있다. 특히 중문 칸 앞에는 낮은 내외담(채담 또는 헛담)이 있어서 유가임을 시사하고 있다.

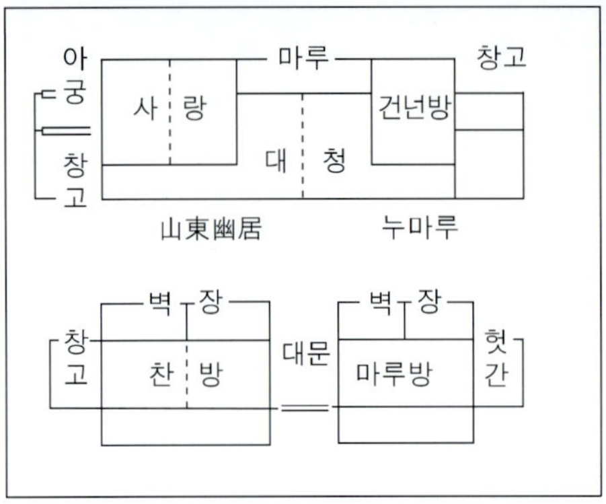

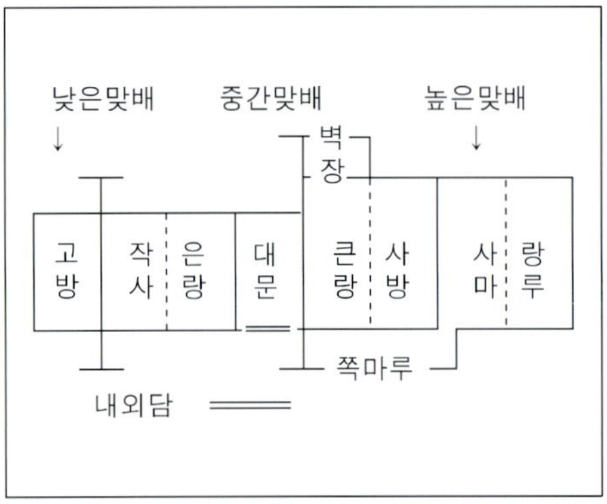

오산재(상)　　주일재(하)

3) 팔작지붕 가옥

함평 이규행 가옥[전남 문 150호] : 함평군 나산면 초포리에 위치한 이 가옥은 남부 직가 一자형 7칸으로 정유재란 때 순절한 이충인(1526-1597) 공이 30세에 지은 것이라 한다. 현재 그의 12대손 이규행이 관리하고 있다. 특징은 부엌문이 후면에 나 있다는 것이다. 호남지방에서 부엌문이 정면에 있는 경우가 다수이기는 하나, 이 가옥처럼 측면이나 후면에 나 있는 경우도 많다. 이 가옥은 전후 퇴는 물론 호남양식의 좌우 퇴도 가지고 있어 가옥의 좌우측에 각 반 칸을 더 붙여 부엌을 넓히거나 옆마루를 만들어 사용하고 있다. 그래서 이 가옥은 호남의 전형인 전후·좌우 툇집으로 영남의 전후 툇집과는 차별화된다.

산청 단계리 권씨 고가 곳간채[경남 민 120호] : 산청군 신등면 단계리에 위치하고 있는 권씨 고가 중 안채의 우측에 있는 8칸(4×2)의 곳간채이다. 전국의 모든 곳간채와 창고가 맞배지붕인데, 이것만 팔작지붕이다. 그래서 비록 창고이긴 하나 경쾌하면서도 화려하다. 또 문을 제외한 모든 벽채가 돌담이어서 여름에 시원하고 겨울에 따뜻하므로 곳간으로서는 최적의 조건을 갖추었다. 경북 예천 권씨 창고 백승각과 경주 최부자의 창고가 맞배지붕이고, 벽채가 판장으로 된 것과 좋은 대비가 되는 건물이다.

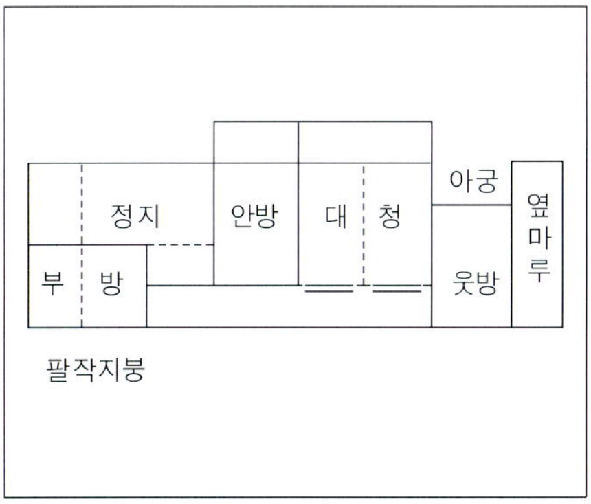

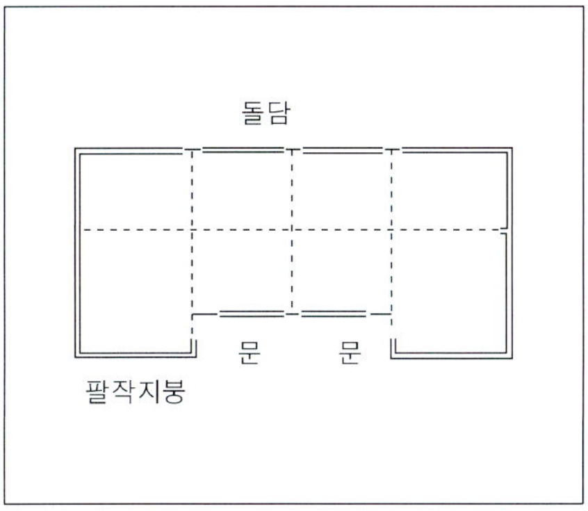

이규행 가옥(상)　　　　권씨 고가 곳간채(하)

2. 곡가형 가옥

1) ㄱ(ㄴ)자형 가옥

ㄱ자형 가옥은 중부지방 평면형인데, 정면에 대청이 있고, 안방의 일부와 부엌이 익사채로 내려온 것이 초기 중부형 평면이다. 이러한 ㄱ자형 가옥을 김광언은 <고패집>, 김홍식은 <곱은자 집>, 신영훈은 <곱패집>, 장보웅은 <곡가형>이라 부르고 있다. 그러나 중부 곡가 ㄱ자형이 남부지방에 확산되면서 <대청>이 있는 곳에 <큰방 · 대청>의 남부 직가 一자형의 평면을 채택하여 가옥의 규모를 확대시켰다. 지붕은 우진각지붕, 맞배지붕, 팔작지붕이 모두 있고 또 이들의 혼용지붕도 있다.

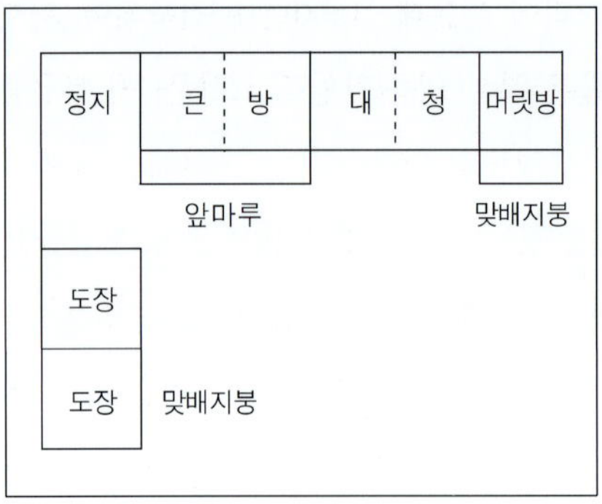

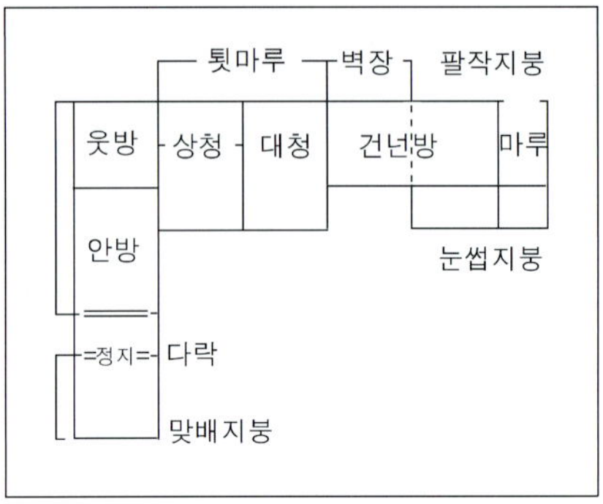

양동 이원근 가옥(상)　　청풍 후산리 고가(하)

양동 이원근 가옥[비지정] : 경주시 강동면 양동리에 있다. 가옥은 중부지방 곡가형이나, 큰방과 대청이 가옥의 정면으로 나와 있는 남부지방 직가 一자형 평면으로 대체하여 규모가 확대되었다. 그래서 모서리에 부엌을 두고, 부엌 전면에 고방을 붙여 익사채가 되었다. 지붕은 몸채의 맞배지붕이 높고, 익사채의 맞배지붕이 낮아 2계층이다. 이 가옥에서는 안방을 큰방, 건넌방을 작은방 또는 머릿방이라 부르고 있다.

청풍 후산리 고가[충북 유 85호] : 충주댐 수몰을 피하여 제천시 청풍면 후산리에서 물태리 청풍문화단지로 이전한 유홍열 가옥이다. 평면은 중부 곡가 ㄱ자형으로 대청이 가옥 정면에 있고, 모서리에 웃방을 두고, 안방의 일부와 부엌이 익사채에 있는 이 형식이 중부지방 민가의 가장 일반적인 평면형태이다. 지붕은 우측 건넌방 쪽은 팔작지붕이고, 좌측 부엌 쪽은 맞배지붕으로 충청도에서 흔한 혼용지붕이다. 특징은 안채 대청에 상청(喪廳)을 두어 제례[4]를 행하고 있다는 점이다. 이 가옥은 또한 우측 지붕의 정면과 측면에 꽤 넓은 눈썹지붕을 달고, 그 지붕 아래 정면에는 높은 툇마루를 두고, 측면에는 낮은 옆마루를 두어 아기자기하게 꾸몄다.

---

4) 종가에서는 보통 가옥의 오른쪽에 사당을 건립하여 4대까지 조상의 신위를 모셔 두고 모든 후손이 제사를 지낸다. 지손들은 충청도에서 상청과 제청을, 경기도에서 벽감을 안채 대청에 설치하고, 경상도에서 감실과 강원도에서 사우방은 사랑채 뒷방에 설치하고, 모두 이곳에서 조상의 신위를 모시고 제사를 지낸다.

고성 어명기 가옥[중 131호] : 고성군 죽왕면 삼포 1리에 있는데, 1500년대 건축되어 화재로 소실된 것을 영조 26년 어태준 공이 복원하였다. 이 가옥은 북부 영동(강원도 고성군) 옛 부유층의 가옥을 원형대로 보존하고 있어서 학술적 가치가 높다. 함경도의 영향을 받은 관계로 이곳에서는 일명 「북방식 양통(겹)집」으로 부른다. 그러나 이 가옥은 <겹겹(3겹)집>으로 좌측은 봉당을 겸하는 부엌과 마구간, 우측은 사랑 공간, 중앙은 안마루와 田자형의 안방, 윗방, 침방을 두고 있다. 지붕은 큰 팔작지붕의 몸채에서 작은 팔작지붕의 좌익사가 돌출하여 「북부 영동지방 외양간 돌출 곡가(ㄱ자)형 겹집」이 되었다. 그 외 부엌에는 여타 가옥에는 없는 하인이 거처하는 모방과 사료를 보관하는 「고질」이라는 나무로 된 뒤주가 있다. 즉 한 건물에 모든 기능이 함께 있는 전형적인 완결형 가옥구조이다.

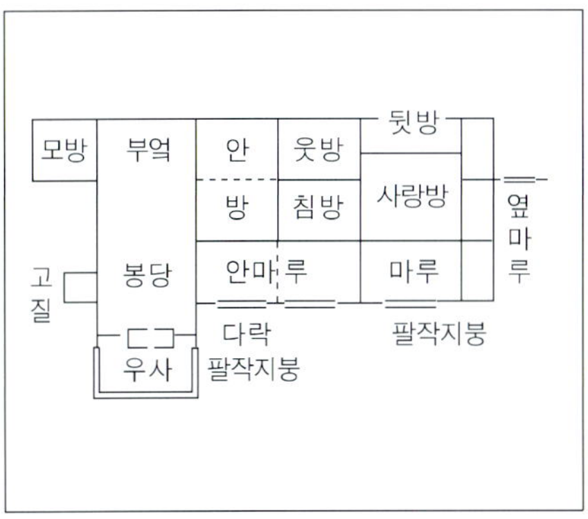

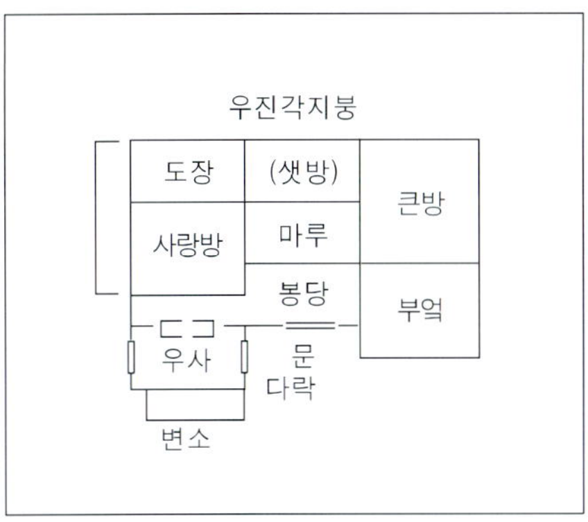

어명기 가옥(상) 너와집(하)

신리 너와집[중 33호] : 구 **강봉문 댁**으로 삼척군 도계읍 신리에 있다. 외양간에 덧붙여진 변소가 함께 돌출한 곡가 ㄱ자형인데, 이는 삼척 산간지방의 독특한 가옥구조이다. 너와집은 옛날 화전민이 살던 집으로 느에집 또는 능에집이라고도 한다. 평면은 마루를 중심으로 사랑방, 도장방, 큰방, 부엌

우사가 있는 겹겹(3겹)집이다. 이 가옥에는 첫째, 날씨가 추울 때 실내에서 작업할 수 있도록 함경도의 정주간과 유사한 봉당이 만들어져 있다. 둘째, 모든 방의 천장이 토막집처럼 별도로 있고, 그 천장과 지붕 사이는 트인 공간이 되어 연기가 이곳을 지나 지붕 양쪽의 박공으로 나가는 구조이다. 셋째, 방에는 「코쿨」이라는 벽난로가 있고, 봉당에는 불씨를 보관하는 「화티」가 있다. 그러나 우사와 변소가 있는 곳을 정면으로 보지 않고, 여타의 겹집[5]에서처럼 사랑을 정면으로 보면 「측입형 가옥」이 된다.

2) ㄷ(ㄇ)자형 가옥

ㄷ자형 가옥은 중부지방에 다수 분포하는 곡가형으로 몸채에 양 익사채가 연결된 반 폐쇄형 가옥이다. 평면형은 곡가 ㄱ자형에서 전술한 중부형과 남부형 평면이 ㄷ자형에도 있고, 양 익사채에는 보통 좌측은 부엌, 우측은 아랫방이 돌출하고 있다. 지붕도 ㄱ자형과 유사하게 전술한 각 3종의 지붕과 그 혼용지붕이 있다.

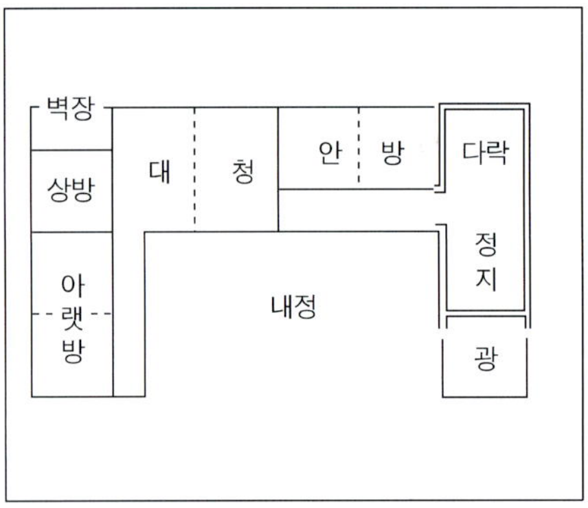

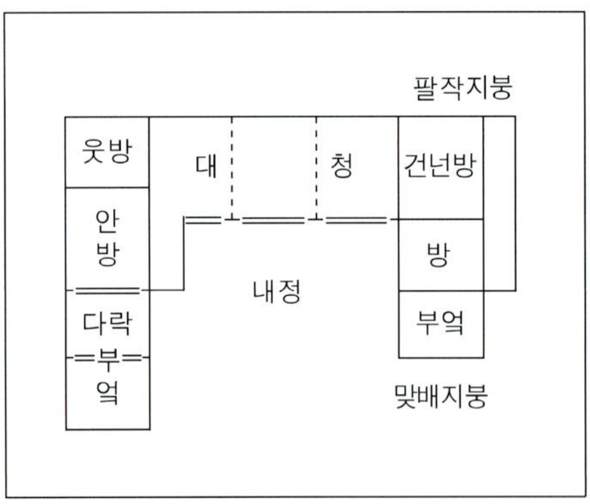

류창하 가옥(상) 송자 고택(하)

5) 방이 2열로 된 가옥을 보통 겹집, 양통집(겹집이 많은 강원도 명칭), 복렬형 가옥(장보웅 분류)이라 하고, 방이 1열로 된 가옥을 홑집, 외통집, 단열형 가옥이라 부른다.

하회 류창하 가옥[비지정] : 안동시 풍천면 하회리에 위치한 이 가옥은 ㄇ자형으로, 가옥 정면에 안방과 대청이 있어서 중부 곡가 ㄱ자형에 남부 직가 一자형 방 배열의 평면이다. 지붕은 몸채가 높은 맞배지붕이고, 익사채는 낮은 맞배지붕이다. 그러나 ㄇ자형은 ㅁ자형으로 발전하는 단계에 있는 단순한 구조로서, 즉 남부 一자형 양측에 접합된 익사에 보통 좌측에 아랫방, 우측에 광이 있는 단순한 구조이다.

송자 고택[대전 문 39호] : 대전시 동구 소제동에 위치하고 있다. 노론의 영수 은진 송씨 우암 송시열(1607-1689) 선생이 효종 4년(1653) 이곳에 직접 건축한 후 55세가 되는 1661년까지 거주한 것으로 알려져 있는 유서 깊은 고택이다. 현재 일가인 송영관이 10년째 관리하고 있다. 이 가옥 역시 몸채 정면에 대청이 있는 중부지방 방 배열 평면이다. 지붕형은 몸채는 팔작지붕, 양 익사는 맞배지붕으로 한 건물에 2가지 지붕형을 혼용하였다. 특히 대청은 들문을 달아 마루방으로 만들고, 쌍부엌이 좌우익사에 있는데, 이것은 옛 백제문화의 유습이라는 설이 있다. 또 익사채의 길이가 상이하여 비대칭이다.

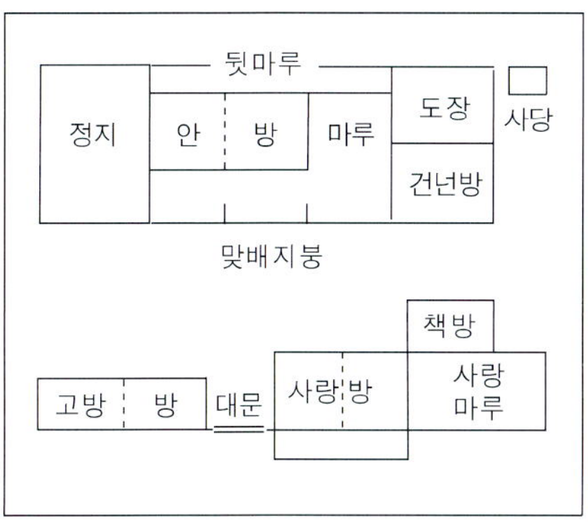

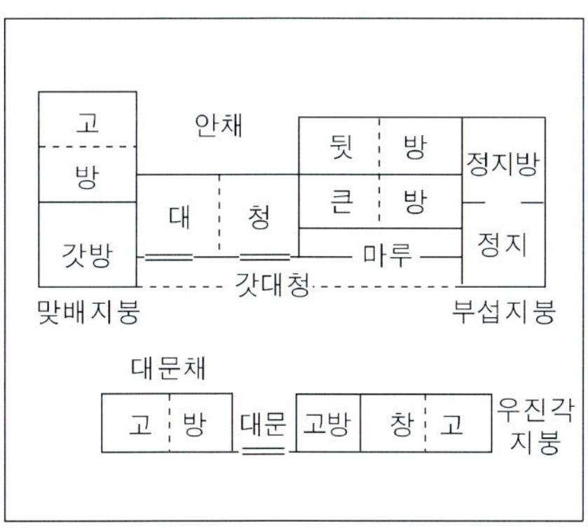

상주 오작당(상)

화순 양승수 가옥(하)

3) H자형 가옥

H자형 가옥은 중앙에 1개의 지붕을 가로로 두고 양측에 2개 지붕을 세로로 접합시킨 양 측입형으로

우리나라에는 2가지 유형이 있다. 첫째는 맞배지붕 3개를 H자형으로 접합한 경우이고, 둘째 팔작지붕 3개를 H자형으로 접합한 경우이다.

상주 오작당[경북 민 32호] : 상주시 낙동면 승곡리에 있는 현 조정희 가옥은 선조 34년(1601) 임란시 의병장으로 활약한 조정 공이 건립하였다. 당시는 내사와 외사 모두 합해 40여 칸이나 되었으나, 지금은 겹집인 안채, 홑집인 사랑채, 가묘 등만 남아 있다. 안채에는 원래는 양 익사가 있었다고 전해지나 현재는 맞배지붕 3개를 H자로 접합하여 평면이 장방형이 되고, 용마루만 H자가 되어 서구의 (양)측입형 양옥을 연상시키는 독특한 한옥이다. 사랑채는 丁자형의 계층 맞배지붕으로 모두 고식의 중후함이 돋보인다.

화순 양승수 가옥[중 154호] : 화순군 도곡면 월곡리에 위치한 이 가옥은 19세기 중엽에 맞배지붕 3개를 접합하여 건립된 H자형 가옥이다. 원래는 남측의 **양재국 가옥**(현재 이춘봉 소유)과 한 집으로 이쪽 양승수 가옥은 안채이고, 저쪽 양재국 가옥은 사랑채이다. 이 가옥은 지붕의 양측 박공이 정면에서 대칭적으로, 후면에는 비대칭적으로 나오는 양 측입형이고, 부엌 앞에는 눈썹(작은 부섭)지붕이 있다. 특히 부엌에는 부엌방이 있고, 2칸의 큰방은 田자형 겹집으로 뒷방이 있다. 상기 오작당과 다른 점은 앞퇴와 유사한 갓청이 있고, 정면으로 창문이 없는 갓방(작은방)이 있다는 점 정도이다. 사랑채인 양재국씨 가옥은 ㅓ자형으로, 좌측 앞뒤 익사채(날개)가 없다는 것 외에는 양승수 가옥과 동일하다.

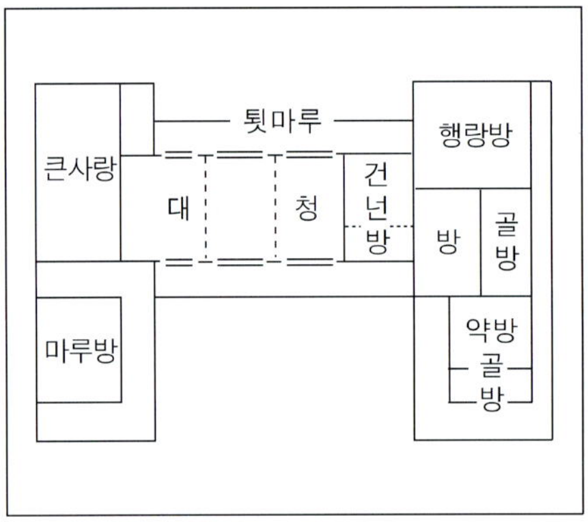

선병우 고가

선병우 고가[충북 문 5호] : 보은군 외속리면 하개리에 있다. 현 소유주 징조부가 1910년에 건축하였는데, 높고 웅장한 팔작지붕 건물이다. 선병우 가문은 조선 후기 중국무역을 통하여 일만 오천 석 재산을 축적하였으며, 그 후 우리나라 3대 부호로 성장하여 4대 90년째 이곳에 세거하고 있다. 이 가옥은 안채와 사랑채 모두가 팔작지붕 3개를 접합한 H자 (양)측입형 가옥으로 안채는 형 **선병국의**

가옥이고, 그 사랑채가 동생인 선병우 몫이 되었다. 그래서 이 가옥은 살림살이의 구조라기보다 손님을 맞이하는 사랑채의 구조로 되어 있다. 대청이 8칸(4×2칸)의 큰 규모여서 궁궐을 연상시킨다.

3장 폐쇄형 가옥의 평면형태

1. 폐쇄형 가옥의 발달

1) 튼 ㅁ자형 가옥의 출현

가옥의 발달단계를 살펴보면 개방(一자)형 가옥에서 폐쇄형 가옥으로 발달하였음을 알 수 있다. 폐쇄형 가옥 역시 완성단계인 「ㅁ자형」가옥 이전에 미완성의 ㅁ자형 가옥, 즉 「튼 ㅁ자형」가옥의 단계를 거쳐서 발달한 것이 분명하다. 이것은 기존연구에서 똬리집과 뜰집을 혼용하고 있는 데서도 알 수 있다. 즉 홍형옥은 개풍군과 장단군에서 "ㄱ자의 안채와 ㄴ자의 바깥채를 마주보고 세우고(『』) 두 건물 사이에 대문을 두면 「똬리집(뱀이 몸을 둥글게 틀고 겨울잠을 자는 모습)」"이라 하였다. 최영준은 "ㅁ자형의 소규모 「똬리집」은 경기 북서부와 황해도 일대에 널리 분포하는 가옥형태로서 마당의 규모가 2칸 내외에 불과한 서민층 초가집이다"라고 하였다. 또 주남철은 "좁은 집터에 지은 초가집 지붕의 전체가 똬리 모양을 이루기 때문에 「또아리집」이라 부르며 서민주택의 한 유형"이라 하여 「뜰집」과 동일시하였다.

이상 「똬리집」에 대한 양 견해는 평면형태에서 차이점이 보인다. 첫째 전자(홍형옥)는 용마루가 연결되지 않은 2동의 건물로 된 「맞곱패(『』)집」의 평면구조를 가진 중농 이상의 가옥이라는 견해이고, 후자(최영준과 주남철)는 용마루가 ㅁ자로 연결된 1동의 건물로서 서민가옥이라는 견해이나 용마루로 모두 연결된 ㅁ자형 집이라도 지붕 아래 어느 한 부분은 담으로 연결된 곳이 있다. 그래서 분명히 ㅁ자형 뜰집은 아니나 기능 면에서 뜰집의 역할을 하고 있어 혼동을 불러일으키고 있다. 그러나 폐쇄형의 완성단계에 있는 ㅁ자형 「뜰집」은 그 전 단계인 맞곱패나 튼 ㅁ자형 가옥에서 발달했음이 분명하다.

김홍식은 민가를 시대별·계층별·지역별로 나누고, 사대부가를 제외시킨 독특한 분류를 하였다. 소농은 살림칸과 사랑공간이 붙은 형태로 중세 이후에 발전되었고, 중농은 안채와는 독립되어 사랑채가 발달되었으나 하나의 마당 주위에 둘러 있다. 대농은 안채와 사랑채가 별개의 마당과 별개의 채로 구성되어 발달되었다. 그리고 시대적으로 제일 나중에 「口자형 뜰집」이 대농을 중심으로 발달되었다. 이러한 口자형 가옥은 경기형 또는 도회형 민가의 정형을 이루면서 조정과 정치·문화적으로 긴밀했던 지방 양반의 상류주택에 이르기까지 근세형으로 정착되었고, 전파경로를 따라 폐쇄적, 방어목적이 뚜렷이 부각되는 지역으로 우선 발전하여 나갔다.

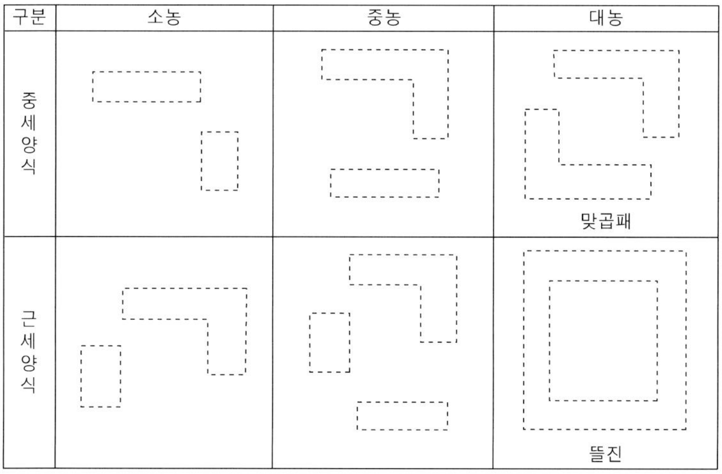

한국민가의 시대별, 계층별 변천도(홍형옥. p.187)

2) 뜰집의 출현

뜰집은 口자형, 외날개 口자형, 口자형의 총칭이다. 이들 가옥은 폐쇄적인 형태로 지어져 부속건물이 거의 없이 살림채 하나에 모든 주거 공간이 들어가게 되므로 개방형 가옥보다 규모가 크고, 내부에서 모든 공간이 연결될 수 있다. 홍형옥은 경상도에서 "안마당(뜰)을 중심으로 방들이 口자로 배열되어 지붕이 모두 口자로 연결된 집"을 뜰집이라 칭하였다. 반면 강영환은 "건물의 중앙에 지붕을 덮지 않은 뜰을 두고 口자형으로 배열된 집"을 뜰집이라 말하고 있다. 이러한 口자형 가옥은 안동권을 비롯하여 태백산맥을 넘어 영덕·울진에서까지도 「뜰집」이라 부르고 있다. 또한 강화도 화도리 박순진의 가옥을 현지에서 「땔 집」으로 부르는데, 이는 '뜰'이 와전된 것으로 보인다. 청송과 영주의 일부

가옥주는 이를 「우물 정(井)자 집」으로 부르고 있다.

고려의 수도 개경에는 궁궐, 관아, 사찰 등의 대형 건물이 축조되었는데, 대부분의 건물들은 중앙에 넓은 ㅁ자형(courtyard form) 공간을 둔 폐쇄형이었다. 이러한 ㅁ자형 건물은 귀족들의 장원이 많이 분포했던 지역의 일반 민가 건축에도 영향을 주었을 것으로 사료된다. 현재 경기도 북서부지역과 경기만 일대 도서에 이러한 ㅁ자형 뜰집이 남아 있다(경기 소례 1가구, 경기만의 장봉도 2가구, 영흥도 3가구). 또 후술하겠지만 안동 지역 고려 개국공신들의 후손 가옥 중에도 뜰집이 상당수 있다. 전자는 개경에 인접하여 궁중가옥의 영향을 크게 받은 것으로, 후자는 당시 조정과 정치적으로 밀접했던 상류계층이 개경의 가옥을 원형 그대로 본받아 건축한 것으로 볼 수 있다.

그런데 안동권 「뜰집」은 경상북도 동북부 지역, 더 구체적으로는 낙동강 동안과 태백산맥 양사면에 주로 확산되어 있다. 그 이유에 대해서는 ① 부녀유폐가 극심하였던 양반 거주지역에서 안채가 ㅁ자인 가옥 형태가 부녀금고의 수단으로 더 적합했다는 관점과, ② 조선시대 극심했던 당파싸움의 결과라는 관점, 즉 한반도의 동남축에 많이 거주했던 남인계가 ㅁ자형 가옥을 채택하였기 때문에 서인계가 많이 거주했던 서남축에서는 의도적으로 곱패집(ㄱ자) 또는 一자형 가옥이 선호되었다는 관점이 팽팽히 대립하고 있다.

3) 뜰집의 지붕

우리나라 ㅁ자형 가옥의 지붕형을 세밀히 살펴보면 대체로 다음의 4가지로 분류할 수 있다. ① 몸채가 맞배지붕이고 아래채가 낮은 맞배지붕인 <몸채 맞배-아래채 낮은 맞배>으로서, 주로 초기 고려시대의 정형(定型)이다. ② 그 후 조선 왕조 초기부터 남자의 권위가 신장되고, 권문(權門) 세도가에서 아래채 중 사랑을 더 높은 맞배지붕 또는 팔작지붕으로 건축한 <몸채 맞배-아래채 낮은 맞배 · 사랑 맞배 또는 팔작>으로 변형되었다. 이들 가옥은 주로 안동권(안동, 영양, 청송)에 다수 분포하고, 일부 영덕군에도 전파되었다. ③ 조선 왕조 후기에는 몸채와 아래채 모두가 팔작지붕인 <몸채 팔작-아래채 낮은팔작>의 변형이 출현하게 되었는데, 이들 가옥은 안동북부(영주, 봉화)에 다수 분포하고 있다. 그러나 ④ 태백산맥의 동사면(영덕, 울진)에는 맞배지붕 또는 팔작지붕의 「(외) 측입형 뜰집」이 다수 발생하였는데, 이는 삼척지방 너와집과도 관련이 있는 영동지방의 독창적인 가옥문화로 볼 수 있다.

4) 뜰집의 평면형태

폐쇄형 가옥의 완결형인 뜰집의 평면구조는 ㅁ자, 외날개 ㅁ자, 양 날개 ㅁ자 가옥으로 발달하고 있으나 기본에서 다음의 평면유형이 있다. ① 몸채 정면에 대청이 있는 경우 <몸채-대청>의 중부곡가형 평면이다. 이 경우 대청 좌측 모서리에 도장방과 큰방, 그 전면 좌익사에 부엌이 있다. 우측 모서리에 상방이 있고, 그 전면 우익사에는 아랫방(할머니가 거처하는 안사랑)과 고방 등이 있다. ② 몸채의 정면에 안방과 대청이 함께 있는 경우 즉 <몸채-안방 · 대청>의 남부 직가형 평면이다. 그 좌 · 우측 모서리에 부엌과 상방이 있다. 역시 좌익사에는 부엌 전면에 고방이 있고, 우익사에는 아랫방이 있다. ③ 아래채는 중앙에 대문이 있고, 그 좌우에 사랑방과 외양간이 있는 경우 <아래채-우사>형이다. 이 형은 혹한에 사랑부엌의 여열로 소를 보온하고, 또 소도둑 방지에도 효과적이다. ④ 그러나 외양간이 口자형 가옥의 외부로 나가고, 그 대신 고방[6]이 있는 경우 <아래채-고방>형이 된다.

이상을 종합하면 첫째, <몸채-대청>형과 <아래채-우사>형은 대체로 몸채가 5칸 이하로 규모가 작다. 고려시대부터 이어져 온 개경을 중심으로 한 중부형 뜰집이다. 또 이들 가옥은 보통 몸채의 대청 양쪽에서 큰방과 건넌방 천장 위의 통 공간을 지나 지붕 양측 박공으로 연기가 빠져나가는 구조이다. 지붕은 모두 맞배지붕으로 몸채가 가장 높고, 익사채와 아래채가 차례로 낮아져서 용마루와 처마 높이가 3계층이 된다. 이러한 조건을 갖추는 경우 고식적인 초기 뜰집의 중부정형으로 볼 수 있다. 둘째, <몸채-안방 · 대청>형과 <아래채-고방>형은 몸채가 5칸 이상의 큰 가옥이다. 중부형 뜰집을 남부의 권문에서 건축할 때 몸채는 남부 一자형 평면을 채택하고, 외양간은 口자형 가옥 밖에 부속건물을 지어 옮기는 등 중부형보다 가옥 규모를 훨씬 확대하였다.

2. 튼 口자형 가옥

1) 맞곱패 가옥

보통 ㄱ자형의 안채와 ㄴ자형의 사랑채로 결합되어 폐쇄형의 맞곱패(『』자형) 가옥이 된다. 이 가옥의 특징은 사랑채 외측에 별도의 담장과 대문이 없이 사랑채 전면이 가옥의 외부가 된다는 점이다. 분포지역은 대체로 중부지방이다.

강화 노광우 가옥[비지정] : 강화도 화도면 문산리에 있으며, 모두 합각형태의 함석지붕이다. 이 가옥은 ㄱ자형 안채와 ㄴ자형 아래채가 마주보고 있는 맞곱패 가옥으로 2동의 가옥 간에는 담을 쌓았다. 그래서 여자의 공간인 안채는 영남지방의 뜰집과 같이 폐쇄형이고, 아래채는 툇마루가 집 밖에 있어서 그대로 마을길과 연결되므로 사랑은 완전히 개방되어 있다. 평면은 총 12칸으로 규모가 큰 중농 이상의 가옥이다. 건넌방을 거릉방이라 부르는 것은 이 지역의 특색으로 보인다.

화성 박희석 가옥[중 125호] : 화성시 서신면 궁평 2리의 초계 정씨 동족촌락에 있는데, 옛 주인의

6) 안방 뒤에 위치하는 마루방은 도장방 또는 고방(안동시), 창방(달성군 묘골), 찬방(경주시 양동), 차방(구미시 해평), 찻방(화성시 궁평리), 윗방(충청도)이라 부른다. 상방은 시집 온 새색시가 분가하기 전까지 거주하는 방을 일컫는 말이다.

이름을 따 **정용래 가옥**이라 부르기도 한다. 이 가옥은 우진각지붕의 맞곱패 초가로서 1800년대 말에 건립되었다. 안채의 대청에는 반 칸을 뒤로 내어 벽감을 만들어 조상의 위패를 모시고 있다. 또 건넌방 앞에는 높은 툇마루가 있고 그 아래는 함실아궁이가 있다. 안방 뒤에는 찻방이 있는데, 비록 초가이나 서민이 아님을 알 수 있다.

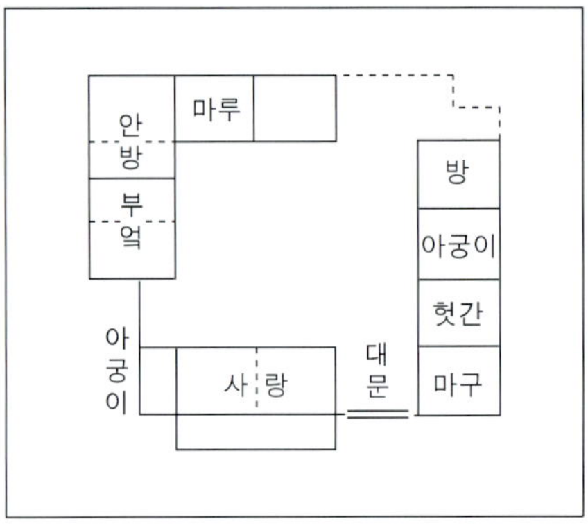

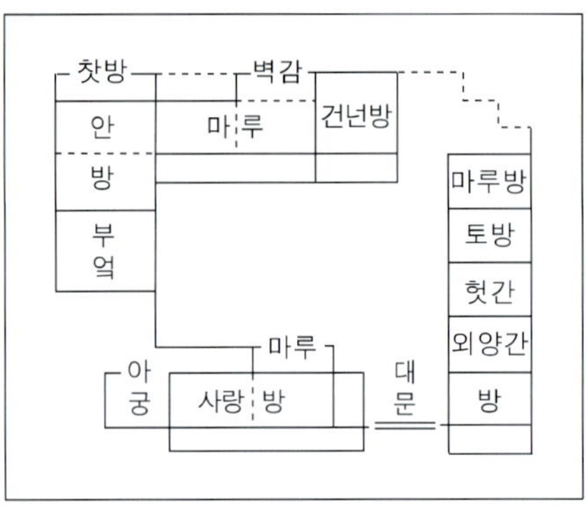

강화 노광우 가옥(상)　　화성 박희석 가옥(하)

2) ㅁ 자형 가옥

이들 가옥 모두는 안채 ㄇ자 앞에 一자형의 중 문간채가 가깝게 있어서 트인 口(ㅁ)자의 폐쇄형 평면구조가 되고 있다.

여강 이씨 대종가 및 무첨당[보 411호] : 경주시 강동면 양동리에 위치하고 있는 현 이인식 가옥은 대성리학자 여강 이씨의 회재(晦齋) 이언적 선생의 대종가로 ㄇ자형 안채와 一자형 아래채가 튼 口자형 배치이다. 가옥은 중부 곡가형에 <몸채-안방·대청>의 남부 직가형 평면을 채택, 가옥을 확대시켰다. 몸채는 7칸으로 정면에 큰방, 대청, 상방이 함께 나와 있다. 좌익사를 작은 사랑으로 꾸며서 안채의 더부살이가 다소 궁색해 보인다. 그러나 큰 사랑채 역할을 하는 **무첨당**은 조선 중기의 ㄱ자형 별당

건물이다. 영조 6년경에 사당과 함께 살림집 좌측에 건축되었으며, 접객·독서·한유 등의 다목적으로 사용되어 반가의 특색을 보인다. 지붕은 <몸채 맞배-아래채 낮은 맞배>형으로 고식적 지붕이다. 당호 무첨당(無添堂)은 회재 맏손자의 호이다.

유곡 권석우 가옥[비지정] : 봉화군 봉화읍 유곡리에 위치하고 있다. 가옥은 ㄇ자형 안채와 一자형 아래채가 튼 ㅁ자형 배치인데, 평면은 <몸채-안방 · 대청>의 남부 직가형이다. 그러나 대청의 일부가 상방 뒤에까지 있는 것이 특이하다. 아래채는 사랑방 뒤에 벽장과 작은 툇마루가 있는 준겹집이다. 이것은 이 지역에서는 보기 어려운 구조여서, 선비집 가옥의 독특한 평면으로 보인다. 지붕은 몸채와 아래채는 팔작지붕이고, 양 익사채는 맞배지붕으로 된 혼용지붕이다.

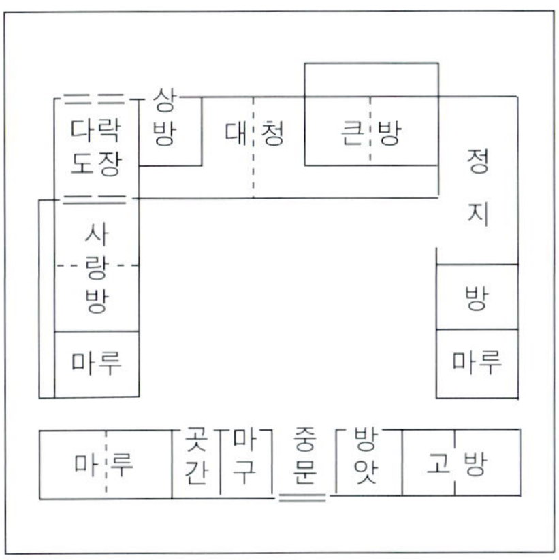

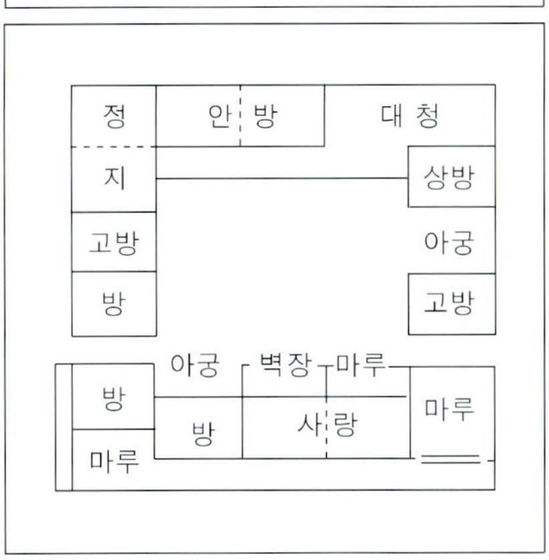

양동 회재 선생 종가(상)　　봉화(유곡) 권석우 가옥(하)

이남규 선생 고택[충남 유 68호] : 예산군 대술면 상황리에 있는데, 한산 이씨 修堂 이남규 선생의 10대조 한림(韓林) 이구 공이 인조 15년(1637)에 건립한 고택이다. 그는 명성황후의 시해로 통분하여 낙향하였으며, 1907년 일진회의 고발로 아산 평재 냇가에서 아들과 함께 순국하였다.

가옥은 역시 안채 ㄇ자형, 아래채 一자형이고, 그 외 몸채 좌측에 사랑채와 대문채가 있다. 평면은 <몸채-대청>의 고식적인 중부형으로 양 익사 전면에 백제 유습으로 알려진 쌍부엌이 있고, 부엌 위 다락에는 붙박이 광창과 통풍을 겸한 여닫이식 작은 머리창이 있다. 지붕은 양 익사채가 각각 맞배지붕과 팔작지붕이고, 행랑채는 우진각지붕으로 다양하게 혼용하였다.

예산 이남규 선생 고택

3) 기타 튼 ㅁ자형 가옥

도곡 무안 박씨 종택[경북 민 74호] : 영덕군 축산면 도곡동에 있으며, 무의공(武毅公) 박의장 넷째 아들 박선(1596-1669) 공이 백형 박유를 위하여 지은 주택이다. 가옥은 정침(안채), 내삼문, 대문채로 구성되어 있는데, ㄷ자형 정침에 트인 부분을 고방 2칸으로 막은 독특한 튼 ㅁ자형 구조이다. 평면은 <몸채-안방 · 대청>의 확대된 남부 직가형이고, 지붕은 <몸채 맞배-아래채 낮은 맞배 · 사랑 팔작>형으로 사랑채를 제외하고는 모두 맞배지붕이다. 권문에서 평면을 확대시킨 좋은 사례로서 아래채가 10칸, 측면이 7칸이나 되는 큰 규모여서 궁궐의 가옥처럼 장중한 위엄을 갖추고 있다.

군산 채원병 가옥[전북 민 24호] : 군산시 성산면 고봉리에 있는데, 철종 11년(1860)에 건축되었다. 한때 이 마을은 평강 채씨 집성촌이었으나 현재 채씨는 총 50호 중 수호에 불과하다. 가옥은 안채가 一자형, 아래채가 ㄩ자형으로 전체가 튼 ㅁ자형 배치이다. 이러한 평면형은 영남지방의 재사에서도 볼 수 있으며 안채에는 전후 · 좌우퇴가 있고, 그중 좌우 퇴는 호남양식으로 안채 양측에 각각 반 칸씩 넓혀 찬광과 옆마루를 두고 있다. 아래채는 사랑채와 행랑채로 나누어지고, 18칸으로 규모가 아주 크다. 특히 사랑채 누마루와 행랑채의 많은 고방, 사랑 정원의 수석과 아름다운 조경 등은 조선 후기 만석꾼의 대저택임을 과시하고 있다.

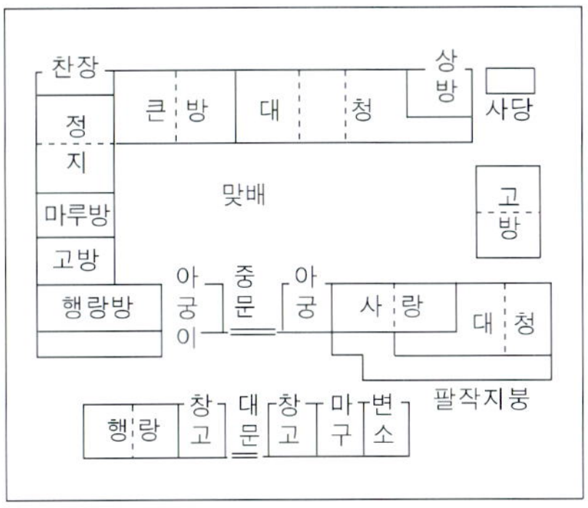

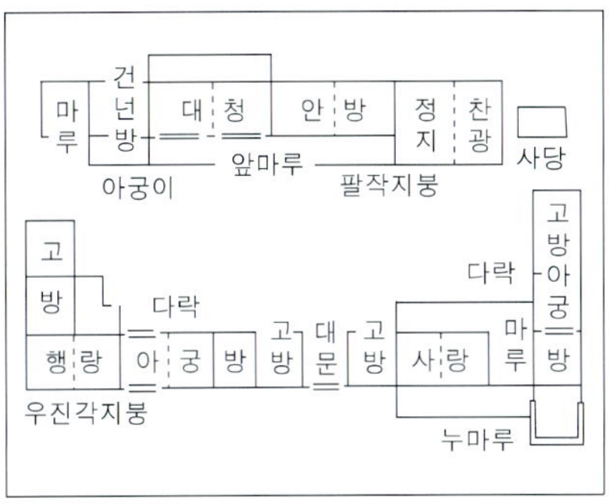

영덕 무안 박씨 종택(상)　　군산 채원병 가옥(하)

3. 뜰집

1) ㅁ자형 가옥

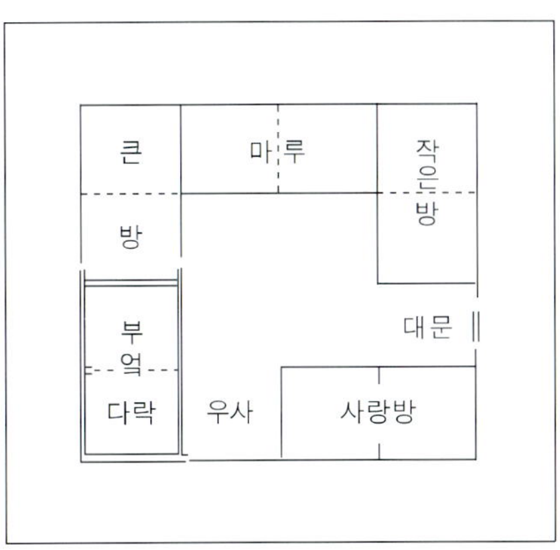

박순진 가옥

강화 박순진 가옥[비지정] : 강화도 송해면 화도리에 있으며, 영암 군수를 지낸 밀양 박씨 입향조가 건축한 것으로 알려져 있다. 현재는 송석로가 구입하여 거주하고 있다. 가옥은 口자형 뜰집에 <몸채-마루>의 중부 곡가형 평면이나 내부 방 배열이 다소 변경되어 있는 몸채 4칸의 소규모 가옥이다. 지붕은 몸채·익사·아래채의 용마루와 처마 높이가 동일하고, 원래 초가를 함석지붕으로 개조하면서 한쪽만 작은 박공식 지붕을 만들었다. 이것은 강화도에서만 볼 수 있는 이색적인 토속 지붕형이다.

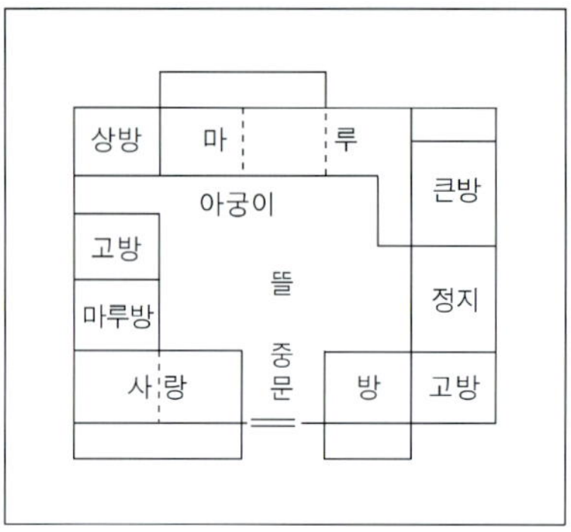

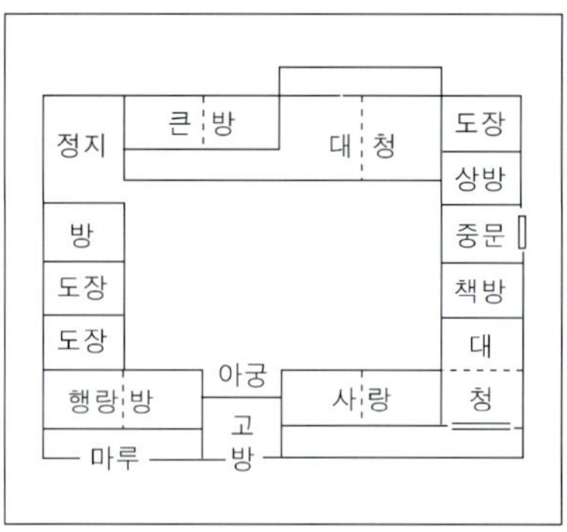

옥천 종택(상)　　김건영 가옥(하)

옥천 종택[경북 민 42호] : 영양군 일월면 주곡리에 있는데, 입향조 호은(壺隱) 조전의 증손이고 교리와 동부승지를 지낸 한양 조씨 玉川 조덕린(1658-1737) 공의 종택으로 17세기말 건립되었다. 가옥은 口자형에 <몸채-마루>의 중부 곡가형 평면이고, 지붕은 <몸채 맞배-아래채 낮은 맞배>형의 고식적인 뜰집 조건을 고루 갖추고 있다. 그 외 서당의 기능을 하는 초가인 초당과 와가의 사당이 있다. 특히 안채에서 안방이 동측에, 아래채에서 사랑방이 서측에 위치한 것이 여타의 가옥과는 반대이다.

해저 김건영 가옥[경북 기 117호] : 봉화군 봉화읍 해저리에 있다. 이 가옥은 고종 때 중추원 의관을 역임한 의성 김씨 해관(海觀) 김건영(1848-1924) 공이 19세기 중엽에 지은 것이다. 그 후 1919년 파리 장서운동을 전개할 때 유림의 연명 장소로 이용되었다. 가옥은 口자형에 <몸채-안방·대청>의 남부 직가형 평면을 채택한 정면 6칸, 측면 6칸의 규모가 확대된 뜰집이다. 또 아래채 중앙에 돌출한 고방이 있는 독특한 구조이다. 지붕은 <몸채 팔작-아래채 팔작>형의 조선 후기에 변형된, 높이가 동일한 팔작지붕이다.

정재 종택

정재 종택[경북 문 52호] : 안동시 임동면 망천리에 있던 것으로 임하댐 준공으로 임동면 수곡리에 이건되었다. 이 가옥은 전주 류씨 류치명(1777-1861)의 종택으로 그의 증조부인 양파(陽破) 류관헌 공이 영조 11년(1735)에 건립하였다. 류치명은 鶴峯 김성일→ 敬堂 장흥효→ 葛庵 이현일→ 密菴 이제→ 大山 이상정으로 이어지는 퇴계학파의 적자이다. 그는 대산의 외증손으로서 소호리 외가에서 태어났으며 대산의 문인인 東巖 류장원에 수학하여 소퇴계라 불릴 정도로 유명한 성리학자가 되었다. 그의 학문은 西山 김흥락에게 전수되었다. 가옥은 ㄇ자형 몸채와 ㄩ자형의 아래채를 접합시킨 ㅁ자형의 정침과 그 외 행랑채, 사당, 대문채 등으로 구성되어 있다. 평면은 <몸채-대청>의 중부형이고 지붕은 모두 팔작지붕이나 중수과정에서 많이 개조되었다. 이곳에서는 「안동 송화주(무 20호)」를 대대로 빚어 왔는데, 그 독특한 향기와 맛으로 명주의 반열에 올랐다.

2) 외날개 ㅁ자형 가옥

인양리 우계 종택[경북 문 307호] : 영덕군 창수면 인양 2리에 있으며, 재령 이씨 영덕 입향조 이애 공의 증손 愚溪 이시형이 1607년 이곳에 건립하였다. 우계 공은 선조 19년에 이곳에서 출생하였고, 부인은 영덕 도곡 武毅公 박의장 딸이다. 가옥은 외날개 ㅁ자형에 <몸채-마루>, <아래채-우사>의 중부 곡가형 평면이고, 지붕도 <몸채 맞배-아래채 낮은 맞배>의 초기 정형이다. 특히 사랑방 뒤에 있는 책방[7], 접빈을 위한 단간의 사랑마루 등은 청빈한 선비 가옥의 일면을 엿보게 한다. 이 가옥은 태백산맥 동사면에 처음 건립된 뜰집이 분명하며, 이후 영덕과 울진 지방에 확산된 것으로 짐작이 된다.

안동 권태응 가옥[중 202호] : 현 권영대 가옥은 안동시 풍천면 가곡리에 있는데, 확실한 건립연대는 알 수 없으나 양식과 수법으로 보아 1800년대 후반의 건축으로 추정된다. 안동 권씨 권태응이 매입하였다. 가옥은 역시 외날개 ㅁ자형에 <몸채-안방 · 대청>의 남부 직가형 평면으로 몸채 7칸, 아래채 9칸으로 확대된 대저택이다. 지붕은 <몸채 맞배-아래채 낮은 맞배 · 사랑 팔작>형으로 특히 사랑이 높은 팔작지붕이고, 사랑 앞에는 연당이 있어서 멋을 낸 부유한 상류계층 주택으로 보인다.

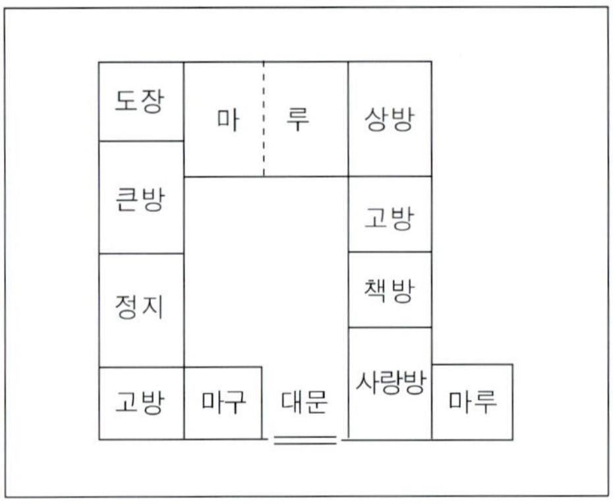

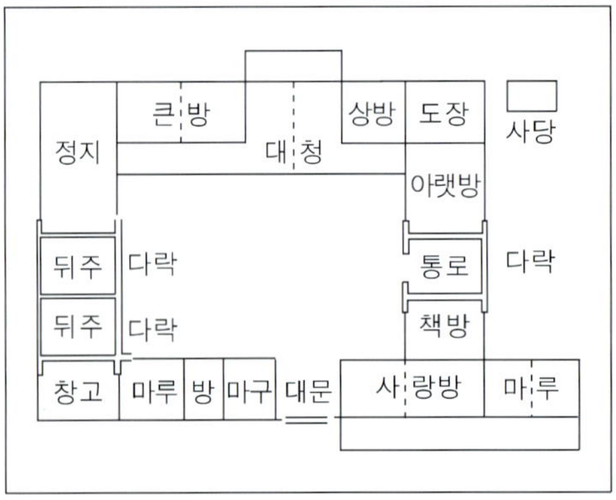

우계 종택(상)　권태응 가옥(하)

3) 양 날개 ㅁ자형 가옥

서벽 고택[경북 민 101호] : 청송군 파천면 중평리에 있는 현 신효승 가옥은 고려 개국공신 장절공(壯

7) 책방은 사랑방 뒤에 젊은 주인이 거처하면서 공부하는 방, 동시에 아버지의 시중을 드는 침방, 경상도에서 감실 방까지 겸하는 경우도 있다.

節公) 신숭겸의 31세손 판사공 신현이 분가 시에 건립하였고, 증손 서벽(棲碧) 신치구 공이 영조 15년 증축했다. 이 가옥은 양 날개 ㅁ자형에 <몸채-대청>, <아래채-우사>의 중부 곡가형 평면으로 몸채 4칸의 소규모이다. 지붕은 <몸채 맞배-아래채 낮은 맞배>형으로 경사면에 건축되어 지붕의 용마루와 처마가 차례로 낮아지는 3계층의 고식적인 뜰집이다. 집안 뜰에서 하늘을 보면(259p. 사진) ㅁ자형이 우물 같이 보여서 이 지방에서는 뜰집 대신에 우물 정(井)자 집으로 부르고 있다.

안동 주하동 경류정 종택[경북 민 72호] : 안동시 와룡면 주하리에 있는 현 이세준 가옥은 진성(예안) 이씨 대종택으로 고려말 홍건적 침입 때 공을 세운 松安君 이자수 공이 건립하였고, 별당인 慶流亭은 성종 23년(1492)에 이연(李演) 공이 세우고, 그 후 퇴계선생이 당호를 지었다. 가옥은 <몸채-안방 · 대청>, <아래채-고방>의 남부 직가형 평면이고, 지붕은 <몸채 맞배-아래채 낮은 맞배 · 사랑채 맞배>형의 고식적인 가옥이다. 그래서 규모가 큰 아래채 9칸(양 날개 4칸), 측면은 6칸의 대저택으로 우익사에는 윗상방과 아랫상방이 있고, 큰 사랑과 작은 사랑이 있는 등 남녀와 상하의 위계적 공간구분이 뚜렷하다. 또 사랑마루는 누마루로 꾸미고 가장자리를 아자난간으로 둘렀다. 예법을 중시하는 유가의 가옥구조를 보여주고 있다.

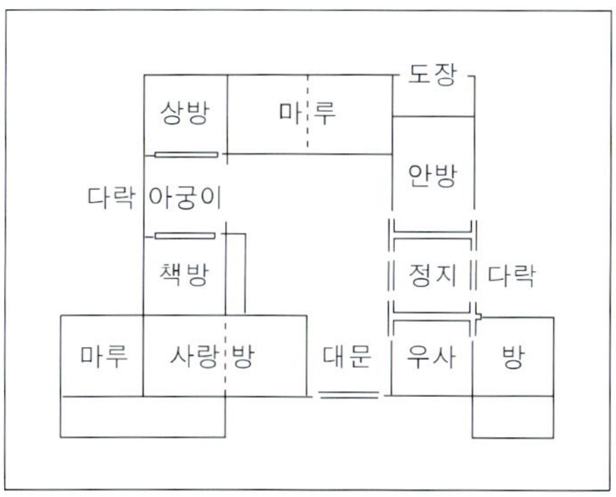

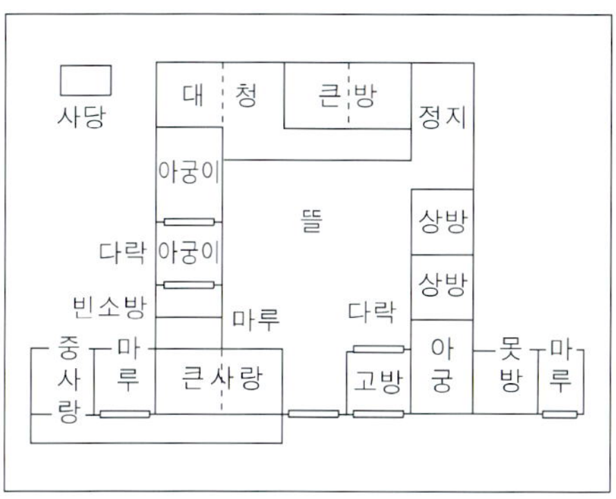

서벽 고택(상)　　경류정 종택(하)

4. 측입형 뜰집

1) ㅁ자 측입형 가옥

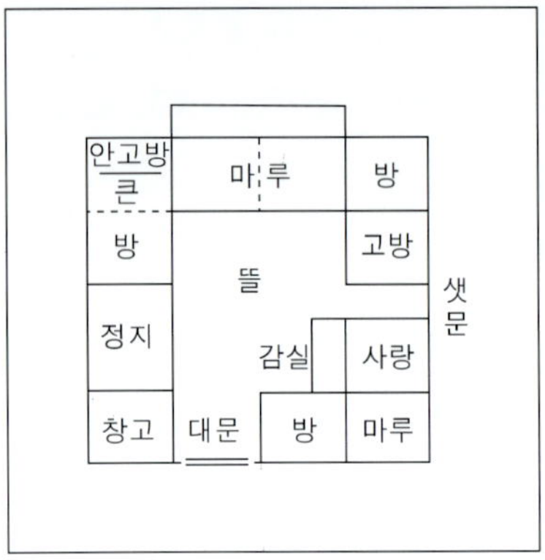

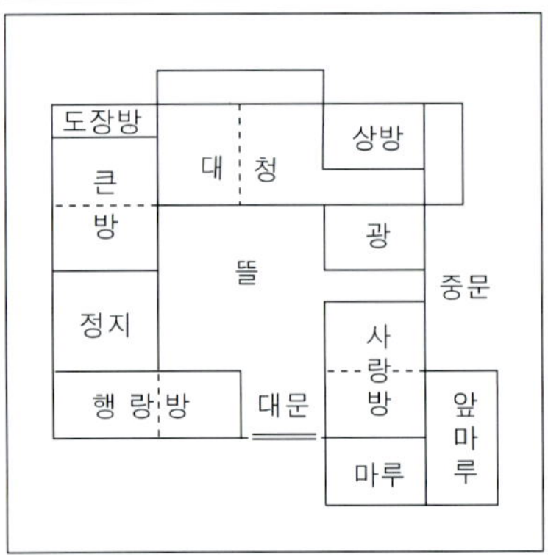

경주댁(상)　　해촌 고택(하)

영해 경주댁[경북 문 395호] : 현 남현욱 가옥은 영덕군 흥해읍 괴시 1리에 있는데, 괴시리 입향조 남세하(1490-1572)가 창수면 인량리에서 분가하여 이주할 당시부터 있었으므로 이 마을에서 가장 오래된 건물이다. 이 가옥은 ㅁ자형에 <몸채-대청>, <아래채-우사(창고)>의 중부 곡가형으로 마루 2칸의 소규모 평면이고, 지붕은 모두 맞배지붕으로 초기 고옥이다. 그러나 우익사의 맞배지붕 측면 박공이 가옥의 정면으로 나온 「외(반 또는 편)측입형 뜰집」이 되었다. 이 유형은 영덕 괴시를 중심으로 남부 영동지방에서 독창적으로 번창한 가옥문화로 볼 수 있으며 전술한 영동지방의 삼척군 신리 「측입형 너와집」과 상관된 것으로 학계에서는 보고 있다.

괴시동 해촌 고택[경북 문 199호] : 역시 흥해읍 괴시에 있으며 소유주 남병열의 7대조인 海村 남극만 공이 1775년(영조 51)에 건축하였다. 가옥은 ㅁ자형에 <몸채-대청>의 중부 곡가형의 소규모 평면이고, 지붕은 <몸채 맞배-아래채 낮은 맞배 · 사랑 맞배>형의 맞배지붕인 고식적 가옥이다. 또 우익사의 맞배지붕 측면 박공이 가옥의 정면으로 돌출한 즉 남부 영동지방 「(편)측입형 뜰집」이라 할 수 있다. 또 이 고택은 아래채 중에서 사랑채 맞배지붕이 대문채 지붕보다 높은데, 이는 당시 여성보다 더 높았던 남자들의 위상을 반영하는 것이다.

2) 日자 측입형 가옥

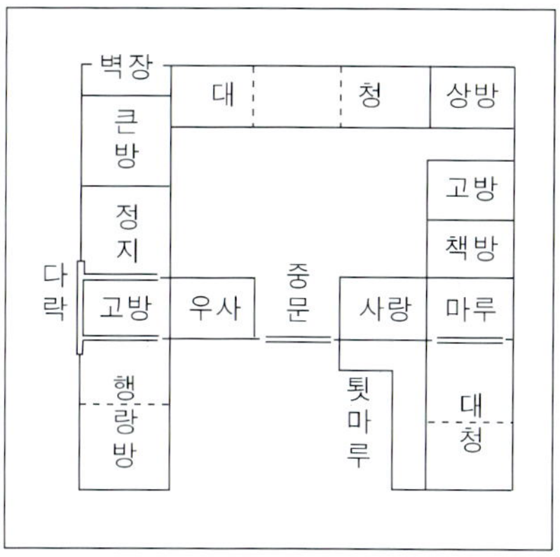

전우겸 가옥

봉화 전우겸 가옥[비지정] : 봉화군 상운면 구천리에 있는 옥천 전씨의 가옥은 ㅁ자형 뜰집에 <몸채-대청>, <아래채-우사>의 중부 곡가형 평면이고, 지붕은 모두 팔작지붕이다. 또 아래채에서 양 날개가 좌우가 아닌 정면으로 돌출하여 日자형의 「(양) 측입형 뜰집」이 되었다. 그러나 전술한 영덕 괴시의 「외 측입형 뜰집」과는 좀 상이한, 변형된 양 날개 ㅁ자형이다. 돌출한 각 2칸의 행랑방과 사랑마루는 많은 접빈객이 유숙할 수 있는 선비의 가옥임을 시사하고 있다.

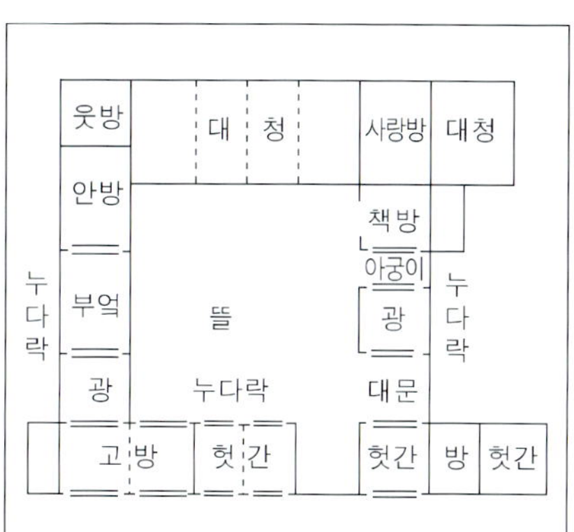

엄찬 가옥

홍성 엄찬 고택[중 231호] : 홍성군 홍북면 노은리에 있는 사육신 성삼문의 외손 영월 엄씨 엄찬 가옥은 1670년에 건립되어 성삼문과는 직접 관계가 없다. 이 가옥은 ㅁ자가 누워 있는 「양 측입형 뜰집」으로 우익사가 아닌 우측 사랑방에서 사랑마루가 1칸, 좌익사가 아닌 아래채에서 행랑방과 고방이 2칸 돌출하여 ㅁ자형이 되었다. 또한 안채의 대청이 8칸(4칸×2)으로 넓고, 사랑 공간이 안채의 대청에 접하고 있어서 내외 법도가 엄한 반가에서 보기 힘든 구조라는 점에서 특별하다. 경사지에 건축되어 안채가 너무 높고 양익사와 아래채가 낮아 이들은 모두 2층으로 건립되어 있다. 그래서 조금은 어색해 보이는 경관이나, 팔작지붕 3계층의 균형미 있는 뜰집이라 할 수 있겠다.

5. 중복 뜰집

1) 日자형 가옥 : 향단[香壇 : 보 412호]

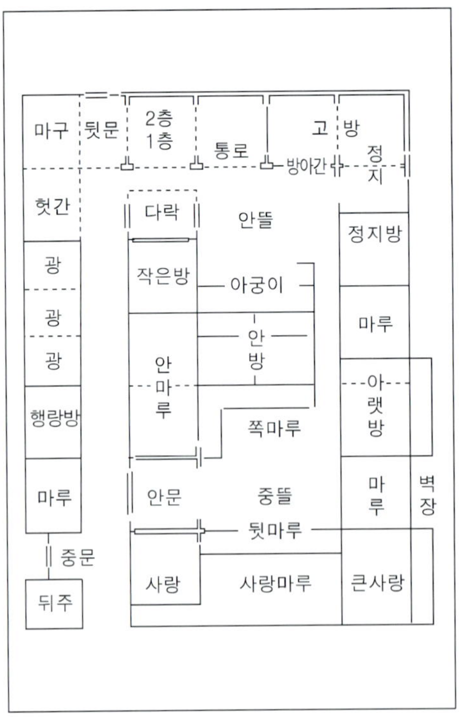

향단의 전경(상) 부엌과 광(하)

경주시 강동면 양동에 있으며 약 440년 전에 여강 이씨 회재(晦齋) 선생이 경상도관찰사로 재직할 때 건립한 살림집이다. 이 집을 물려받은 동생 이언괄의 손자 이언관의 호를 따서 이름을 향단이라

하였다. 마을 입구 언덕 위에 위치하여 지붕의 선들이 주위의 나무숲과 조화를 이루고 있어 美의 극치를 보여준다. 이 건물은 정면의 양측 돌출부가 박공널(風板)로 마감되어 있어 멀리서 보면 팔작지붕의 합각(合閣)부분으로 착각을 일으킨다. 이 때문인지 안내판에도 팔작지붕으로 기록되어 있으나 실은 맞배지붕이다. 또 가옥의 구조도 김봉열은 用자 가옥으로 기록하고 있으나, 신영훈과 문화재 안내판은 日자 구조로 보는 것이 바람직하다고 하였다. 남측 멀리서 보면 앞의 낮은 기단에 행랑채, 뒤의 높은 기단에 본채가 있어 전체적으로는 2층의 건물로 보인다.

평면은 정면이 사랑채, 중앙부분이 안채, 뒷부분이 부엌과 고방채이다. 안채에는 안방, 안마루, 작은방, 안뜰 위로 돌출한 2층의 다락이 있는데, 안뜰은 이들 모두를 연결하여 집안의 중심이다. 고방채는 2층으로 되어 있는데, 1층에는 방앗간·통로·공간이 있고, 2층에는 장독대·고방이 있다. 사랑채는 안채와 사이에 중정(中庭)을 두고 마주하고 있다. 그래서 향단은 이중 口자형 뜰집 구조로서, 여자들이 외부 사람과 접촉 없이 가사일을 할 수 있도록 세심하게 배려한 사대부의 가옥이다.

2) 月자형 가옥 : 화성 정용채 가옥[중 124호]

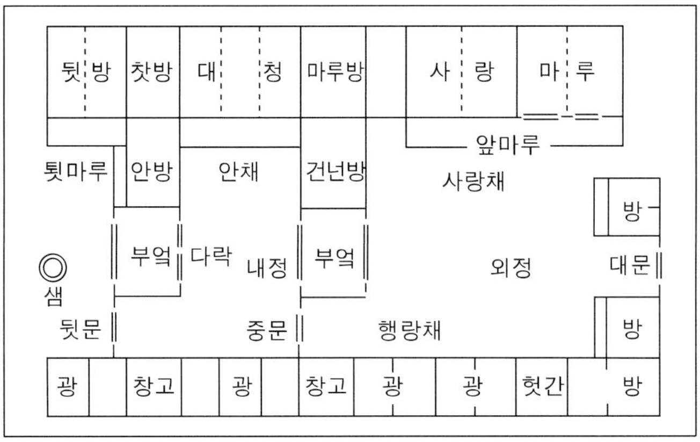

정용채 가옥 평면도

화성시 서신면 궁평리에 있는 현재 초계 정씨 정융구 가옥은 대문에 기록된 묵서에 의하면 고종 24년이라 하나 안채는 1700년대 또는 1830년대의 건축물로 추정되는 양반 가옥이다. 집에서 바라본 안산이 노적가리를 닮아 누대에 걸쳐 재록을 누릴 명당으로 전해진다. 안채는 맞배지붕으로 ㅑ자형, 사랑채는 팔작지붕으로 ㅡ자형, 행랑채는 ㄴ자형이 연결되어 전체적으로 누워 있는 月자형으로 50칸이 넘는 대저택이다. 소유주의 선대는 만석꾼으로 이웃 남양면에서도 자기 땅만 밟고 다녔다는 부호였다. 평면에는 전술한 이남규 고택에서처럼 백제 문화권의 유습인 쌍부엌이 있어서 이곳이 옛 백제지역이였음을 시사하고 있다. 행랑채와 대문채 17칸 중 고방이 12칸이나 되어 집주인이 당대의 부호였음을 알 수 있다.

정용채 가옥의 외관(좌)

안채 내정(우)

3) 巴자형 가옥 : 의성 김씨 청계공파 대종택[보 450호]

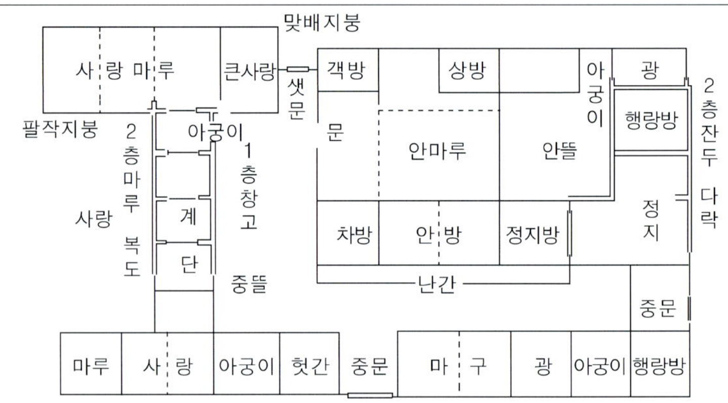

의성 김씨 종택 평면도

안동시 임하면 천전리에 있는 이 가옥은 학봉 김성일 선생이 약 400년 전에 건립한 건물이다. 가옥은 口자형에 안채와 사랑채, 행랑채, 부속건물이 연결되어 전체적으로 巴자의 평면구조를 이루고 있다. 남측 정면에서 보면 동향으로 보고 있는 안채가 다른 지붕보다 높이 솟아 있어 이 가옥 전체의 얼굴처럼 보이는데, 대청에서 연기 등은 이곳 박공으로 나가도록 되어 있다. 사랑채는 보통 가옥과 달리 안채의 좌측 약간 뒤편에 위치하고 있다. 이들 안채, 사랑채, 행랑채가 차례로 낮아지면서 지붕선들이 겹겹이 조화를 이루고 있다. 평면구조를 보면 대청이 약 7칸이 되어 아주 넓고, 높이가 2단이다.

또 부엌에는 행랑방이 있으며, 그 2층에는 찬두라는 독특한 명칭을 사용하는 과방이 있다. 사랑채는 안채 대청의 객방이 있는 쪽에서 인접하고 있어서 많은 손님을 접대하기에 오히려 편리한 구조로 되어 있다. 사랑채와 중문채를 이어주는 익사는 2층 구조로 되어 있는데, 위층은 사랑으로 통하는 복도 겸 서고로 사용되고 있다. 아래층에는 창고와 사랑, 아궁이 등이 있다.

의성 김씨 종택의 전경(좌)　　사랑채와 중문채 연결 익사(우)

운조류의 중 사랑채(좌)　　대문채(우)

4) 占자형 가옥 : 구례 운조류[전남 민 8호]

구례군 토지면 오미리에 위치한 이 가옥은 영조 52년(1776) 당시 낙안 군수인 풍산(하회) 류씨 류이주 공이 「金環銘地形」이라는, 풍수지리상 남한의 3대 길지로 꼽히는 현 위치에 건축한 99칸짜리 건물이다. 「구름 속의 새처럼 숨어사는 집」이란 뜻으로 雲鳥樓라 하였다. 구성은 안채 ㄇ자형 가옥은 맞배지붕이고, 사랑채는 팔작지붕으로 서쪽에서 안채의 좌익사에 접합시키고 있으며, 정면에 있는 중 사랑채는 우진각지붕으로 되어 있어, 일견 누워 있는 占자형태의 가옥이다. 그러나 훼철부분을 복원하면 중복뜰집이 된다. 특히 중 사랑채에서 돌출한 내루와 큰 사랑채의 누마루는 이 가옥만이 가진 멋으로 보인다. 안채 좌익사의 김치광 2칸과 우익사의 작은 누마루 등은 2층으로 공간적 효율성을 높였다. 대문채는 솟을대문을 중심으로 좌우 모두 19칸인데, 이는 외속리 선병국 가옥, 강릉 선교장에 이어 전국에서 세 번째로 많은 것이다.이 가옥은 한국주거사의 측면에서 크게 주목을 받고 있는 귀중한 유적이다.

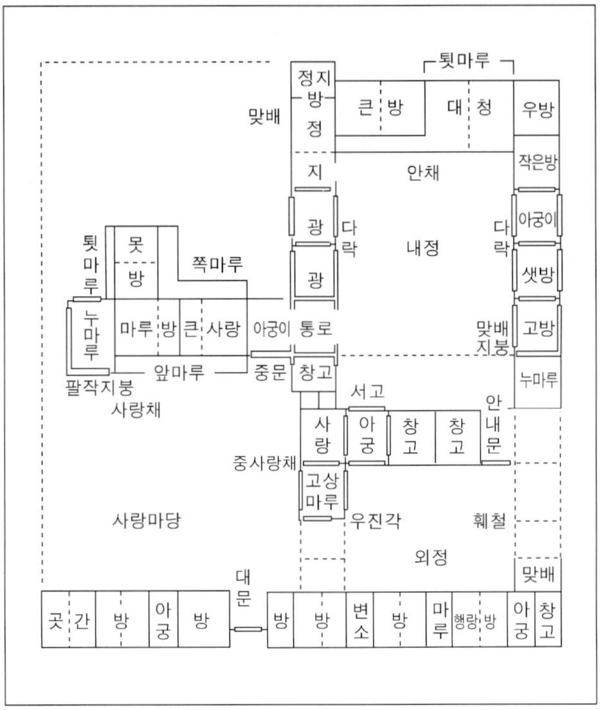

구례 운조루

5) 用자형 가옥 : 고성 이씨 임청각[보 182호]

안동시 법흥동 안동댐 입구에 있는데, 세종 때 좌의정을 역임한 용헌(容軒) 이원의 여섯 번째 아들로 영산현감을 지낸 이증 공이 입향조이다. 형조좌랑을 지낸 그의 아들 이명 공이 중종 때(1519년) 건립하였다.

원래 99칸 규모의 큰 집이었으나 일제시대 중앙선 철로 건설에 이 가옥이 편입되면서 현재는 50칸 정도만 남아 있다. 안동에서 가장 오래된 민가 건물이다. 조선시대의 많은 석학과, 임시정부 초대 국무령을 지낸 석주(石洲) 이상용(1858-1932) 의사를 비롯한 많은 독립투사들이 이 가옥에서 태어났다. 특히 이상용은 임청각(臨淸閣 : 살림집)을 매각하여 독립운동자금으로 희사하였다고 한다.

가옥의 외관은 후열의 안채와 사랑채의 규모가 크고 높으며, 경사면을 따라 차례로 낮아지므로 멀리서 가옥의 아름다운 지붕 경관을 전부 볼 수 있다. 평면은 살림집이 대체로 누워 있는 用자형으로 모두 맞배지붕이다. 그러나 군자정(君子亭)은 조선시대 단층 丁자형 팔작지붕으로 별당형 정자이다. 특히 중간채는 대부분 공간이나 고방이고, 아래채에는 13칸의 창고가 있다. 또 마당은 안뜰,

중뜰, 사랑마당으로 구분되어 내외의 법도가 엄격해 보인다. 임청각의 현판은 퇴계의 친필이고, 대청에는 제봉 고경명과 농암 이현보의 글씨 현판이 걸려 있다. 이 가옥 동측에 있는 **고성 이씨 종택**[중 185호](현 이찬형 가옥)은 이후식 공이 1685년 안채를, 손자 이원미가 그 후 사랑채를 완성했다.

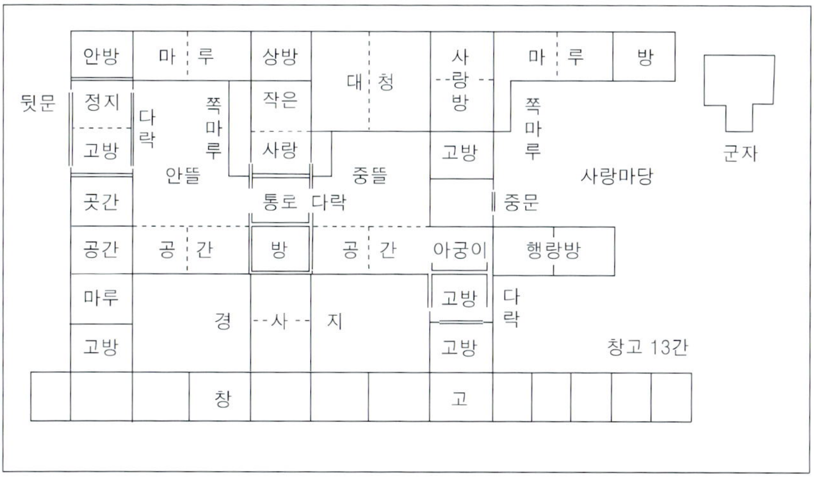

임청각 살림집 평면도

임청각 전경(좌)　고성 이씨 종택(우)

6) 근자형 가옥 : 괴산 김기응 가옥[중 136호]

괴산군 칠성면 성산리(율원) 위치한 이 가옥은 본래 1610년 건립된 조 별감의 집을 1910년 고종 때 공조참판을 지낸 현 소유주의 조부 안동 김씨 김향연 공이 매입·중수한 것이다. 구성은 대체로 근자형의 형태를 취하고 있으며 구중궁궐처럼 대문, 중문, 안대문을 통해야만 출입할 수 있기 때문에 중복 뜰집의 기능을 한다. 더욱이 사랑채를 별도의 안담으로 감싼 것은 사랑마당을 바깥마당으로부터 독립시켜 안채를 출입하는 여인들을 자유롭게 하기 위해서이다.

이 가옥 평면은 안채가 ㄇ자형으로 좌익사는 팔작지붕, 우익사는 맞배지붕인 충청도식 혼용지붕이다. 사랑채는 一자형 팔작지붕에 맞배지붕 건물을 수직으로 접합시켜 T자형이 되어 있다. 특히 사랑 뒤 침방의 문은 덧문, 미닫이문, 갑창(즉 얇은 천으로 된 모기장)으로 된 겹겹(3겹)문인데, 이는 전국에서 유일한 것이다.

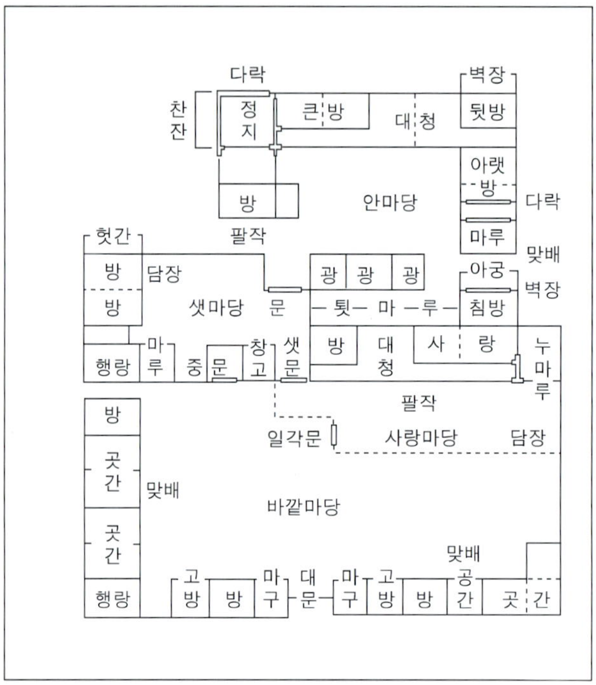

김기응 가옥의 안채(좌)　　중정(우)

7) 중접합형 가옥 : 해남 윤씨 녹우당[사적 167호]

해남군 해남읍 연동리에 있는 녹우당(綠雨堂)은 <맞배-우진각>지붕을 중접합하여 된 조선시대의 고가이고, 사랑채의 이름이다. 유래는 집 뒤 산자락에 비자 숲이 바람에 흔들릴 때마다 쏴하며 비가

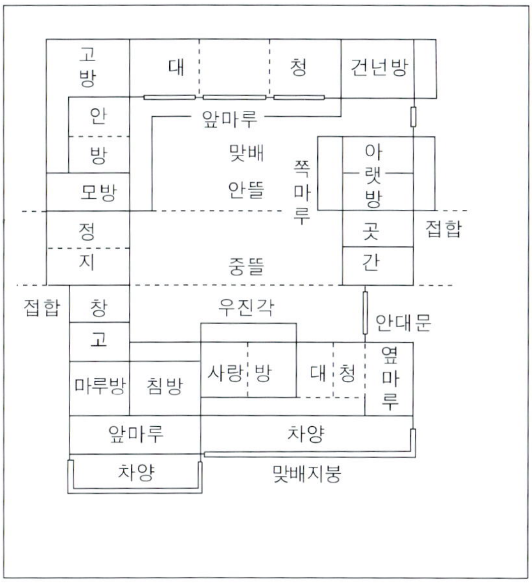

내리는 듯하다고 해서 붙여진 이름이다. 이 가옥은 해남 윤씨의 종가로서 몸채는 15세기 중엽의 건물이고, 사랑채는 고산 윤선도 선생이 효종의 사부를 지낸 인연으로 하사 받은 가옥을 1688년 수원에서 이건한 것으로 알려져 있다. 몸채, 중간채, 아래채(사랑)를 차례로 건축하여 접합한 가옥이다. 그래서 뜰은 3구분하면 대체로 目자형을 상상할 수 있겠다.

평면은 <몸채-대청>의 중부 곡가형으로 좌우익사에는 큰방과 아랫방이 서로 마주하고 있다. 사랑채의 우측 사랑마루는 앞문과 동편 문이 4분합 들문으로 되어 있어 등자쇠에 걸면 사랑마루가 전부 하나의 공간이 된다. 또한 서양 가옥에서처럼 좌측 부엌지붕과 우측 아궁이 위의 지붕으로 연기가 나오는 2개의 작은 지붕굴뚝이 있고, 우익사 뒤편 지붕 처마에는 후술하는 윤탁 고가처럼 눈썹지붕이 있어 매우 독특한 지붕경관을 보여 준다. 사랑채 정면에는 맞배 차양지붕 2개가 사랑채의 공간을 넓혀 주고 있는데, 이는 녹우당만의 멋으로 보인다.

녹우당 안채(좌) 사랑의 차양지붕(우)

6. 뜰집의 분포와 배경

뜰집의 대부분은 경북에 있고, 그 외에는 강원, 경기, 충남, 서울, 전남에 소수 있다. 경북에서는 주로 태백산맥 양사면에 분포하고 있으며 서사면의 안동, 영양, 청송에는 정형이 많고, 안동 북부의 봉화와 영주에는 변형이 다수 분포한다. 동사면의 영덕과 울진 남부 영동지방에는 정형과 함께 측입형의 독창적 가옥형이 함께 분포한다. 그 배경과 내용을 함께 고찰해 보면 다음과 같다.

첫째, 이곳에는 고려의 개국공신인 안동군의 三太師 가문인 안동 김씨 6개 촌락, 안동 권씨 12개 촌락, 안동 장씨 1개 촌락과 역시 개국공신인 청송군의 평산 신씨(신숭겸의 후손) 5개 촌락이 있다. 이들 안동권(안동, 청송, 영양) 가문의 뜰집은 비교적 연대가 오래된 중부 정형이 많다. 그들은 공신록을 하사 받고, 권세를 가짐으로써 전술한 바와 같이 개경 왕궁의 뜰집을 그대로 재현한 것임을 짐작할 수 있다.

둘째, 조선시대 성리학의 학맥은 퇴계 이황, 학봉 김성일, 갈암 이현일로 이어지는데, 이들과 교류가 있는 학자의 가문에 뜰집이 많다. 이러한 가문으로는 진성 이씨 가문(7개 촌락), 의성 김씨 가문(10개 촌락), 하회 류씨 가문(4개 촌락), 전주 류씨 가문(4개 촌락), 재령 이씨 가문(5개 촌락) 등이 있다. 이들 가문에서 고려시대부터 면면이 이어오던 뜰집이 퇴계 이황의 학통을 잇는 상징적인 가옥으로 정착된 것으로 보인다. 그것은 뜰집이 유학의 덕목인 조상숭배, 장유유서, 남녀유별 등에 적합한 가옥 구조로 받아들여졌기 때문이다.

셋째, 조선시대 전란에서 공을 세운 가문의 뜰집은 규모도 크고 외관이 화려하다. 이괄의 반란 때 공을 세운 예안 이씨 이경정, 이시애 반란 때 공을 세운 인동 장씨 장말손, 임진왜란 때 공을 세운 하회 류씨 류성용, 의성 김씨 김성일, 전주 류씨 류복기, 무안 박씨 박의장 등의 가옥이 그 예이다. 특히 박의장은 비격진천뢰를 사용하여 경주를 탈환한 의병장으로 알려져 있으며, 그 후손의 가옥인 영덕 무안 박씨 종가와 충효당은 그 규모가 웅장하다.

넷째, 전 왕조와 관계하여 보면 신라를 통일한 태종무열왕 6대손(김주원)으로 신라 김씨 중 제일 먼저 분적한 강릉 김씨 가문에 소수의 뜰집이 있고, 안동의 풍산 김씨 가문의 가옥 역시 그러하다. 또 고려왕조에서는 문하시중을 지낸 울진 장씨와, 역시 고려 명문가인 삼척 심씨, 강릉 최씨 가문에도 소수의 뜰집이 있다.

다섯째, 학문적 교류와 더불어 통혼에 의하여 태백산맥을 넘나들면서 뜰집이 확산된 것으로 보인다. 즉 영덕지방의 무안 박씨, 재령 이씨, 영양 남씨는 태백산맥을 넘어 안동 권씨 가문과 혼사가 이루어졌다. 안동 북부지방(영주, 봉화)의 선성 김씨, 연안 김씨, 반남 박씨, 옥천 전씨 등도 안동 권씨 가문과 혼사가 이루어졌다. 뜰집은 이러한 혼사에 의하여 확산된 것으로 보인다. 그러나 뜰집이 낙동강을 건너지 못한 것은 (성주군 백세각 예외) 경상우도를 장악한 남명 조식의 실천적 학통과 경상좌도를 장악한 퇴계 이황의 성리학통이 서로 대립하였고, 또 남명의 수제자 정인홍이 인조반정과 더불어 비극적인 최후를 맞이하자 그 본거지인 경상우도와 경상좌도 간에 교류 및 혼사가 단절되었었기 때문이다. 결국 뜰집의 확산과 저지 이면에는 혼사 등의 교류가 일정한 역할을 했음을 알 수 있다. 그렇다면 혼사가 어떻게 많은 돈이 드는 건축에까지 영향을 끼칠 수 있었을까? 조선시대의 분재기록들을 살펴보면 조선 중기까지는 남녀 균등하게 유산을 상속하였음을 알 수 있다. 따라서 딸이 시집오면서 가져온 재산으로 뜰집 건축이 가능했던 것으로 보인다. 그러나 그 후 재산이 장자 상속의 위주로 바뀌게 되자 주로 재력이 강한 종택과 재사를 중심으로 뜰집이 유지되게 된다. 최근에는 국가 또는 지방문화재로 지정된 뜰집은 깨끗하게 유지되고, 지정되지 않은 뜰집은 퇴락해 가는 안타까운 실정에 있다.

뜰집 소유자의 본관별 촌락 분포와 가옥 수

본 관	동족촌락(훼철 수)
안동 김	안동시 소산리 2, 수리 1, 현애리 1, 태장리 1, 묵계리 1 홍성군 상촌리 1
안동 권	안동시 가곡리 2, 이상리 1, 임하리 1, 막곡리 3, 성곡리 1 영덕군 괴시리 2, 인량리 2, 갈천리 1 예천군 죽림리 1 제곡리 2 봉화군 유곡리 0(1) 영양군 기포리 1
선성 김	영주시 수도리 6, 신암리 1
안동 장	안동시 금계리 3
평산 신	안동시 서부리 1, 귀단리 1, 청송군 중평리 3, 영덕군 미곡리 2 울진군 매화리 1
진성 이	안동시 온혜리 1, 토계리 5, 원천리 2 물한리 2, 태장리 1, 주하리 1 영덕군 상원리 3
의성 김	안동시 금계리 1 천전리 6, 임하리 3 신덕리 1, 지례리 3, 지리 1, 막곡리 1. 서지리 1 봉화군 해저리 4, 예천군 구계리 1
하회 류	안동시 하회리 3. 병산리 1 구례군 오미리 1, 상주군 간물리 1
전주 류	안동시 수곡리 3, 망천리 1, 마령리 1, 주진리 1
풍산 김	안동시 오미동 3, 봉화군 오록리 5
예안 이	안동시 상리 3, 하리 1, 태리 1
광산 김	안동시 오천리 1, 가구리 1
고성 이	안동시 법흥동 2
봉화 금	안동시 부포리 2
영양 남	안동시 중가구리 1, 송리 1 영덕군 괴시리 11, 원구리 4, 삼계동1 울진군 금매리 1
재령 이	안동시 금소리 1, 영양군 원리 5. 주남리 2 영덕군 오촌리 5, 인량리 2,
강릉 김	동해시 이원동 1, 강릉시 금산리 2
삼척 심	동해시 이원동 1, 강릉시 운정동 1
창녕 조	여주군 보통리 1, 강릉시 교황리 1
밀양 박	강화군 화도리 1
해평 윤	여주군 사곡리 1
동래 정	안동시 현하리 1

본 관	동족촌락(훼철 수)
옥천 전	봉화군 구천리 4, 영주시 용산리 1
한양 조	영양군 주곡리 4. 감천리 1
김녕 김	영양군 소계리 2, 상청리1
야성 정	영양군 가곡리 3, 영덕군 인양리 1
함양 오	영양군 감천리 2
반남 박	영주시 수도리 3, 권선리 1,
인동 장	영주시 화기리 1, 금광리 2
연안 김	영주시 두월리 2, 신암리 2, 용암리 1
강릉 유	영주시 용산리 4, 울진군 읍남리 2
창원 황	영주시 병산리 2, 대룡산 1(1)
평해 황	청송군 청운리 3(1), 울진군 사동리 2
달성 서	영주시 사천리 2(1)
순흥 안	영주시 대룡산 1, 울진군 척산리 1
야성 송	성주군 고산리 1
영일 정	영천시 삼매리 1 강릉시 학산리 1
여강 이	경주시 양동리 1
월성 손	경주시 양동리 2
경주 김	예산군 용궁리 1, 서산시 유계리 2
나주 정	영주시 상줄리 1
무안 박	영덕군 원구리 2, 도곡리 2,
함양 박	영덕군 삼계리 1
신안 주	영덕군 인량리 1
선산 김	영덕군 인량리 1
영천 이	영덕군 인량리 1
파평 윤	서울시 필동 1, 울진군 매화리 1(1)
광주 노	울진군 명도리 1
울진 장	울진군 행곡리 1 신화리 1
남양 홍	울진군 진복리 1
해남 윤	해남군 초호리 1
여흥 민	부여군 중정리 1
연안 이	예천군 송곡리 1
청주 정	안동군 태 1
장흥 임	예천군 율현리 1
능성 구	남양주군 평내리 1
강릉 최	강릉시에 준 뜰집이 다수 있음

참고 : 주인이 변경된 가옥은 미포함

2부 동족촌락의 민가

1장 중부지방 경기도 가옥

2장 조선의 수도 한양 가옥

3장 영서내륙지방 강원도 가옥

4장 영동해안지방 강원도 가옥

5장 중부내륙 충청북도 가옥

6장 평야지방 충청남도 가옥

7장 해안평야와 산간분지의 전북 가옥

8장 서남해안의 호남지방 가옥

9장 경북 서부의 낙동강 연안지방 가옥

10장 안동 서부 평야지대 양반가옥

11장 안동 북부 산간지방의 계곡 선비가옥

12장 안동 남동부의 낙동강 연안 가옥

13장 경북 내륙의 청송군과 영양군 가옥

14장 태백·소백산간 봉화군의 가옥

15장 경북 북부의 영주군과 예천군 가옥

16장 태백산맥 동사면의 경북 동해안 가옥

17장 경북 남동부 지방 가옥

18장 가야산·지리산 자락의 서부 경남 가옥

19장 낙동강 하류의 남부 경남 가옥

20장 자연환경에 적응한 제주도 가옥

1장 중부지방 경기도 가옥

경기도 가옥의 평면형은 ㄱ자, ㄴ자, ㄷ자의 곡가형으로 남부 一자의 개방형과 ㅁ자의 폐쇄형의 중간형태이며, 중부지방 가옥의 표준으로 볼 수 있다. 특히 강화도에는 곡가형의 원형이 많이 남아 있는데, 이것은 ㄱ자와 ㄴ자가 마주보는 <맞곱패>가옥이 잔존하고 있는 데서도 잘 알 수 있다. 중부지방에서 고려시대 뜰집의 정형은 거의 사라졌고, 지붕도 맞배지붕에서 팔작지붕으로 대부분 대체되었다. 그러나 안채 대청에 감실을 두고, 거릉방(건넌방) 앞의 함실아궁이 위를 약간 돌출시켜 고상 마루로 만들어 활용하는 것, 상류계층의 사랑에 후술하는 경남의 내루와 같이 약간 높은 돌출한 누마루를 두는 것 등은 중부지방 가옥의 특징으로 보인다. 이곳 전통민가의 발생배경은 가옥주의 경제력, 궁중과의 친인척 관계, 고관의 낙향 등과 관련이 있다.

1. 경기도 남양주시

1) 진접읍 내곡리

과거에 연안 이씨가 다수 거주하였던 명당이다.

진접 여경구 가옥[중 129호] : 고 이덕승 가옥은 연안 이씨 **동관댁**이라 부르는데, 현재 사위 여경구가 거주하고 있다. 동부중추부사를 지낸 이덕승의 8대조가 건축한 지 약 250년 된 가옥이다. 지붕형태는 몸채와 사당·솟을대문채가 맞배지붕, 행랑채는 우진각지붕, 몸채의 왼쪽에 있는 사랑채는 팔작지붕 등으로 다양하다. 평면은 중부형 「맞곱패」가옥으로 부엌의 기능을 높이기 위하여 안방에서 찬방과 창고 2칸을 우측으로 돌출시켜 안채를 T자형 평면으로 개조해 놓았다.

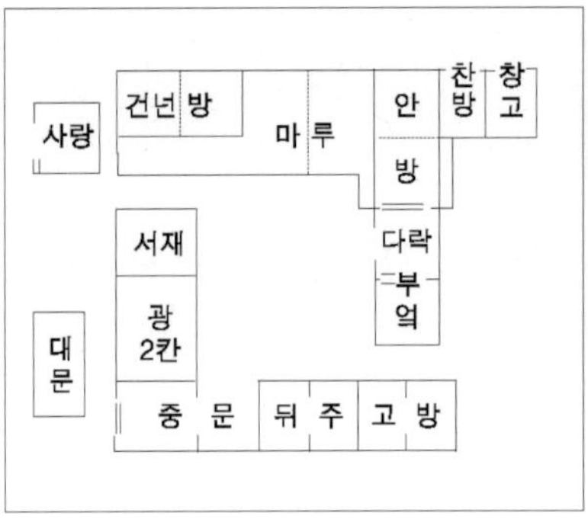

여경구 가옥

진접 김순만 가옥[비지정] : 벽체는 벽돌로 교체하였고, 지붕은 현재 초가지붕을 개조하여 양기와의 우진각지붕으로 되어 있으나 그 원형은 알 길이 없다. 평면은 ㅁ자형에 <몸채-대청>의 중부형이다. 즉 개경의 인접지역으로 고려왕궁의 뜰집을 모방한 평면으로 짐작된다. 외형이 다소 초라할 뿐만 아니라 외양간이 아래채가 아닌 좌익사에 있다는 점에서 후술할 영남지방 권문의 뜰집과는 차이가 있다.

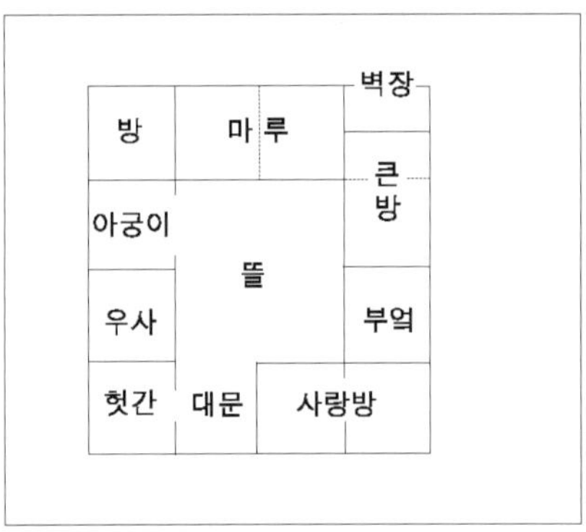

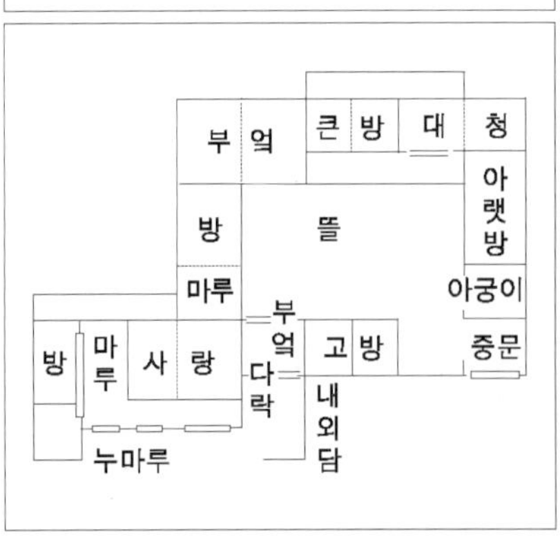

김순만 가옥(상) 남양주 궁집(하)

2) 평내동

평내동 궁집[중 130호] : 이 집은 화길옹주(1765-72)가 이곳 능성인 구민화와 혼인하게 되자 아버지인 영조대왕이 궁중에서 쓰는 건축자재로 지어 주었다는 가옥이다. 경기도에서는 몇 안 되는 ㅁ자형에 <안채-큰방 · 대청>의 남부 一자형 평면이 중부지방에 있는 것이 이채롭다. 사랑채의 규모가 비교적 크며, 띠살 창과 빗살 교창으로 정성들여 만든 4분합 들문이 있는 누마루 방이 사랑의 위상을 높이고 있다. 또 팔작지붕으로 된 사랑외관은 세련되고 경쾌하다. 사랑마당에는 내외담을 둘러 남녀의 활동공간을 분리시켰다.

2. 경기도 양주시(남면 매곡리)

백수현 가옥

수원 백씨의 동족촌락으로 총 60호 중 30호가 백씨다.

양주 백수현 가옥[중 128호] : 본래 명성황후의 피난처로 마련된 이 집을 백수현의 조부가 매입하였고, 그의 증조부가 무과의 사과직에 있었기 때문에 사과댁으로 불려 오고 있었다. 평면은 ㄱ자형 안채, ㄴ자형 행랑채가 마주보는 「맞곱패」형 배치인데, 부엌 뒤에 광과 뒷방이 붙어 있는 조금은 색다른 구조이다. 또 대청에 4분합 들문, 부엌의 판장문과 살창문 등이 상류층 가옥의 고졸한 멋을 풍기고 있다.

3. 경기도 안산시(부곡동)

한때 진주 유씨의 촌락이었으나 현재는 2가구뿐이다.

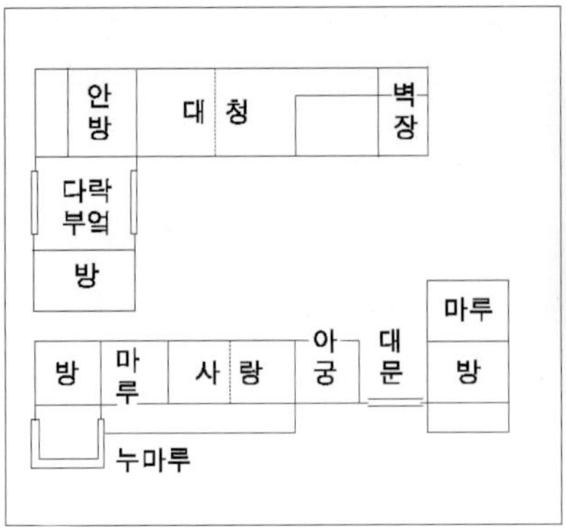

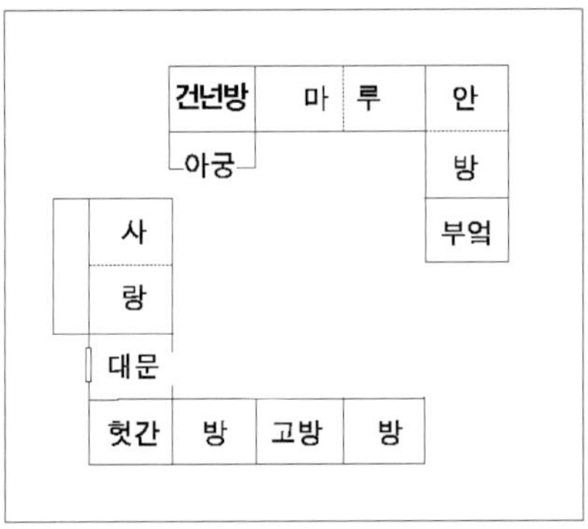

유승종 가옥(상)　　이병원 가옥(하)

안산 청문당[문 94호] : 청문당은 진주 유씨 종가로서 약 200년 전에 부곡에서 진주 유씨의 시조 16대손 유시회(1562-1635) 공이 선조의 부마가 된 어린 조카 유적과 함께 입향하여 건립하였다. 이곳에서는 조선 후기 민족사학자 안정복이 성장하고 또 귀중한 만 권의 서적이 보관되어 있어, 조선 4대 만권당 중 하나로 알려져 있다. 평면은 ㄱ자형 안채와 一자형 사랑채 모두가 팔작지붕으로 되어 있으나 많이 퇴락하였다. 또 인근에는 작은집인 **유승종 가옥**이 있는데, 사랑채는 잘 보존되어 있으며 그 돌출 누마루는 조선 상류 가옥의 멋을 느끼게 하는 데는 부족함이 없다.

4. 경기도 수원시(장안구 파장동)

한때는 광주 이씨의 촌락이었다.

파장동 이병원 가옥[중 123호] : 이 가옥은 고종 25년에 건축된 3동의 초가이다. 평면은 원형이 맞곱패형 가옥이고, 사랑 외측에 별도의 一자형 헛간채가 있다. 안방문은 가운데 정(井)자 살을 가진 불 발기 쌍문으로 되어있고, 창문은 용(用)자 살창으로 꾸며 전체적으로 옛 정취가 풍기는 고옥이다.

또 안채의 건넌방 앞의 함실아궁이가 약간 돌출한 것이 중부내륙의 양식을 나타낸다.

5. 경기도 양평군

1) 용문면 오촌리

가파른 넓은 도로를 벗어나 산적이 다닌 듯한 숲의 동굴 같은 길을 넘어가면 의외로 꽤 큰 마을이 있는데, 한때 강릉 김씨 집성촌이었다.

양평 김병호 고가[민 5호] : 조선 말기 고종 30년(1893) 내시로 있던 사람이 물러나면서 왕의 하사금을 받아 건립한 경기지방의 부농형 주택이다. 평면은 중부지방의 맞곱패형 가옥으로 안채와 사랑채에 꽤 넓은 툇마루를 두었고, 안채 끝 건넌방에 감실을 두어 조상의 위패를 모시고, 또 중 사랑을 안채에 둔 독특한 구조이다.

2) 서종면 노문리

한때 벽진 이씨가 다수 세거하고 있었다.

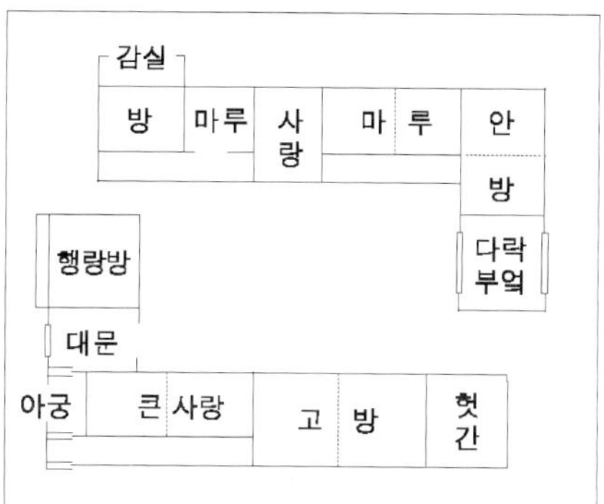

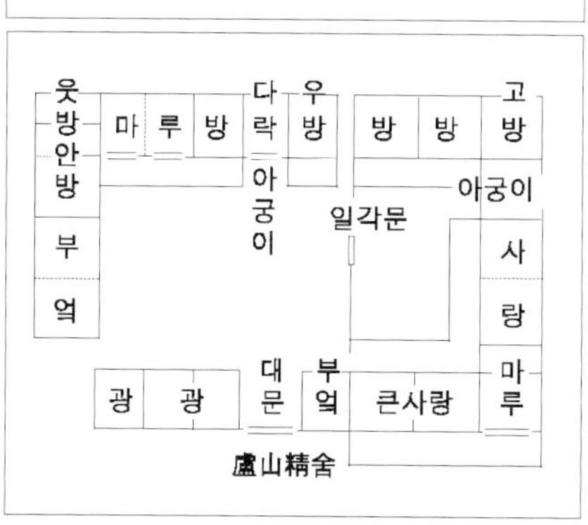

김병호 고가(상) 이항로 생가(하)

이항로 선생 생가[유 105호] : 華西 이항로(1792-1888) 공은 조선시대 말 대표적인 성리학자이다. 호남의 기정진, 영남의 이진상과 함께 주리철학 3대가의 한 사람으로 손꼽히는 이항로는 흥선대원군을 비판하는 상소를 올리기를 꺼려하지 않았던 지조 있는 선비였다. 이 가옥은 지금으로부터 약 200년 전에 건축되었으며 애국지사 勉庵 최익현 등 많은 인재를 길러 낸 곳이다. 가옥평면은 ㄱ자 안채와 ㄱ자 아래채가 떨어진 ㅁ자형 배치를 하고 있으며, 이들 공간은 일각문으로 구분되어 있다. 지붕은 경기도에서는 보기 드문 맞배지붕으로 고식적인 멋을 더해 주고 있다.

3) 양평읍 창대리

경주 김씨 동성촌락으로 현재 40호 중 10여 호가 경주 김씨 가문이다.

양평 창대리 고가[민 7호] : 현 김정식 소유인 이 가옥은 약 200년 전의 건물로 추정되고, 조선 후기 경기도 중·상류층 농가의 모습을 보이고 있다. 평면은 ㄱ자형 안채, 一자형 사랑채와 행랑채가 떨어진 ㅁ자형 배치인데, 안방과 대청 앞에 ㄱ자형 툇마루가 있는 것이 이 지방에서는 독특한 구조이다. 현재 정각사라는 사찰로 사용되고 있다.

창대리 고가

6. 경기도 여주군

1) 대신면 보통리

이 마을에는 김해 김씨가 10호이고, 창영 조씨는 없다.

여주 김영구 가옥[중 126호] : 조선 후기에 글씨에 뛰어난 문신으로 경상도 관찰사와 이조판서를 지낸 창녕인 조석우 공의 고택으로 1860년에 건립되었는데, 현 소유주 김해인 선대에서 구입하였다.

평면은 ㄇ자의 안채에 一자의 사랑채가 접합된 형태로, 경기도에서는 귀한 口자형에 <몸채-안방·대청>의 남부 一자형 평면이다. 그러나 큰 사랑에서 누마루 1칸이 돌출하고, 또 우익사에서 돌출한 안사랑이 있는 것이 경상도 뜰집과는 차이가 있다. 지붕은 모두 팔작지붕으로, 아름다운 외관을 한 대저택이다.

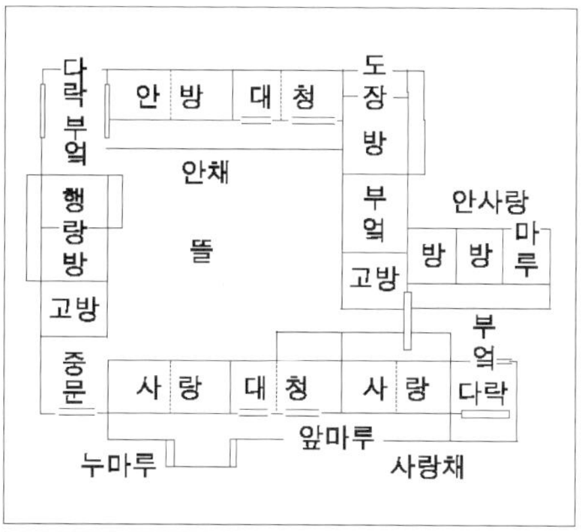

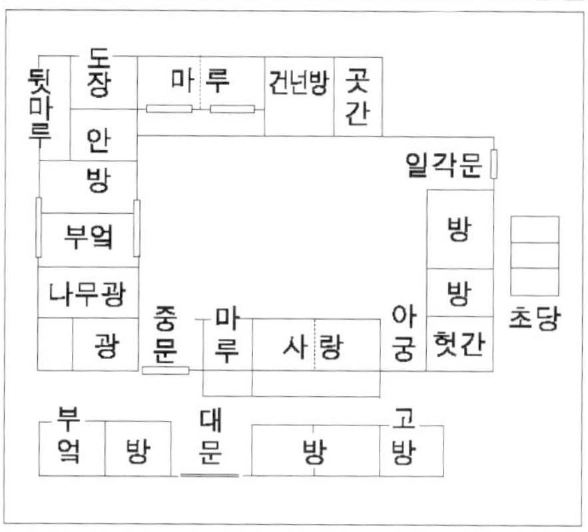

김영구 가옥(상)　　명성황후 생가(하)

2) 여주읍 능현리

현재 관광지로 개발되어 있다.

명성황후 생가[유 46호] : 명성황후 민씨가 태어나 8세까지 살던 집이다. 안채는 숙종 13년(1687)에 건립되었고, 그 후 부원군 민유중의 묘막으로 사용되었다. 현재 ㄱ자형 안채는 팔작지붕이고, 一자형 사랑채와 행랑채는 맞배지붕으로 전체가 떨어진 口자형의 대저택이다. 이 가옥의 몸채에 있는 안방 뒤의 뒷마루, 건넌방 우측의 곳간, 부엌 옆에 있는 나무 광 등이 보통 가옥에는 없는 특이한 구조이다.

3) 점동면 사곡리

해평 윤씨의 집성촌으로 총 54호 중 17호가 윤씨이다.

해평 윤씨 동강공파 종택[문 79호] : 현 윤중진의 가옥인 이 종택은 1891년 건립되었다. 몸채 1동의 ㅁ자형 뜰집에 <몸채-큰방 · 대청>의 남부 직가형 평면이고, 높이가 동일한 팔작지붕의 규모가 큰 가옥으로 개조하였다. 우익사 감실 2칸에는 조선 중기 문신으로 임란시 군량미조달과 군사모집에 공을 세운 해평인 남악 윤승길(1540-1616) 공의 영정이 있다. 옛날에는 연당이 있는 사랑채와 중문채가 몸채의 오른쪽에 있었다.

동강공파 종택

7. 경기도 화성시

1) 정남면 문학 1리

이 마을에는 전주 최씨도 남양 홍씨도 거의 없다.

화성 홍승인 고가[문 74호] : 이 가옥은 전주인 최씨 선조가 1730년대에 건축하였고, 그 후 홍씨가 구입하여 거주하였다. 평면은 ㄱ자형 안채와 ㄴ자형 사랑채가 마주보는 튼 ㅁ자형이다. 사랑이 9칸인데, 가운데 2칸의 대청에서 양쪽 방의 4분합 들문을 열면 5칸이 하나의 넓은 공간이 된다. 그 외 사랑채 띠살 문, 정(井)자 세 살창, 잘 보존된 협문 등은 이 고옥의 멋을 살리고 있다.

2) 서신면 궁평 2리

초계 정씨의 동족촌락으로 현재도 90호 중 40호가 정씨이다. 이웃 마도면과 남양면까지도 정씨의 농토가 있어서 만석꾼으로 알려져 있다.

화성 정용채 가옥[41쪽 月자형 가옥 참조]

화성 박희석 가옥[29쪽 맞곱패 가옥 참조]

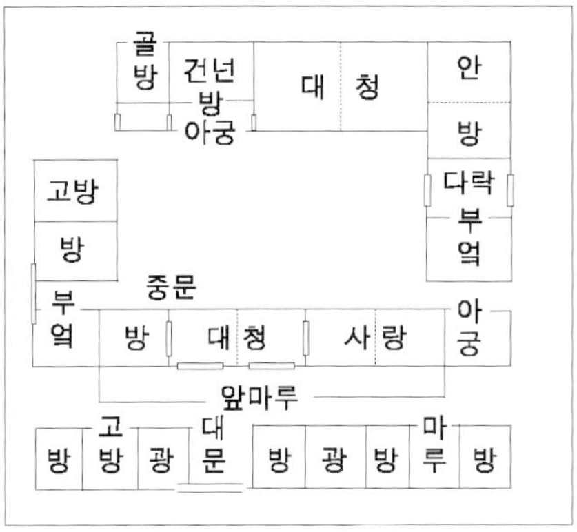

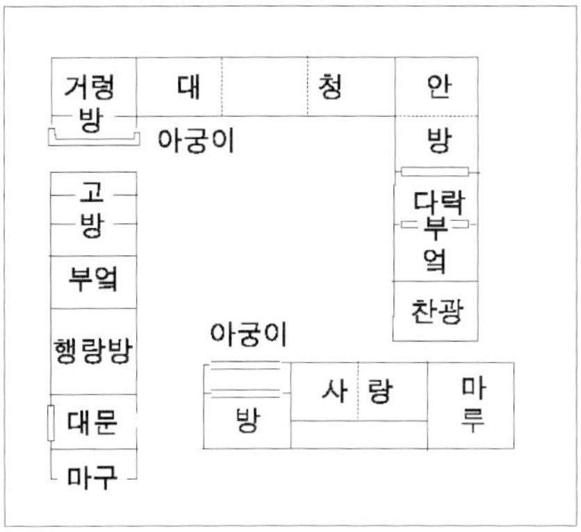

홍승인 고가(상) 이주국 장군 생가(하)

8. 경기도 용인시

1) 원삼면 문촌리

전주 이씨의 집성촌이었으나 현재는 5가구만 있고, 경주 정씨가 3가구이다.

이주국 장군 생가[문 96호] : 영조 때 무신으로 많은 공적을 남긴 이주국(1721-98) 공의 생가로 영조 29년 완공되었다. 이주국은 조선 2대 임금 정종의 후손이기도 하다. 현 소유주 정병하의 5대조가 구입하여 현재 3대의 대가족이 거주하고 있다. 평면은 안채-건넌방의 전면을 맞배지붕으로 만들어 약간 돌출시키고, 그 아래에는 함실아궁이와 고상마루를 만들었는데, 이것은 음성 윤민걸 가옥과 동형으로 중부내륙 고가옥의 특징으로 볼 수 있겠다.

2) 기흥읍 지곡리

한산 이씨 동족촌락이었으나 현재 한산 이씨는 총 100가구 중 10여 가구에 불과하다. 또 도시화로 인해 옛 촌락의 모습은 찾을 길이 없다.

음애 이자 고택[민 10호] : 조선 중종 때 한성 판윤을 지낸 명현 음애(陰崖) 이자(1480 -1533) 공의 고택으로 인근에서는 속칭 기와집 마을로 알려져 있었다. 가옥은 원래 튼 ㅁ자형이었으나 一자형 사랑채가 불타 없어지고, ㄱ자형 안채만 남아 있다. 평면은 우익사에 큰방과 부엌이 있는 중부 곡가형이고, 지붕은 몸채와 좌익사는 팔작지붕이나 우익사는 맞배지붕이다. 특히 좌익사 안쪽 청방에 사당이 있어서 제사를 모시고, 그 앞쪽으로 사랑 공간이 궁색한 더부살이를 하고 있다.

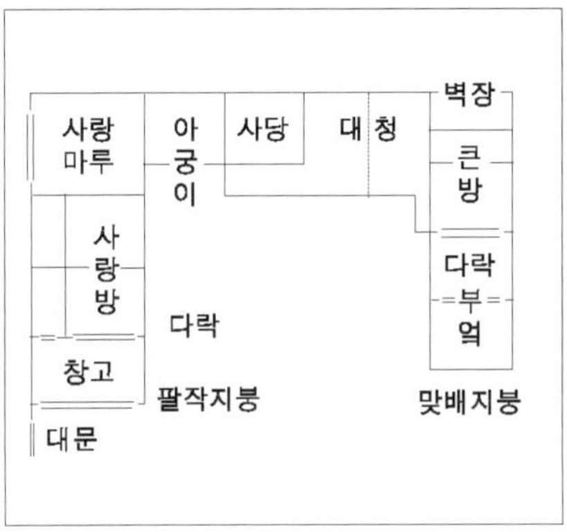

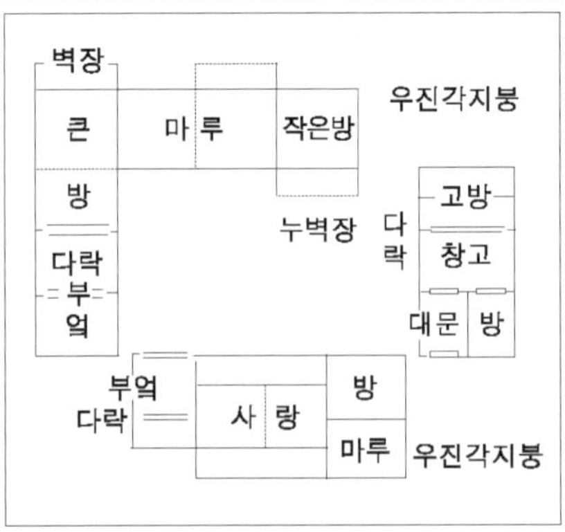

이자 고택(상)　　어재연 생가(하)

9. 경기도 이천시(율면 산성리)

옛날에는 50여 호의 함평 어씨의 집성촌이었으나 현재는 모두 떠나고 단 2가구만 남았을 뿐이다.

어재연 장군 생가[중 127호] : 현 어용선 가옥 안채는 현종 1년(1660)에 건립되었으며, 신미양요

때 강화도 수비 책임자로 순절한 어재연 장군(1823-71)의 생가이다. 평면을 보면 안채는 곱패집(ㄱ자)이고 사랑채와 광채는 一자형으로 되어 있어, 전체적으로는 떨어진 ㅁ자형 배치이다. 현재도 초가로 보존되어 당시의 우리조상 들의 생활을 연상시켜 줄 뿐만 아니라 부엌다락, 창고다락 등에 세 살 광창을 달아 고상한 멋을 풍긴다.

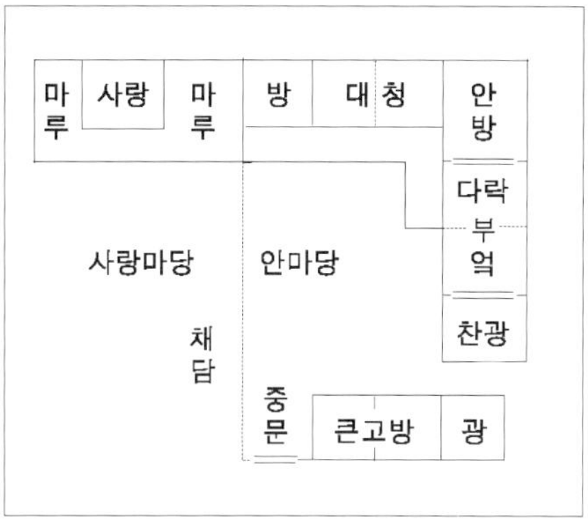

오정방 고택(상)　　유현재 가옥(하)

10. 경기도 안성시(양성면 덕봉리)

60가구 중 58가구가 해주 오씨인 동족촌락이다. 해주 오씨는 지금으로부터 350여 년 전에 입향하였다.

안성 정무공 오정방 고택[유 175호] : 조선 중종 5년에 건립되었으며, 임란 때 공을 세운 정무공 오정방(1588-1634)과 천파공 오상, 충정공 오두인 등 해주 오씨 가문의 명현을 배출한 유서 깊은 고택이다. 원래의 사랑채와 대문채는 훼철되고, 안채가 사랑의 기능을 함께 한 곱은자(ㄱ자)형의 규모가 큰 가옥이다. 그래서 사랑마당과 안마당을 나누는 내외담을 쌓아 남녀의 활동공간을 구분하였다. 이 가옥은 부엌 위 다락의 정교한 정(井)자 세살창이 마을길에서도 감상할 수 있도록 채담 위로 내다보여 마을의 품격까지 높여 주고 있다.

11. 경기도 강화군

1) 송해면 하도리

총 40가구 중 10가구가 밀양 박씨이다.

강화 박순진 가옥[33쪽 ㅁ자형 가옥 참조]

2) 송해면 숭뇌 1리

지난 200여 년간 기계 유씨의 세거지였다.

강화 유현재 가옥[비지정] : 병조참판을 지낸 현 소유주의 7대조가 입향하여 건립한 가옥이다. 지붕재료인 점판암은 해방 이전 개성에서 가져온 것으로 전해진다. 가옥은 ㅁ자형 「땔 집」에 <몸채-작은방 · 마루>의 남부 一자형 평면으로 어설프게 변형되어 있다. 몸채는 정면이 7칸으로, 규모가 크기는 하나 고방과 헛간을 둔 것이 격에 맞지 않는다. 반면 대청에는 감실을 두고 있어 반가의 가옥임을 시사한다.

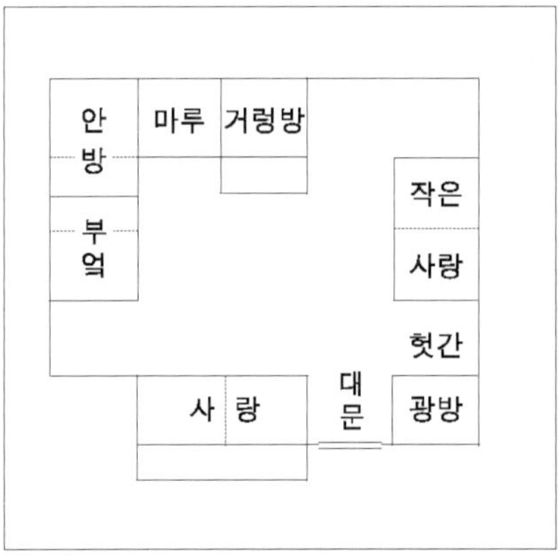

노상우 가옥 평면도(좌) 김형식 가옥 사진(우),

3) 화도면 문산리

일명 문현 마을은 총 105호가 되는 큰 마을로 현재는 울산 박씨, 백천 조씨가 각 15호, 교하 노씨가 4호 정도로 다수를 점하고 있다. 가옥도 「맞곱패 집」이 18호 가량 집중되어, 강화도에서도 독특한 가옥경관을 구성하고 있다. 트인 부분을 담으로 막거나 문을 달아 튼 ㅁ자의 폐쇄형 가옥이 되어 있다는 점이 이들 가옥의 특징이다. 그래서 남자들의 공간인 사랑은 여자들의 공간인 안채와는 달리 대문 밖 외부에 개방되어 있는 것이다. 지붕은 원래는 초가였으나 현재는 슬레이트 지붕으로 개량하였고 채색되어 있다.

강화 노상우, 김형식 가옥[이상 비지정] : 모두 안채가 좌측, 아래채가 우측에 위치하는 「맞곱패 집」 평면구성을 하고 있다. 총 12칸으로 비교적 규모가 큰 가옥이며, 방의 배열과 기능에 있어 다른 가옥들과 차이가 있다. 이들 가옥은 대체로 안채의 거릉방(건넌방)이 아래채의 대문과 마주보는 구조이고, 또 대문 내측의 안채 공간은 뜰집과 같이 폐쇄적이고, 사랑이 있는 아래채 외측의 툇마루가 있는 곳은 마을길과 연결되어 완전히 개방적이다.

박영춘 가옥 평면도(좌)　박희철 가옥 사진(우)

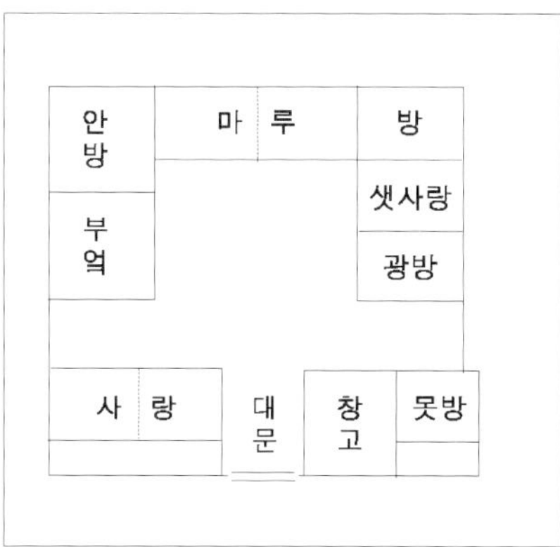

김석태 가옥

강화 박영춘, 박성오, 박기범, 박희철 가옥[이상 비지정] : 이 가옥들 역시 중부형 「맞곱패 집」으로 규모가 10-11칸으로 비교적 작은 가옥이다. 이들 가옥은 안채가 좌측에 아래채 우측에 위치하고 있으나 칸의 배치에서 대문과 부엌이 마주 보는 구조이다.

강화 김석태 가옥 : ㄇ자형 안채와 一자형 아래채가 접합하여 된 튼 ㅁ자의 폐쇄형 가옥으로 양쪽에 떨어진 부분이 담으로 연결되어 있어서 이곳 주인은 「땔 집」이라 부르고 있으나 완전한 뜰집은 아니다. 지붕은 슬레이트 지붕으로 개조되어 있고, 평면은 우익사에 새사랑과 광방을 두고, 아래채에 못방을 둔 것이 독특한 구조이다.

강화 노광우 가옥[29쪽 맞곱패 가옥 참조]

12. 인천광역시 중구(남북동)

인천 조병수 가옥

남북동은 약 150년 전에 한양 조씨가 입향한 후 동성촌락으로 발전하였으나 지금은 모두 떠나고 2가구뿐이다. 인천공항 개항 이전에는 영종도 서쪽에 있는 외로운 섬 용유도로서 가옥의 건립에 어려움이 있었을 것으로 짐작된다.

조병수 가옥[문 16호] : 현 소유자의 고조부가 1890년에 건립한 것으로 알려져 있다. 평면은 ㄱ자 안채와 ㄴ자 대문채가 「맞곱패」형을 이루고, 특히 안방 뒤에 찬방과 윗방(보선방)이 있는 田자형 준겹집이다. 또 대청에는 전후 퇴가 있고, 대청 중앙에 중부양식의 조상의 위패를 봉안한 벽감을 설치하여 선비의 가옥임을 보여주고 있다.

2장 조선의 수도 한양 가옥

한양에서는 명문가를 대표하는 성씨는 있겠으나 저명한 동족촌락은 형성될 수 없었다. 그래서 동족촌락과 관련된 민가보다는 왕의 친족이 거주하는 궁궐 같은 대저택, 명재상과 관리들이 거주하는 대가옥, 상거래에서 많은 부를 모은 거상의 주택, 특정 계층의 전문인의 가옥 등이 다양하게 분포하고 있다. 이들 가옥의 평면은 일정한 형식은 없으나 규모가 크고, 부엌에 부속된 마루를 두고 있는 것이 특징이다. 지붕은 대부분이 팔작지붕으로 아름답고 화려하다. 가옥 외관도 좋은 자재를 사용하여 웅장하면서도 세련되어 있다.

1. 서울시 종로구

1) 남산골 한옥촌

서울시에서 1989년 남산골의 제 모습 찾기 사업에 의해 중구 필동에 조성한 마을이 바로 남산골 한옥촌이다. 2,400여 평의 수도방위사령부 부지를 인수하여 이곳에 전통공원을 조성하고, 서울의 8대가로 불리어 오던 사대부집으로부터 일반 서민의 집에 이르기까지 전통 한옥으로 지정된 23채 중 다섯 채를 1996년 옮겨 놓았다. 그래서 조선시대 고옥을 한눈에 살펴볼 수 있는 도심 속 민속자료실이다.

순종효황후 윤씨 친가[비지정] : 대한제국의 마지막 황제인 순종 황후 순정효황후 파평인 윤씨가 황후가 되기 전 1906년까지 살았던 집이고, 1910년 부원군의 궁집으로 종로구 옥인동에 중건되었다. 평면은 ㄱ자형 안채와 ㄴ자형 아래채가 접합한 ㅁ자형에 <몸채-대청>의 중부형으로 서울에서는 다른 예를 찾아볼 수 없는 유일한 뜰집이다. 이 가옥은 궁중과 유사한 양식으로 볼 수 있으며 그래서 부엌 안에 부엌마루가 있다. 또 좌우대칭적인 건축구조는 안정감과 함께 한양가옥의 세련미를 높여 주고 있다.

순종효왕후 친가

부마도위 박영효 가옥[민 18호] : 철종의 부마로서 영혜옹주의 남편인 박영효가 옹주와 함께 살던 집이다. 역시 종로구 관훈동에서 이곳으로 옮긴 것이다. 이 건물은 안채, 사랑채, 별당채가 떨어진 ㅁ자형 배치이다. 이 가옥은 몸채의 대청에서 익사채에 있는 안방과 부엌까지 거리가 - 서민의 민가에서와는 달리 - 상당히 멀다. 특히 대청 앞에는 ㄇ자형의 쪽마루가 있고, 부엌이 넓고 부엌마루가 있는 구조이다.

박영효 가옥

오위장 김춘영 가옥[민 8호] : 조선 후기 오위장을 지낸 김춘영이 1890년에 지은 집으로 종로구 삼청동에서 이곳으로 이건하였다. 가옥은 ㄷ자형의 안채에 一자형의 사랑채가 있는 중부 곡가형 평면이다. 부엌에 마루를 둔 것을 볼 때 부엌마루는 한양에서는 보편적으로 보급된 양식으로 보인다. 사랑은 규모가 왜소하나 별도의 일각문으로 출입하도록 되어 있어 내외를 엄히 하는 당시 반가의 모습을 보여주고 있다.

김춘영 가옥

도편수 이승업 가옥[민속 20호] : 흥선대원군에 의해 경복궁이 중건될 때 도편수였던 이승업이 1860년 직접 건축하였다. 중구 삼각동에 안채와 사랑채만 남아 있던 것을 이전·복원하였다. 이 가옥은 丁자형의 안채에서 대청의 들문과 건넌방의 접문을 열면 넓게 쓸 수 있는 구조이다. 그 외에도 부엌 위 다락의 빗살로 된 세살 광창(光窓)과 건넌방을 한 바퀴 두른 아름다운 아자(亞字) 세살 난간 등 목수의 가옥답게 세련된 창호와 마루의 장식이 가옥의 품위를 높이고 있다.

이승업 가옥

2) 가회동 93-1

가회동 백인제가[민 22호] : 이 가옥은 이 왕가의 생질이 되는 한상룡이 1874년 압록강의 흑송을 가져와 건축하였다고 한다. 일반적으로 상류주택은 사랑채와 안채가 분리된 것이 보통인데, 이 가옥은 한 동으로 연속되어 있다. 특히 사랑채 뒷벽이 안마당의 화초담으로 그곳에 새겨진 태극문양과 완자무늬가 아름답다. 평면은 ㄇ자형 몸채에 ㄱ자형 아래채가 결합한 튼 ㅁ자형에 <몸채-큰방 · 대청>의 남부 一자형의 평면이다. 지붕은 모두 팔작지붕이며, 세련되고 경쾌하다.

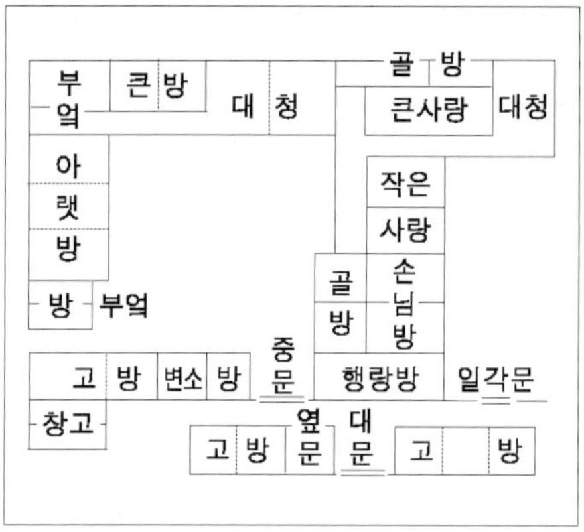

백인제 가옥

2. 서울시 성북구

1) 성북 2동

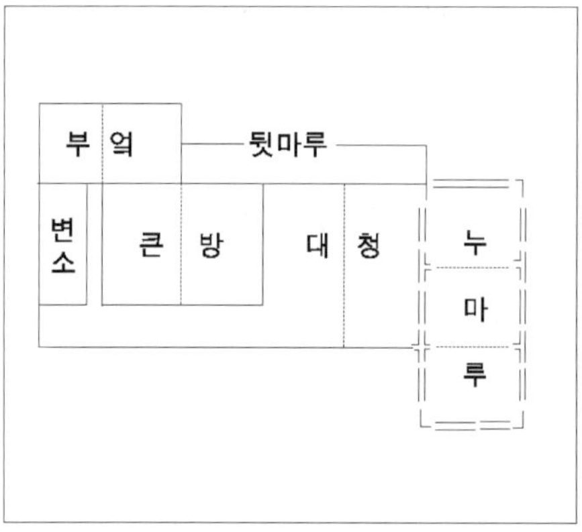

이재준 가옥

성북동 이재준 가옥[민 10호] : 육의전에서 젓갈장사로 돈을 모은 이종상이 1900년경에 별장으로 건립하였다. 그 후 1960년 대림산업회장 이재준이 구입하였고, 현재는 덕수교회 목사관으로 사용되고 있다. 최근 수리하여 고옥의 멋은 없으나 평면구조에서 조선 상류사회의 별장 모습을 잘 보여주고 있다. 이웃에는 **상허 이택준 고택**[민 11호]이 있으며 이재준 가옥과 유사한 평면의 별장이다.

2) 정릉동

장교동 한규설 대감 가옥[민 7호] : 조선말 한성부 판윤을 지낸 한규설의 가옥으로 1890년 종로구 장교동에 건축되었다. 지금은 정릉 국민대학교 캠퍼스 구내에 이건되어 학생들의 생활관으로 사용되고 있다. 안채는 T자형으로 전면은 팔작지붕, 후면으로 돌출한 부분은 맞배지붕이나 너무 현대적으로 개조하여 가옥의 모형과 같아서 고식적인 멋은 사라지고 없다.

한규설 대감 가옥(좌)　　정재문 가옥(우)

3. 서울시 광진구(모진동)

사직동 정재문 가옥[민 9호] : 조선 말기에 종로구 사직동에 건축되었고, 철종 때 왕족 이하전(1842-62)의 살림집으로 다시 세운 것으로 추정된다. 현재 모진동 건국대학교 구내에 이건되어 있다. 가옥은 곡가 ㄱ자형으로 안채와 사랑채가 함께 있는데, 안채는 동향으로 안방, 대청, 건넌방이 있고, 사랑채는 모퉁이에 부엌과 찬 마루가 있는 구조이다. 그러나 벽채와 창호 등을 서양식 내지는 일본식으로 개조하여 조선시대의 고옥으로 보기가 어렵다.

그 외 서울에는 종로구 경운동 **민익두 가옥**[민 15호]은 1930년대의 개량한옥으로 명성황후의 친정 조카뻘인 민익두 대감의 옛 저택으로 외형은 전통한옥이나 실내는 「民家茶軒」이라는 음식점으로 개조되어 있다. 운니동 **김승현 가옥**[민 19호]과 부암동 **윤응렬 가옥**[민 12호]은 모두 1900년경 건축된 팔작지붕 가옥으로 전자는 운형궁터 넓은 대지에 ㄷ자형 평면으로 안채와 사랑채가 대청으로 연결되어 있는 특이한 구조이다. 후자는 자하문 고개 넘어 언덕 위에 있으며, 안채가 많이 개조되었으나 정원이 잘 꾸며져 있다. 마포구 용강동에는 충청도 영동군 국회의원을 지낸 **정구중 가옥**[민 17호]이 있는데, 접합에 의한 불완전 한 ㅁ자형 가옥으로 볼 수 있고, 많이 개조되어 있다.

4. 서울시 강남구(수서동)

수서 필경재[비지정] : 현 전주 이씨 이병무 소유인 필경재는 조선시대 정승 3명(영의정 鹿川 이유, 우의정 이후원, 이지연)을 배출한 가옥이다. 인근에 세종대왕의 다섯 번째 아들 광평대군의 묘역이 생긴 이후 그의 증손 이천수가 건립하였다는 설이 있다. 가옥은 ㄇ자형 안채와 一자형의 사랑채가 튼 ㅁ자형에 <몸채-대청>의 중부 곡가형 평면이고, 모두 팔작지붕의 세련된 외관이다. 현재의 가옥은 1994년 해체 복원된 것이다. 1999년 6월부터 신선로 등 궁중요리를 전문으로 하는 한정식 식당으로 개조되어 사용되고 있으나, 그래도 옛 모습을 잘 보존하고 있다.

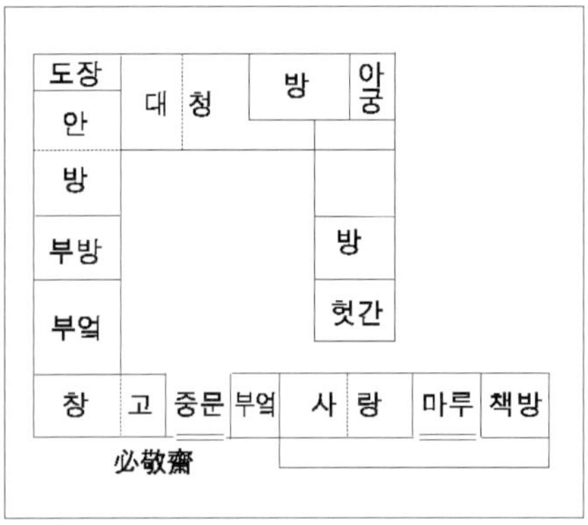

수서 필경재

3장 영서내륙지방 강원도 가옥

이 지역은 고가옥의 수가 적기 때문에 독자적인 가옥형태가 보이지 않는다. 그러나 중부지역의 일부로서 인접하고 있는 경기도와 충청도의 ㄱ자형, ㄷ자형의 곡가형 가옥과 유사하다. 그러나 평면형태는 태백산맥 넘어 「중부 영동지방의 田자형 겹집(양통집)」과 「북부 영동지방의 외양간 돌출 곡가(ㄱ자)형 겹집」의 점이지대로서의 성격도 일부 보이기 시작한다.

1. 춘천시(동면 장학리)

춘천 민성기 전통가옥[문 66호] : 원래 화천지역에 있던 가옥으로 1925년에 이곳으로 이건되었다. 구한말 건축 당시에는 여흥 민씨 세도가의 한 사람이고, 휘문 중학교 창설자인 하정(荷汀) 민영휘의 묘막으로 사용되었다. 가옥은 ㄱ자형의 안채와 ㄴ자형의 행랑채가 마주보는 중부형 「맞곱패 집」인데, 그 규모가 상당히 크다. 평면은 안방과 부엌이 익사에 내려온 곡가(ㄱ자)형의 기본 평면이다. 아래채 부엌은 함실아궁이이다.

2. 원주시(문막읍 건등리)

총 100호 중 안동 김씨는 2가구뿐이다.

김두한 가옥[유 86호] : 현 소유주의 9대조인 영의정 김창집의 손자이며 원주목사를 지낸 안동인 김탄행(1714-74)의 묘를 관리하기 위한 제사로 약 240여 년 전에 건립되었다. 가옥은 안채와 사랑채가 ㄷ자형이고 ㄴ자형의 헛간채와 함께 떨어진 口자형 배치를 하고 있으며 정면에 대청이 있는 중부 곡가형 평면이다. 인근 흥업면 사제리에 있는 **박종옥 가옥**(유 87호)은 철거되고 없다.

민성기 가옥(상) 김두한 가옥(하)

3. 평창군(대화면 하안미리)

김재호 점판암 가옥[비지정] : 1962년 평창읍 세골리에서 점판암을 채취하여 지붕으로 사용한 가옥 5동 중 남아 있는 하나이다. 평면은 영동지방(강릉)에 많이 있는 田자형 겹집(양통집)과 유사한데, 이곳 영서지방에는 이제 거의 없어졌다.

4. 정선군

1) 정선읍 봉양리

제주 고씨가 여말에 입향한 후 21대째 세거하고 있다. 제주 고씨의 9대조가 창녕군 오위장을 지냈으며, 100여 년 전까지 정선읍에는 고씨가 번창했었다.

정선 고학규 가옥[유 89호] : 이 지역에서 가장 오래된 가옥이며 1805년에 중수한 바 있다. 이 가옥은 ㄱ자형의 팔작지붕 안채와 一자형의 맞배지붕 사랑채가 튼 ㅁ자형으로 되어 있다. 안채는 중부 곡가형에 <몸채-안방 · 마루>의 남부 一자형의 평면으로 되어 있다. 부엌 앞에 있는 찬방과 사랑의 목방(못방) 등은 격조 높은 반가의 양식으로 보인다.

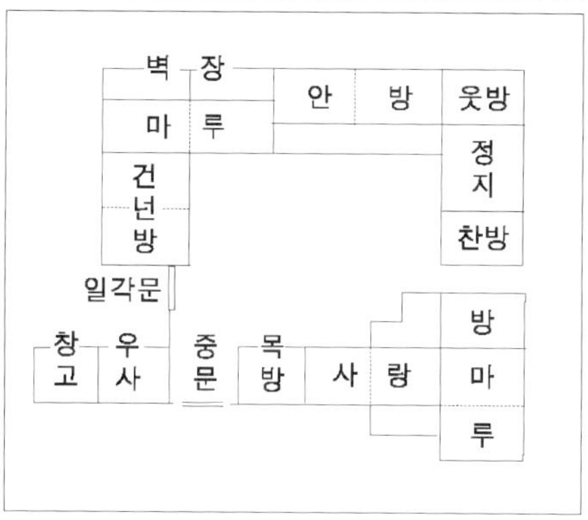

김재호 가옥(상) 고학규 가옥(하)

2) 임계면 봉산리

득수 이씨 동족촌락으로 75호 중 50호가 이씨이다. 우리나라 문신을 대표하는 栗谷 이이 선생과 무신를 대표하는 忠武公 이순신 장군의 일가라고 하니 어쩐지 마을이 예뻐 보인다.

정선 이종후 가옥[유 88호] : 현 소유주 이위의 11대조로 이조판서를 지낸 이자 공의 가옥이다. 숙종 때 조부 택당 이식과 아버지 우의정 외재(畏齋) 이단하의 문집을 정리하면서 건립한 가옥이다.

이 가옥은 안채 ㄱ자, 사랑채 ㄴ자가 합쳐 튼 ㅁ자형의 겹집인데, 안방과 부엌 뒤의 뒷방과 도장은 田자형으로 이들을 전후 툇마루가 잘 연결하고 있다. 또 아래채에는 다락이 있는 마구가 돌출하고 있다. 이러한 구조는 「북부 영동형 외양간 돌출 겹집」 가옥과 유사하여 점이적 성격을 띠고 있다.

이종후 가옥

4장 영동해안지방 강원도 가옥

이곳은 우리나라에서 가장 독자적인 가옥문화를 형성하고 있는 지역인데, 가옥 구조는 중부 영동지방과 북부 영동지방이 약간 상이하다. 강릉을 중심으로 중부 영동형 가옥은 一자형 안채에 ㄩ자형 사랑채가 트인 口자 배치형이거나 또 완전히 접합한 뜰집도 있다. 평면은 田자형 겹집도 대청이 없는 경우가 보통이다. 북부(속초, 고성) 영동형 가옥은 「외양간 돌출 곡가(ㄱ자)형 겹집」이 다수이다. 이들 가옥은 전면 중앙의 마루(옛날에는 土床으로 된 봉당 임)를 중심으로 안방, 사랑방, 부엌, 외양간 등의 모든 기능이 한 지붕 아래 함께 있는 완결형 가옥이다. 북부로 갈수록 겹겹집의 평면이 나타나고, 추운 겨울에 실내작업을 하는 봉당의 기능을 겸하고 있는 부엌의 규모도 커진다. 영동지방은 영덕 괴시를 중심으로 하는 「남부 영동지방 측입형 뜰집」을 포함하면 3개(북부, 중부, 남부)의 상이한 가옥문화가 발달하였다고 말할 수 있겠다.

1. 삼척시

1) 원덕읍 옥원리

삼척 김씨의 동족촌락으로 90호 중 50호가 김씨이다.

[illegible] : 건립연대는 약 200년 전으로 추정된다. 현 종손 김원극의 고조부가 건립하였는데, 그는 당시 군례부 주사를 지낸 삼척의 부호였고, 부친 김낙윤은 원덕면 면장을 지냈다. 안채는 앞마루 뒤로 규모가 작은 마루방과 도장방이 있는데, 겹집 구조의 시작으로 보인다.

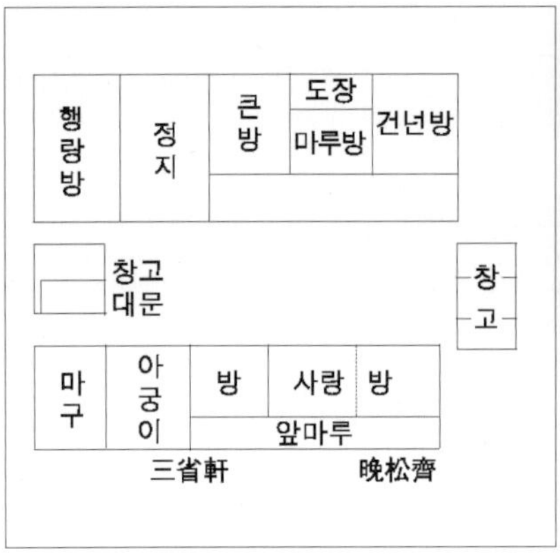

김낙윤 가옥

2) 미로면 고천리

삼척 김씨의 집성촌으로 현재 70호 중 10호가 김씨이다. 그러나 이 마을에는 겹겹집이 많이 있고, 또 가난한 산촌임에도 와가가 13가구나 된다.

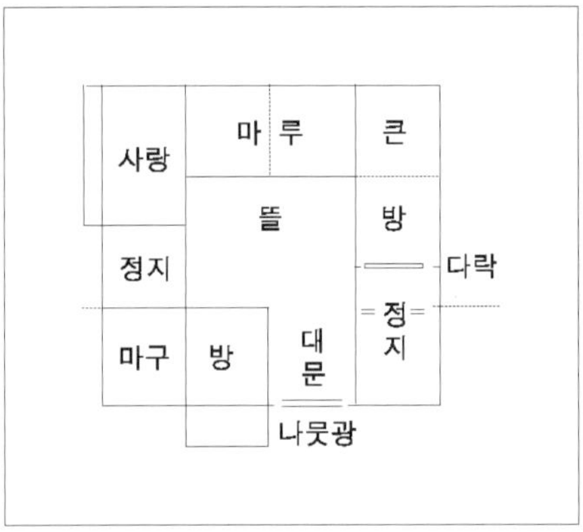

김영우 가옥

삼척 김영우 가옥[문 96호] : 이 가옥은 최씨-윤씨-김씨로 주인이 바뀌었고, 건축 당시 건축주의 성씨는 알 길이 없다. 그러나 건립연대는 150-180년 전쯤으로 추정된다. 가옥은 몸채가 ⊓자형, 아래채 一자형이 접합한 口자형 뜰집에 <몸채-마루>의 초기 고식적인 중부형 평면이다. 지붕은 팔작지붕이나 접합부분의 양익사는 맞배지붕이다. 건립 당시는 큰방에 윗방이 있었고, 사랑은 윗사랑과 아랫사랑으로 나누어져 있었고, 마루에는 감실과 벽장이 있었다. 또 대문 옆의 방은 고방이었고, 돌출한 나뭇광은 방앗간이었다. 이웃의 **이재희 가옥**[비지정]은 ㄱ자형 겹집의 평면구조에 팔작지붕이다.

이 가옥 주인 역시 여러 차례 바뀌었으며 약 100년 전에 건축된 것으로 전해진다.

정은교 가옥

정은교 가옥과 김재봉 가옥[이상 비지정] : 이 가옥들은 모두 전면 3칸, 측면 3칸으로 삼척지역 겹겹집(3겹집)의 전형으로 보인다. 一자형으로 외양간이 돌출하지 않는 팔작지붕 가옥이다. 정면의 봉당은 부엌, 우사와 함께 통 공간으로 농사일뿐만 아니라 쌀독과 김치독 등을 보관하는 창고 역할도 하고 있는데, 이것이 이 가옥의 특징이다. 이 마을에 이러한 전통민가가 11가구가 있다.

굴피집

3) 신기면 대이리

태백산간의 다소 높은 지역에 있는 굴피(참나무 껍질)집과 소나무로 만든 너와집은 북부 영동지방(속초, 고성 중심) 가옥과 유사한 외양간 돌출 곡가(ㄱ자)형의 겹집이다.

삼척 대이리 굴피집[중 223호] : 원래 신기면 대평리 산중턱에 있던 정상흥의 집이었으며, 최근 삼척 환선굴 입구에 관람이 가능하도록 복원해 두었다. 지붕은 굴피가 펴지도록 긴 나무로 눌러 놓았고, 평면형은 상기 정은교 가옥과 유사하나 외양간이 정면으로 돌출한 곡가(ㄱ자)형 겹집이다. 그러나 관례상 부엌보다 사랑을 정면으로 본다면 「측입형 가옥」이 된다. 정면에 봉당이 있고, 모든 방의 천장과 지붕 사이는 통 공간이 되어 부엌의 연기가 이곳을 지나 지붕 양쪽의 박공으로 빠져나간다. 또 사랑방에는 「코쿨」이라는 벽난로가, 부엌에는 불씨를 보관하는 「화티」가 있는 것이 특징이다.

삼척 대이리 너와집[중 221호] : 현 소유주 경주 이씨 이종옥의 11대조가 인조 14년 병자호란 때 피난 와서 지은 너와집이다. 한때 이곳에는 20여 호의 너와집이 있었다. 너와의 크기는 일정하지 않으나 가로 20-30cm, 세로 40- 60cm이며 두께 4-5cm이다. 가옥의 평면과 지붕구조는 굴피집과 동형이다.

이종옥 너와집

4) 도계읍 신리

김해 김씨, 진주 강씨, 남양 홍씨, 밀양 박씨의 혼성촌락이고, 산의 계곡을 따라 수호씩 흩어져 있는 전형적인 산촌(散村)지역이다.

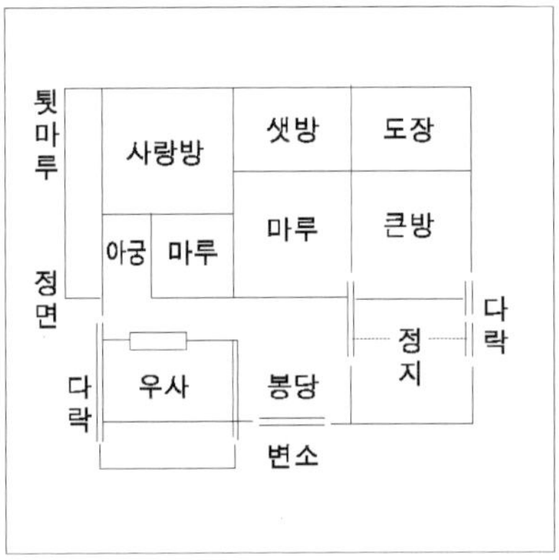

구 김진호 너와집

신리 너와집[중 33호] : **구 김진호 댁**은 전술한 구 강봉문 댁과 차이점은 외양간에 더 붙여 있는 변소가 함께 돌출했는데, 구 김진호 댁은 외양간 앞 변소만 돌출한 ㄱ자형 가옥이다. 그래서 이 가옥은 변소가 정면이 아니고 사진과 같이 사랑이 정면이면 역시 측입형 가옥이 된다. 평면형태는 봉당과 마루를 중심으로 사랑방, 셋방, 도장방, 큰방, 부엌, 외양간 등이 있는 겹겹집이다. 그래서 너와집은 모두 3겹집으로서 연기가 지붕의 합각으로 빠지고, 코쿨과 화티가 있는 등 너와집으로서 공통점이 있다.

신리 너와집(구 강봉문 댁)[21쪽 ㄱ자형 가옥 참조]

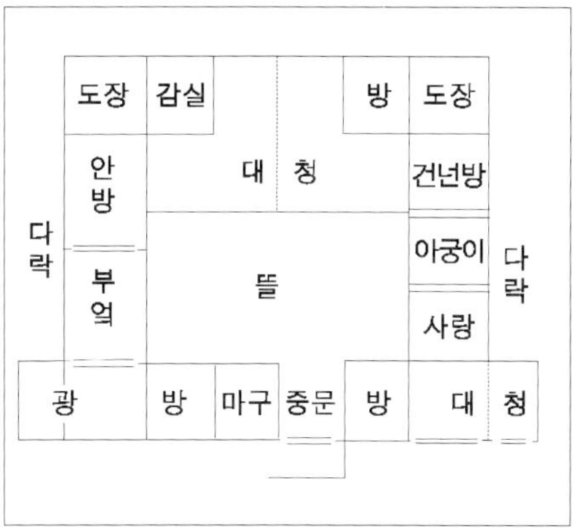

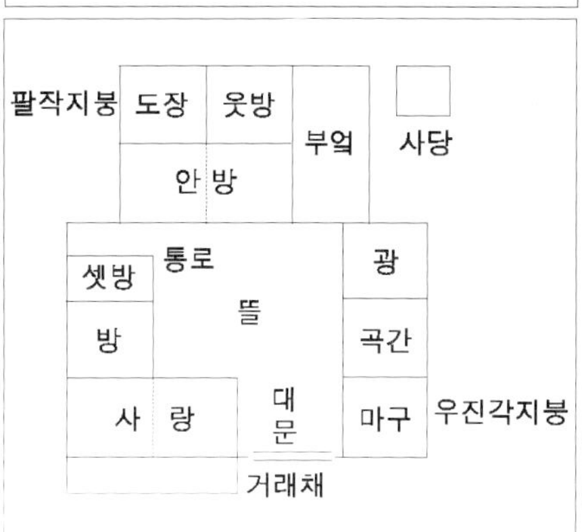

김형기 가옥(상)　　심상열 가옥(하)

2. 동해시(이도동)

강릉 김씨와 삼척 심씨의 혼성촌락으로 현재 50호 중 김씨가 5호이고, 심씨가 10호이다. 강릉 김씨 시조 김주원 공은 계림 김씨 김알지의 21세손으로 신라 원성왕 때 명주군왕이 되어 강릉을 통치하였다. 그의 두 아들은 신라의 侍中이 되었다. 그래서 신라 김씨 중 제일 먼저 분적한 맏집이다. 삼척 심씨 시조는 고려말 명문으로 中書舍人(고려조 정4품), 집현전제학을 지낸 심동노 공이다.

동해 김형기 가옥[유 83호] : 1726년 건립되어 현 소유주 김두수의 12대조부터 거주해 왔다. 가옥은 ㄱ자형 안채, 一자형 사랑채가 접합된 양 날개 ㅁ자형 뜰집에 <몸채-대청>의 중부형 평면이다. 그러나 몸채는 6칸 겹집으로 대청에 감실과 작은방을 넣어 중부양식으로 개조하였다. 지붕은 <몸채 팔작-아래채 낮은팔작>의 변형 지붕이다. 아래채 전면에 내외담이 있어서 남녀의 공간을 구분하는 유가의 가옥이다.

동해 심상열 가옥[유 82호] : 현 소유주 심용섭의 9대조가 18세기에 건축한 것으로 추정된다. 가옥은 ㄩ자형 안채와 一자형 거래채(아래채)가 접합하여 ㅁ자형 뜰집이 되었다. 안채는 중부 영동지방 田자형 겹집의 전형으로 안채에 대청이 없는 영동형 가옥의 특징을 가지고 있다. 그래서 상기 김형기 가옥과 함께 당시 민가의 연구의 귀중한 자료가 된다.

3. 강릉시

1) 운정동

옛날 전주 이씨의 세거지였고, 인근의 해운리는 삼척 심씨의 집성촌으로 현재도 50호 중 20호가 심씨이다.

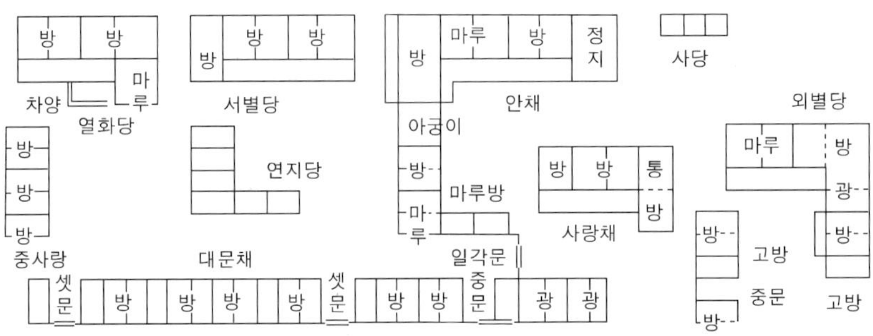

강릉 선교장 평면도

강릉 선교장[중 5호] : 선교장은 조선시대의 양반주택으로 현존 가옥도 9동 102칸이어서 국내 최대의 살림집이다. 옛날에는 경포호수가 커서 오죽헌에서 배로 호수를 건너다니다 보니 이곳을 배다리(선교장)라 했고, 종택도 선교장이라는 당호를 붙였다. 현 소유주 이강백의 9대조이자 효령대군의 10대손인 이내번 공이 집터를 잡아 처음으로 살기 시작하였다. 안채, 사랑채, 별당, 사당, 정자, 행랑채를 골고루 갖춘 가옥이다. 특히 사랑채가 5개나 되고, 대문채의 줄행랑이 25칸이어서 그 규모를 미루어 짐작할 수 있다. 그 외 집 밖 연당 속에 조성된 ㄴ자형의 팔작지붕 활래정은 국내에서 가장 아름다운 살림집 정자로 알려져 있다.

선교장 전경(좌)　　활래정(우)

강릉 심상진 가옥[유 79호]과 해운정[보물 183호] : 해운정은 중종 25년(1530)에 삼척 심씨의 대표적 인물인 어촌(漁村) 심언광 공이 강원도 관찰사로 있을 때 건립된 조선 상류사회의 별당 건물이다. 살림집인 심상진 가옥은 해운정이 건립된 지 100년 후에 현 소유주 심동섭의 12대조인 심좌섭 공이 건립하였다. 구성은 一자형 겹집 안채와 ㄩ자형 아래채가 접합한 口자형 뜰집이다. 즉 이 가옥은 田자형 겹집과 더불어 규모에 비하여 마루가 작은 강원도 가옥형에서 중부 영동형 민가의 성격을 짙게 나타낸다.

심상진 가옥

2) 초당동

강릉 최씨의 본향으로 시조 세 사람 중 한 분인 최필달 공은 고려 태조를 도와 삼한통일에 큰 공을 세워 강릉을 식읍으로 받은 권문인데, 그의 23세손으로 이곳 입향조인 최의일 공은 임진왜란 때 공을 세우고 정 3품 절충장군에 올랐다. 그래서 강릉 최씨들이 영동지방 일대에 흩어져 살고 있는 것이다. 그러나 초당동은 현재 거의 도시화되어 타성이 많다.

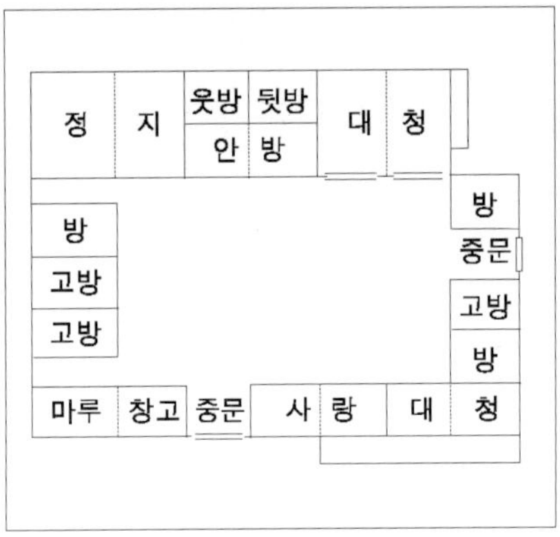

이광노 가옥

강릉 이광노 가옥[문 59호] : 이 가옥은 조선 선조 때 문신 陽川人 허엽 공이 살던 곳으로 건축연대는 정확히 알 수 없다. 또 이 가옥은 그의 딸인 여류시인(유선시, 빈녀음 등 213수의 저자) 허난설헌(1563-89)의 생가이기도 하다. 현 이광노의 집은 안채, 사랑채, 중간채, 광채, 문간채가 합쳐 튼 ㅁ자형을 이루고, 그 외 삼문 밖에 디딜방앗간이 있다. 특히 안채는 田자형 겹집으로 중부 영동형이고, 사랑채는 후술하는 영남양식의 전후 툇집이다.

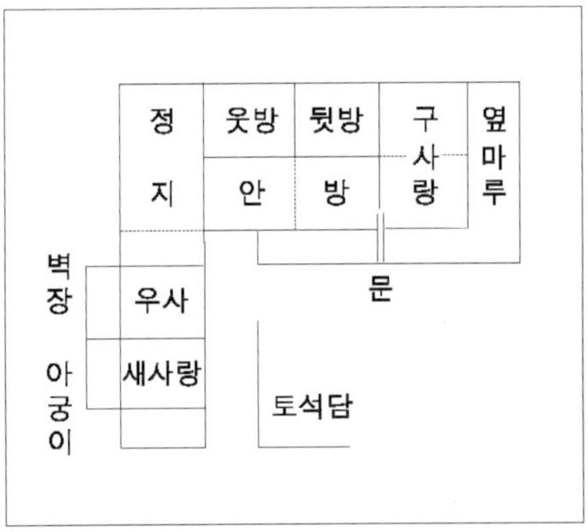

최상순 가옥

강릉 최상순 가옥[문 61호] : 현 김명식 가옥은 원래 연대미상의 초가집이었던 것을 1940년에 기와집으로 개조한 것이다. 안채는 田자형 겹집으로 부엌 앞에 돌출한 우사를 2칸으로 개조하여 모두 사랑으로 사용하고 있다. 이곳의 내외담(토석담)과 고상 벽장을 볼 때 우사를 방으로 용도 변경하였음을 알 수 있다. 그 외 안채 앞마루에는 중간방과 옛 사랑방 경계에 문을 달아 남녀 활동공간을 구분한 것이 이채롭다.

오죽헌(상) 김덕래 가옥(하)

3) 죽헌동

오죽헌 부근은 도시화되었으나 그래도 북쪽 가장자리에 해당하는 힌다리는 강릉 김씨 집성촌이다.

강릉 오죽헌[보 165호] : 오죽헌은 중종 31년 위대한 경세가요 철학자이며 정치가인 율곡 이이 선생과 그의 어머니 신사임당의 생가로서 영동형 겹집은 아니다. 오죽헌은 신사임당의 외조부 이사온 공의 집이었던 것을 그의 무남독녀 이씨 부인이 상속받았으며, 그분의 둘째 딸이 신사임당이다. 그 후 이 집은 이종제 권처균에 상속되었는데, 집 주위에 오죽(烏竹)이 많아 이것이 그의 아호가 되고, 또 집의 당호가 되었다. 가옥 구성상 ㄱ자형 안채, 一자형 사랑채와 행랑채, 오죽헌 등이 떨어진 口자형 배치를 하고 있으며, 모두 팔작지붕의 개방형 가옥이다.

강릉 김덕래 가옥[문 56호] : 현 소유주의 8대조 김성설 공이 300년 전에 입향한 후 강릉 김씨 집성촌(한다리)이 되어 현재는 40호 중 15호가 김씨이다. 이 가옥은 1913년 이곳에 신축한 것이며 안채와 사랑채가 미완인 ㅁ자형 뜰집이고, 영동형 田자형 겹집이다. 안채는 안방 2칸에 뒤로 윗방·도장을 두었고, 아래채는 2칸의 사랑방과 마루방을 두었으며, 앞쪽을 4분합 들문으로 마감한 고졸한 상류계층의 가옥이다.

4) 난곡동

한때는 창녕 조씨 집성촌이었으나 현재는 10가구뿐이다.

강릉 조옥현 가옥[문 62호] : 1820년경 현 소유주 조옥현의 7대조가 건립하였다. 이 분이 진사벼슬을 한 관계로 마을에서는 진사댁이라고도 불린다. 이 가옥은 一자형 안채와 ㄩ자형 아래채가 불완전하게 접합한 튼 ㅁ자형 가옥이다. 안채는 5칸 중 3칸이 田자형 중겹집의 구조에 대청이 없는 영동형 겹집의 전형이다. 즉 전열은 상방 2칸과 구들, 후열은 뒷방, 도장방, 뒷상방으로 되어 있다. 그래서 제주도의 구들이란 명칭을 육지에서 사용하고 있는 유일한 가옥이다.

조옥현 가옥(상)　　오규환 가옥(하)

5) 임당동

강릉시의 중심가(CBD)가 되어 이제 촌락의 성격은 없어졌다.

강릉 오규환 가옥[유 80호] : 조선 후기에 건립된 초가로서 정확한 건립연대는 알 길이 없다. 가옥은 정면 3칸, 측면 2칸의 초라한 옛집이다. 그러나 단아한 우진각지붕으로 한옥의 토속적인 멋이 도심 속에서 한결 돋보인다. 평면은 田자형 겹집으로 부엌 쪽의 지붕이 약간 낮아서 움집으로 보인다.

6) 유산동

삼척 심씨의 집성촌으로 고옥도 5가구가 있다.

이돈의 가옥

강릉 조실환 가옥[문 54호] : 건립연대는 미상이다. 원래는 최씨 소유였으나 조씨가 구입하고, 현재는 삼척 심씨가 소유하고 있다. 구성은 안채, 사랑채, 행랑채, 대문간채가 튼 ㅁ자형으로 배치되었다.

강릉 이돈의 가옥[비지정] : 원래 삼척 심씨 가옥을 전주 이씨 이돈의가 구입하여 거주하고 있다. 이 가옥은 약 300연 년 전에 옛 가옥주의 9대조 회원 군수가 건립하였다. 구조를 보면 一자형의 안채와 행랑채, 대문채, ㄴ자형 아래채가 트인 ㅁ자형인데, 안채는 田자형 겹집이고 사랑채는 전후 툇집이다.

7) 노암동

자연부락 노가니는 한때 150호 중 100호가 강릉 김씨이고, 어리미는 150호 중 80호가 창녕 조씨인 동족부락이다. 그 외 노암 1 동에는 200여 호 중 80호가 강릉 최씨였으나 현재는 모두 객지로 나가고 알 수 없다.

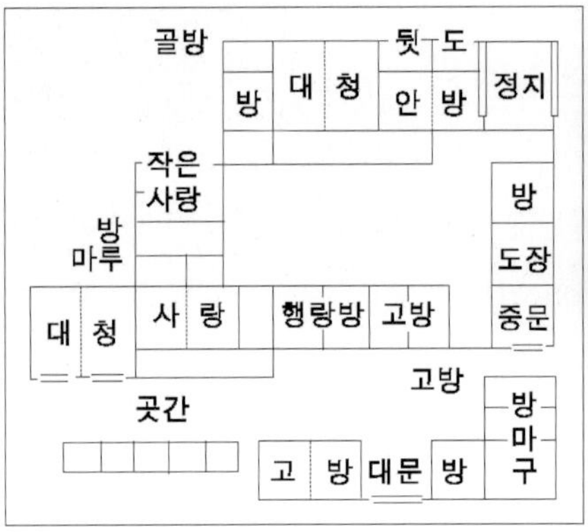

김윤기 가옥

강릉 김윤기 가옥[문 58호] : 이곳 노가니에 1714에 건축된 고옥이나 현 소유주가 아름답게 유지하고 있다. 조선 정조 때 세도정치가 홍국영이 유배되어 이 가옥에 머물렀다. 강릉에서는 선교장 다음으로 큰 가옥이며, 6.25 전쟁 때는 학교로 이용되기도 하였다. 본채는 口자형 뜰집이고, 동 별당은 ㄱ자형이다. 몸채는 안방 후열에 뒷방과 도장방이 있는 田자형 겹집인데도 또 대청과 건넌방이 있는 독특한 구조이고, 중문이 2칸으로 내외담 역할을 하여 내정이 보이지 않는다.

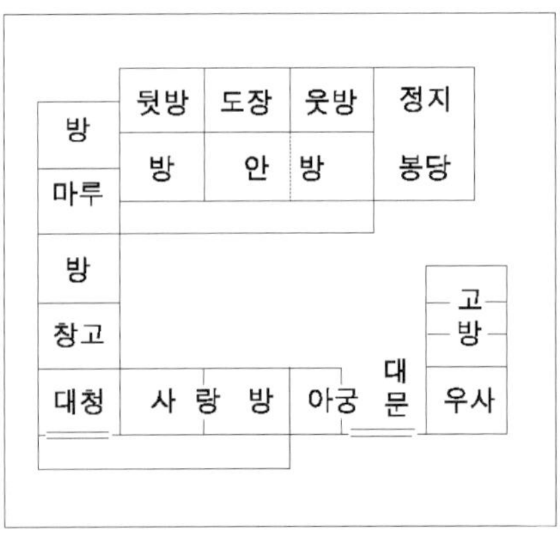

조수환 가옥

강릉 조수환 가옥[유 96호] : 강릉시에서 150년 전에 이곳 어리미의 창녕 조씨 고향 동네로 이건한 가옥으로, 언제 어디서 누가 건립한 가옥인지 알지 못한다. 가옥은 ㄱ자형 안채와 一자형의 사랑채와 고방채가 튼 口자형 배치를 하고 있다. 그러나 몸채가 田자형의 중부 영동지방의 양통집이다.

최근배 가옥(좌)　남진용 가옥(우)

강릉 최근배 가옥[문 55호] : 이곳은 노암동에서도 강릉 도심에 가까운 곳으로 주변 양옥 속에 고옥이 외롭게 버티고 있다. 평면과 지붕이 상기 조수환 가옥과 동형이나 이 가옥은 부엌이 좌측에 있으며 부엌 앞에는 2칸의 행랑방이 있고, 몸채는 田자형 양통집으로 후열에 안 대청이 2칸이 있는 것이 특이하다.

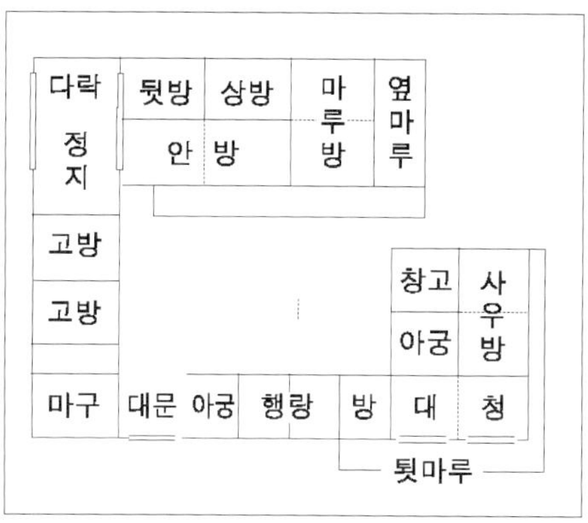

한상원 가옥

8) 담산동

현재 강릉 최씨 20호, 강릉 김씨 10호, 청주 한씨 6호 등 여러 성씨가 살고 있으며 영양 남씨는 2호뿐이다.

강릉 한상원 가옥[비지정] : 선대에서 참봉을 한 관계로 참봉댁으로 알려져 있고, 이 마을에서 가장 부농이다. 몸채 ㄱ자형 겹집이 먼저 건립되었고, 그 후에 지은 사랑채와 대문채가 ㄴ자형이 되어 전체적으로 튼 口자형 배치를 보인다. 지붕은 몸채는 팔작지붕이고, 아래채 사랑의 오른쪽은 팔작지붕, 중앙에 대문채와 접합부는 맞배지붕, 좌측은 우진각지붕 등의 혼성지붕으로 멋을 내었다. 이웃에는 평면과 지붕형이 유사한 **남진용 가옥**[문 60호]이 있는데, 현 소유주는 전명구이다. 약 200년 전에 강릉 김씨가 건립하여 5대째 거주하였고, 그 후 남진용의 고조부이며 찰방을 지낸 남석 공이 70년 전 이곳으로 이건하였다. 그래서 마을에서는 찰방댁으로 부르고 있다. 역시 몸채는 田자형 겹집이나 사랑은 한상원 가옥처럼 겹집이 아니다.

9) 박월동

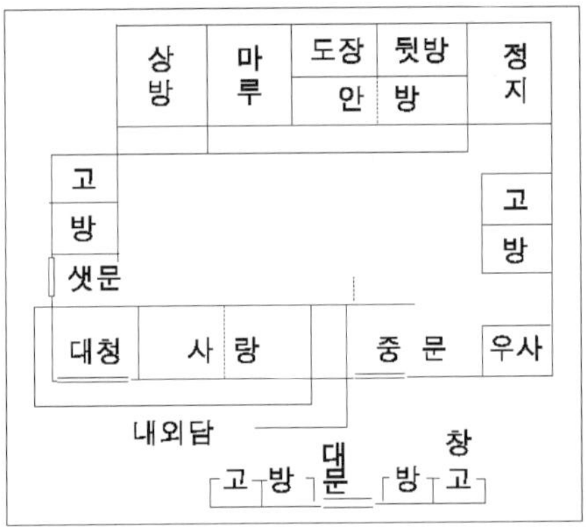

최대석 가옥

강릉 최씨 동족촌락으로 총 150호 중 80호가 최씨이다. 강릉 최씨 시조 중 한 분인 최흔봉 공은 고려 태조의 부마인데, 그의 12대손으로 고려말 문하평리 상호군인 최입지가 공을 세우고 입향하여 24대째 거주하고 있다.

강릉 최대석 가옥[문 81호] : 현 소유자의 선대는 고려 때 문하시중을 지낸 가문이라 자랑하고 있다. 몸채가 ㄱ자형이면서도 또 사랑채와 고방채가 一자형으로 튼 ㅁ자형 배치를 보인다. 몸채는 田자형 겹집이나 대청과 상방이 있는 이 지방 상류계층의 가옥이다. 그래서 영동지방에서는 몇 안 되는 내외담을 가지고 있는 가문이기도 하다.

10) 성삼면 금산리

강릉 김씨 집성촌으로 100호 중 30호가 강릉 김씨이다.

강릉 임경당[유 46호]과 살림집 : 지금으로부터 23년 전 중수하였고, 별채인 임경당, 사당인 제월루는 16세기에 건립되었다. 임경당은 조선 중종 때 강릉 선비 김광헌과 김열 부자의 덕을 추모하기 위하여 후손이 건립했으며, 당호는 현 소유주의 16대조 김열 공의 호이다. 가옥은 ㅁ자형 뜰집에

田자형 겹집이다. 안채는 중수 시 많이 개조되어 고풍스런 멋이 없으나 임경당과 제월루는 조선시대의 고옥의 멋을 잘 간직하고 있다.

평면도는 임경당의 살림 집, 사진은 임경당

11) 구정면 학산리

영일 정씨와 창녕 조씨가 오랫동안 세거해온 부락이다.

강릉 정의윤 가옥[유 93호] : 현 소유주의 조부가 1894년 안채를 지었는데 정참봉댁으로 알려져 있다. 가옥은 一자형의 몸채에 ㄩ자형의 아래채가 접합하여 口자형 뜰집이다. 몸채는 田자형 겹집으로 균형미와 조화미를 지닌 이 지방 고옥 중 하나이다. 아래채에는 글을 가르치는 서당방까지 남아 있고, 또 영남지방의 감실과 같이 사우방이 사랑채에 있어서 문화적으로 양 지역을 유의해 볼 필요가 있다. 이웃에는 대문이 없는 ㄷ자형의 **조철현 가옥**(문 87호)이 있다.

정의윤 가옥

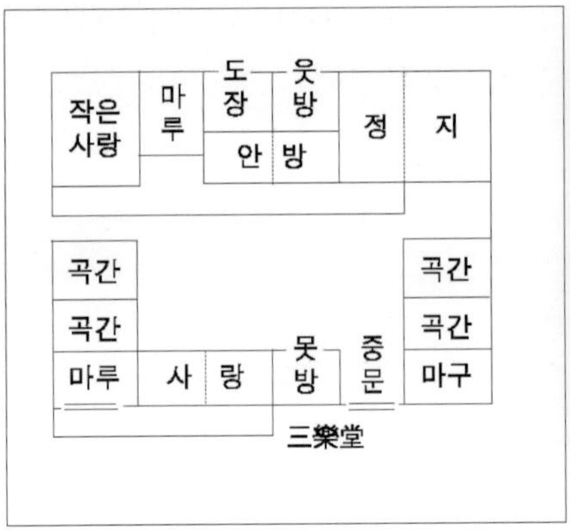

박창규 가옥(하)

12) 강동면 하시동리

밀양 박씨의 세거지다.

강릉 박창규 가옥[문 91호] : 현 소유주의 5대조 박원봉(벼슬 : 초시) 공이 강남동에서 승지 이정원으로부터 삼락당(三樂堂)이란 현판을 받아 이곳으로 이사하였고, 그 후 후손 강릉 선비 박계동이 거주하였다. 이 가옥은 사랑채는 250년 전, 안채는 150년 전에 건립되어 안채는 一자형, 아래채는 ㅂ자형으로 전체가 트인 ㅁ자형이고, 모두 팔작지붕이다. 안채는 역시 중부 영동지방 田자형 겹집이다.

최선평 가옥(좌)　　박치규 가옥(우)

13) 주문진읍 장덕리

총 100여 호 중 강릉 최씨 20호, 양천 허씨 10호, 초계 정씨 60호가 살고 있는 혼성마을이다.

강릉 최선평 가옥[문 81호] : 고려말 최문한 공이 입향한 후 20대, 600여 년간 세거하고 있다. 가옥은 죽헌동 김덕래 가옥과 유사한 평면구조를 하고 있다. 안채 ㄱ자형, 사랑채와 대문채가 ㄴ자형이 되어 맞곱패 내지는 튼 ㅁ자형 배치를 하고 있다. 안채의 중앙 전열이 마루이고, 후열은 안방과 샛방이 있다. 지붕은 대체로 전술한 한상원 가옥과 같이 아래채는 3개 지붕형을 혼용하여 멋을 내었다.

14) 주문진읍 교황리

창녕 조씨의 집성촌으로 총 100가구 중 41가구가 조씨이다.

명주 조광현 가옥[문 85호] : 창녕 조씨 종갓집으로 퇴락되어 붕괴 직전에 있으며, 그의 작은집인 **조대근 가옥**[비지정]은 사진에서처럼 깨끗이 중수되어 있다.

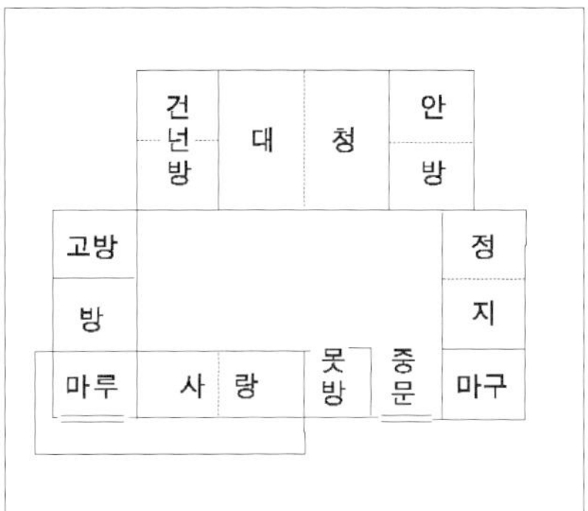

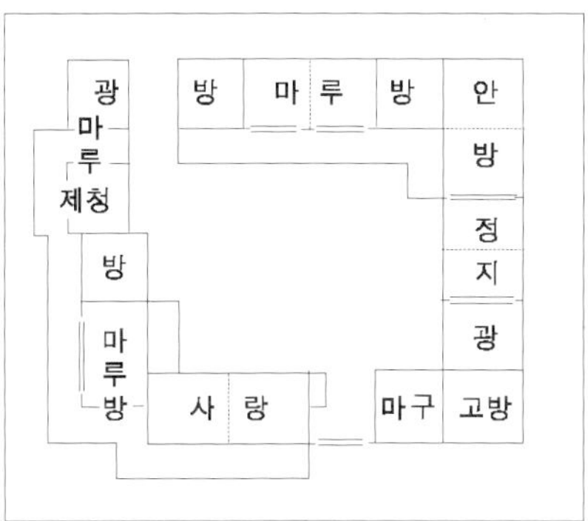

조대근 가옥(상)　조지현 가옥(하)

15) 사천면 미노리

강릉 박씨 집성촌으로 50호 중 30호가 박씨이다.

강릉 박치규 가옥[문 82호] : 평면과 지붕이 상기 최선평 가옥과 동형으로 역시 맞곱패 내지는 튼 ㅁ자형 가옥이다. 몸채 오른쪽 전면에 행랑채, 그 뒤에 헛간채, 왼쪽 후면에 사당을 두고 있는 사대부가의 가옥으로 보인다. 그 외 성산면 위촌리 **함대식 가옥**[문 92호]이 있는데, 가옥이 퇴락하기는 했으나 문화재에서 해제되었다고 사연 모를 이야기를 하고 있다.

4. 양양군

1) 현남면 포매리

한양 조씨가 300여 년 전에 입향하여 세거하고 있다.

양양 조지현 가옥[비지정] : 한양 조씨의 종갓집으로 10대째 살고 있으나, 가옥은 많이 퇴락하였다. 구조는 튼 ㅁ자형으로 안채와 사랑채의 전후 툇마루가 모든 방을 잘 연결하고 있다. 사랑에는 제청이 별도로 있어 예법을 중시하는 유가로 보인다. 외관은 아직도 고옥의 품위를 간직하고 있다.

양양 조규승 가옥[문 80호] : 건립자 창녕 조씨의 10대손이 현 소유주 정상철에게 양도하였으며, 안채와 바깥 사랑채를 포함하여 튼 ㅁ자형이다. 안채는 넓은 마루를 중심으로 양쪽에 방을 배치하여 <몸채-안방 · 대청>의 남부 一자형이라기보다는 이 지방의 겹집에 근접한 구조이다. 사랑에는 가운데 방 3칸과 다음 누마루가 가옥의 품격을 높였다. 그래서 외관은 ㅁ자형으로 남부 영동형 「양 측입형 뜰집」으로 볼 수 있겠다. 팔작지붕의 아름다운 균형미와 누마루 빗살 교창의 장식미를 고루 갖추고 있어서, 선교장 및 정의윤 가옥과 함께 자랑할 만한 전통민가라 하겠다.

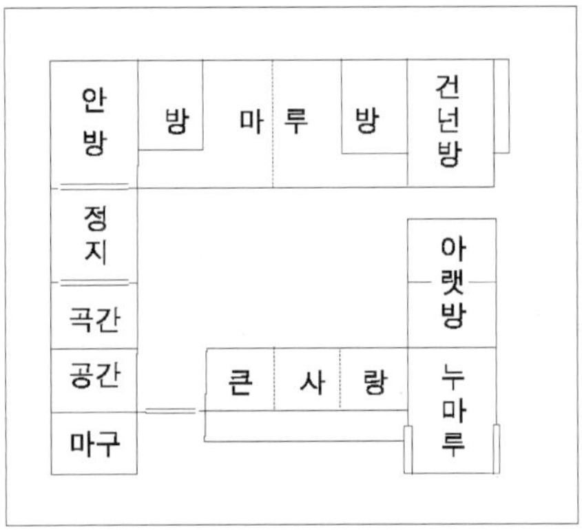

조규승 가옥

2) 현남면 시변리

경주 김씨의 집성촌락으로 현재 총 100호 중 20여 호가 경주 김씨이다.

양양 김택준 가옥[유 90호] : 마을의 가장 높은 곳에 있는 종갓집으로 약 200년 전에 현 소유자 김택준의 12대 선조가 건립하였다. 가옥은 안채 ㅏ자형, 사랑채 ㅣ자형으로 전체적으로 용마루가 연결 안 된 H자로 볼 수 있다. 안채는 田자형 겹집인데, 우사가 정면에 돌출하여 북부 영동형의 영향으로 보인다. 사랑방 뒤에는 조상의 위패를 모시는 단을 가진 사우방(祠宇房)이 있다.

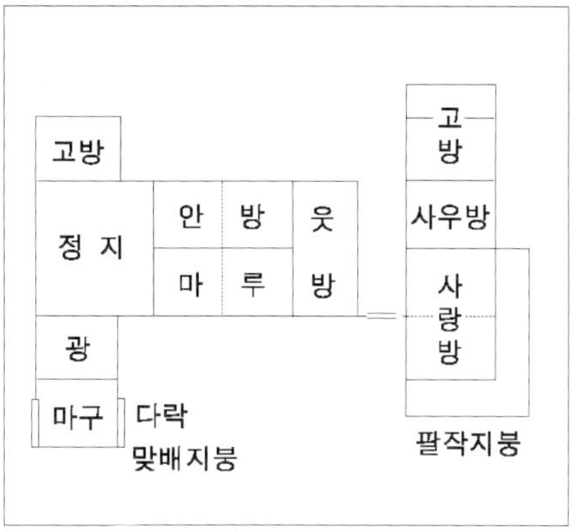

김택준 가옥

3) 현남면 북분리

총 50가구 중 5가구가 김해 김씨이다.

양양 김성래 가옥[문 79호] : 원래 一자형의 초가로 150여 년 전에 지어졌다고 전해진다. 가옥은 안채가 一자형 겹집이고, 사랑채 ㄴ자형 외에 사당과 우사가 별도로 있어서 튼 ㅁ자 배치를 보인다. 안채 좌측 마루방의 띠살과 빗살 광창이 고색창연한 멋을 더해 주고, 사랑 누마루의 계자난간이 사대부가의 가옥임을 보여주고 있다.

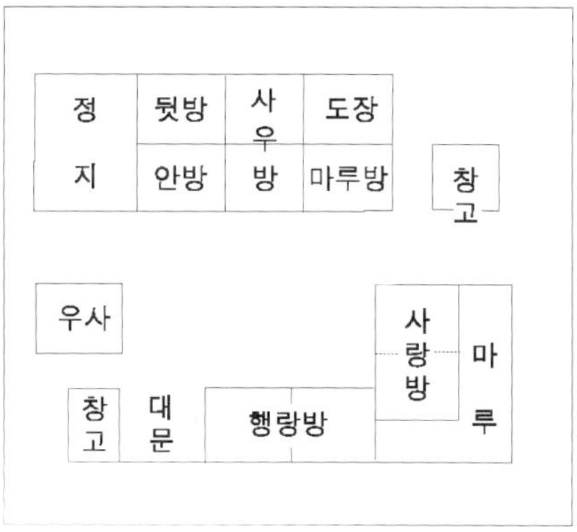

김성래 가옥

4) 서면 서선리

경주 이씨의 집성촌으로 총 30호 중 16호가 이씨다.

[illegible]호] : 약 200년 전에 건축된 경주 이씨 종가로서 가옥은 누워 있는 정(丁)자형

으로 뒤뜰은 부엌을 통해서 출입이 가능하다. 평면은 온돌 중심의 田자형 겹집에 마루를 도입하였다. 봉당의 기능을 겸하는 부엌은 4칸으로 아주 넓고 그 앞에는 우사가 돌출하였는데, 후술할 북부 영동형 가옥의 영향으로 보인다. 또 팔작지붕의 몸채에서 돌출한 우사는 맞배지붕 박공이 정면이 되어 고옥의 멋을 풍길 뿐만 아니라 그 좌측에 있는 대문과 함께 독특한 외관을 형성하고 있다.

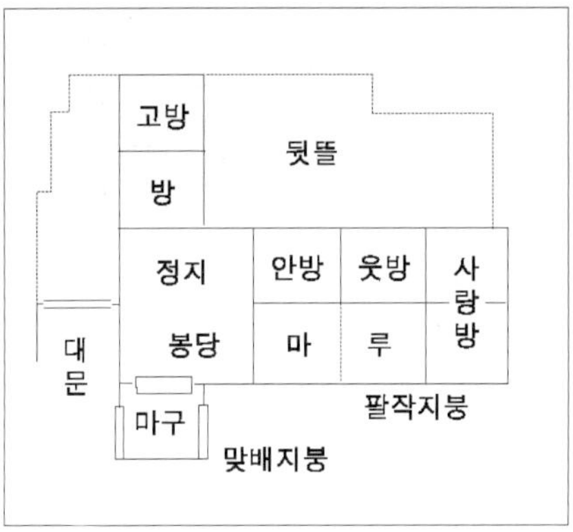

이두형 가옥

5. 속초시(도문동)

경주 김씨, 전주 이씨, 함평 이씨, 김해 김씨가 세거한다.

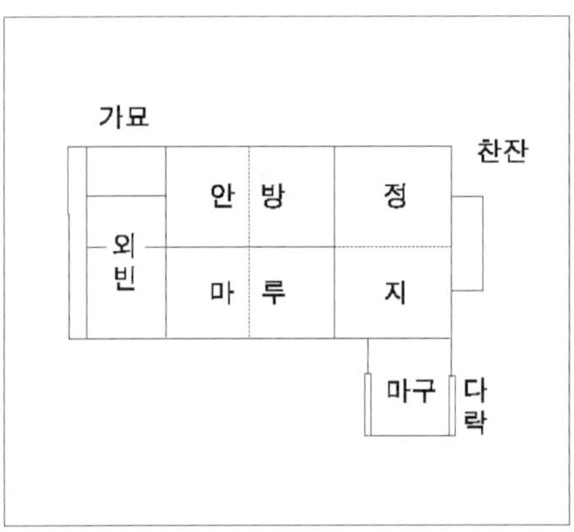

김근수 가옥

속초 김근수 가옥[유 64호] : 중도문 2구에 함평 이씨가 건축하여 7대째 내려온 가옥을 현 소유주 김해 김씨가 매입하였다. 이 가옥은 북부 영동지방의 곡가형 겹집과 중부 영동지방 田자형 겹집이 혼합된 「외양간 돌출 곡가형 양통(田자)집」 평면이다. 지붕은 몸채가 높은 팔작지붕이고, 우사는 낮은 팔작지붕으로 외관이 경쾌하다. 여기서는 이 가옥을 「중앙 구들형 6칸 겹집 양식 ㄱ자형 가옥」이라고도 한다. 「코쿨」이 방마다 있고, 「외빈」이라는 용어를 사용하는 사랑방 뒤쪽에 가묘가 위치하고 있다는 점이 특기할 만하다.

김종우 가옥(좌)　　양씨 가옥(우)

속초 김종우 가옥[유 85호] : 중도문 1구(경주 김씨 70호 중 15호 임)에 영조 26년 전주 이씨가 건립하여 6대째 내려왔고, 현 소유주의 선친 경주인 김시중이 매입하여 거주했다. 지붕과 평면형태가 김근수 가옥과 유사하나 규모가 크다. 그 밖에 다른 점은 외양간이 높은 팔작지붕이고, 사방 벽을 판자로 둘렀으며 2층은 저장고로 사용하고 있다는 점 정도이다. 이 가옥의 앞집 **양씨 가옥**[비지정]은 슬레이트 지붕으로 개조된 「외양간 돌출 곡가형 겹집」의 일반 민가의 사례이다.

6. 고성군

1) 죽왕면 삼포 1리

함종 어씨가 90% 이상인 동족촌락이었으나 현재는 40호 중 20여 호 정도만 어씨이다. 산불로 폐허가 되어 마을은 이제 산촌(散村)이다.

고성 어명기 가옥[21쪽 ㄱ(ㄴ)자형 가옥 참조].

2) 죽왕면 오봉리

일명 왕곡 전통마을은 문화재(중 235호)로 지정되었는데, 현재 총 44호 중 양근(강릉) 함씨가 20여 호, 강릉 최씨가 20여 호 정도 살고 있는 동족촌락이다. 가옥은 50-180년 된 와가이고, 함경도 온돌 중심의 田자형 양통집을 모방한 「북방식 ㄱ자형 양통집 구조」이다. 그러나 겹겹(3겹)집도 있으며 부엌과 함께 있는 봉당은 모든 일을 할 수 있게 보통 4칸(2×2) 이상으로 넓고, 외양간에는 대체로 「고질」이라는 사료창고가 있다. 또 실내의 연기는 지붕 아래 통 공간을 거쳐서 지붕 양쪽 합각의 까치구멍을 지나 밖으로 나가는 것이 이 가옥의 특징이다. 지붕은 몸채가 모두 높은 팔작지붕에서 외양간이 돌출하여 ㄱ자형이 되었다. 그러나 돌출 외양간 지붕은 우진각지붕(3동), 팔작지붕(9동), 맞배지붕[8](2동), 외쪽지붕(14동) 등 4종류가 있고, 초가지붕은 내림지붕(5동)이 되어서 다양하다. 이곳에서는 「외양간 돌출 곡가형 겹집」으로 명명하고 있으며, 속초시와 고성군은 이러한 가옥문화 발달의 중심지이다.

고성 함정균 가옥[문 78호] : 19세기 초에 건축된 것으로 이 마을에서 문화재로 등록되어 있는 유일한 「외양간 돌출 곡가형 겹집」이다. 이 가옥은 몸채의 처마 밑에서 장방형의 외양간 지붕을 붙였는데, 이 지붕이 몸채 지붕과 동일한 경사로 내려와 이 지방에서는 외쪽지붕이라 부른다. 그러나 외양간 지붕이 낮아 다락이 없는 대신 대부분 「고질」이라는 사료 저장고가 있다. 가옥은 겹집으로 전열 2.5칸 마루는 원래는 토상의 봉당으로 짐작되고, 또 부엌과 마루 사이에 칸막이가 없는 것이 함경도의 정주간과 유사한 구조로 보인다. 그 외 이 마을에는 동형의 함세균, 함형필, 함원균, 박두현, 한봉균, 함호식, 함치균, 김세준, 최방웅, 최창열, 함석영, 최민희 등의 가옥이 있고, 특히 **함치균 가옥**은 지붕재료가 점판암으로 내림지붕이다.

함정균 가옥

8) 이곳은 맞배지붕을 서삼각 지붕이라 부르는데, 이는 서양식 박공지붕을 닮은 데서 연유한다.

함석영 가옥(좌)　　함치균 가옥(우)

고성 함형찬 가옥[비지정] : 몸채 높은 팔작지붕에서 낮은 팔작지붕 외양간이 돌출하여 일견 중부지방 곡가형 부농의 대가옥처럼 보인다. 그래서 전열에 마루와 사랑, 중간열에 안방과 윗방 2칸, 후열에 도장과 뒷마루가 있는, 왕곡 마을에서 규모가 가장 큰 겹겹(3겹)집이다. 또 봉당과 부엌 안쪽에 각각 뒤주을 두고 있으며, 고방채와 곳간채, 방앗간 등이 있는 것으로 보아 상당한 부농이었음을 알 수 있다. 그 외에도 사랑은 협문 통해 출입하고 사랑마당을 별도로 두고 있어, 이 마을에서 남녀의 공간을 구분한 유일한 가옥으로 볼 수 있다. 그 외 동형의 함대균, 김유집, 황성랑, 함성식, 김윤덕, 최창손, 최종복, 최의성 등의 가옥이 있다. 특히 **최종복 가옥**은 초가를 와가로 개조했으나 봉당은 현재에도 흙(土床)으로 되어 있다.

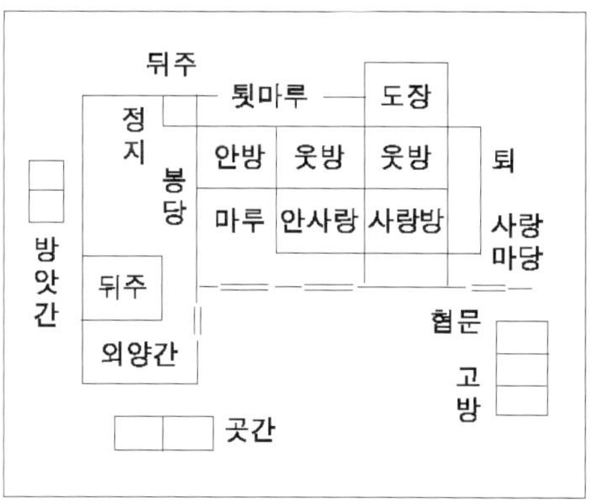

함형찬 가옥

고성 함전평 가옥[비지정] : 높은 팔작지붕 몸채에서 낮은 우진각지붕의 외양간이 돌출한 약간은 고식적인 가옥이다. 이 가옥은 중상류 계층의 田자형 겹집으로 좌측에 있는 부엌이 가옥의 규모에 비해 4칸(2×2)으로 아주 넓은데, 이는 부엌이 추운 겨울 농사일을 하는 봉당의 기능을 겸하기 때문이다. 또 외양간도 2층으로 꾸며져 농기구를 보관하는 다락이 있다. 그 외 동형의 지붕으로 함형진, 한향자 가옥이 있다.

함전평 가옥

고성 함용균 가옥[비지정] : 몸채 팔작지붕에서 낮은 맞배지붕의 외양간이 돌출한 단아하면서도 소박한 가옥으로, 이 마을에서 최무성 가옥과 함께 단 2동뿐이다. 이 가옥은 규모 면에서 중류 농가의 겹집으로 전열에는 마루 2칸과 사랑이 있고, 후열에는 안방, 윗방, 도장이 있는 평면으로 이 마을에서 가장 많은 표준형이다. 그 외 우측에 헛간이 一자로 연이어 있으며, 역시 외양간에는 다락이 없고 고질이라는 사료창고 있는 것이 토속적으로 보인다.

함용균 가옥

함형진의 외양간 우진각지붕 (좌)　　최무성의 외양간 맞배지붕(우)

고성 김세정 가옥[비지정] : 초가로서 몸채의 용마루에서 외양간의 처마 끝까지 동일한 경사로 이어져 내려온 내림지붕으로 역시 「외양간 돌출 곡가(ㄱ자)형 겹집」이다. 가옥이 작기는 하나 아담하다. 그래서 방의 규모도 작고 아궁이 역시 그러하며, 마루는 원래 토상(土床)이었다. 또 부속가옥도 좌측에 고방이 한 칸 있을 뿐이다. 동형의 가옥으로 이수엽, 함형율, 신춘매, 윤종덕 등의 가옥이 있다.

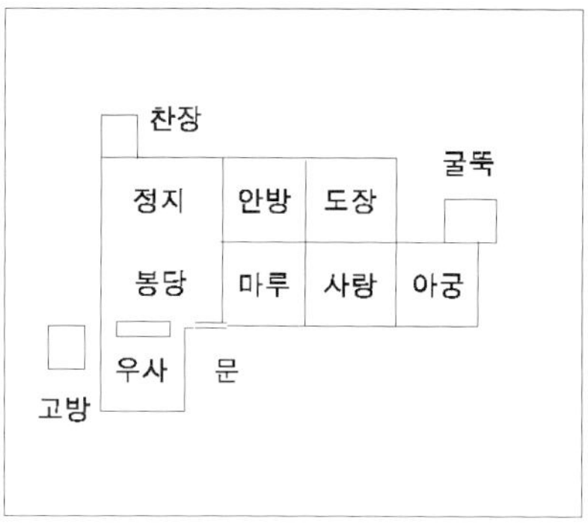

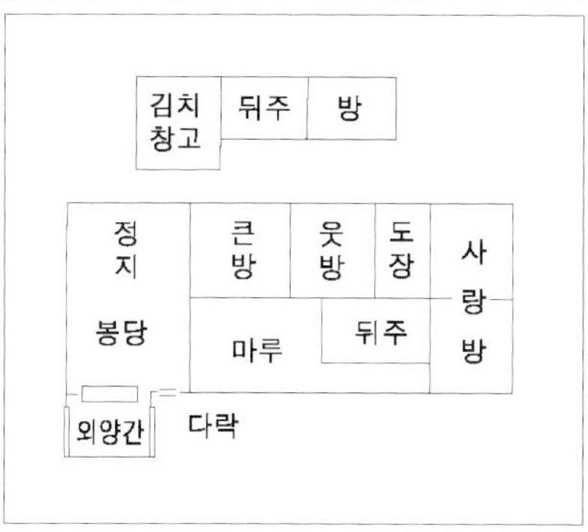

김세정, 외양간 내림지붕(상)　　이덕균, 외양간 팔작지붕(하)

3) 죽왕면 인정 2리

평창 이씨 집성촌으로 현재도 총 40호 중 30여 호가 평창 이씨이다.

고성 이덕균 가옥[문 77호] : 소유자의 4대조인 이동언 공이 1879년 구성포에 건축한 것을 70여 년 전에 현장소로 이건하였다. 현재 우리나라에서 가장 북쪽에 위치한 전통가옥으로 역시 「외양간 돌출 곡가형 겹집」이며, 돌출 외양간은 팔작지붕이다. 가옥의 전열에 마루가 있고 그 외에 뒤주가 있는 것이 특이하다. 이 가옥 뒤에는 작은 곡가형의 고방채를 증축했는데, 본채의 축소형이다.

5장 중부내륙 충청북도 가옥

충북지방은 한양권과 남부지방의 중간에 위치하여 가옥형은 양 지방의 점이적인 성격을 띤다. 지붕에서는 한 건물에 팔작지붕(한양권 선호)과 맞배지붕(안동권 선호)을 함께 사용하고 있다. 평면형은 호남지방과 점이형 구조를 보이는데, 一자형 가옥에 좌 우측에 반 칸을 더 붙인 호남양식의 좌우툇집이 소수 있다. 그 외 이 지역의 독특한 가옥형태로는 전술한 경기 내륙지방처럼 건넌방 전면을 약간 돌출시키고, 아래에는 함실아궁이를, 그 위는 높은 툇마루 내지는 고상(高床)마루를 만들어 둔 중부내륙형 양식이 있다.

1. 청원군

1) 남일면 고은리

경주 이씨 동족촌락으로 300호 중 100여 호가 이씨이다.

청원 이항희 가옥[중 133호] : 현 이풍우 가옥은 건축 당시 초가인 안채는 1861년, 와가인 사랑채는 1930년대에 건축되었다. 평면은 곱은자 ㄱ자형의 안채에서 우측에 반 칸을 붙이고, 一자형 사랑채도 좌우에 반 칸씩 더 붙인 좌우 툇집으로 호남 양식의 영향을 받은 가옥이다. 또 이 가옥에도 건넌방 앞의 높은 툇마루와 그 아래 함실아궁이가 있는 중부양식이었으나 현재는 약간 개조되어 있다.

2) 가덕면 인차리

고령 신씨의 집성촌이나 현재 고령 신씨는 50여 호 중 5호뿐이다.

신형호 고가[유 148호] : 현 신기호 소유인 이 가옥은 고종 18년(1881)에 지어진 집으로 독립운동가 신형호 공이 이곳에서 태어났다. 그는 보한재(保閑齋) 신숙주와 단재(丹齋) 신채호와 일가이다. 원래는 안채, 사랑채, 곳간채, 뜰 아래채, 마부채 등이 있었으나 집 주인 신정식이 의병에게 협조하였다는 구실로 일제가 불태워 현재는 ㄱ자형인 안채만 남아 있다.

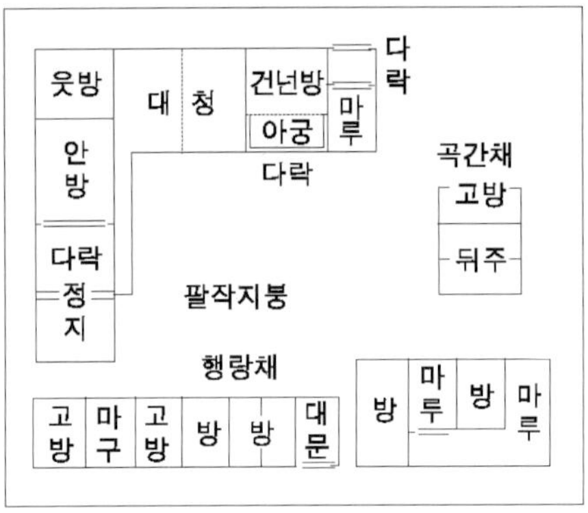

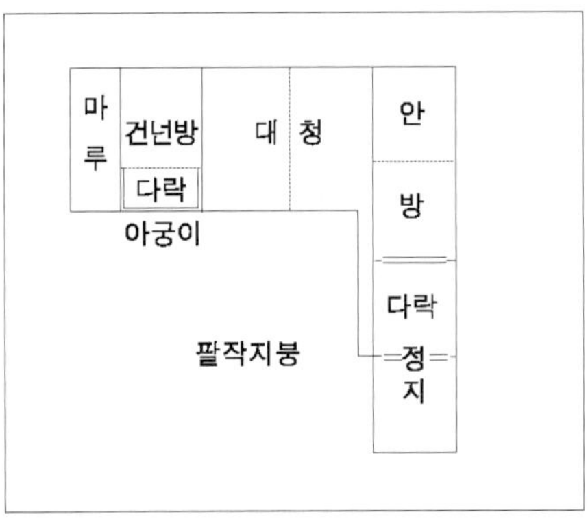

이향희 가옥(상)　　신형호 가옥(하)

3) 낭성면 호정리

고령 신씨 동족촌락으로 250호 중 80여 호가 신씨이다.

청원 과필헌 고가[민 8호] : 현 신오식 소유인 이 가옥은 조선 후기에 신후(1708-79) 공이 지은 주택으로 그의 호를 따서 과필헌 고가로 불린다. 안채는 중부 ㄱ자형으로 대청과 안방이 전면에 나오는 남부 一자형 평면이다. 그러나 사랑채 건넌방 앞에는 함실아궁이와 높은 툇마루가 있어서 역시 중부내륙형 양식이다. 지붕의 경우 안채 우측은 팔작지붕이고, 좌측은 맞배지붕으로 박공이 전면으로 나온 혼용지붕이다.

4) 부용면 부강리

청원 유계화 가옥[중 138호] : 고종 3년 건립되었으며 홍 판서 가옥으로 전해진다. 평면은 ㄱ자형의 안채와 ㄴ자형의 사랑채가 접합한 ㅁ자형 뜰집으로 중부지방의 양반주택이다. 대청의 앞문, 안방 및 건넌방의 샛문은 들개 문을 달아 개방할 수 있게 했다. 부엌 동쪽에는 헛기둥을 세워 처마 밑에 살 강을 내밀었다.

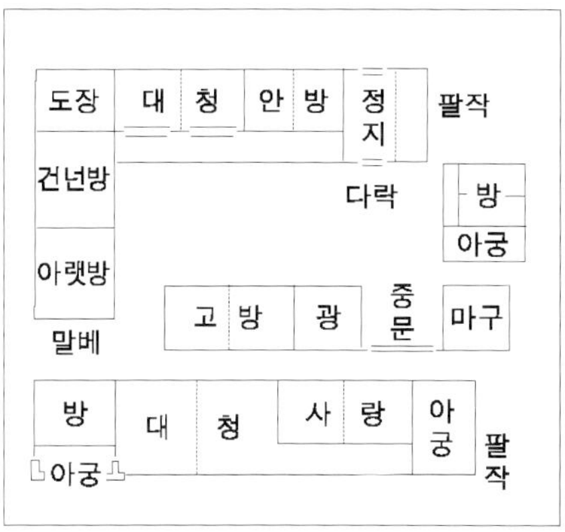

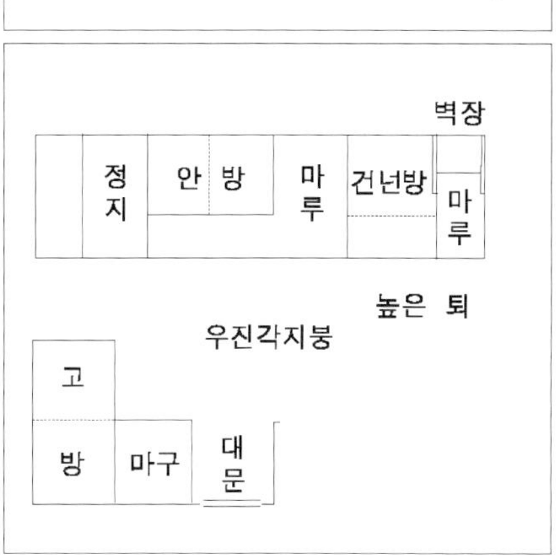

과필헌 고가(상)　　관정리 민가(하)

5) 문의면 문산리

대청댐 건설이 계기가 되어 이곳에는 「문의 문화재단지」2.3만평이 조성되었다. 1999년 댐이 완성되어 수몰되는 청원군 문의면, 낭성면, 부강면에 산재한 가옥, 성곽, 고인돌 등을 원형대로 이전 · 복원해 놓았다.

낭성 관정리 민가[비지정] : 낭성면 관정리에서 신방호가 살던 가옥으로 고즈넉한 멋을 물씬 풍기는 초가이다. 평면은 一자형 5칸의 안채만 있고, 사랑채가 없는 것을 볼 때 서민가옥으로 보인다.

안채는 호남식 좌우 툇집이다. 즉 좌측 반 칸은 부엌을 넓히고, 우측의 반 칸은 옆마루와 작은 벽장을 만들어 두었는데, 이 벽장은 건넌방 내에서 아래와 위로 나누어서 공간을 유용하게 사용하고 있다.

문의 노현리 민가[비지정] : 문의면 노현리에서 이양훈이 살던 가옥으로 원래는 강릉 김씨 김승지의 종가이다. 안채가 곡가 ㄱ자형 겹집으로 전열에는 안방과 윗방, 후열에는 도장과 뒷마루가 있고, 또 좌우 툇집으로 좌측은 옆마루로 만들어 사랑마루로 대신하고 있는 것이 이채롭다. 지붕은 모두 팔작지붕 와가이다.

2. 음성군(감곡면 영산리)

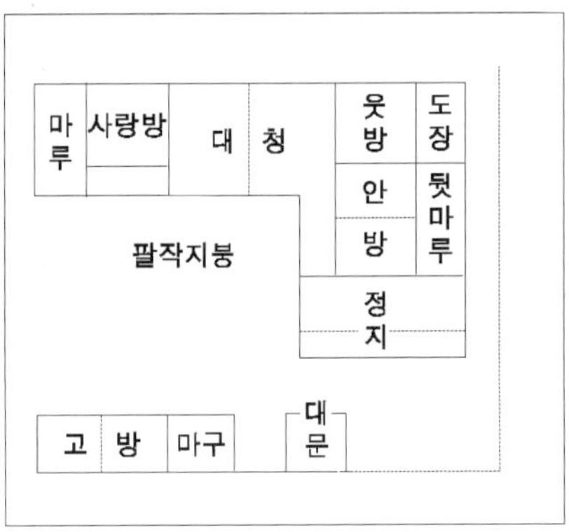

노현리 민가(상)　　김주태 가옥(하)

1리에는 청풍 김씨가 5대째 세거하나 2가구뿐이고, 경주 이씨와 밀양 박씨가 각 5가구씩 살고 있다. 2리에는 인천 서씨 2가구가 살고 있다.

음성 김주태 가옥[중 141호] : 안채는 19세기 중엽에 건립된 T자형으로 一자형의 사랑채와 함께 떨어진 工자형이 되어 있다. 평면은 안채 중앙의 윗방 동쪽으로 다시 뒷청과 뒷방을 마련하여 작은 부인이 있을 때 거처할 수 있도록 해 놓았다. 그래서 안마당과 뒷마당의 공간이 분리된 충청도의 유일한 가옥이다. 안채의 지붕은 서측 팔작지붕, 동측 우진각지붕, 중앙 맞배지붕이 다양하게 혼용되어 있다. 자랑할 만한 고옥이다.

음성 서정우 가옥[중 143호] : 아랫마을 영산 2리에 있으며, 안채는 19세기 중반 건축된 것으로 추정된다. 가옥은 ㄱ자형 안채와 ㄴ자형 사랑채가 一자형의 헛간채와 합쳐 떨어진 口자형이 되어 있다. 이 가옥은 사랑채에 있는 대문을 그대로 두고, 헛간채에 있는 남향의 중문을 주로 사용하고 있다. 또 부엌에 연기가 빠지는 까치구멍이 있는 것이 특색이다.

서정우 가옥

3. 충주시

1) 살미면 용천리

최함월 고택[유 87호] : 살미면 무릉리에서 충주댐 조성으로 인한 수몰을 피하여 이곳에 이건한 상류계층의 고옥이다. 이 가옥은 숙종 때 문장가인 최응성 공의 생가로서 대문 앞에 연당과 정자를 1720년경 새로 조성하였다. 그의 스승으로 우암 송시열의 수제자인 숙종조 수암(遂菴) 권상하(1642-1721)가 최응성의 호를 따서 함월정(涵月亭)이라 하였다. 평면은 ㄱ자형의 안채, 一자형의 겹집인 사랑채와 대문채가 있고, 대문 밖에는 새로 조성한 연당과 함월정이 한 폭의 그림처럼 어우러져 있다.

2) 엄정면 미내리

파평 윤씨의 동성촌락이었으나 현재 파평 윤씨는 3가구뿐이다.

중원 윤민걸 가옥[중 135호] : 현 소유주의 고조부인 병마절제도위 윤양계 공이 살던 고옥으로 1864년에 건축되었다. 안채는 원래 ㄱ자형으로 대청 동쪽에 도장을 한 칸 덧붙인 것이 T 자로 변형되었다. 안채가 맞배지붕으로 된 것은 충청도에서 보기 드문 고식적 가옥이다. 그러나 정면 3칸의 아담한 사랑채는 팔작지붕이다.

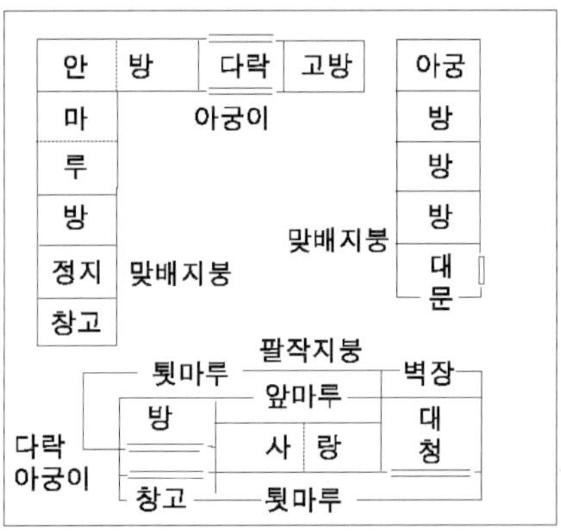

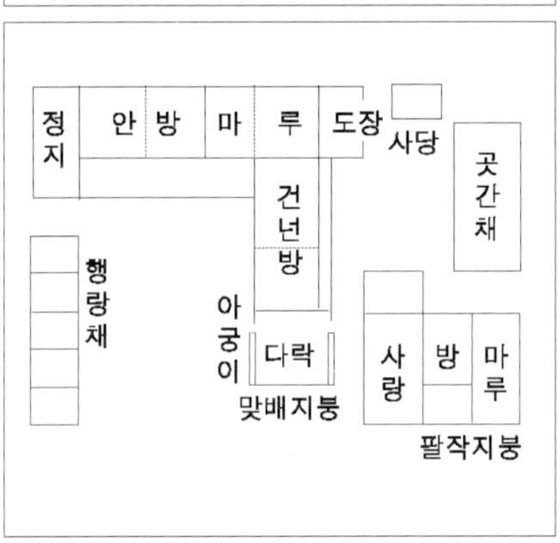

최함월 가옥(상)　　윤민걸 사랑채(하)

4. 제천시

1) 금성면 중전리

문화 유씨 집성촌락이었으나 현재 유씨는 2가구뿐이다.

금성 중전리 고가[유 86호] : 현 유현무 소유인 이 가옥은 조선 후기의 부농 가옥으로 안채는 ㄱ자, 아래채는 ㄴ자가 마주보는 떨어진 <맞곱패>형 가옥이다. 안채와 사랑채가 우진각지붕의 와가로서 안채는 남도방식의 전후 퇴가 있고, 사랑채는 원래는 초가로서 고풍스런 멋을 가지고 있다. 또 대문

안의 내외담(헛담)은 유가임을 보여주고 있다.

중전리 고가(상)　　정원태 초가(하)

2) 금성면 월림리

영일 정씨의 집성촌으로 현재 50여 호 중 10호가 정씨다.

제원 정원태 가옥[중 148호] : 풍수지리상 전형적인 길지에 19세기에 건축된 양택이다. 이 가옥은 시문에 밝은 한학자 정원태 공의 초가로서 ㄱ자형의 안채와 ㄴ자형의 사랑채가 마주보긴 하나 <맞곱패>형 가옥은 아니다. 그러나 건넌방 앞에 함실아궁이와 높은 고상마루가 있는 중부내륙형의 양식이고, 역시 전후 퇴도 잘 갖추고 있다. 또 안채의 2칸 방은 4짝의 샛장지를 두어 아랫방과 윗방을 나누어 쓸 수 있도록 되어 있다.

3) 금성면 구룡리

의형 박씨 동족촌락으로 현재도 총 95호 중 70여 호가 박씨이다.

제원 박도수 가옥[중 137호] : 1894년경에 건축되었으며, 곱은자 ㄱ자형의 안채는 와가이고, 一자형의 사랑채와 행랑채가 초가로서 전체가 떨어진 口자형 배치이다. 안채의 건넌방 앞의 함실 아궁이와 고상마루를 둔 것, 대청 뒤에 벽감을 두어 위패를 모시는 것 등은 충청도 양식이다. 그러나 대청에 광을 둔 것은 왜구의 노략질이 심한 동해안의 영덕과 울진지방의 가옥구조와 유사하다.

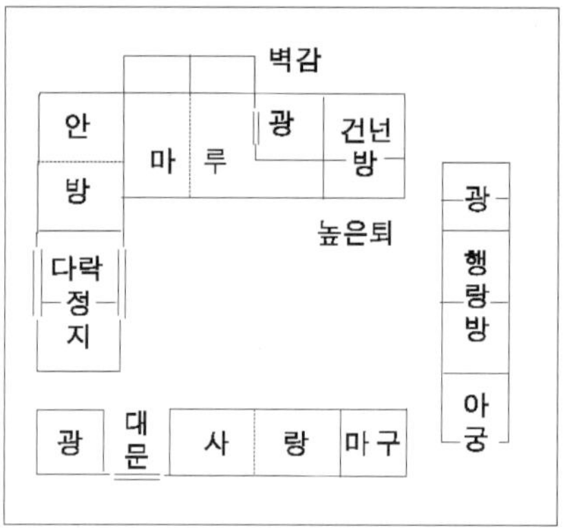

박도수 사랑채

4) 청풍면 물태리

1985년 12월 23일 청풍문화단지 16,000평을 조성하여 충주댐 건설로 수몰되는 문화재와 고옥을 이건하여 복원시켜 놓았다.

청풍 후산리 고가[20쪽 곡가 ㄱ자형 가옥 참조]

청풍 도화리 고가[유 83호] : 청풍면 도화리에서 이건한 김성기 가옥은 조선 후기 건축이다. 안채가 ㄇ자형이나, 원래는 바깥채가 있어 전체적으로는 튼 口자형이었다. 안방과 윗방 사이를 샛장지 없이 완전히 막은 것은 고옥의 양식이다. 건넌방 앞의 아궁이를 지나 상방을 두어 사랑 공간으로 활용하고 있다. 또 부엌 살창 옆에는 관솔을 지펴 어둠을 밝히는 「코쿨」이 있다. 특히 곡가형이면서도 남도방식의 전후 퇴를 구비하고 있다.

수산 지곡리 고가[유 89호] : 건축연대가 미상으로 수산면 지곡리에서 이건한 가옥이다. 평면은 ㄱ자형의 안채는 와가이고, 一자형의 곳간채와 문간채는 초가로서 고풍스럽다. 현재는 문간채에서 곳간채 뒤로 담장을 둘러 안채를 2중으로 감싸고 있으며, 사랑이 안채의 건넌방에 옹색하게 더부살이를 하고 있다. 부엌 외측 벽에는 각종 농사용 도구가 걸려 있어서 우리 조상들의 당시 생활상을 엿볼 수 있다.

5) 한수면 송계리

한수 명오리 고가[민 5호] : 현 권희열 소유인 이 가옥은 한수면 명오리에서 충주댐 조성으로 인한 수몰을 피해 이곳에 이건한 것이나 너무나 궁색해 보이는 초가이다. 중부지방의 ㄱ자형의 안채, ㄴ자형의 사랑채가 마주보는 떨어진 <맞곱패>형인데, 이러한 중부형 민가의 구조와 분포범위를 잘 제시하고 있는 자료로서의 가치가 있는 가옥이다. 안채는 곡가형이지만 남도식 전후 툇마루가 잘 갖추어져 있다. 이웃에는 안동인 **김세균 판서 고가**[유 88호] 중 팔작지붕의 사랑채만 한수면 북노리에서 이건되어 있다.

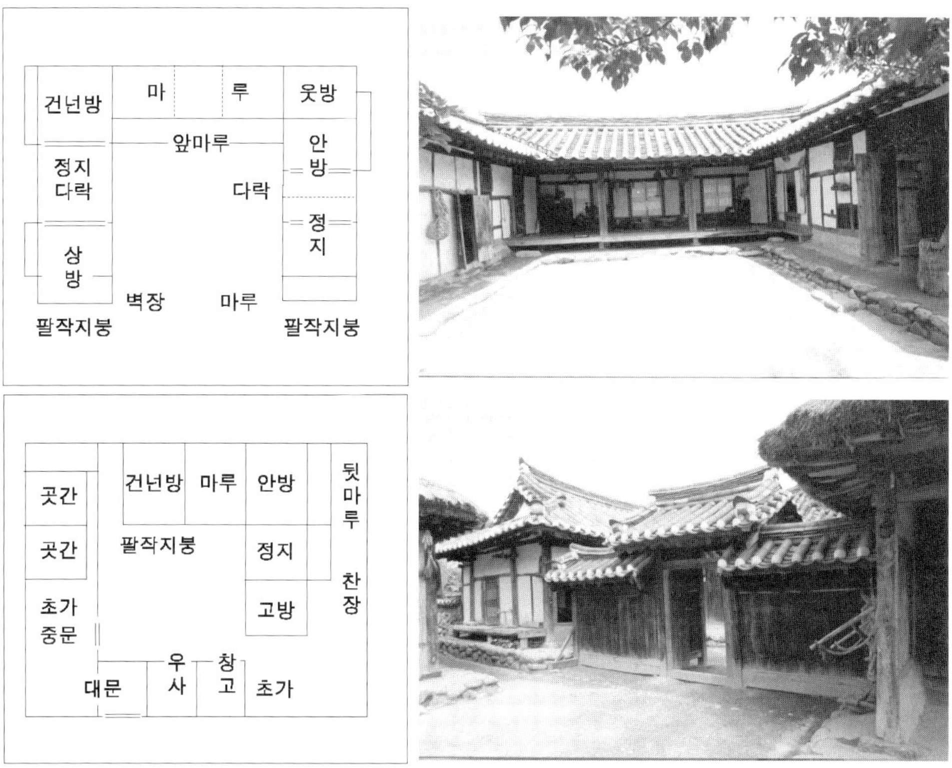

도화리 고가(상)　　지곡리 고가(하)

5. 단양군(가곡면 덕천리)

한양 조씨 집성촌으로 현재 50호 중 20여 호가 조씨이다.

단양 조자형 가옥[중 145호] : 영조 40년(1770)에 현 소유주의 5대조인 조경복 공이 건축하였다고 전한다. 역시 중부지방의 떨어진 <맞곱패>형 가옥으로 안채에는 부엌 건너 아랫방을 두었는데, 그 앞은 돌출하지 않으면서도 함실아궁이와 약간 높은 툇마루가 설치되어 있다. 그러나 건넌방 앞은 툇마루 없이 아궁이만 있는 것이 이채롭다.

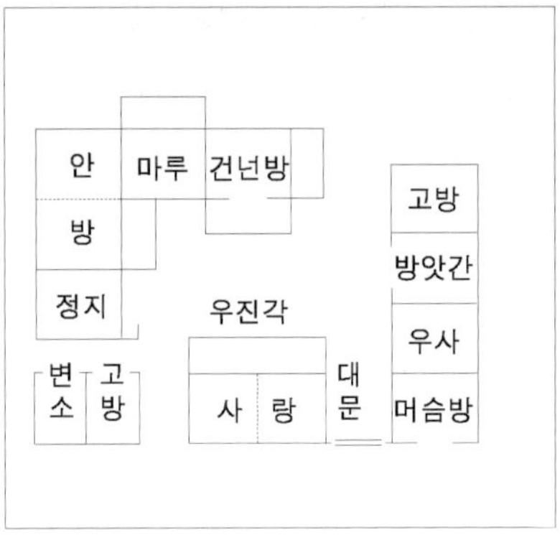

명오리 고가(상)　조자형 가옥(하)

6. 괴산군(칠성면 성산리)

일명 율원은 안동 김씨 집성촌이 아니다.

괴산 김기응 가옥[45쪽 ㄹ자형 가옥 참조]

7. 보은군

1) 외속리면 하개리

속리산에서 흘러내리는 삼가천의 조그마한 충적선상지에 있다. 그 곳에 보성 선씨 3가구가 4대째 세거하고 있으나 동족촌락은 아니다.

보은 선병국 고가[중 134호] : 현 소유주의 증조부가 1910년 건축한 가옥으로 너무 높고 웅장하여 궁중건물을 연상시킨다. 그는 조선 후기 중국과 무역을 하여 일만 오천 석의 재산을 쌓은 대부호였다. 평면은 안채와 사랑채가 H자형으로 중앙에 대청이 8칸(4×2)이고, 좌익사에 부엌과 큰방, 우익사에 건넌방이 대칭적으로 배치되어 있다. 지붕은 추녀가 하늘로 날렵하게 치솟은 이중곡선으로 부양적이고 경쾌한 팔작지붕이다. 곳간채와 행랑채는 고즈넉한 분위기를 가진 낮은 맞배지붕으로 우리나라에서 가장 칸수가 많은 33칸의 긴 ㅁ자형 건물이다. 현재 곳간은 방으로 개조되어 고시공부를 하는 많은 학생이 입주해 있다. 인접한 사랑채는 동생 선병우 소유로 되어 있다.

보은 선병우 가옥[24쪽 H자형 가옥 참조]

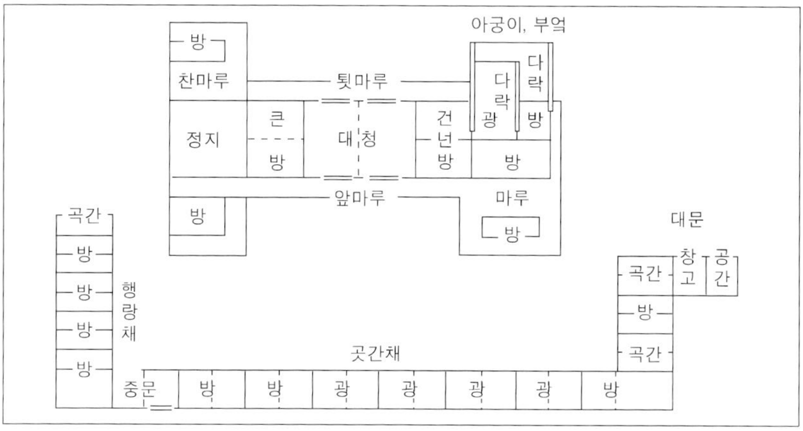

선병국 가옥 평면도

선병국 가옥(좌)　33칸 고방채(우)

최태하 가옥

2) 삼승면 선곡리

화순 최씨 집성촌으로 현재도 45호 중 25호가 최씨다.

보은 최태하 가옥[중 139호] : 조선 후기 고종 29년(1892)에 건립된 양반 가옥이다. 현 소유주의 증조부가 사헌부 감찰을 지낸 관계로 마을에서는 감찰댁으로 불려 진다. 가옥은 모두 一자형의 초가이고, 사랑채만 와가이다. 안채는 6칸의 전후 툇집으로 건넌방 앞의 아궁이 위가 중부 양식의 고상 툇마루로 되어 있다. 그 외 중문채, 곳간채, 헛간채가 함께 긴 죽담에 둘러싸여 있다.

8. 영동군

1) 영동읍 금동리

은진 송씨의 동족촌락이 아니다.

영동 송재휘 고가[중 140호] : 현 박두근 소유인 이 가옥은 19세기말의 건물로 추정된다. ㄱ자형 안채의 우익사 머리에 사랑방을 붙여 놓았는데, 반가에 어울리지 않는 사랑의 위상이다. 또 안채는 ㄴ자형 곳간채와 마주보긴 하나 떨어진 ㅁ자형이다. 안채의 안방과 대청사이에는 불 발기 육각형 격자살이 있는 연창 4분합 들문을 달아 둔 것이 매우 인상적이다. 또 사랑방의 머리에는 고상마루와 낮은 함몰 아궁이가 있고, 건넌방 동쪽 정원에 단칸 초가 사모지붕이 있는데, 꽤나 아름다운 뒤칸(변소)의 모습이다.

2) 심천면 초강리

금동리와는 달리 한때 은진 송씨의 동족촌락이었다.

송재휘 고가(상)　　송재문 고가(하)

영동 송재문 가옥[중 132호] : 현재 인천 이씨 이용호가 구입하여 관리하고 있으며, 이곳 시골에서는 부담스러울 정도로 웅장하고 화려한 가옥이다. 안채는 1885년 건축한 一자형 팔작지붕 와가로 전면에 안방과 대청이 있고, 전후에 퇴가 있는 남도형식이다. 사랑채는 H자형 평면으로 1920년에 건축되었으며, 좌익사는 우익사보다 반 칸이 길다. 지붕은 각각 우진각지붕과 팔작지붕으로 그 아름다운 처마선은 비대칭적이긴 하나 맵시 있는 한옥의 미를 자랑하고 있다.

3) 영산면 가곡리

일명 이희마을은 인천 이씨 동족촌락으로 총 30호 중 25호가 이씨이다.

영동 가곡리 고가[유 147호] : 이성호 소유인 이 가옥은 1916년 건립된 살림집으로 현재 안채, 사랑채, 고방채 등이 남아 있다. 모두 팔작지붕의 가옥이나 전통적인 건축형태가 잘 간직되어 있다. 즉 안채와 사랑채는 전후 · 우퇴가 있어서, 부엌에는 찬광이 사랑채에는 옆마루가 있다.

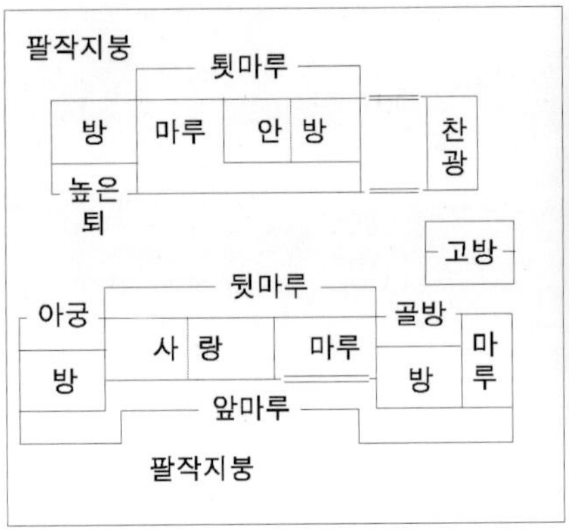

가곡리 고가

4) 양강면 괴목리

김해 김씨가 많고, 강성 김씨는 적다.

김선조 가옥[중 142호] : 현 조옥봉 소유인 이 가옥은 17세기 말에 건축된 것으로 안채 ㄇ자형, 문간채와 곳간채 一자형 등이 떨어진 口자형 배치를 하고 있다. 안채는 전면에 안방 · 마루가 있는 남부 一자형 평면이고, 지붕은 본채 좌익사는 맞배지붕, 우익사는 팔작지붕을 혼용한 충청양식이다. 그러나 중수 시 거의 새 자재를 사용하여 고옥의 멋이 사라졌다. 이웃 묵정리에는 1932년에 건립된 **묵정리 고가**(유 146호)가 있다.

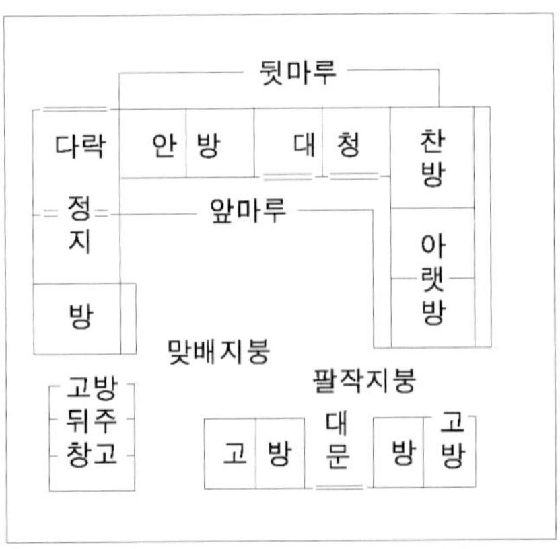

김선조 가옥

5) 학산면 봉림리

창녕 성씨 동족촌락으로 현재도 25호 중 23호가 창녕 성씨이다.

영동 성위재 가옥[중 144호] : 안채와 사랑채는 20세기 초 건축한 一자형의 와가이다. 그러나 고방, 광, 우사가 있는 광채는 안채보다 오래된 18세기 건축으로 추정되는 초가이다. 특히 광은 판자 벽을 두르고 마루를 둔 양식이 문화재적 가치를 지니고 있다. 또 이 가옥은 규모가 크지 않으면서도 오랜 풍상을 이겨낸 고옥의 그윽한 멋을 느끼게 하는데, 사랑채의 좁은 뒤 통로는 그 옛날 조상들의 숨결이 스며 있는 듯하다.

성위재 가옥

6장 평야지방 충청남도 가옥

충청남도 가옥은 부농과 관계하여 경기지방의 곱패(ㄱ자) 가옥보다 복잡한 ㄷ자형 또는 튼 ㅁ자형으로 발전한 구조를 보인다. 또 호남지방 좌우 툇집의 영향으로 가옥의 규모에 비해 부엌공간이 반 칸 넓다. 이곳도 중부내륙지방 양식인 건넌방 함실아궁이 위에 고상(高床) 마루를 약간 돌출시키고 있다. 이들 가옥의 형성 배경은 고급관료의 낙향이 다수이다. 특히 서해안에 가까운 상류계층 가옥을 마을 부근 숲 속에 은닉시켜 독가촌 내지는 산촌(散村)을 형성하고 있다. 이것은 후술하는 경북 울진지방과 함께 왜구의 출몰에 대비했던 유습으로 보인다.

1. 천안시

1) 직산읍 군서리

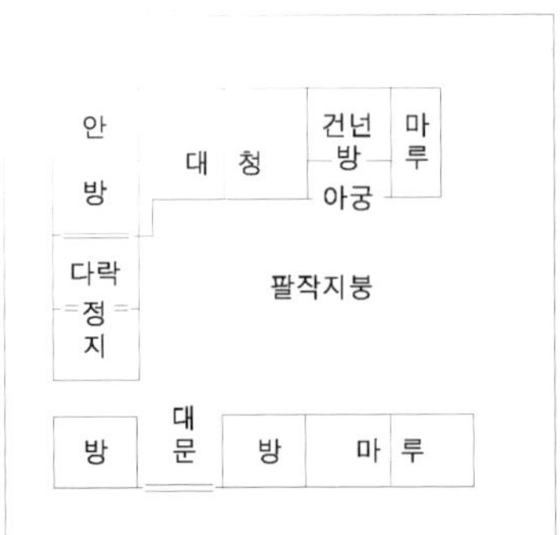

민익현 가옥

여흥 민씨가 세거했으나 민씨는 현재는 2가구뿐이다.

민익현 가옥[문 290호] : 규장각 대제학을 지낸 현 소유주의 5대조 민승세 공이 이곳 직산으로 낙향하여 1820년경 건립하였다. 그의 아들 민종묵(1835-1916)은 조선 후기 문신으로 대사헌, 학부대신을 역임했다. 평면은 ㄱ자형 팔작지붕 안채, 一자형 우진각지붕 행랑채가 떨어진 ㄷ자형 배치이다. 역시 중부내륙에서 볼 수 있는 건넌방 앞 함실아궁이와 그 위 높은 툇마루가 있고, 그 오른쪽에 호남식 옆마루가 이채롭다.

1) 둔포면 신항리

지금도 고택의 장중함이 길손을 놀라게 하고 있으나, 해평 윤씨는 단 한가구도 거주하지 않고, 나그네가 마을 주인이 되어 있다.

윤보선 전 대통령 생가(상), 윤승구 가옥(하)

윤보선 전 대통령 생가[중 196호] : 윤보선 전 대통령의 부친 윤치소 공이 1907년 지었다고 한다. 건물 구성은 안채, 안사랑채, 바깥사랑채, 행랑채, 문간채, 부속채 등 조선시대 중부지방 상류층의

윤보선 전 대통령 생가[중 196호] : 윤보선 전 대통령의 부친 윤치소 공이 1907년 지었다고 한다. 건물 구성은 안채, 안사랑채, 바깥사랑채, 행랑채, 문간채, 부속채 등 조선시대 중부지방 상류층의 건축양식 그대로이다. ㄱ자형의 팔작지붕 안채, ㄴ자형의 맞배지붕 행랑채와 문간채가 연결되어 巴자형 가옥으로 소개되고 있으나, 실은 巳자형 구성에 가깝다. 안채 평면은 큰방과 부엌이 우익사에 내려온 중부 곡가형이다. 바깥은 높은 팔작지붕의 웅장한 사랑채가 주변을 압도하고 있다.

윤승구 가옥[민 15호] : 조선 말기 상류층의 한옥으로 1844년 건축되었다. 가옥은 ㄱ자형 안채, 一자형 사랑채, 문간채, 별채 등이 떨어진 口자형 배치를 하고 있으며 대부분이 팔작지붕으로 안동권의 맞배지붕과는 좋은 대조가 된다. 또 안채와 사랑채의 좌측에는 어울리지 않는 중국식 맞배지붕 창고가 각 1동씩 있다. 그 외에도 **윤일선 가옥**[민 12호], **윤제형 가옥**[민 13호] 등이 낮은 언덕 위에 일곽을 이루고 있다.

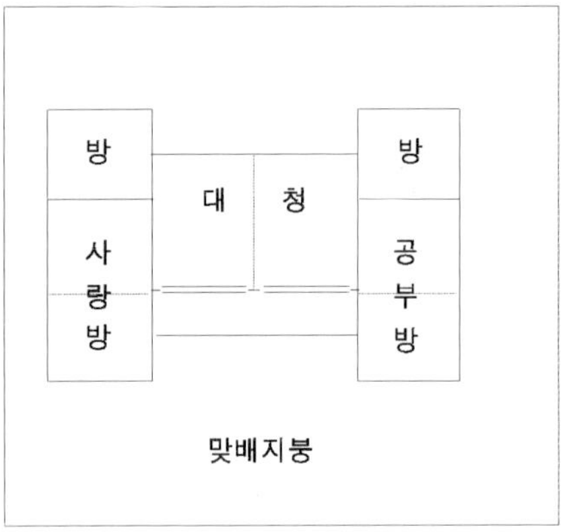

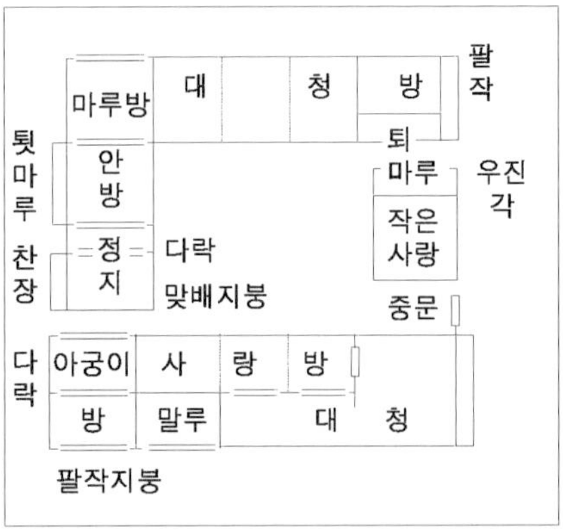

맹씨 행단(상)　　　건재 고택(하)

2) 배방면 중리

신창 맹씨의 집성촌으로 현재도 30호가 거주하고 있다.

아산 맹씨 행단[사 109호] : 현 맹건식 소유인 이 가옥은 고려 말 최영 장군이 건축한 오래된 가옥으로 맹사성 고택이라도 부른다. 최영 장군의 손자사위인 맹사성의 부친 맹희도 공이 물려받은 가옥으로 경내에는 맹사성, 황희, 허형 등 3 정승이 심었다는 은행나무 2그루가 자라 당호가 행단(杏壇)이 되었다. 이 가옥은 H자형 맞배지붕으로 중앙에 대청이 있고, 양쪽에 방이 대칭적으로 배치되어 있다. 그러나 부엌이 없는 것으로 보아 글을 가르치는 서당과 손님 접빈용 사랑으로 짐작된다. 대청과 앞마루 사이에는 들문이 있으며, 사랑방과 공부방에는 띠살문과 정(井)자살 광창이 많아서 실내가 아주 밝다.

3) 송악면 외암리

민속마을로 지정[중 236호]되었으며, 명종 때 장사랑을 지낸 이정 공 일가의 낙향으로 현재 60여 호의 예안 이씨 세거지가 되었다. 원래 이 마을은 <오양골>이라 불렸으나, 그 후 이정의 6대손 이간(1677-1727) 공의 호를 따 <외암(巍巖)>이라 불리게 되었다. 그는 율곡(栗谷) 이이, 우암(尤庵) 송시열, 수암(遂庵) 권상하로 이어지는 조선 유림의 기호학파내의 중요한 인물로 「호락(湖洛)논쟁」에서 「湖論」은 南塘 한원진(1682- 1751), 「洛論」은 외암이 이끈 철학자이다.

아산 건재 고택[중 233호] : 현 이준경 소유인 이 가옥은 9대조 외암 선생이 출생하고, 150여 년 전 영암군수를 지낸 고조부 건재(健齋) 이상익 공이 살던 집이어서 영암댁으로도 불린다. 가옥은 ㄱ자형의 안채와 ㄴ자형의 사랑채가 대체로 떨어진 ㅁ자형 배치이다. 평면은 안채 정면이 대청 3칸이고, 우익사에 안방과 부엌이 있는 전형적인 중부형이다. 사랑채는 전술한 영동형 겹집과 유사하다. 지붕은 맞배지붕, 팔작지붕, 우진각지붕을 다양하게 혼용하고 있다. 우리나라 100대 정원에 속하는 아름다운 정원이 사랑채에 있다

참판댁

아산 외암리 참판댁[중 195호] : 현 이득선 소유인 이 가옥은 19세기말 이조참판을 지낸 퇴호 이정렬 공이 고종으로부터 하사받아 건립한 것이다. 이것은 이정렬의 할머니가 명성황후의 이모로서 각별한 사랑을 받았기 때문이다. 안채는 중부 ㄱ자형 가옥으로 충청도식으로 감실(龕室)을 대청에 두었고, 대청과 건넌방 사이에는 뒤안으로 가는 통로를 두고 있는 것이 특이하다. 사랑마루의 4분합 들문에는 정(井)자 세 살창이 있어서 이 가옥의 품위를 살려주고 있다. 그 외에도 이 마을에는 **작은 참판댁, 송화댁, 참봉댁, 교수댁, 감찰댁** 등의 고가가 많이 있다.

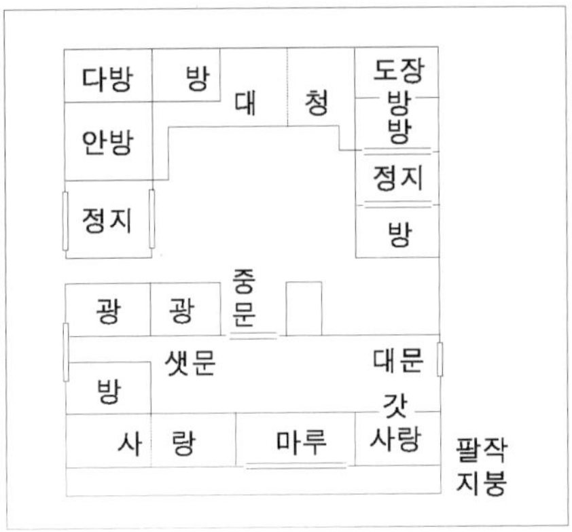

성준경 가옥

4) 도고면 시전리

영양 남씨 집성촌으로 30호이고, 창녕 성씨는 1호이다.

아산 성준경 가옥[중 194호] : 현 주인인 성제현의 4대조 성하현 공이 입향하면서 순조 25년(1825) 건축한 것이다. 마을 부근 숲 속에 홀로 있는 장택으로, 이는 고려 말에 우심했던 왜구의 노략질 때문인 것으로 보인다. 이 가옥은 도고산을 등진 북향이기 때문에 농경지와 내외 수구가 북쪽에 전개되어 이른바 역풍수라 한다. 평면은 ㄇ자형 안채, 一자형의 중 문간채, ㄴ자형 사랑채, 등 전체적으로 日자형 배치라고 주장한다. 안채는 겹집(양통집)의 몸채에 양익사는 홑집(외통 집)이고, 또 백제권의 문화유산으로 보이는 쌍부엌이 있다. 안방의 윗방을 부를 때 다방이라는 독특한 명칭을 사용한다.

3. 서산시(음암면 유계리)

한때 경주 김씨 집성촌으로 현재도 20호 중 10호가 김씨이다.

정순왕후 생가[기 68호] : 효종이 충청감사와 승지를 지낸 경주 김씨 김홍욱 공의 지극한 효심을 알고 하사한 가옥으로 1650년경에 건립된 것으로 추정된다. 그의 4대손 김한구에게서 1745년 태어난 맏딸은 51세 연상의 영조대왕과 결혼하여 정순왕후가 되었는데, 그는 세자 사도세자보다 10세나 어렸다고 한다. 이 가옥은 평지에 건축되었으나 몸채가 아주 높고, 아래채는 아주 낮다. 본채는 충남에서는 몇 안 되는 口자형 뜰집에 <몸채-대청>의 중부형 평면이다. 또 사당방이 안채 대청에 근접해 있는 중부지방 양식을 보이고 있다.

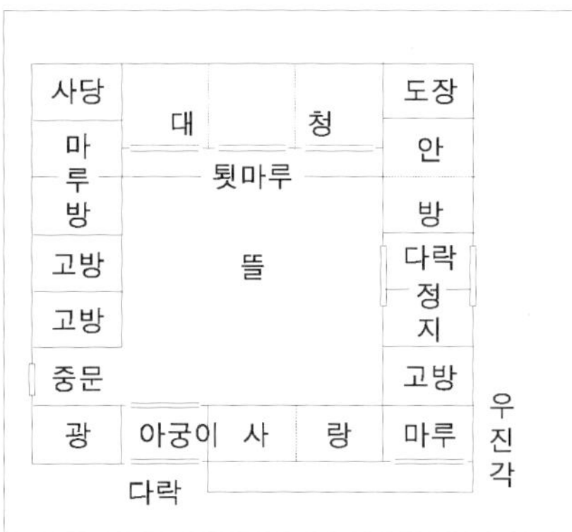

정순왕후 생가

김기현 가옥

서산 김기현 가옥[중 199호] : 정순왕후 생가의 작은댁으로 19세기 중엽에 건립되었다. 가옥은 口자형의 몸채에 북으로 一자형의 사랑채와 또 一자형의 중 문간채가 동으로 감싸 전체적으로 이중 뜰집에 가까운 역 巳자형 배치를 보인다. 그 외에도 북쪽에는 초당과 사랑행랑채가 있다. 좌향은 전체적으로 동향으로 사랑채만 남향이다. 몸채는 큰집의 중부형 평면과는 달리 <몸채-안방·대청>의 남부 一자형 평면으로 규모가 큰 가옥이다. 사랑채 전면에 있는 박공 차양지붕은 해남 녹우당 사랑,

강릉 선교장의 열화당과 함께 상류계층의 멋을 잘 드러내고 있다.

4. 태안군(태안읍 상옥리)

중국 소주 출신으로 임란 때 귀화한 명나라 가씨의 집성촌으로 현재는 70호 중 10호가 가씨이다.

태안 가영현 가옥[건 4호] : 18세기 말에 건립된 초가로 마을에서 떨어져 있는 독가촌이다. 원래 안채와 사랑채가 二자형 배치였으나, 기능에 따라 별채 등이 증축되어 떨어진 口자형 배치가 되었다. 안채는 부엌이 2칸으로 넓고, 부엌 안에 고방이 숨겨져 있다. 사랑채는 겹집구조로서 전면 우측 작은 누마루에는 귀여운 아(亞)자 세살 난간을 둘렀는데, 우리나라 초가집에서는 유일한 난간 장식의 사랑마루이다. 또 쌀광은 대문 안 측에서 통로를 지나야 접근이 가능하게 은닉되어 있다.

가영현 가옥(상) 추사 김정희 고택(하)

5. 예산군

1) 신안면 용궁리

경주 김씨의 집성촌이었으나 현재 김씨는 80호 중 10여 호뿐이다.

김정희 선생 고택[유 43호] : 秋史 김정희(1786-1856)의 증조부인 부마(영조의 딸 화순옹주 남편) 월성위 김한신 공이 1750년에 건축한 것이다. 전체적으로 조화미가 있고, 또 대칭적인 아름다움을 간직하고 있다. 조선 후기 르네상스라는 진경문화를 이끌던 세력의 중심에 문화예술를 대표하는 추사와 실학을 대표하는 茶山 정약용이 있었다. 이 고택은 이러한 영향이 아닐까 생각된다. 몸채는 ㄇ자형, 아래채 ㄩ자형 팔작지붕을 양익사에서 접합한, 충청도에서는 귀한 口자형 뜰집으로 <몸채-대청>의 중부형 평면이다. 또 아래채에는 정면에 중문과 양익사에 2개의 샛문이 있다. 사랑채는 ㄱ자형으로 팔작지붕과 맞배지붕을 혼용한 가옥이다.

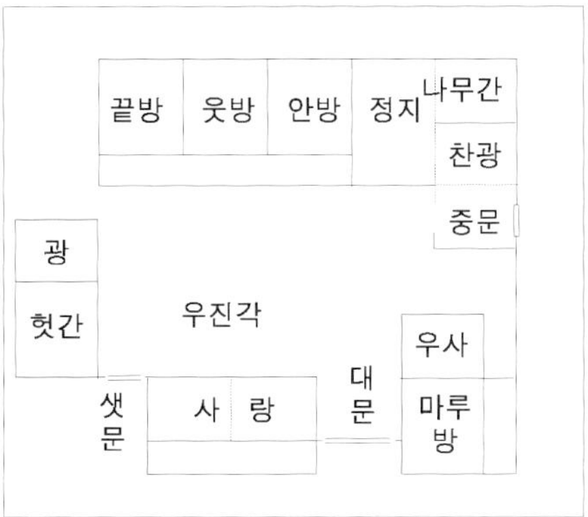

정동호 가옥(상)　　　정대영 가옥(하)

2) 고덕면 오추리

홍산 정씨 집성촌락으로 현재도 정씨 15가구가 살고 있다. 이 마을은 풍수설에서 길지로 알려진 명당이다.

예산 정동호 가옥[중 191호] : 마을에 인접해 있으면서도 조그마한 야산의 숲 속에 은닉되어 보이지 않는 가옥으로 19세기 초에 건립되었다. 평면은 ㄱ자형 안채, ㄴ자형 사랑채, 헛간채 등이 떨어진 ㄷ자형의 배치를 하고 있는 고즈넉한 초가이다. 또 부엌에는 나무간과 찬 광이 있어 부녀자가 가사일을 하기에 편리하도록 되어 있다.

3) 봉산면 봉림리

이 마을에는 동래 정씨 2가구가 있고, 구봉 이씨의 열녀문이 있다. 남편 정장군이 후사 없이 전쟁터 나가자 구봉 이씨 부인은 남장으로 말을 타고 전쟁터에 가서 하룻밤을 보낸 이후 후사를 이었을 뿐만 아니라, 태어난 아들이 성장하여 국가에 큰 공을 세우게 되자 나라에서 열녀문을 내렸다고 한다.

예산 정대영 가옥[문 285호] : 현 정덕봉 소유인 이 가옥은 1890년에 건립되었다. 중부 ㄱ자형이었으나 개수하면서 남부 一자형 가옥이 되었고, 그래서 이곳은 중·남부 가옥분포의 경계지방으로 보인다. 그러나 안채는 전형적인 호남양식의 전후·좌우 툇집이다. 이 가옥은 아산 성준경 가옥, 고덕면 정동호 가옥과 함께 숲 속에 은닉시킨 산촌(散村)의 표본으로 경북 울진지방과 함께 왜구침입이 우심했던 사례 지역임을 시사하고 있다.

이한직 가옥

4) 대흥면 동서리

밀양 박씨가 30호가 세거하나 이 가옥과는 무관하다.

이한직 가옥[문 287호] : 영조 26년 장원급제한 조선 후기 문신으로 대사성, 영의정을 지낸 심암 조두순(1795-1-870) 공의 가옥이다. 그 후 고 윤동구가 거주하였고, 이어서 이한직이 거주하였으나 현재는 통일교 재단 소유가 되었다. 이 가옥은 중부 ㄱ자형이나 평면은 남부 一자형이고, 또 우퇴가 있어 부엌을 반 칸 넓히고 있다. 지붕은 팔작지붕 겹처마이기는 하나 곡선보다 직선이 많아 한옥의 멋은 사라졌다.

5) 대술면 상황리

조선조 문신으로 영의정을 지낸 한산 이씨 이산해 차종가의 후손이 세거해 온 마을로서 행정구역 변경 전에는 방산리였다.

이남규 선생 고택[31쪽 ㅁ 자형 가옥 참조]

6) 대술면 방산리

한산 이씨의 집성촌으로 현재도 50여 호 중 15호가 이씨이다.

이광임 선생 고택[유 3호] : 목은 이색의 16세손이고, 선조 때 영의정을 지낸 이산해(한음 이덕형의 장인)의 9대손인 이광임(1784-1857) 공이 순조 25년에 건립한 목조 와가이다. 그의 아들 이승유의 정려 현판이 걸려 효도와 우애로 유서 깊은 건물이다. 이 가옥은 ㄱ자형 맞배지붕 안채, 一자형 팔작지붕 사랑채, 우진각지붕 대문채 등 다양한 지붕형태가 혼용된 충청도 지붕이다. 안채는 마루 중간에서 광 칸이 있어서 이곳을 경계로 제청과 대청으로 양분하고 있는 이색진 평면구조이다. 사랑에는 2개의 대청과 누마루를 두어 당시 중부지방 반가의 사랑공간을 잘 보여주는 건물이다.

이광임 고택

6. 홍성군

전용일 가옥(상) 김우열 가옥(하)

1) 갈산면 상촌리

현재 담양 전씨가 5호이고, 안동 김씨는 1호뿐이다.

홍성 전용일 가옥[민 11호] : 조선 숙종조(1800년대)에 건축된 안동 김씨의 가옥으로 김좌진 장군의 생가이다. 그 후 전씨 소유가 되었다. 평지에 건립된 口자형 뜰집으로 양익사 중간에서 접합시켜 2계층 지붕이 되었다. 사랑채는 안채의 좌측에 연당과 함께 있는 반가의 가옥이다. 정침은 <몸채-대청>의 중부형 평면이나 대청 4칸을 2칸으로 고치고, 그 대신 건넌방을 2칸 넓혔다. 특히 대청과 도장방 사이 4분합 들문에는 불 발기 팔각 빗살 교창이 이 가옥의 위상과 격조를 높이고 있다.

홍성 김우열 가옥[민 10호] : 19세기 중엽에 건축되었는데, 당시 상기 안동 김씨가는 큰집이고, 이곳은 작은집이다. 평지에 안마당을 중심으로 ㄱ자형 안채, 一자형 사랑채와 헛간채가 전체적으로 튼 口자형 구성이다. 안채의 방 배열은 중부 곡가형 가옥의 전형이고, 사랑채는 방과 마루 사이의 창호에서 조선 말기의 섬세한 가공수법을 볼 수 있다.

2) 홍북면 노은리

이 마을에 있는 노은단은 성삼문의 위패를 모신 유허로서 현재는 창녕 성씨도, 영월 엄씨도 거주하지 않는다. 성삼문이 병자사화에 연루되어 집안의 대가 끊기자 그의 둘째 딸은 아들 엄찬을 데리고, 부친의 생가지에 내려와 친정 가문의 묘역을 관리하며 여생을 보냈다.

홍성 엄찬 고택[40쪽 ㅂ자 측입형 가옥 참조]

3) 장곡면 산성리

한때 양주 조씨가 다수 거주하였으나 현재 조씨는 2가구뿐이다.

조응식 가옥

홍성 조응식 가옥[중 198호] : 19세기 중반 건립된 떨어진 ㅁ자형 가옥으로 사랑마당, 안마당, 안사랑마당 등의 공간이 잘 구획된 양반가옥이다. 이 가옥의 안채는 중부형 평면으로 대청 1칸을 사당방(감실)으로 이용하고, 그 외 안방 뒤를 마루광, 건넌방 옆 우퇴에 있는 손광 등은 이 집만이 사용하는 유일한 명칭이다. 사랑채는 호남식의 전후 · 좌우 툇집이고, 양쪽 아궁이 위를 누마루와 다락으로 정교하게 꾸며 두었다.

7. 청양군(남양면 봉암리)

온양 방씨는 현재 3가구가 세거하고 있다.

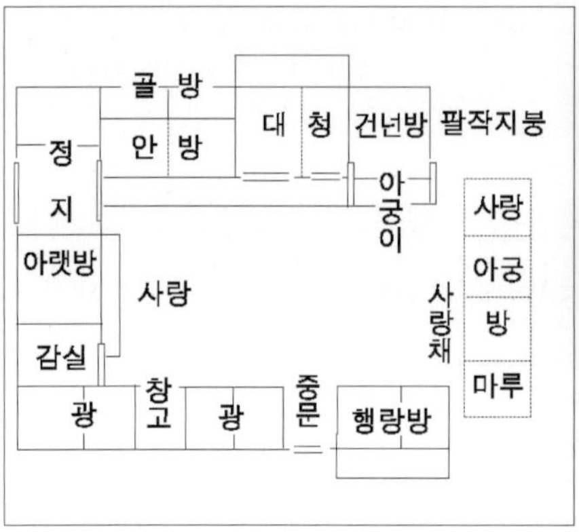

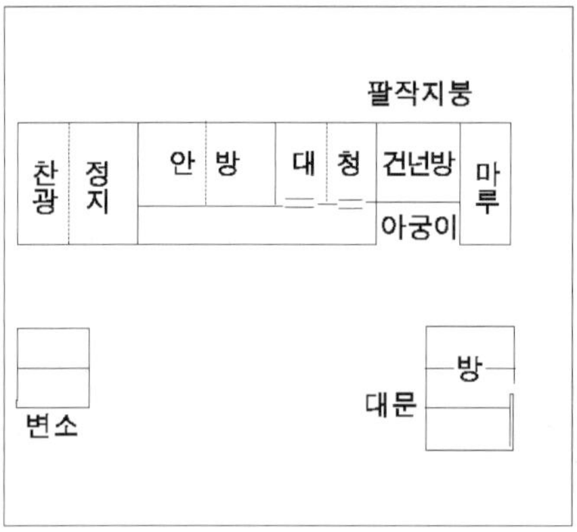

방기옥 가옥(상)　편무성 가옥(하)

방기옥 가옥[문 279호] : 조선시대 판서를 지낸 조 대감이 거주하던 집으로 전해진다. 안채와 행랑채가 하나로 연결된 중부 ㄷ자형 가옥에 <몸채-안방 · 대청>의 남부 一자형 평면이다. 그러나 건넌방 함실아궁이 위의 고상마루는 중부양식이어서 이곳이 양 문화의 접촉지역임을 나타낸다. 또 감실을 대청에 두지 않고, 현재 사랑으로 사용하는 아랫방 옆에 둔 것은 강원도 내지는 영남지방의 양식이다.

8. 보령시(천북면 신죽리)

한때 절강 편씨 집성촌이었으나 현재 편씨는 4가구가 살고 있다.

편무성 가옥[문 304호] : 1730년에 영월 현감을 지낸 분이 정착하면서 건립한 부농의 가옥이다. 이 가옥은 차령산맥 남쪽에 위치한 때문인지 남부 一자형 가옥구조이다. 그러나 좌우 툇집이어서 좌측 반 칸은 찬광, 우측 반 칸은 옆마루를 만들어 두는 호남양식이다. 또 건넌방 앞에는 함실아궁이는 있으나 고상마루는 없다. 이로 미루어 볼 때 중부보다는 남부 양식에 근접한 가옥이다.

9. 계룡시(두마면 두계리)

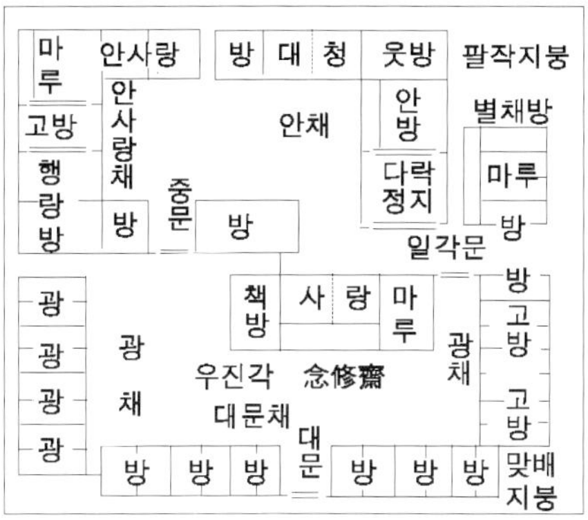

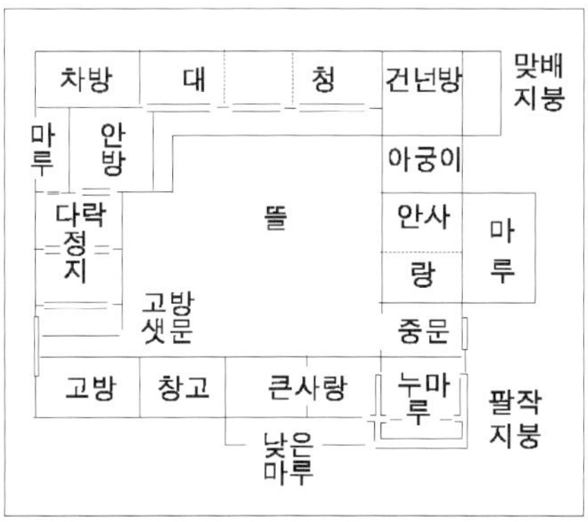

두계 은농재(상) 이삼 장군 고택(하)

광산 김씨 동족촌락으로 고정마을이라고도 불린다. 지금은 도시화되어 있다. 그러나 이 마을은 沙溪 김장생(1548-1631)으로부터 그의 8대손인 豆溪 김충유 공의 장자를 거쳐 16대손까지 세거했다.

두계 은농재[유 134호] : 선조 35년(1602)에 건립되었으며, 사계(沙溪) 김장생 선생이 말년에 벼슬을 버리고 내려와 학문을 연구하던 곳이다. 은농재(隱農齋)는 사계의 휘(諱)로 사랑채의 당호이다. 사계는 명종 때 대사헌을 지낸 김계휘 공의 아들로 태어나 龜峰 송익필과 栗谷 이이의 문인으로 각각 예학과 성리학을 수학하고 서인의 영수가 되었다. 그의 제자인 아들 신독재 김집, 우암 송시열, 동춘당 송준길 등이 기호학파를 형성하였다. 가옥은 2,800여 평의 대지에 ㄱ자형 안채, ㄷ자형의 안사랑채, 一 자형의 사랑채(현재 念修齋란 현판 부착)와 대문채, 가묘, 별채, 광채 2동 등 전체적으로 떨어진 目자형 배치를 한 대저택들이다. 특히 안채 부녀자와 사랑채 남자들의 생활공간이 중문과 일곽문으로 엄격히 구분되고 있는데, 과연 이 나라 예학 대가의 가옥다운 구조라 하겠다.

10. 논산시

1) 상월면 주곡리

일명 술골로 총 60가구 중 청주 양씨 30호, 함평 이씨 7호, 전주 이씨 10호가 살아가는 혼성촌락이다.

이삼 장군 고택[민 7호] : 무관을 지낸 함평인 이삼 장군에게 1727년 영조 임금이 하사한 가옥이다. 이삼 장군(1677-1735)은 소론의 영수 윤증의 문인으로 함경도 병마절도사, 공조판서를 거치면서 이인좌 난을 평정하고 화차 제조 등에 큰 공을 세웠다. 가옥은 ㄇ자형의 안채와 一자형의 사랑채가 접합하여 된 口자형에 <안채-대청>의 중부형 평면으로 충남에서는 몇 안 되는 귀중한 뜰집이다. 특히 안사랑의 마루는 우익사에서 외측으로 돌출하여 잘 보이는 전국에서 유일한 구조이다.

2) 노성면 장구리

이 마을과는 직접적인 관계는 없으나 조선시대 많은 왕비를 배출한 파평 윤씨의 세거지로 총 43가구 중 12가구가 윤씨이다.

윤황 고택 사랑채

윤황 선생 고택[민 8호] : 파평 윤씨 윤황 공의 종가로서 6대손인 윤정진 공이 영조 6년(1730) 건립한 것이다. 그는 후술하는 윤증의 조부로서 대사간, 전주부윤을 지냈으며 병자호란 때 척화를 주장하였고, 그 후 금산에 퇴거하여 우암과 함께 성리학에 전념하였다. 이 가옥 안채는 중부 ㄱ자형 평면으로 광채, 사당과 함께 담으로 둘러쳐져서 사랑채와 격절되어 있다. 사랑채는 울타리가 없이 외부에 개방된 구조이고, 남도식 전후 · 좌우 툇집으로 앞 툇마루는 높고 낮은 2계층이고, 좌측 함실아궁이와 그 위는 다락마루로 되어 있는 중부지방양식이다.

3) 노성면 교촌리

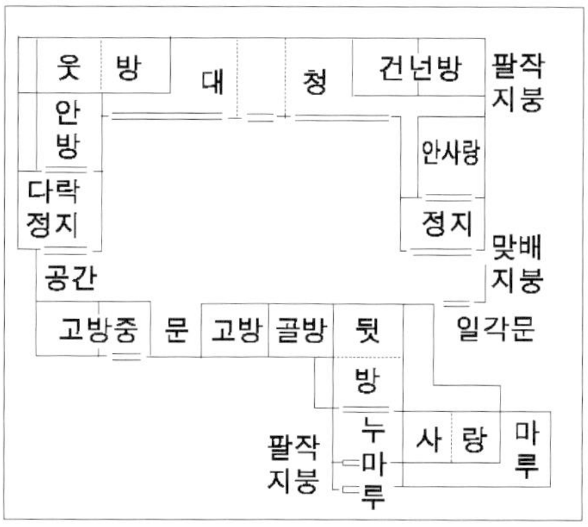

윤증 고택과 5칸의 대청

파평 윤씨 노종파의 집성촌락으로 총 80호 중 30호가 윤씨이다. 숙종 때 노론의 영수 우암의 문인이면서도 부친의 묘갈명 사건으로 금이 가, 후에 사색당파의 하나인 소론의 수장이 된 윤증의 후손이 세거해 온 마을이다.

윤증 가옥의 사랑채

윤증 선생 고택[중 190호] : 사헌부 지평을 지낸 명재(明齋) 윤증(1629-1714) 선생이 18세기 초에 건축한 것으로 전해진다. 이 고택은 노성읍에 위치하여 읍의 상징적 중심이 되고 있다. 가옥은 튼 ㅁ자형의 중부형 평면이나 대청이 5칸으로 전국에서도 넓은 칸의 마루이나 윗방과 건넌방이 각 1칸을 점유하고 있다. 그래서 안채는 여성들의 가사활동을 배려한 편리한 공간구조로 평가되고 있다. 특히 안채는 백제의 유습인 쌍부엌이 있다. 사랑채는 건넌방 앞의 함실아궁이와 창호가 예쁜 고상마루가 있으며 팔작지붕의 처마선이 경쾌하고, 그 앞에는 넓은 연당이 있다. 그래서 모 방송국에서 강릉의 선교장 다음으로 「아름다운 고택」으로 선정할 정도로 품위 있는 고옥이다.

4) 연산면 오산리

총 80가구 중 광산 김씨가 40호, 전주 이씨 15호, 파평 윤씨 4호이고, 임씨는 단지 2호뿐이다.

임수택 가옥[문 292호] : 건립연대는 정확하지 않으나 파평 윤씨가 건립하여 광산 김씨가 5대에 걸쳐 살았다. 1946년부터 임수택이 소유하고 있다. 가옥은 ㄷ자형의 안채만 남아 있고, 一자형의 아래채는 없어졌다. 안채의 평면은 중앙에 부엌이 있어서, 그것에 의하여 마루가 양분되고, 따라서 기능도 안방과 사랑으로 구분된다. 또 양익사에는 쌍부엌도 있다. 지붕 몸채는 우진각이고, 양익사는 맞배로서 혼용지붕이다.

임수택 가옥

11. 부여군

1) 부여읍 중정리

한때 여흥 민씨의 동족촌락으로 현재도 100호 중 20호가 민씨이고, 그 외에도 용인 이씨가 많다.

부여 민칠식 가옥[중 192호] : 숙종 31년(1705)에 건립된 것으로 추정되고, 원래는 용인 이씨의 가옥이었으나 크게 중수한 사람은 12고을 원을 지낸 민칠식의 3대조 민치준 공이다. 이 가옥은 뒤로 낮은 동산이 있으며 앞으로는 멀리 백마강이 보이는 길지에 있다. 가옥은 ㅁ자형 뜰집으로 홍성 엄찬 가옥, 봉화 전우겸 가옥과 함께 전국에서 3동밖에 없는 독특한 구조이다. 정침은 <몸채-안방·대청>의 남부 一자형평면이고, 특히 여자와 남자의 활동공간이 엄격히 구분된 유가의 구조이다.

2) 군수리

한때 하동 정씨의 집성촌이었으나 현재 정씨는 5가구뿐이다.

부여 정계채 가옥[중 193호] : 18세기 후반에 건축된 초가집으로 추녀 끝에 사래를 달아 추녀를 들어올린 기법이 특이하다. 이 가옥에서 안채는 一자형 4칸으로 평범한 우진각지붕의 초가이다. 그러나 사랑채는 방, 광, 나뭇광 등 초가 3칸으로 너무 초라하고 작다. 더욱이 광채가 안채와 사랑채 사이의 앞마당을 가로질러 멋없이 위치해 있으며, 그 기능마저 헛간으로 바뀌어 볼품이 없다.

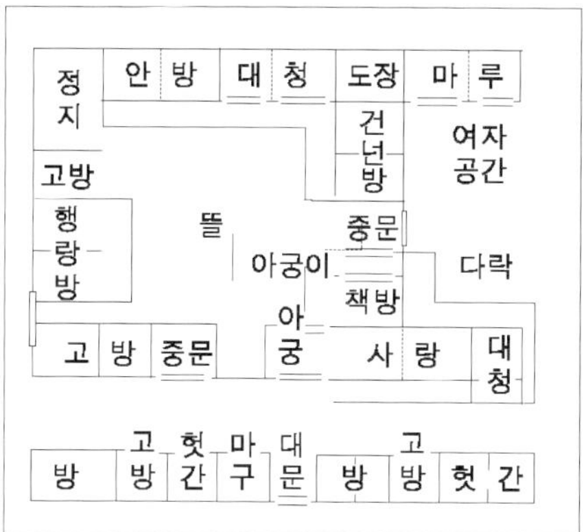

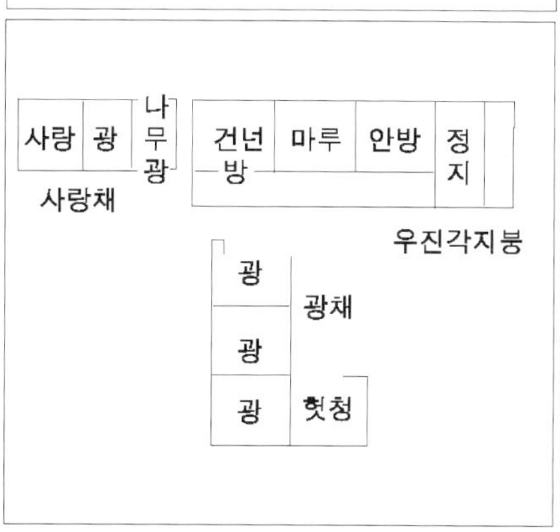

민칠식 가옥(상)　정계채 가옥(하)

12. 서천군(기산면 신산리)

한산 이씨의 동족부락으로 현재도 40호 중 20호가 이씨이다.

서천 이하복 가옥[중 197호] : 목은(牧隱) 이색의 18세손이며 중추원 의관을 지낸 이병식 공이 19세기 후반에 건립한 초가이다. 그는 당시 3,000석의 부농이었다. 청암 이하복 공은 1910년 광주학생 사건 때 동맹휴학을 주도하였으며, 보성전문학교 교사로 재직하던 중에는 창씨개명과 징용 반대운동을 벌였던 분이다. 그 후 고향으로 돌아온 그는 농촌 계몽운동에 헌신했다. 안채는 중부 ㄱ자형이나 또는 남부 一자형으로도 볼 수 있는 애매한 평면이다. 이것은 이 가옥이 중부와 남부의 경계 가옥임을 시사하는 것이다. 그러나 좌우 툇집으로 호남양식에 기운다. 그 외 사랑채 우측에는 행랑역할을 하는 아래채가 별도로 있다.

이하복 가옥

13. 대전시 대덕구

1) 송촌동

은진 송씨의 중시조이며, 고려말-조선 초기에 부사정을 지낸 쌍청당(雙淸堂 : 유 2호) 송유(1399-1446) 공이 회덕으로 낙향하여 세거한 후 「선비마을」이 되었다. 현재 이 마을은 아파트 단지 한가운데 있는 동춘공원으로 조성되어 있으며 송씨의 고옥들이 공원 내에 그대로 남아 있다.

동춘 선생 고택의 사랑

회덕 동춘 선생 고택[유 3호]과 동춘당[보 209호] : 예학의 대가인 同春堂 송준길(1606-72) 공은 尤庵 송시열(1607-89)과 더불어 栗谷과 沙溪의 문인이고, 또 영남 예학의 대가 우복(愚伏) 정경세의 사위이다. 고택은 인조 2년(1624)에 건립되었고, 사랑채 앞에 멀리 있는 별당인 동춘당(현판은 우암 글씨)은 좌참찬에서 물러난 후 후학들에게 강학하기 위해 1643년 건립한 것인데, 조선 중기의 단아한 건축양식을 보여주고 있다. 그 외 안채 우측에 가묘와 불천위 사당이 나란히 있다. 고택은 ㄱ자형 안채와 一자형 아래채가 튼 口자형 배치로서 정면에 대청이 있는 중부형 평면이다. 사랑채의 작은방 전면에는 약간 높은 툇마루와 그 아래에 함실아궁이를 두어 중부 양식을 보여주고 있다.

동춘공원의 동춘당

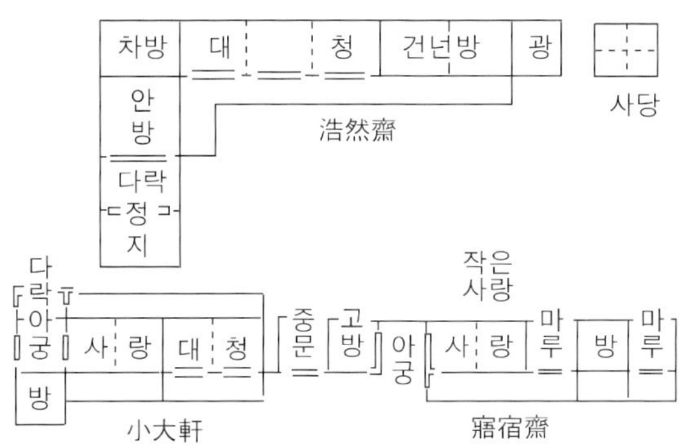

송용억 작은 사랑(좌하) 제월당(우하)

송용억 가옥[민 2호] : 현 송봉기 소유인 이 가옥은 그의 12대조이고, 同春堂의 둘째 손자로서 우암의 문인이었으며 의주부윤을 지낸 송병하(1646-97) 공이 분가하면서 살기 시작한 것이 17세기 중엽이다. 이 가옥은 ㄱ자형의 안채인 호연재(浩然齋), 一자형의 큰 사랑채 소대헌(小大軒)과 우측에 작은 사랑채 오숙재(寤宿齋) 등 가옥의 당호가 되어 있으며, 동시에 사람의 호가 되었다. 즉 소대헌 송요화(1682-1763)는 송병하의 아들로서 의금부도사를 지냈으며, 여류시인(한시 192제 237수와 여성교훈서 自警篇의 저자) 호연재(1681-1722)는 그의 부인 김씨이고(안동인 김상헌 형 우의정 김상용의 현손), 보은 현감을 지낸 오숙재 송익흠은 그의 아들이다. 이들의 결혼은 노론의 두 핵심인 은진 송씨와 안동 김씨의 결속이었다. 안채는 중부형 평면으로 대청 3칸이 마루방이고, 그 왼쪽 방은 차방이라 부른다. 작은 사랑채의 우측 함실아궁이와 높은 툇마루가 있는 중부양식이다.

2) 읍내동

제월당 및 옥오재[유 9호] : 제월당은 숙종 때 대사간을 지낸 제월당(霽月堂) 송규렴(1630-1709) 공이 그의 스승인 우암과 동춘당이 귀양가자 벼슬을 버리고 고향에 내려와 1676년에 지은 별당이다. 후일 이 세 사람은 삼송(三宋)으로 일컬어지고 있다. 옥오재는 송규렴의 아들로서 대제학과 예조판서를 지낸 玉吾齋 송상기 공이 숙종 6년에 안채에 붙여 건립한 사랑채이다. 그들의 후손이 대대로 거주한 살림집의 평면은 중부 ㄱ자형이고, 남부 一자형의 사랑채(옥오재)와 함께 ㄷ자형을 이룬다. 모두 팔작지붕의 건물로 2,000여 평의 대지 위에 배치된 큰 규모의 가옥 군이다.

14. 대전시 중구(무수동)

한때 안동 권씨가 다수 거주하였으나 지금은 도시화되어 있다.

유회당 권이진 고택[유 6호] : 영조 4년 이인좌와 정희량의 난 때 공을 세우고 평안감사를 지낸 유회당(有懷堂) 권이진(1668-1734) 공이 숙종 33년에 세운 집이다. 권이진 공은 현 소유주 권태원의 9대조이다. 그는 우암(노론)의 외손자이면서도 윤증(소론)의 문인으로 현실적인 경세문제를 다루면서 실학파에 영향을 주었다. 평면은 안채 ㄱ자형, 유회당인 一자형 겹집의 사랑채, 곳간채 등 3동이 남아 있다. 모두 최근에 중수되어 고식적인 멋이 사라졌다.

15. 대전시 동구(소제동)

대전의 도심으로서 가옥 외에는 은진 송씨와 尤庵 송시열 선생의 발자취를 찾을 길이 없다.

송자 고택[23쪽 ㄷ자형 가옥 참조]

16. 대전시 서구(괴곡동)

한때 파평 윤씨의 동족촌락이었으나 현재 총 80가구 중 20가구가 윤씨이다.

파평 윤씨 서윤공파 고택[문 34호] : 현 윤여상 소유인 이 가옥은 조선 인조 때 한성부 서윤(庶尹)을 지낸 윤흡 공의 손자 윤섬이 건축한 지 약 300년이 되었다. 가옥은 ㄇ자형 안채, ㄴ자형의 사랑채가 접합하여 된 떨어진 ㅁ자형을 이룬다. 안채 평면은 대청 앞에서 안방과 건넌방 앞까지 툇마루가 이어져 있고, 또 대청 가장자리에는 들문이 있는 등 중부지방 가옥의 특색을 많이 간직하고 있다. 그러나 지붕은 고식적인 맞배지붕으로 중부지방에서는 보기 드문 고옥이다.

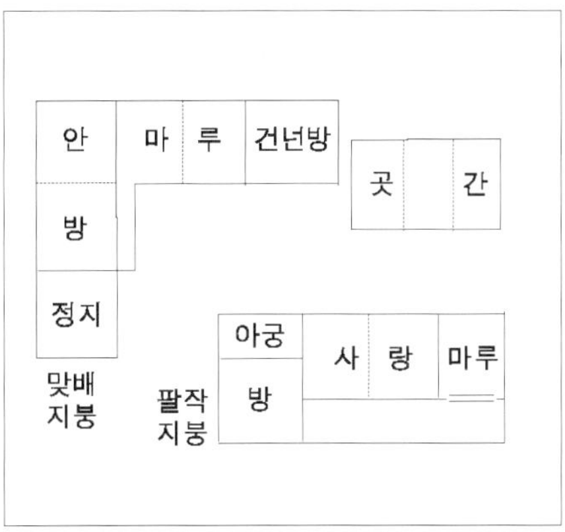

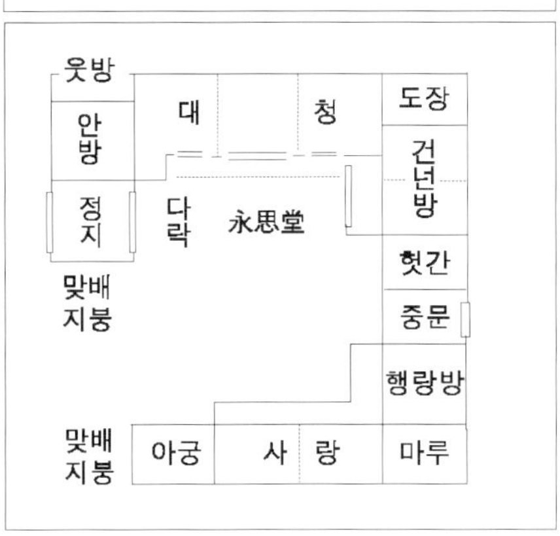

유희당 고택(상)　　파평 윤씨 서윤공파 고택(하)

7장 해안평야와 산간분지의 전북 가옥

이곳은 남부지역으로 중부 곡가형(ㄱ자, ㄷ자)이 적고, 남부 직가(一자, 二자)형이 많다. 평면형태는 ㅁ자형 경우 양 익랑채에 백제문화의 유습인 쌍부엌이 있고, 직가형의 경우 안채가 전후 퇴는 물론 좌우퇴인, 즉 가옥의 좌우를 반 칸 넓히는 호남양식이 출현한다. 또 부농의 경우에는 작은 골방과 벽장이 있는 준겹집이 나타난다. 명칭도 중부지방의 안방과 거릉방을 이 지방에서는 각각 큰방과 작은방으로 부르고 있다. 해안지방은 부농형 가옥이, 산간지방에는 선비형과 공신형 가옥이 주로 분포한다. 그래서 지붕형도 전자는 대부분 화려한 팔작지붕이고, 후자는 단아한 맞배지붕이 많다.

1. 군산시(성산면 고봉리)

평강 채씨가 총 50호 중 수호에 불과하다.

채원병 가옥[32쪽 기타가옥 참조]

2. 김제시(복죽동)

일명 죽절부락은 김제 조씨 동족촌락으로 총 32호 중 12호가 조씨이다.

오영순 가옥[민 33호] : 현 조용기 가옥은 약 160여 년 전에 건립한 것으로 추정되고, 소유자 오영순(고 조인곤씨 부인)씨의 시조부가 구입하여 현재에 이르고 있는 초가집이다. 안채는 남부 一자형 7칸으로 규모가 크고, 전후 툇집이다. 특히 부엌일에 편리한 가옥구조로서 김치를 묻는 땅광이 있고, 한양에나 있는 부엌마루가 있다.

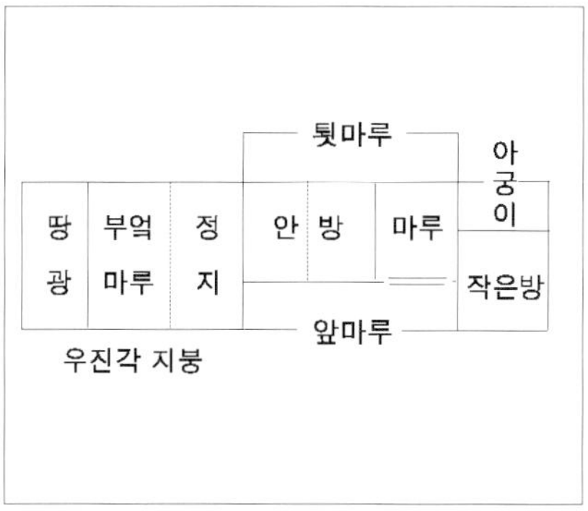

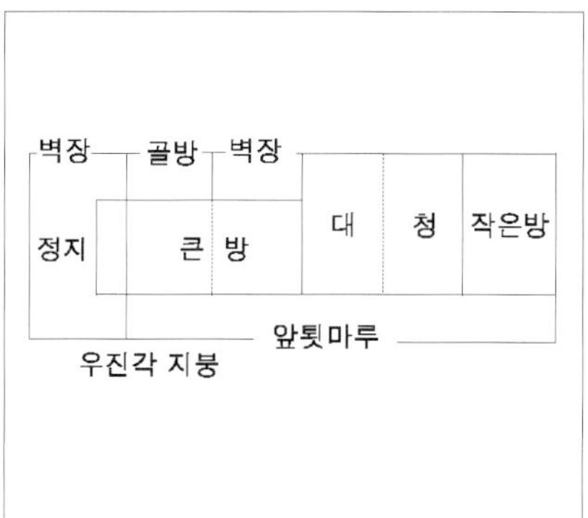

오영순 가옥(상)　　　　신재효 가옥(하)

3. 고창군

1) 고창읍 읍내리

읍 중심에 위치하여 촌락적 성격이 없어졌다.

고창 신재효 고택[중 39호] : 춘향가, 심청가, 박타령, 토끼타령, 적벽가 등 판소리 여섯 마당의 체계를 세운 이론가로서, 뛰어난 족적을 남긴 평산 신씨인 동리 신재효(1812-84) 선생의 고택이다. 이 고택은 1850년경에 건립되었으나, 현재 우람한 원주 기둥을 사용한 역시 남부지방 직가 一자형 사랑채와 당시의 우물만이 남아 있다.

2) 고창읍 도산리

청풍 김씨, 해주 오씨, 청주 정씨, 안동 김씨가 차례로 들어와 세거한 혼성부락으로 현재 총 50호 중 10호가 안동 김씨이다.

고창 김정회 고가[민 29호] : 1862년 건립된 조선조 상류계층의 전형적인 가옥이다. 안동인 보정(普亭) 김정회(1903-70) 선생은 조선개국 공신인 익원공 김사형의 후예이며, 시(詩)·서(書)·화(畫)에 능하여 3절이라 한다. 가옥은 一자형의 안채, 사랑채, 곳간채, 광채가 떨어진 口자형을 이루고, 안채 7칸과 사랑채 6칸은 전후·좌우 툇집으로 규모가 큰 남도(호남)식 부농의 구조이다. 주인은 이 가옥의 안채가 고창에서 유일한 지네형 용마루임을 자랑하고 있다.

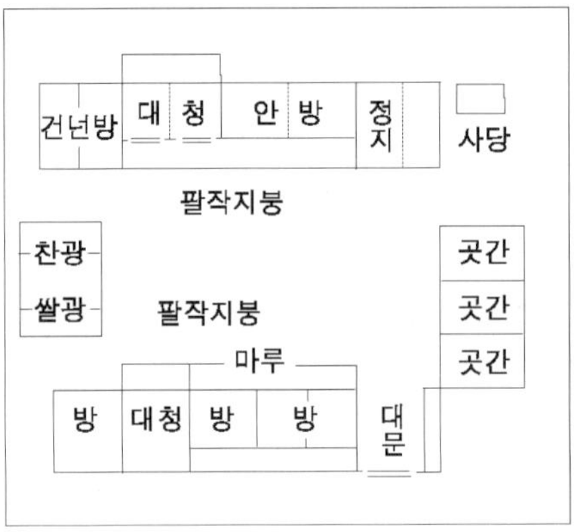

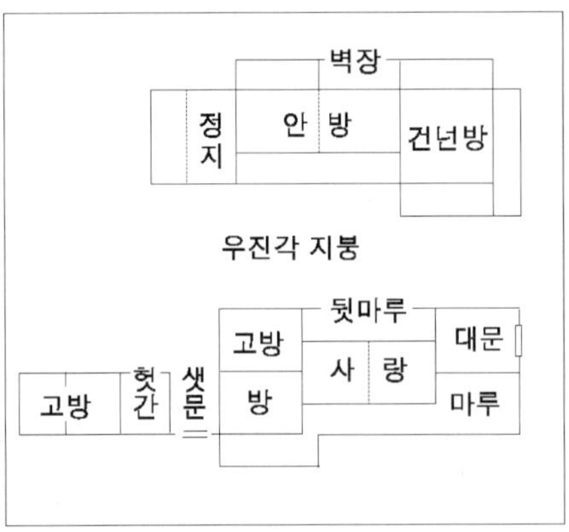

김정회 고가(상)　　백관수 가옥(하)

3) 성내면 덕산리

수원 백씨가 40세대가 1,200년에 걸쳐 장구한 세월을 살아온 토성이고, 면내에도 60여 가구의 백씨가 살고 있다.

백관수 고택[기 90호] : 1880년 세워진 건물로서 近村 백관수 선생의 생가이다. 그는 1919년 동경에서 조선청년독립단을 조직하여 활동하다 투옥되었고, 그 후 동아일보 사장으로 재직 중 손기정의 일장기 말소사건으로 무기정간 당하였으며, 해방 후에는 건국 기초를 다졌던 애국지사이다. 이 가옥은 홑집인 안채, 겹집인 사랑채가 남부 직가 二자형 배치이고, 그 외 헛청과 곳간이 연이어져 있으며 모두 초가이다. 역시 전후 · 좌우 툇집이고, 창호는 띠살문을 달았으며 부엌문은 판장문 그대로 보존되어 있다.

4) 부안면 봉암리

장성서 이주하여 온 호남의 명문호족으로 현재는 소수의 울산 김씨가 남아 있다.

인촌 김성수선생 생가[기 39호] : 부통령을 지낸 선생의 생가로서 그의 조부가 1861년에 안채, 1879년에 사랑채를 건립하였다. 한때는 화적이 출몰하여 줄포로 이사하였는데, 그 즈음은 초가로서 명맥을 유지하였다. 가옥은 一자형의 안채, 사랑채, 곡간채, 안행랑채, 중문채, 대문채 등 한 울타리 안에 11동(동생 가옥 5동 포함)이 있는 대저택이다. 안채와 사랑채는 호남식 전후 · 좌우 툇집이고, 또 안채의 작은방 문이 정면에 없고 독특하게 측면에 있는 이유는 이 가옥이 북향인 데서 찾을 수 있다. 아래쪽에 있는 동생 **김연수 가옥**은 평면형과 지붕형 등이 형 김성수 가옥과 거의 동일하다.

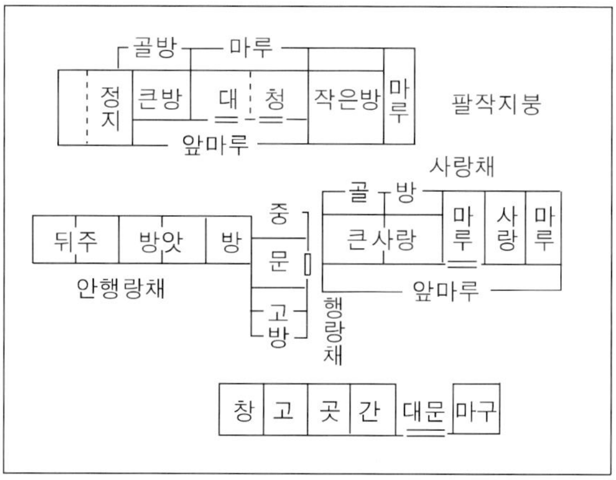

김성수 생가 평면도

김성수 생가 안채(좌)　　김연수 가옥 사랑채(우)

4. 정읍시(산외면 오공리)

광산 김씨가 거의 살지 않는다.

정읍 김동수 가옥[중 26호] : 현 소유주의 6대조 김명관 공이 한양에서 길지를 찾아 내려와 1784년 건축하였다. 청하산이 지네형이고, 숲으로 습지(연못)를 조성, 기러기가 내려앉는 풍수형국으로 부귀가 끊이지 않고 큰 인물이 날 명당으로 알려져 있다. 가옥은 안채와 사랑채 등 7동의 건물이 비교적 분산되어 있다. 안채는 ㄇ자형에 <몸채-대청>의 중부형 평면으로 좌우 대칭이고, 좌우익사에 쌍부엌이 있어서 시어머니와 맏며느리가 권한을 공유하는 백제권 유습의 가옥구조이다. 사랑채는 남부 一자형으로 안채와 사이에 ㄴ자형 안 행랑채가 가로막고 있다. 또 가옥을 감싸고 있는 ㅁ자형 대문채와 연속된 바깥 행랑채는 17칸으로 보은 선병우 가옥, 강릉 선교장, 구례 운조류에 이어서 4번째로 칸수가 많다. 지붕은 팔작지붕이긴 하나 상층의 박공부분이 작아서 우진각지붕으로 착각을 일으킨다.

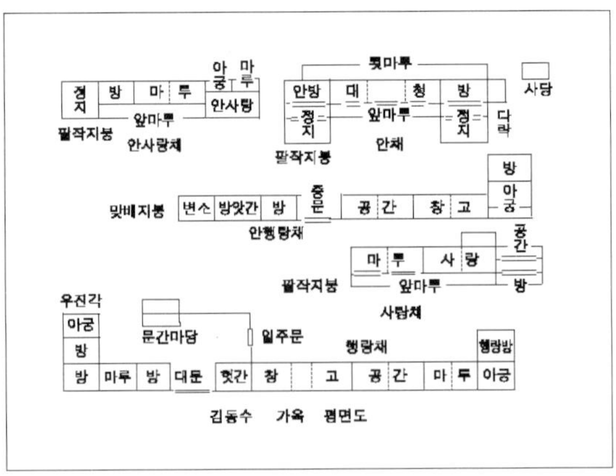

김동수 가옥 평면도

김동수 가옥의 안채(좌)　　사랑채(우)

5. 임실군(오수면 둔덕리)

전주 이씨의 동족촌락으로 50호 중 40호가 이씨이다.

이웅재 고가(민 12호) : 입향조 이담손 공이 연산군 6년경에 지은 고옥으로 대문에는 고종 7년 이부위에게 내린 효자 정려문 현판(有明朝鮮孝子贈通政大夫吏曹參議李父胃之閭)이 걸려 있다. 가옥은 ㄇ자형 안채와 ㄴ자형의 행랑채가 튼 ㅁ자형 평면이고, 지붕은 이곳 호남에서는 귀한 맞배지붕을 채택하여 고식적인 멋을 자랑할 수 있는 위치에 있었음을 보여주는 듯하다.

이웅재 고가

6. 장수군

1) 산서면 오산리

안동 권씨의 동족촌락으로 50가구가 세거하고 있으며, 금반옥배(金盤玉杯)의 길지로 부와 벼슬이 후손에 이어질 것으로 믿고 있다.

권희문 가옥[민 22호] : 현 종손의 10대조가 광해군 때 사화를 피하여 이곳으로 입향하여 먼저 사랑채를 영조 49년에 건축하였다. 안채는 중부 곡가형을 채택하면서도 대청을 4칸으로 넓히고, 1칸에는 감실을 두는 중부지방 양식이다. 그러나 안채와 사랑채는 남도양식의 전 · 후 툇집이고, 사랑채는 남부 一자형 준겹집이다. 지붕은 모두 맞배지붕으로 고식적 멋을 간직한 전통적인 민가이다.

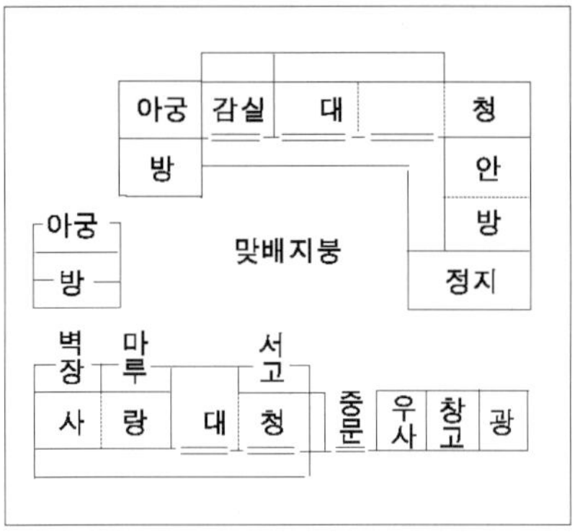

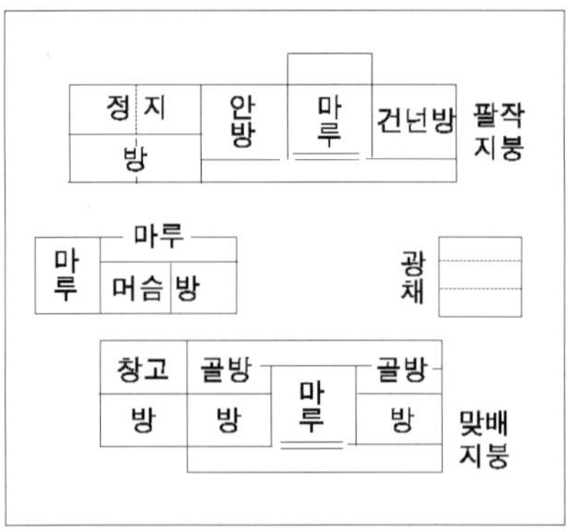

권희문 가옥(상)　장재영의 사랑채(하)

2) 번암면 노단리

흥덕 장씨의 동족촌락으로 50호가 장씨이고(면내 200가구 거주), 11대에 걸쳐 세거하고 있다.

장재영 가옥[민 21호] : 철종 7년(1856)에 건립되었으며 소유주 장재영은 현재 장수군 민선군수이다. 안채는 一자형 5칸, 사랑채는 4칸의 준겹집이고, 그 외 광채, 행랑채와 함께 떨어진 ㅁ자 배치이다. 지붕은 안채 팔작지붕을 제외하고 모두 맞배지붕이다. 특히 안채의 부엌이 가옥의 뒷면에 있는 구성은 이곳 전북에서는 유일한 것이다.

7. 남원시

1) 주생면 상동리

남원 윤씨의 집성촌으로 현재 총 60여 호 중 10여 호가 윤씨이다.

윤영채 가옥[문 117호] : 현 윤영상 소유인 이 가옥은 중종 6년(1511년) 남원부사의 관청으로 사용하기 위해 건축된 것으로 전해지고 있다. 이 가옥은 안채 ㄇ자형, 대문채 一자형이 튼 ㅁ자형 배치이고, 평면은 <몸채-안방 · 대청>의 남부 一자형이다. 지붕은 고풍스런 맞배지붕으로 원래 아래채는 초가이었으나 40년 전에 기와지붕으로 고치고, 대청도 큰방으로 고쳐 중수하였다.

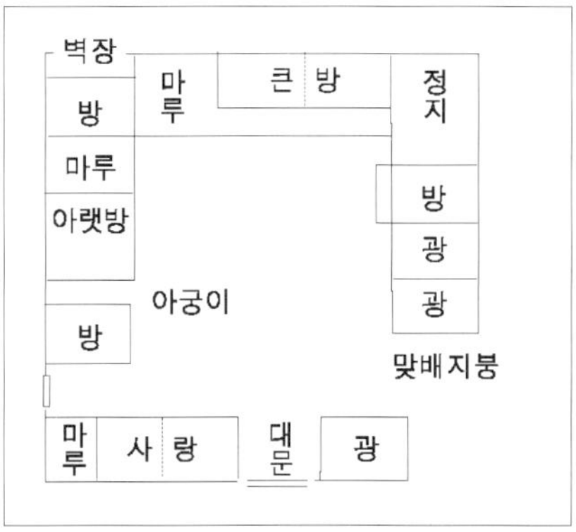

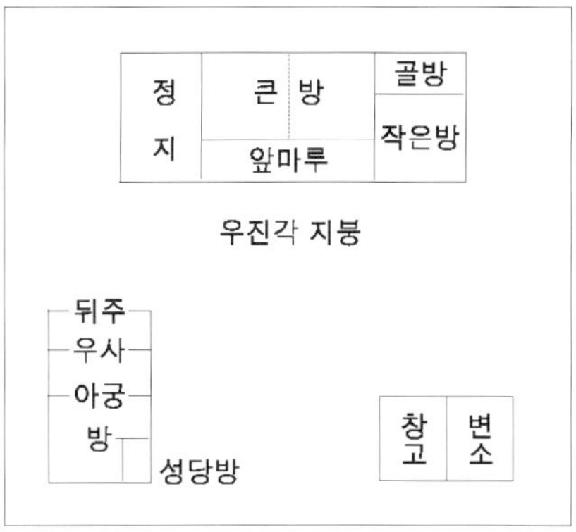

윤영채 가옥(상)　　덕치리 초가(하)

2) 주천면 덕치리

밀양 박씨, 광산 김씨, 제주 고씨의 혼성마을이고, 제주 고씨는 현재 5가구이다.

덕치리 초가[민 35호] : 현 박인규 소유인 이 가옥은 일명 「구석 집」으로 그의 조부 박창권 공이 고종 32년(1895)에 건축하였다. 지붕재료는 습지에서 자라는 참억새(갈대)인데, 한번 이엉을 하면

20년 이상 지속되고, 특히 방열작용이 우수하여 겨울에 따뜻하고 여름에 시원하다. 몸채는 一자형 4칸 준겹집이나 서민가옥으로 볼 수 있다. 그 외 서당방인 사랑채와 창고채가 있다.

몽심재(상) 박환진 가옥(하)

3) 수지면 호곡리

일명 **홈실**은 현재 80호 중 70호가 죽산 박씨인 동족촌락으로 수많은 충신, 효자, 열녀를 배출하였다. 충현공 송암 박문수 선생은 고려가 무너지고 조선조가 세워지자 불사이군의 정신으로 옛 두문동에 숨어 버린 충신이다. 그는 국자감의 수장으로 포은, 목은과 함께 여말 삼로(三老)라 불렸을 정도로 존경받는 인물이었다. 그 후 손자 박자양 공이 전라도 관찰사로 부임하면서부터 이곳에 정착하게 되었다.

남원 몽심재[중 149호] : 현 박민기 소유인 이 가옥은 숙종 20년 그의 7대조 연당(蓮堂) 박동식 공이 숙종 20년(1700)에 지은 건물로 약간은 고풍스런 상류가옥이다. 안채는 ㄇ자 곡가형에 <몸채-대청>의 중부 곡가형 평면으로 쌍부엌이 있다. 안채의 서측에 있는 큰 마루가 부엌과 방 등의 공간을 유기적으로 연결하고 있는 것은 이 가옥만의 장점이라 하겠다. 남부 一자형의 사랑채는 준겹집이다. 전체적으로 튼 口자형 배치를 하고 있다. 당호는 송암 박문수의 시호 첫 줄과 둘째 줄 끝 글자에서 유래한 것이다.

삼강문

남원 죽산 박씨 종가[유 180호] : 현 박환진 소유인 이 가옥에는 충신, 효자, 열녀가 이 집에서 났음을 알리는, 삼강문(三綱門)이라 쓴 솟을대문이 있다. 몸채와 좌우익사의 맞배지붕 높이가 동일하여 뒤 지붕면이 제형이 된다. 가옥구성은 현종 7년(1841) 건립된 안채가 ㄇ자형, 사랑채는 一자형 겹집으로 몽심재와 거의 동형이다. 그러나 안채 평면은 전자는 <몸채-대청>의 중부 곡가형인데, 후자는 <몸채-큰방 · 대청>의 남부 직가형이다. 이들 대청에는 2 분합들문이 있어 마루방으로 되어 있고, 작은방 뒤에는 마루로 된 도장방을 두어 음식을 보관한다.

8장 서남해안의 호남지방 가옥

평면은 중부 곡가(ㄱ자, ㄷ자)형은 거의 사라지고, 대부분 남부 직가(一자, 二자)형이 분포하고 있다. 지붕은 대부분 아름다운 이중곡선의 처마를 가진 팔작지붕의 분포지역이다. 이 지방 가옥에는 남도(영 · 호남) 양식인 전후 퇴가 있을 뿐만 아니라 또 좌우 네 모서리의 4주(柱)와 그 외측에 반칸 떨어져 있는 툇기둥 사이에 옆마루가 있는데, 이것이 호남 양식의 좌우퇴이다. 또 안채의 후면에 부엌이 위치하여 정면에서 보면 부엌이 없는 가옥으로 보이고, 그래서 부엌문도 측면이나 후면에 있다. 특히 일부 상류계층은 생산성이 높은 남부 평야지대의 부농형 가옥에서 중부 영동지방 田자형 겹집구조에 준하는 잠을 자지 않는 작은 골방과 도장을 둔 준겹집이 있다.

1. 광주 광역시

1) 남구 압촌동

장흥 고씨 백파가 500년간 세거한 동족촌락으로 총 60호 중 40호가 고씨이고, 그 외 광주 정씨가 10호이다.

광산 고원희 가옥[문 8호] : 임진왜란 때 의병장으로 공을 세운 제봉(霽峯) 고경명(1533-92) 장군의 종가로서, 1917년 현 소유자의 증조부 고종석 공이 중수한 것이다. 현재 안채, 사랑채와 곳간채, 대문채가 三자 직가형 배치이다. 안채는 규모가 큰 7칸의 홑집이고, 전형적인 호남양식의 전후 · 좌우 툇집으로 좌측은 부엌을 넓히고 우측은 옆마루를 두었다. 사랑채는 4칸 겹집으로 팔작지붕의 곡선이 경쾌하고 화려하다.

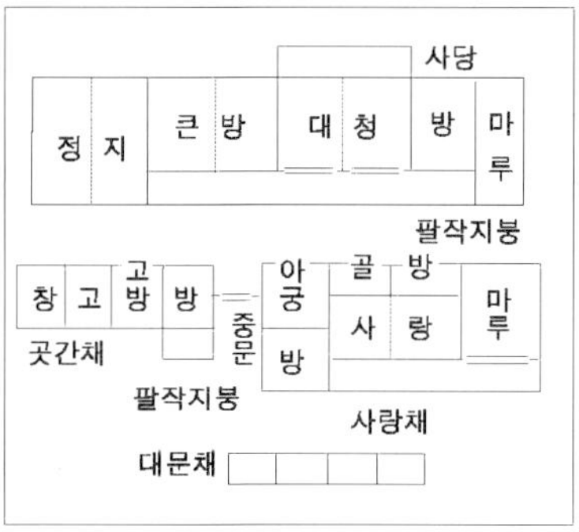

고원회 가옥

2) 남구 양림동

현재는 도시화로 인하여 옛 촌락은 사라졌다.

이장우 가옥[민 1호] : 1899년 건립 당시 소유자는 정병호였으나 1965년 이장우가 구입하였고, 현재 그 손자인 이형석이 관리하고 있다. 안채는 전체가 ㄱ자의 중부형이나 정면에 대청과 큰방이 있는 남부 직가형으로 변형된 평면이고, 그 외 사랑채, 행랑채, 곳간채가 있다. 내정에는 아름답게 조성된 정원이 이 지방의 상류주택의 멋을 보여주고 있다.

3) 북구(매곡동)

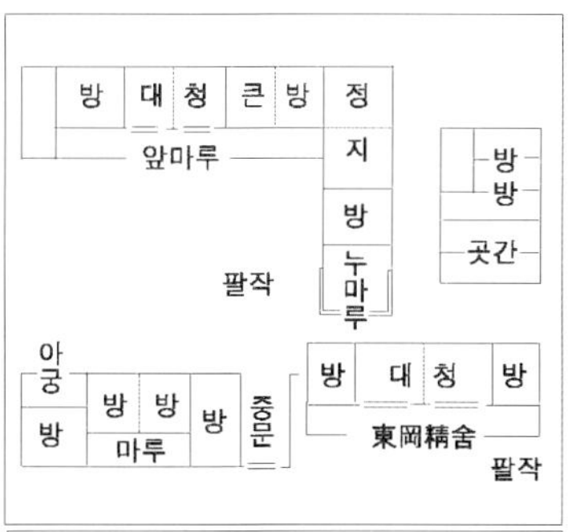

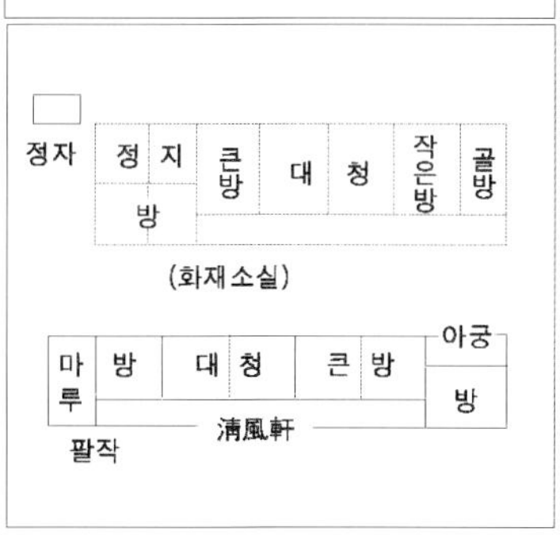

이장우 가옥(상) 김용학 가옥(하)

일명 하백마을은 한때 광산 김씨 집성부락이었으나 현재 10여 가구가 거주하고 있으며, 마을 대부분이 아파트단지에 편입되었다.

김용학 가옥[민 3호] : 현 김성중 가옥은 1900년대 초의 건물로 살림집과 정자의 조화로운 배치가 돋보이는 민간 원림(苑林)이다. 약간 높은 서남쪽 언덕에 1930년대에 건축된 하은정(荷隱亭)과 연파정(蓮坡亭)이 자리 잡고 있으며, 낮은 동북쪽에 안채와 사랑채가 있었는데, 현재 안채는 불타고 없다. 사랑채는 우물마루와 연등천장, 우퇴의 옆마루 등이 멋을 내고, 팔작지붕 처마의 이중곡선이 돋보인다.

2. 전라남도 담양군

1) 창평면 삼천리

고재선 가옥

한때 장흥 고씨의 집성촌이었으나 현재는 총 150호 중 20호가 고씨이다. 이 마을 출신으로 국회의원을 지낸 고재필, 고재청 의원이 있다.

담양 고재선 가옥[민 5호] : 원래 있던 가옥을 1915년 개축한 것이다. 안채는 一자형 평면에 전후·좌 퇴가 있으며, 좌 퇴는 옆마루 대신 골방을 두었고, 후퇴는 큰방 뒤 골방이 있는 준겹집이다. 또 부엌이 가옥의 후면 우측에 있는 호남지방 양식의 가옥이다. 한편 마당에 있는 내외담(채담)은 이 지방에서 보기 어려운 유가의 양식이다.

2) 창평면 해곡리

문화 유씨의 일족의 동족촌락으로 타성이 거의 없다.

담양 유종헌 가옥[문 192호] : 문화 유씨의 종가로서 「와송당(臥松堂)의 정침」이라고도 불린다. 성종 때인 1470년 유문표 공이 처음 거주하였고, 1552년 연일인 송강(松江) 정철이 중종 때 명신

정간공(精簡公) 유석헌의 손녀와 혼인한 유서 깊은 가옥이다. 그는 서인의 거두로 우의정을 지내고 사미인곡, 속미인곡의 뛰어난 단가와 가사를 이곳에서 지었고, 일찍이 고향 창평의 당지산 기슭에서 살면서 면앙(俛仰) 송순, 하서(河西) 김인후, 고봉(高峰) 기대승에 수학하였고, 시조는 석천(石川) 임억령에 배웠다. 그는 의병장 제봉(霽峯) 고경명, 당대에 시인 백호(白湖) 임제, 율곡(栗谷) 이이, 우계(牛溪) 성혼과 등과 교유하였다. 안채는 원래 ㄇ자형이었으나 一자형 구조로 개조되었고, 또 전후·좌우 툇집으로 부엌을 넓히고, 옆마루를 둔 가옥이다.

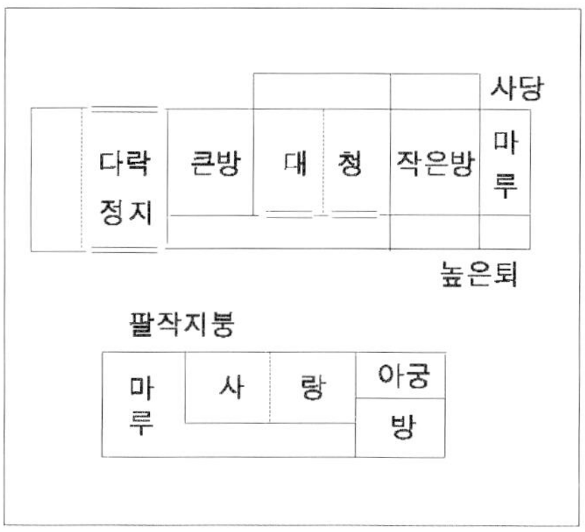

유종헌 가옥

3) 대덕면 장산리

광산 김씨 동족촌락으로 총 40호 중 30호가 김씨이다.

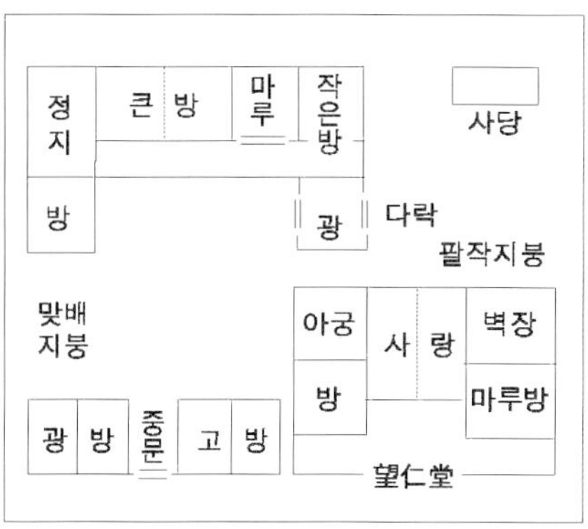

김선기 가옥

담양 김선기 가옥[문 180호] : 현 소유주인 김형순의 15대조 만덕(晩德) 김대기 공이 선조 36년

(1603)년 건립하였다. 안채는 일견 보기에 H자형으로 보이나 ㄇ자형으로 <몸채-큰방 · 마루>의 남부 一자형 평면의 맞배지붕이다. 사랑채는 一자형에 누마루가 있는 팔작지붕이다. 특히 사랑마루는 높은 기둥을 세워 누로 된 당의 형식을 갖추어 계자난간이 설치되었고, 바람구멍이 부분적으로 남아 있다.

3. 전라남도 영광군

1) 영광읍 입석리

영월 신씨 동족촌락으로 총 30호 중 27호가 신씨이다.

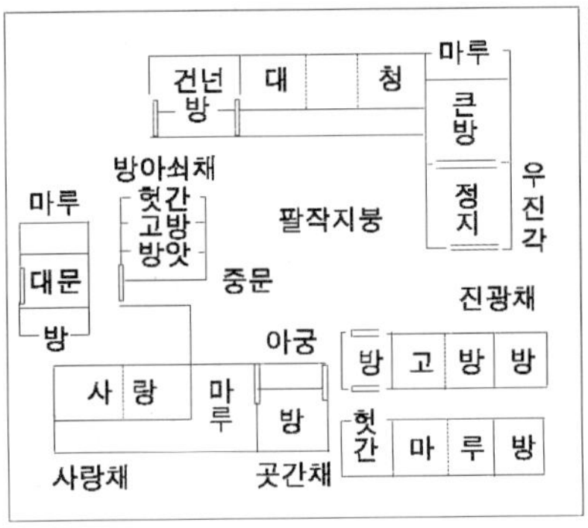

신호준 가옥

영광 신호준 가옥[민 26호] : 현 소유주 19대조 신보안 공 아들의 처향으로 세종 때 영광현감을 지내고 입향하였으며 소유주의 고조인 신굉규 공이 철종 7년(1856)년 건립한 종가이다. 가옥은 안채는 중부 ㄱ자형 평면이다. 그 외 一자형의 사랑채, 진광채, 안 측간채, 사랑 측간채, 중 문간채, 곳간채, 방아쇠채 등 11동의 가옥이 있는 부농형 반가이다. 지붕은 모두 팔작지붕이나 안채 우익사가 우진각이다. 솟을 대문채에는 효자 명정(命旌) 현판이 걸려 있으며 대문 오른쪽에 방, 왼쪽에 마루가 있고, 대문기둥 조각문양은 지금껏 다른 곳에서 보지 못했던 예술작품으로 보인다.

신호준 가옥 대문

2) 군남면 동간리

한때 연안 김씨 직강공파 씨족촌락으로 현재 총 50호 중 10호가 김씨이다. 이 마을에는 고옥 5채가 더 있다.

영광 연안 김씨 종택[중 234호] : 직강공파 4대손인 김영 공이 영광군수로 부임하는 숙부 김세공을 따라 이곳 매화꽃이 떨어지는 길지(吉地)에 16세기 중엽부터 정착하였다고 전한다. 현 종손 김성호의 14대, 9대, 8대의 선조가 받은 명정이 있으며 이를 모신 2층 누각형 솟을대문을 「三孝門」이라 하고, 유리로 에워싸 가문의 자랑으로 여기고 있다. 이 가옥은 고종 5년(1868)에 건축한 안채와 그 후 사랑채, 행랑채, 서재, 대문채, 서당, 마부 집 외 정원과 연지(蓮池)까지 어우러진 대가옥군이다. 안채는 ㄇ자형에 <몸채-큰방 · 마루>의 남부 一자형 평면이고, ㄴ자형의 행랑채가 13칸이다. 그 외 모두 一자형으로 대부분 규모가 크고 웅장한 팔작지붕이다. 또한 만석꾼의 집답게 사람이 기거하는 방보다 곳간, 쌀두지, 찬광, 밥청 등의 창고가 더 많다. 조선 후기 상류계층의 가옥 구조와 그들의 생활양식을 연구하는 데 귀중한 자료가 되는 가옥이다.

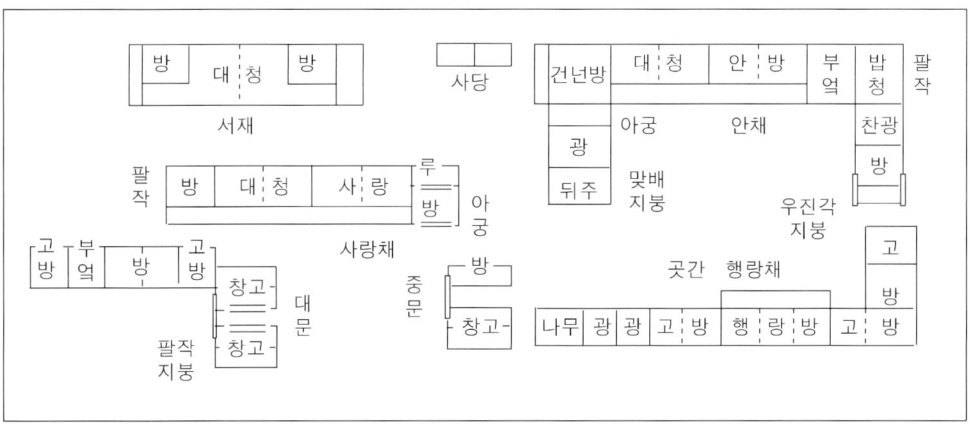

연안 김씨 종택 평면도

연안 김씨 종택 안채(좌) 삼효문(우)

3) 묘량면 영양리

전주 이씨의 집성촌으로 현재도 20여 호가 이씨이다.

영광 이규헌 가옥[민 22호] : 조선 태조 조카이고, 개국공신의 완산부원군의 후예인 전주 이씨 양도공파 종가이고, 임진왜란 시 영광 수성도별장이었던 이응종의 생가이다. 또 숙종 때 이상호의 지극한 효성을 기려 세운 효자 정려문이 있다. 이 가옥은 500년간 세거해 온 집터에 1895년 건립하였다. 가옥은 안채 사랑채 二자 직가형 배치이나 작은 방앗간채와 대문채가 더 있다. 안채는 좌우퇴를 가지고 팔작지붕의 곡선미를 한 끗 뽐내는 가옥이고, 또 부엌도 가옥의 후면에 있는 전형적인 호남양식이다.

이규헌 가옥

4. 전라남도 곡성군(입면 제월리)

청송 심씨의 동족촌락으로 현재도 총 20호 중 18호가 심씨이다.

군지촌정사[중 155호] : 해주목사를 지낸 심안지의 손자인 심광형 공이 중종 30년(1535) 지은 가옥으로 당호 군지촌정사는 누각식 전후 툇집으로 사랑채의 이름이다. 그 후 그는 반달 같은 섬진강 강물을 내려볼 수 있는 이웃 언덕에 함허정(涵虛亭 : 유 160호)을 지어서 유림들과 풍월을 즐겼다. 가옥구성은 여성은 안채, 남성은 사랑채, 하인들은 행랑채에 거처하도록 낮은 담으로 분리한 전형적인 조선 중기 사대부집 구성을 하고 있다. 전후·우 툇마루를 두고 있으며 그 당시의 건축양식을 원형대로 보존하고 있어 학술적 가치가 매우 큰 귀중한 가옥이다. 안채는 이 마을에서 유일한 겹집으로 마루의 가장자리에 판장벽과 판문이 있는 것이 특이하다.

군지촌정사 안채

5. 전라남도 구례군(토지면 오미리)

운조류[43쪽 占형자 가옥 참조]

6. 전라남도 함평군(나산면 초포리)

함평 이씨 동족촌락으로 총 37호 중 33호가 이씨이다.

함평 이건풍 가옥[문 251호] : 함평 이씨의 종가로서 대대로 4홍(대과) 5백(소과)의 선비를 배출하였다고 자랑한다. 이 가옥은 550년 전에 마을의 시작과 함께 건축되었는데, 현재는 안채와 사당만 남아있고, 그 후 지은 헛간채가 있다. 평면은 일견 상주 오작당과 동형인 H자형으로 보이나 ㄇ자형 가옥으로 보는 것이 옳다. 지붕은 돌출 양익사가 박공으로 되어 있으나 전북의 몽심재와 같이 전입형 가옥으로 볼 수 있다.

함평 이규행 가옥[18쪽 팔작지붕 가옥 참조]

7. 전라남도 나주시

1)남내동

밀양 박씨가 600여 년간 세거했으나 현재는 시가지이다.

나주 박경중 가옥[문 153호] : 파종가로서 소유자의 6대조가 터를 잡고 4대조 박재규 공이 1884년 건축하였다. 안채는 一자형 8칸인데, 단일 건물로 전국에서 최대 규모이다. 준겹집으로 골방이 2칸 있다. 또 호남식 전후 · 좌우퇴를 가지고 있어서 그중 일부 높은 옆마루와 뒷마루는 아(亞)자 난간으로 멋을 내었다. 큰방에는 전국에서 유일하게 제기를 보관하는 천장에 다락이 있고, 부엌은 6칸(3×2)인데, 헛청, 쌀광, 찬광이 있는 데 놀란다. 그 외에 바깥 사랑채, 아래채, 헛간채, 바깥 행랑채, 문간채 등이 있고, 또 이들 원채들의 밖에는 고종 21년에 지은 초가로 된 초당이 있다.

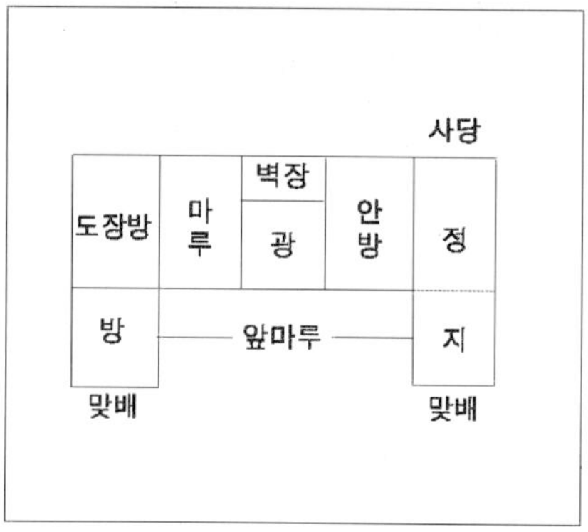

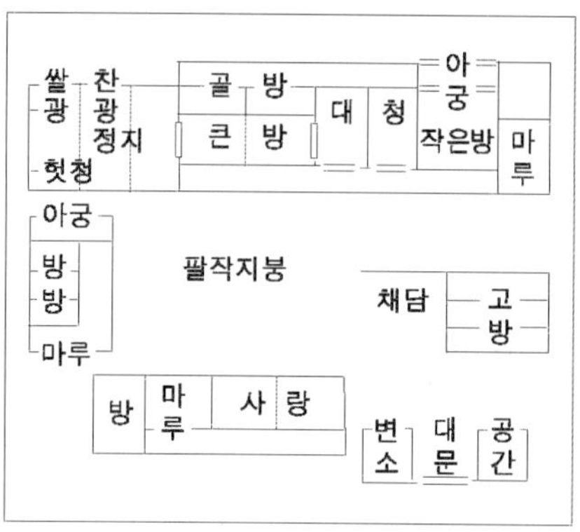

이건풍 가옥(상)　　박경중 가옥(하)

2) 송월동

경주 최씨의 집성촌이었으나 현재 10가구 미만이다.

나주 최석기 가옥[문 58호] : 19세기 말엽 참봉을 지낸 최순환 공이 건립하여 4대째 내려온 전통민가로서 현역 국회의원 최인기 의원 소유이다. 안채는 남도의 전후 · 좌우 툇집으로 좌측은 부엌을 반 칸 넓히고, 우측은 옆마루가 아닌 골방으로 개조되어 있다. 또 부엌이 후면에 위치하는 호남지역 상류주택의 구조가 잘 나타나 있는 전통민가이다. 그 외 아래채, 대문채, 관리소 등이 있다.

최석기 가옥

3) 다도면 풍산리

일명 도천 또는 도래마을은 고려시대 남평 문씨, 조선 초기 강화 최씨가 세거했던 곳이다. 중종 때 기묘사화를 피해 풍산 홍씨 홍한의 공이 이 마을의 강화 최씨에 장가들어 풍산 홍씨 동족촌락이 되었다. 총 80호 중 50호가 홍씨이다. 마을 앞에는 양벽정(정자)이 있으며, 그 정원에는 연당이 조성되어 있다.

양벽정과 네팔의 사찰문을 닮은 출입문(좌) 홍기헌 사랑채(우)

나주 홍기응 가옥[중 151호] : 풍산 홍씨의 종갓집으로 고종 29년(1892)에 건축되었다. 안채는 남부 一자형의 전후 · 우 툇집으로 사랑채는 곡가 ㄱ자형을 채택하여 중부지방의 멋을 내고 있다. 안채는 준겹집으로 큰방과 마루 사이에는 뒷마루가 있어서 제사음식을 준비하는 안 대청이 있는 전국에서 유일한 구조이고, 또 부엌에는 제주도에서처럼 별도의 정지방이 이 가옥에만 있다.

홍기헌 가옥[중 165호] : 안채는 6칸으로, 호남양식의 전후 · 좌우퇴가 있는 준겹집이며, 20세기 초(1929년)에 건축되었으나 현재 화재로 재건축 중이다. 사랑채는 1790년에 건립된 고옥으로 원래 3칸의 좌우 툇집으로 팔작지붕이다. 이웃의 **홍기창 가옥**(민 9호)은 역시 20세기 초(1918년)에 건축된

一자형 6칸 준겹집이다.

4) 다도면 덕동리

풍산 홍씨가 5대째 세거했으나 현재 풍산 홍씨는 6가구뿐이다.

나주 홍기종 가옥[민 10호] : 안채는 19세기말 건축으로 추정된다. 이 가옥은 안채의 부엌이 후면으로 돌출한 유일한 ㄴ자 곡가형으로 동향이고, 사랑채는 남향이다. 또 전후 · 좌우 툇집이고, 큰방 뒤에 식모방이 있는 준겹집이나 이 지방에서 대청이 없는 유일한 반가의 가옥으로 보인다. 그 외 一자형의 사랑채, 광채, 헛간채가 있다.

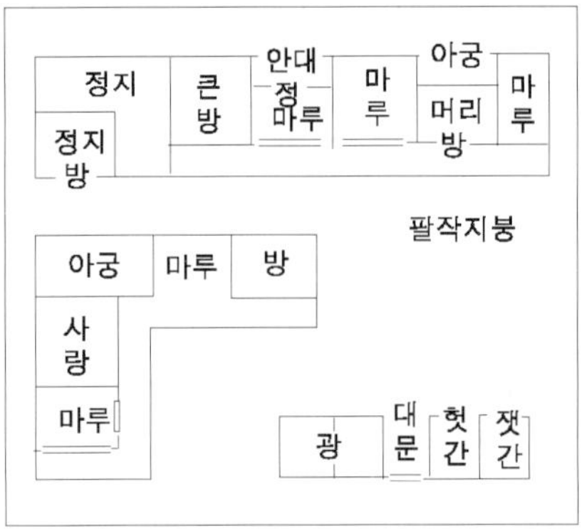

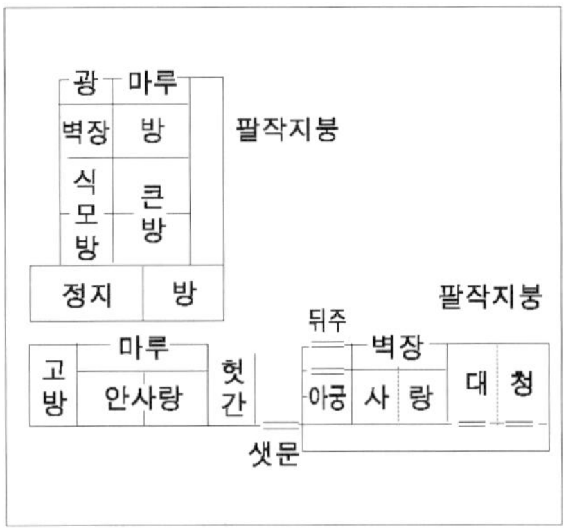

홍기응 가옥(상) 홍기종 가옥(하)

8. 전라남도 무안군

1) 무안읍 매곡리

무안 박씨의 동족촌락으로 임란 이후에 입향하였으며, 현재 70호 중 65호가 박씨이다.

무안 박봉기 가옥[민 13호] : 일제강점기(1927년 경)에 건립한 一자형 6칸으로 건넌방 뒤에 창고가 있는 준겹집이다. 또 호남식 전후 · 좌우 툇집이고, 부엌과 부엌문이 후면에 있는 전형적인 호남양식의 가옥구조이다. 특히 사랑채의 창호는 빗살 교창(사진)으로 멋을 내었다(사진).

박봉기 사랑채의 창호(좌)　　나상열 가옥(우)

2) 삼향면 유교리

나주 나씨가 12대 360여 년간 세거해 온 동족촌락으로 총 24호 중 15호가 나씨이다.

무안 나상열 가옥[중 167호] : 현 소유자의 선대는 천석꾼의 부농으로서 일제강점기에 이 가옥을 건축하였다. 안채는 一자형 7칸의 준겹집이고, 호남식 전후 · 좌우 툇집으로 좌측에는 옆마루, 우측에는 아궁이와 마루가 있다. 또 부엌이 후면에 있는 규모가 큰 가옥이다. 그 외 마당에는 6칸의 농협창고와 유사한 큰 고방채와 행랑채가 있다.

9. 전라남도 화순군(도곡면 월곡리)

일명 달아실(月谷)은 제주 양씨가 500여 년간 세거해 온 씨족마을로 총 32호 중 30호가 양씨이다. 그 외 이 마을에는 사당과 서원, 고가옥 6동이 잘 보존되어 있다.

화순 양동호 가옥[중 152호] : 현 정영분 소유인 이 가옥은 18세기 건립된 것으로 안채가 이웃 양승수 가옥과 함께 호남지방에서 유일한 H자 측입형 가옥이다. 그 구조는 보은의 선병국 가옥보다 상주의 오작당과 유사하다. 평면은 전술한 중부 영동형을 닮은 田자형 겹집이고, 넓은 대청 3칸, 고방 2칸을 두고 있다. 좌익사 정면에 문이 없는 갓방을 둔 것이 특이하다. 지붕은 안채의 좌우익사가 맞배지붕으로, 그중 부엌이 있는 우익사는 박공에 부섭지붕을 붙여 보는 방향에 따라 외관이 다양하다. 사랑채는 강릉 선교장의 열화당 차양지붕을 닮은 함석지붕이 조금은 어색하게 보인다.

화순 양승수 가옥[23쪽 H 자형 가옥 참조]

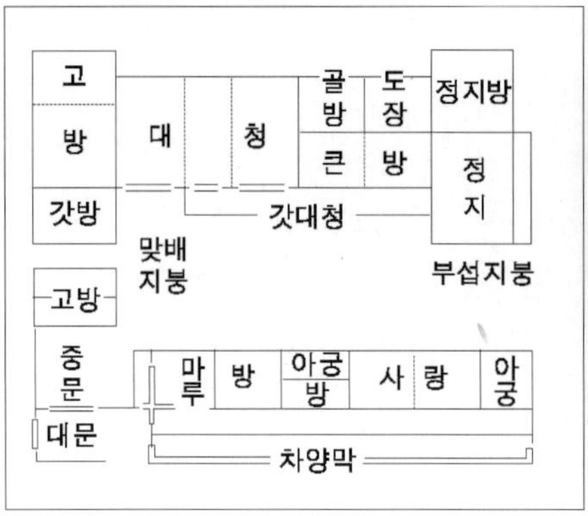

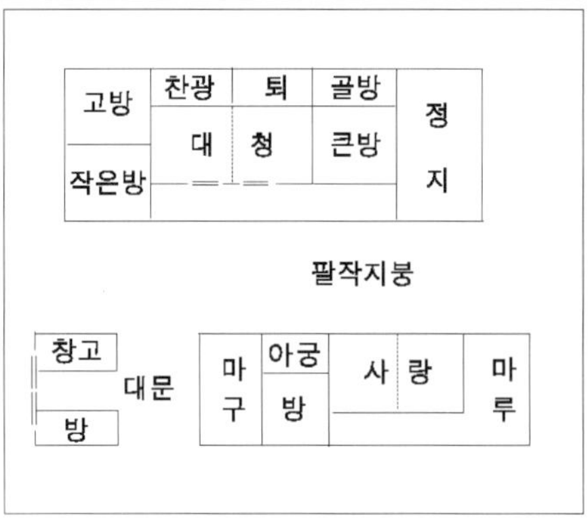

양동호 가옥(상)　　문창집 가옥(하)

10. 전라남도 영암군

1) 영암읍 장암리

남평 문씨 동성촌락으로 총 200호 중 180호가 문씨이고 14대가 360년간 세거해 왔다.

영암 문창집 가옥[문 149호] : 애송당(愛松堂) 문익현 공이 광해군 5년(1613)에 건립하였다. 이 가옥의 안채는 준겹집 구조로서 대청과 큰방 뒤에는 꽤 넓은 찬광과 골방이 있다. 큰방은 띠살창이나, 대청에는 판장 위에 정(井)자 세살창을 붙여 고식적 미를 살리고 있다.

2) 덕진면 영보리

전주 최씨의 동족부락으로 총 70호 중 40호가 최씨로서 500년간 세거해 왔다. 마을 입구에 합경재(合敬齋), 영보정(永保亭) 등 동족의 유형문화재가 있어서 아름다운 자연과 조화를 이루고 있다. 이 전통마을은 「백치 아다다」, 「봄 봄」등의 영화 촬영지로도 잘 알려져 있다.

영보리 마을 전경

영암 최성호 가옥[중 164호] : 19세기말 건립된 초가집이다. 남부 一자형의 안채, 사랑채, 문간채, 헛간채 등이 떨어진 ㅁ자형 배치이다. 안채는 호남양식의 전후 · 좌우 툇집으로 좌측에는 작은 부엌방, 우측에는 옆마루를 두었고, 후퇴에 해당하는 마루방 뒤에는 도장을 두어 기와집의 구조처럼 되어 있다.

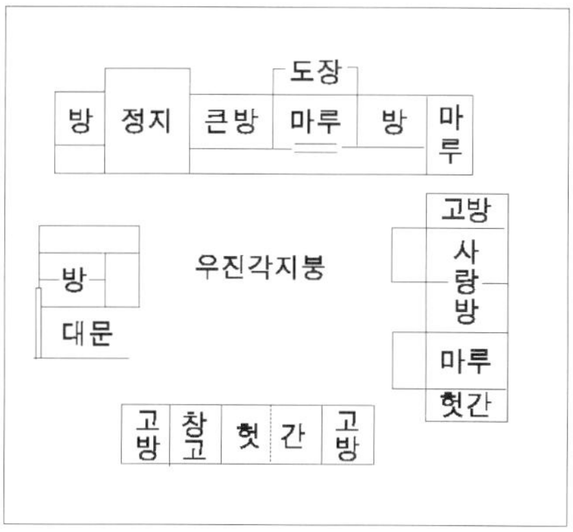

최성호 초가

3) 군서면 월곡리

이웃 월곡 2리가 천안 전씨 30여 호의 동족촌락이다.

영암 월곡리 전씨 고택[민 3호] : 당진 현감이던 박정택 공이 영조 1년(1724)건립하였는데, 영암군수를 지낸 천안인 전정식 선대가 구입하여 5대째 살고 있다. 이웃 군서면 서구림리의 창녕 조씨 종가인 **조종수 가옥**[민 35호]은 평범한 5칸의 팔작지붕이나 퇴락하여 철거하고 현재 중수 중에 있다.

11. 전라남도 해남군

1) 해남읍 연동리

해남 윤씨의 동족촌락으로 총 64호 중 60호가 윤씨이다.

녹우당 윤형식 가옥[46쪽 중접합형 가옥 참조]

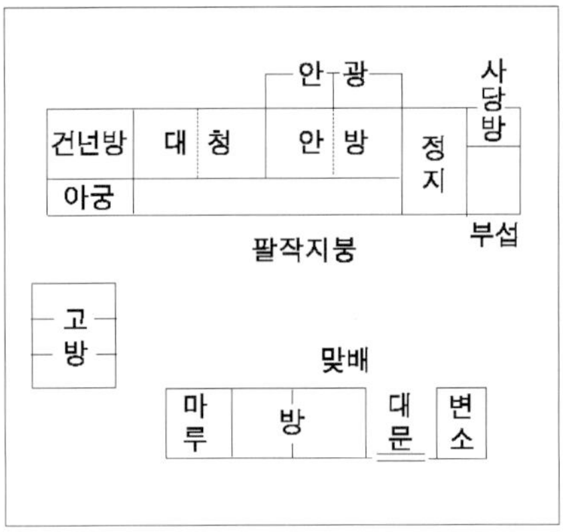

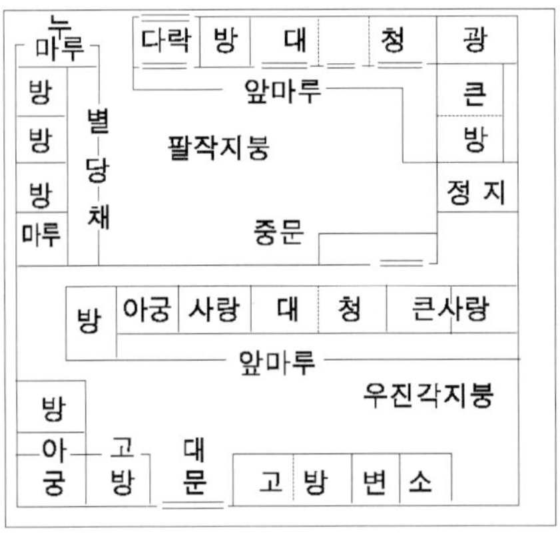

민정기 가옥(상) 윤탁 고가(하)

2) 해남읍 백야리

여흥 민씨의 집성촌으로 현재는 총 38호 중 10호가 민씨이다.

해남 민정기 가옥[문 186호] : 현 소유주의 6대조인 민정현 공이 순조 7년(1807)에 건립한 가옥이다.

안채는 一자형 7칸으로 규모가 크고, 안방 뒤에는 안광이란 특이한 이름의 고방이 있다. 부엌은 호남에서 유일하게 영남 양식의 부섭지붕을 붙여 부엌을 넓히고 조왕신을 모신 작은 사당방을 둔 특이한 구조이다. 지붕은 안채는 팔작지붕이고, 사랑채는 호남에서는 흔치 않는 맞배지붕이다.

3) 현산면 초호리

김해 김씨가 많고 해남 윤씨는 총 60호 중 6호이다.

해남 윤탁 가옥[중 153호] : 1906년 건축된 호남지방 상류계층 가옥이다. 건물은 3계층의 기단 위에 각각 ㄱ자형의 안채와 一자형의 별당채와 사랑채, ㄴ자형의 대문채가 떨어진 巳자형 배치를 보이는 대가이다. 안채는 꺾인 모퉁이에 골마루를 설치하여 안광으로 활용하고 부엌의 뒤편에 녹우당처럼 눈섭지붕이 이채롭다. 사랑채는 7칸으로 뒤퇴에는 툇마루와 각 칸마다 골방을 설치하였다. 지붕은 안채와 별당채는 팔작지붕, 사랑채는 우진각지붕, 대문채는 높이가 3계층으로 솟을대문과 접합층단은 박공지붕, 우측단은 우진각지붕을 하여, 지붕형의 다양성을 보여주고 있다. 대문의 바깥벽면은 막돌을 쌓아 반 화방장으로 고전적 멋을 내고 있다.

4) 현산면 백포리

윤두서 고가

해남 윤씨의 집성촌으로 총 40호 중 14호가 윤씨이고, 고가옥이 현재 4채 남아 있다.

해남 윤두서 고택[중 232호] : 조선 후기 자화상을 그린 선비화가 공재(恭齋) 윤두서(1668-1715) 공이 1670년 건립하였다. 원래 고산 윤선도 선생이 자신의 거처로 이 집을 지었으나 해풍이 심해서 주로 연동 녹우당에 기거하고, 뒤에 증손자인 윤두서가 살았던 곳이라 한다. 안채는 ㄇ자형에 <몸채-대청>의 중부 곡가형 평면이고, 전·좌우 툇집으로 좌익사 부엌에는 앞마루와 연결하는 찬마루가 있고, 우익사의 툇마루도 높낮이의 조화를 이루고 있다. 또 대청 중앙은 쌍여닫이 정(井)자 세살문을 달아 멋을 내었다. 그 외 대문채와 사랑채는 훼철되어 없어졌다.

해남 윤영현 가옥[비지정] : 현 소유주의 조부가 100여 년 전에 건축하였다고 한다. 안채는 중부 ㄱ자형의 팔작지붕으로 부엌과 안방 뒤를 붙임(강원도의 외쪽지붕)지붕으로 연장하여 田자형 겹집이 되었으며, 넓어진 부분에 별도의 뒷마루와 고방을 두었고, 그 뒷벽에 통풍을 위한 정(井)자 세살창이 반가의 멋을 살린다. 그 외 남부 一자형의 사랑채, 행랑채, 곳간채, 대문채가 있다. 이웃 황산면 우황리 **정명식 가옥**[민 8호]은 조선 후기(1871년)에 건립된 이 참판댁으로, 안채는 훼철되고, 사랑채만 남아 있다.

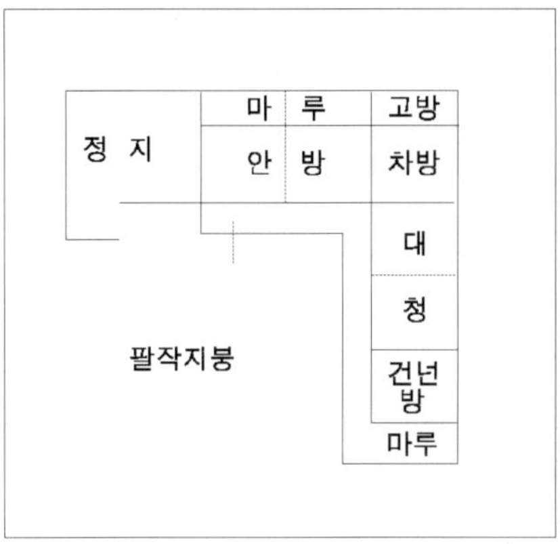

윤영현 가옥(상) 고영완 가옥(하)

12. 전라남도 장흥군

1) 장흥읍 평화리

이 마을의 정면에는 장흥군 수목 군락지로 지정되어 있는 원림(苑林)이 있다. 약 300여 년 전에 제주 고씨가 입향하여 세거했는데, 지금은 그들을 장흥 고씨라 칭하고 있다. 현재 총 30호 중 15호가 고씨이다.

장흥 고영완 가옥[문 161호] : 고영완의 조부 고재극 공이 1852년에 건립하였으며, 장흥군이 수목군락지로 지정한 원림의 언덕 위 숲속에 숨겨져 있다. 안채는 전후 툇마루를 둔 준겹집으로 부엌에 부방(부엌방)을 둔 것은 제주 고씨의 전 거주지였던 제주도 가옥과의 관련을 시사하는 듯하다. 또 막돌 흩은 쌓기를 한 높은 기단 위에 유난히도 굵은 원주를 사용하여 재실과 같은 분위기를 보여주고 있다.

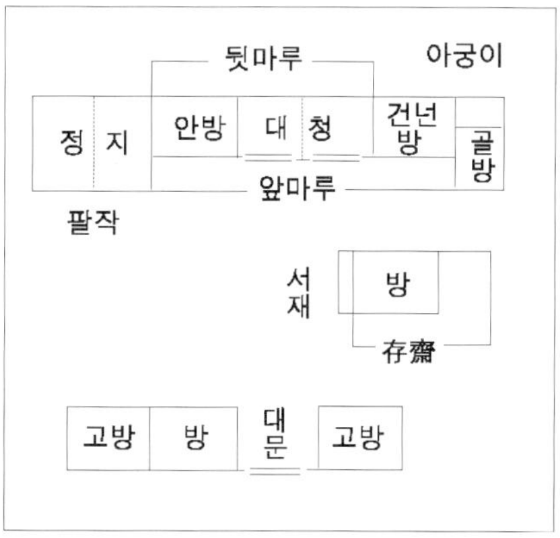

위계환 가옥의 서재

2) 관산읍 방촌리

장흥 위씨가 총 130호 중 120호가 되어 전국에서도 보기 드문 큰 규모의 동족촌락이다.

장흥 위계환 가옥[중 161호] : 장흥 위씨의 종갓집으로서 1700년대 지은 것으로 추정된다. 이 가옥은 실학의 선구자인 존재(存齋) 위백규(1727-98) 선생의 생가이기도 하다. 위백규는 천문, 지리, 율력, 산수, 의학 등의 학문을 쌓은 실학자이다. 그의 실학의 산실은 바로 이 가옥 안채 앞뜰에 있는 정면 2칸, 측면 2칸의 옹색한 서재였다.

장흥 위성룡 가옥[민 6호] : 안채와 사랑채는 20세기 초에 축조된 것으로 보인다. 안채는 남부 一자형 6칸이고, 호남양식의 전후 · 좌우 툇집으로 부농형 가옥이다. 특히 안채 부엌은 부엌문이 전면으로 나오고, 뒷면에는 부방이 있는 구조이다. 사랑채는 겹집으로 돌출 누마루와 사랑마루 앞에는 외쪽 차양지붕을 달아 멋을 내었다.

장흥 위성탁 가옥[민 7호] : 안채와 사랑채는 1910년대에 건축되었다. 안채는 一자형 6칸에 전후 · 좌우 툇집이고, 우측에는 이 지방에서 좀처럼 보기 어려운 부섭지붕을 달았다. 그래서 부섭지붕 아래 부엌은 상기 위성룡 가옥과 반대로 가옥 후면으로 가고, 전면은 방이 되어 있다. 또 후퇴가 있어서 부엌을 넓히고 마루 광을 두는 등 호남양식의 전형을 보여준다. 사랑채는 준겹집으로 1칸의 누마루를 두었고, 또 가옥 입구에 조성된 연당과 정원이 모형처럼 잘 꾸며져서 아름답다.

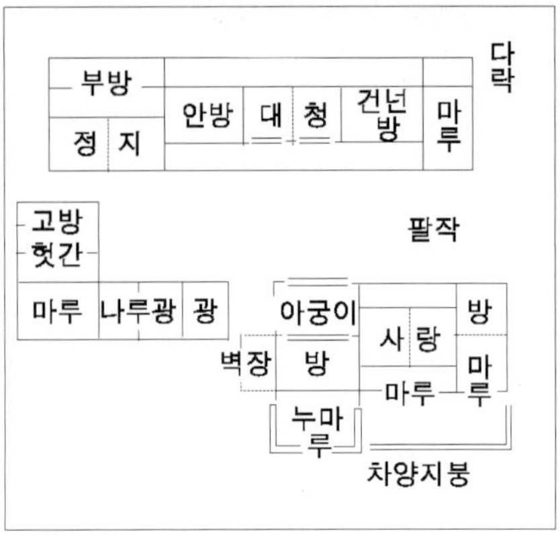

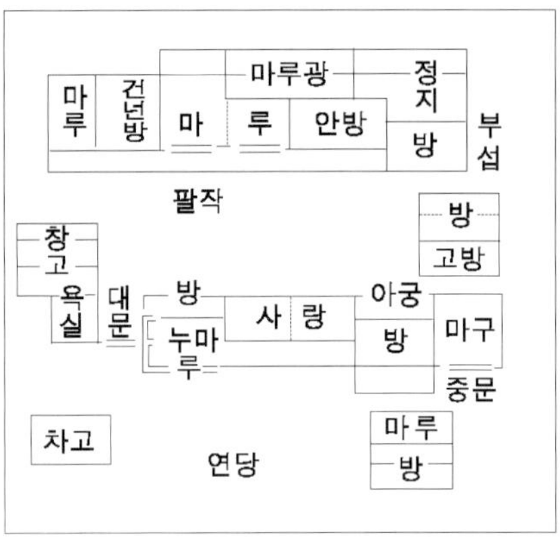

위성룡 가옥(상) 위성탁 고가(하)

13. 전라남도 보성군

1) 보성읍 보성리

한때 나주 임씨가 다수 있었다고 전해진다.

보성 임진영 가옥[문 152호] : 소유자의 조부가 20세기 초에 건축하였다. 현재는 안채와 초당채, 안사랑채가 있고, 팔아 버린 문간채와 사랑채도 남아 있다. 안채는 호남식의 전형인 전후·좌우 툇집으로 뒷면에 쪽마루가 있다. 우측에는 찬광과 설경, 좌측에는 자그마한 다락, 고방, 아궁이 등이 아기자기 배치되어 있다.

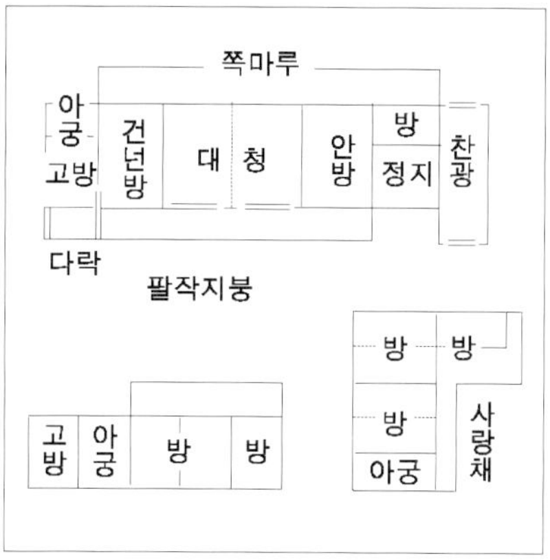

임진영 가옥

2) 보성읍 옥암리

광주 이씨의 집성촌이었으나 현재는 총 100호 중 단지 7호가 이씨이다. 그러나 다수의 고옥이 있어 전통적인 촌락의 모습을 보존하고 있다.

보성 이종선 가옥[민 15호] : 1908년 건립되었으며 사랑이 안채에 함께 있다. 그래서 안채가 남부 一자형 8칸에 전후 · 좌우 툇집으로 큰 규모의 준겹집이다. 특히 가옥의 중앙 전면을 판장으로 가린 중앙마루를 경계로 좌측에 안방과 부엌이 있고, 우측에 대청과 건넌방은 사랑의 기능을 담당하는 공간으로 후술하는 보성 이금재 가옥구조와 유사하다. 또 지붕은 고창의 김정회 고가와 함께 보기 드문 지네형 용마루가 있는 팔작지붕이다.

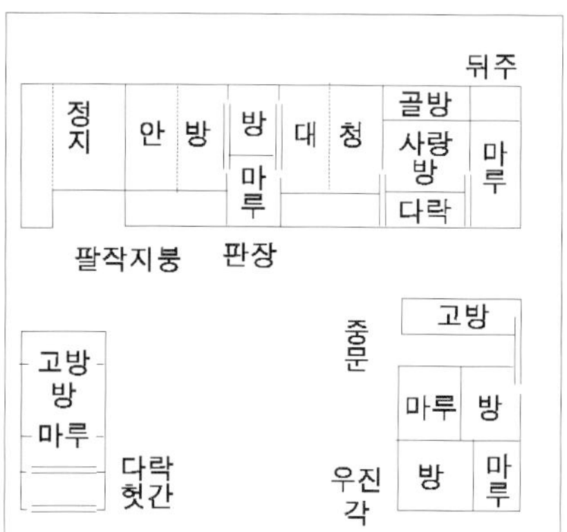

이종선 가옥

보성 이범재 가옥[중 158호] : 19세기 말에 지어진 만석꾼의 종갓집으로 중 · 남부 혼합형 가옥의 구성을 보인다. 즉 안채가 중부 ㄱ자형 겹집구조로서 부엌이 가옥 후면에 있고, 안방과 골방 공간이 중부 영동지방 田자형 겹집처럼 규모가 크다. 그러나 사랑이 안채에 더부살이를 하는 가옥은 영남과 호남에서 흔히 있는 고옥의 구조이다.

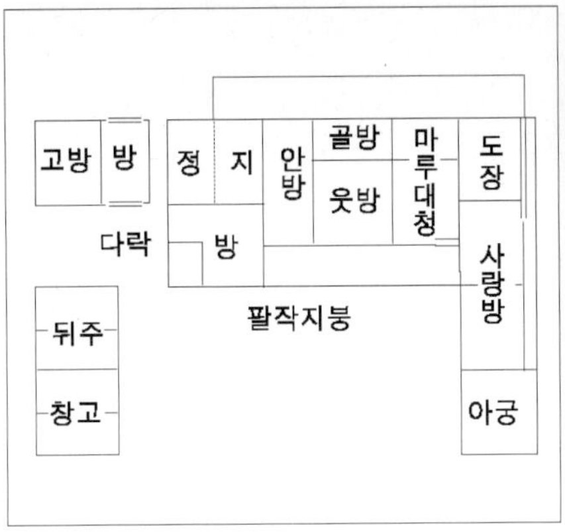

이범재 가옥

보성 이용우 가옥[중 163호] : 1908년에 영릉 참봉을 지낸 이병상 공이 건립한 양반의 품격을 갖춘 옛집이다. 가옥은 안채, 사랑채, 광채, 문간채, 헛간채 등이 떨어진 ㄷ자형 배치를 보인다. 안채는 남부 一자형에 전후·좌우 툇집이고, 부엌문이 측면에 있는 전형적인 호남식의 가옥이다. 특히 이 가옥에만 있는 대청의 후면 반을 안 대청이라 호칭하나, 활용은 고방으로 전면이 개방되어 있는 독특한 양식이다.

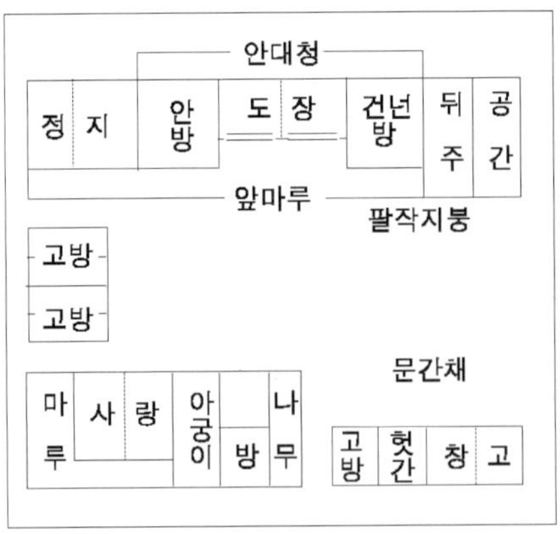

이용우 가옥

3) 득량면 오봉리

일명 강골마을은 아름다운 자연환경과 대나무 숲으로 둘러싸인 마을로 옛 정취를 물신 풍기는 고옥들이 자리 잡고 있다. 이 마을은 광주 이씨가 500년 전부터 세거하였고, 총 35호 중 25호가 이씨이다.

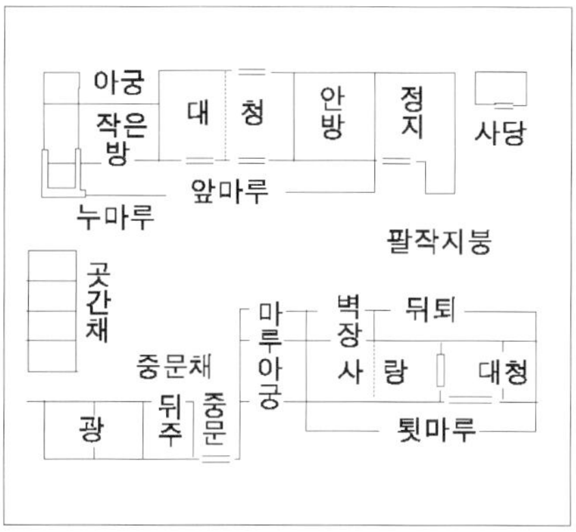

이용욱 가옥

보성 이용욱 가옥[중 159호] : 1902년 건립되었으며, 남도지방의 특색을 잘 간직한 조선 후기의 사대부 가옥이다. 안채는 一자형의 준겹집이고, 전후 · 좌우 툇집으로 좌측은 누마루와 뒤주를 아기자기하게 배치하고 있다. 또 마당과 건물, 담장 높이에 따른 기단의 다양함이 있다. 또 대문채도 낮은 층은 팔작지붕, 솟은 층은 맞배지붕으로 되어 있고, 그 앞에는 연못이 조성되어 있어 자연과 인공이 어우러진 아름다운 경관을 연출한다.

이금재 가옥

보성 이금재 가옥[중 157호] : 600년 전 건립된 오래된 가옥이다. 안채, 아래채, 고방채, 대문채가 떨어진 口자형 배치이고, 집 어귀에 넓은 과수원과 연못이 2개나 있는 부유한 사대부의 가옥이다. 안채는 一자형 6칸에 전후 · 좌우 툇집으로 좌우에 각각 뒤주와 옆마루가 있다. 또 부엌 뒤의 뒷방, 안방 뒤의 뒤란과 뒤 툇마루, 사랑방 뒤의 윗방 등은 이 지방 부농의 田자형 준겹집구조 전형이다. 안채에 더부살이하는 사랑은 높은 앞퇴, 협소한 사랑마당, 별도의 협문 등을 가지고 사랑공간을 구성하고 있다. 특히 고옥 지붕의 용마루는 보통 수평을 이루고 있으나 이 가옥은 호남에서 최근에 건축한 가옥처럼 양측 용마루 끝이 솟아올라서 곡선이다.

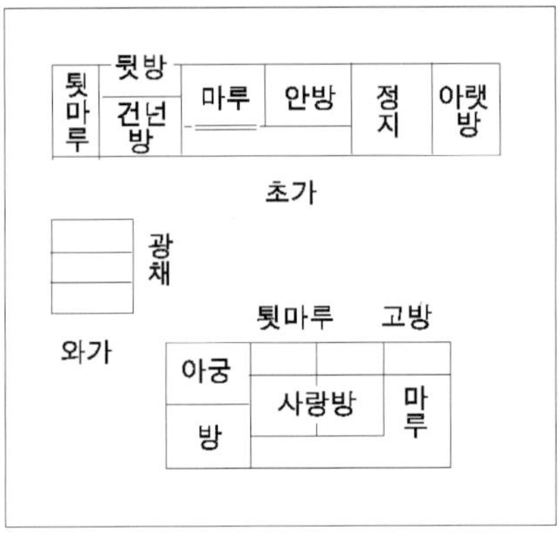

이식래 가옥

보성 이식래 가옥[중 160호] : 고종 28년(1891) 이전에 안채와 사랑채가 건축되었다. 안채는 초가집으로 다소 초라하게 보이기는 하나 一자형 5칸의 전후 · 좌 툇집이다. 그러나 작은 규모에 비해서 마루에 문이 있고, 부엌 건너 아랫방이 있고, 또 건넌방 뒤에 숨겨 놓은 뒷방이 있는 준겹집의 독특한 구조이다. 사랑채 역시 겹집구조로서 슬레이트 지붕으로 개조되었으나 거주자가 없어 훼철 직전에 있다.

4) 보성군 율어면 율어리

남평 문씨의 동족촌락으로 30호 중 25호가 문씨이다.

보성 문형식 가옥[중 156호] : 1890년대 건축된 것으로 추정된다. 호남지방의 중류계층 가옥으로 안채는 남부 一자형 6칸에 전후 · 좌우 툇집이고, 제주도의 고팡처럼 대청 후면을 막아 광을 설치한 田자형 준겹집이므로 당시 생활상을 엿볼 수 있는 건물이라 하겠다. 사랑채는 전후에 퇴가 있고, 평면이 다소 변형되어 현재 중수 중에 있다. 아래채는 옛날 사당을 개조한 것으로 보인다.

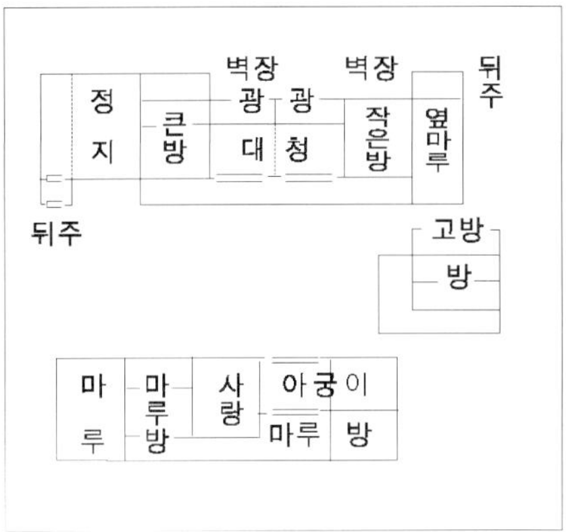

문형식 가옥

14. 전라남도 순천시

1) 낙안면 동내리, 서내리, 남내리

낙안읍성 민속마을은 1983년 6월 14일 사적 302호로 지정된 곳이다. 읍성은 인조 4년 임경업 장군이 낙안 군수로 부임하면서 기존 토성을 석성으로 개축한 것이다. 여기에는 와가인 동헌과 객사, 초가인 민가 100여 동의 전통가옥이 있으며, 그중 일부는 아래와 같이 문화재로 지정하여 보존하고 있다. 이곳 민가의 특징은 첫째, 대부분이 一자형 가옥이고, 평면은 3-4칸으로 규모가 작다. 둘째, 다수의 가옥이 제주도 가옥과 유사하게 돌담 대신에 토담으로 둘러져 있고, 지붕이 뒤쪽 담까지 연장되어 2중벽 사이에 60-70cm 공간인 「뒤라지」 또는 「뒤란」이 있다. 셋째, 이곳에서는 마루가 없이 토상(土床)으로 된 앞뒤 뜰을 봉당이라 부른다.

낙안읍성 전경

낙안성 최창우 가옥[중민 97호] : 낙안읍성 동내리에 있는 이 가옥은 정문인 동문 앞에서 읍성의 입장권을 파는 매표소이다. 이 가옥은 유일하게 중부의 곡가형 가옥이라는 점에서 문화재로 지정되었다. 특히 창고와 허문, 쪽마루와 개구부 등이 있는 조선시대 상업적 고형(古形)의 가옥으로서 당시의 생활상을 반영하는 많은 자료를 제공해 준다. 그 외 동내리에는 19세기 중엽 어느 이방의 집이었던 것으로 전해지는 **박의준 가옥**[중 92호]이 있으나 현재 슬레이트 지붕으로 개조되어 있다. 또 평면이 작은 규모인데도 田자형 겹집이고, 또 용도는 옛 상가로 건립되어 있는 **최선준 가옥**[중 98호]은 남문의 성벽에 기대어 있는 작은 고옥이다.

최창우 가옥

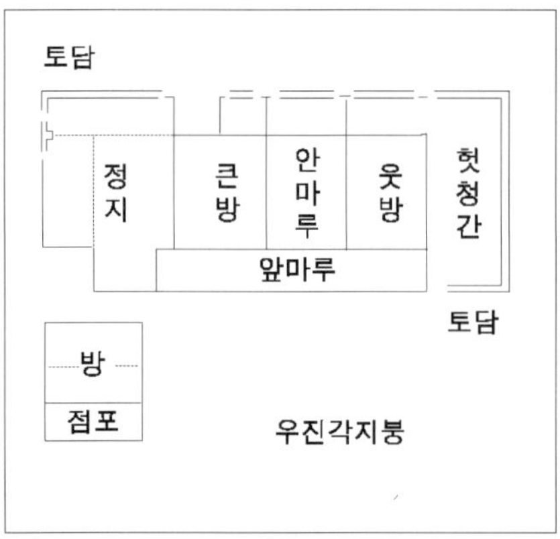

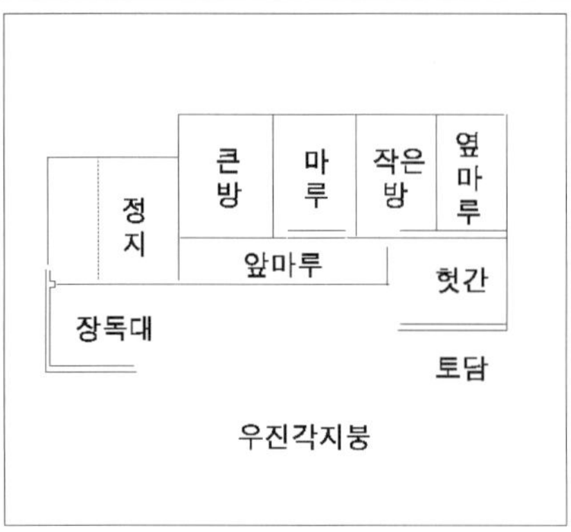

김소아 가옥(상)　　김대자 가옥(하)

낙안성 김소아 가옥[중 99호] : 서내리에 19세기 중엽에 건립된 것으로 추정되고, 몸채는 一자형 4칸에 전후 · 좌우 툇집이다. 앞퇴는 우물마루를 깔았으며, 뒤퇴는 큰방 뒤에만 한쪽으로 틀마루를 놓고, 그래서 안마루는 뒤퇴를 포함하여 그만큼 넓게 쓰는 것이 특징이다. 좌측 퇴는 부엌을 넓히고, 우측 퇴는 토담을 둘러서 헛청간을 만들어 두었다.

낙안성 김대자 가옥[중 95호] : 서내리에 19세기 초에 건축된 가옥으로 추정된다. 평면은 중앙에 대청을 둔 一자형 4칸에 전후 · 좌우 툇집으로, 뒤퇴와 머리 퇴는 툇보 없이 기둥과 도리로서만 덧달아 내었다. 그러나 좌우퇴는 툇기둥이 있고, 역시 부엌을 넓히고 옆마루를 두었다. 특이한 점은 작은방 앞 처마 밑에 토담을 둘러서 작은 부엌을 만들었다. 이것은 중부지방의 오래된 민가에서 가끔 볼 수 있는 양식이다. 이 가옥 뒤에는 초가 3간의 초라한 토담집인 **주두열 가옥**[중 96호]이 있다.

낙안성 이한호 가옥[중 94호] : 남내리에 있는 이 가옥은 19세기 중엽 안채가 재건축된 것으로 추측된다. 평면은 남부 一자형 3칸(부엌, 큰방, 작은방)으로 규모가 작은 초라한 전 · 우 툇집이다. 즉 앞퇴는 토상 위에 2개의 평상이 놓여 있고, 우퇴는 꽤 넓은 헛간이다. 그래서 봉당집의 원초형으로 간주되는 아주 독특한 토담집이고, 다른 집에서처럼 부엌에 조왕신이 모셔져 있다.

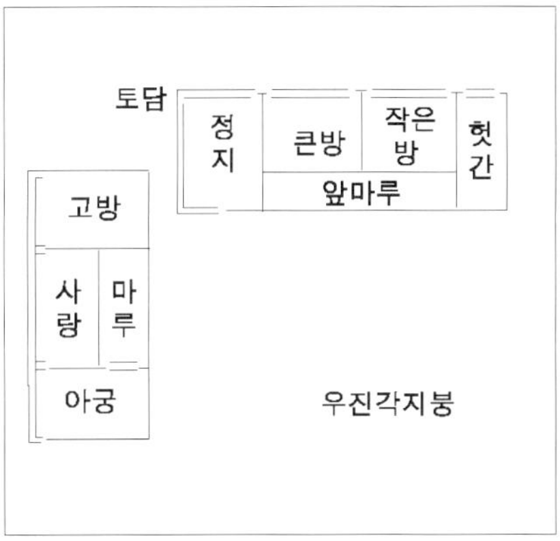

이한호 가옥

낙안성 곽형두 가옥[중 100호] : 남내리에 19세기 말 건축된 一자형 4칸에 전후 · 좌우 툇집이다. 이 가옥은 대청을 가운데 두고 앞마루와 뒷마루를 깐 호남양식의 전형이다. 전에는 앞마루와 우측의 옆마루에서 뒤 툇마루가 연결되었다고 하는데, 10년 전 개축하면서 길이가 짧아지고 그 사이가 분절되었다. 또 큰방과 대청은 벽을 틔워 크게 사용하고 있다. 그 외 남내리에 소박한 초가 3칸으로 앞뒤 퇴가 토상으로 된 봉당인 **양규철 가옥**[중 93호]이 더 있다.

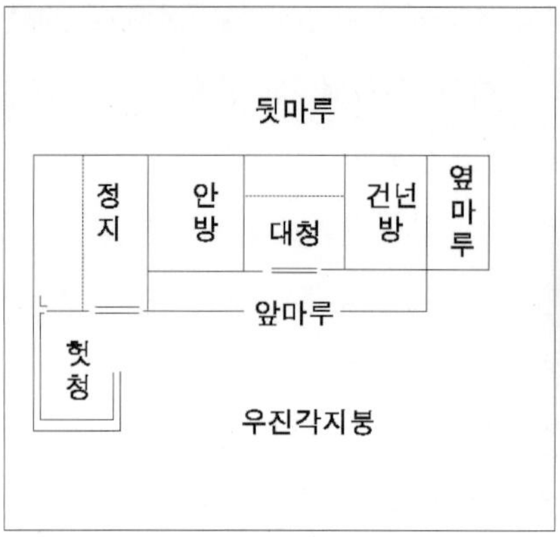

곽형두 가옥

9장 경북서부의 낙동강 연안지방 가옥

이 지방의 전통적인 민가는 독창적인 가옥형이 없고, 그 대신 남부의 달성, 고령, 성주, 김천은 서부 경남 가옥과 유사하게 개방형인 직가 一자형 맞배지붕만 다수 있다. 중부의 군위, 선산, 의성은 안동권의 영향으로 반 폐쇄적인 ㄱ자, ㄷ자 등 곡가형이 소수 있다. 북부의 상주는 H자형의 다소 독창적 가옥 문화를 창조하고 있다. 대부분 선비의 가옥이거나 고급관료들이 낙향하여 건립한 가옥이다.

1. 대구시 달성군

1) 화원읍 본리

인흥리의 토담길(좌)　　　　남평 문씨 종가 사랑채(우)

일명 인흥리는 남평 문씨 수봉공파 본리 세거지로 한옥민속마을(민 3호)이다. 고려 말 三憂堂 문익점의 18세손 仁山齋 문경호(1812-74) 공이 160여 년 전 입향하였다. 이곳은 인흥사가 있던 옛 절터로 전해지고 있으며, 아홉 대소 가의 저택들을 정(井)자로 구획하여 토담으로 외곽을 에워싸고 있는 계획적 촌락이다. 이들 한옥의 보존상태가 양호하여 사극 촬영장소로 이용되었으며 가옥의 지붕은 부농이 선호하는 팔작지붕이 대부분이다.

남평 문씨 종가[비지정] : 현 문정기 소유인 이 가옥은 안채와 사랑채가 남부지방 직가 二자형 가옥배치의 전형을 보여준다. 정성을 들여 조경한 결과 가옥은 아름다운 외관을 하고 있으나 마루의 창문 등의 개조가 심하여 전통한옥의 정취가 퇴색되었다. 그러나 사랑채만은 고식적인 원형을 잘 간직하고 있다.

문희갑 가옥[비지정] : 전 대구시장의 가옥으로 역시 종갓집과 평면이 동형이다. 대문에는 거북문양의 잠금장치를 한 것이 돋보인다.

2) 현풍면 대동

일명 솔례는 현풍 곽씨 일문의 동족촌락이다. 시조 곽경은 고려 인종 11년(1133) 때 송나라에서 입국하여 광록대부의 벼슬을 받고, 포산군(현풍)에 입향한 후 600년 간 세거하였다. 대동은 또한 임란시 의병장으로 정암진에서 대성을 가두고 후일 함경도 관찰사를 지낸 바 있는 망우당(忘憂堂) 곽재우(1552-1617) 장군의 고향이기도 하다.

12정려각[중 225호] : 현풍 곽씨 일문에 내려진 정려를 한곳에 모아 놓은 건물로 조선 영조 때 건립되었다. 충신 1명, 효자 9명, 열부 6명 등의 정려각은 후손에게 귀감이 되는 매우 의미 있는 정신적 유산이다.

현풍 곽씨 12정려각(좌)　　한훤당 종가의 고방채(우)

3) 현풍면 지동

일명 못골은 164호 중 50호가 서흥 김씨이다. 동방 5현의 한 분으로 함양군수, 형조좌랑을 지내고 무오사화의 화를 입은 寒暄堂 김굉필(1454-1504) 선생의 출신지이다. 그는 김종직에게 수학하고, 조광조에게 학문을 전수하였다.

한훤당 김굉필 종가[비지정] : 현 종손 김병의 옹 가옥은 200여 년 전에 건축되었으나 안채는 6.25 동란에 불타고, 현재는 고풍스러우면서도 단아한 맞배지붕 고방채와 팔작지붕의 사랑채만 남아 있다.

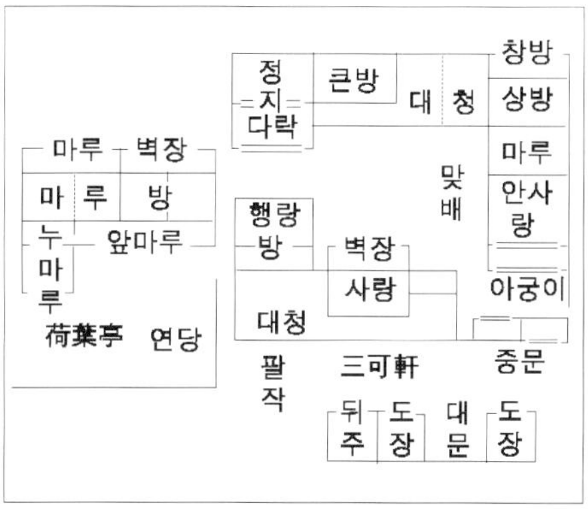

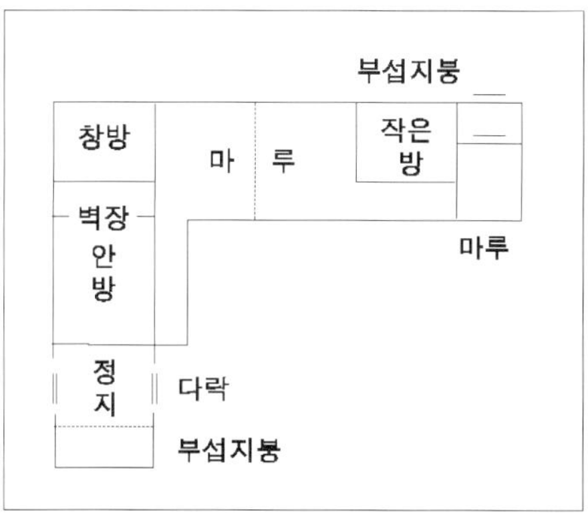

박황씨 가옥(상) 참봉댁(하)

4) 하빈면 묘동

충정공 박팽년의 둘째 며느리 성주 이씨의 유복자 일산(一珊)의 후손이 세거해 온 순천 박씨의 동족촌락이나 현재 순천 박씨는 총 56호 중 10호에 불과하다. 마을의 안쪽에 육신사(六臣祠)와 우측에 박일산 공이 창건한 太古亭(보 554호)이 있다.

묘동 박황씨 가옥[중 104호] : 현 박도덕 가옥은 삼가헌이라 부르는데, 그 이유는 忠正公 박팽년의

11대손으로 이조참판을 지낸 三可軒 박성수 공이 영조 45(1747)년에 건축하였기 때문이다. 이 가옥은 중부형의 ㄷ자 안채와 ㄴ자 사랑채가 튼 ㅁ자형이고, 안채는 <몸채-안방 · 마루>의 남부 一자형 평면이다. 지붕은 안채는 맞배지붕, 사랑채는 팔작지붕으로 선비가옥의 전형으로 보인다. 그 서편에 있는 별당 하엽정은 누마루가 연꽃이 피어 있는 연당으로 돌출하여 물위에 떠 있는 아름다운 정자가 되었다.

묘동 참봉댁[비지정] : 현 박용규 가옥은 남부지방에서 경주 양동을 제외하고는 좀처럼 보기 어려운 중부 ㄱ자형 맞배지붕이다. 이 가문은 영남의 서인으로 분류되어 기호지방 서인계가 선호하는 ㄱ자 곡가형을 채택했을 것이라는 학설이 있다. 가옥 양측에 부섭(가적)지붕을 달아서 좌측에는 부엌을 넓혔고, 우측은 누마루 양식의 공청(空廳)과 아궁이를 만들어 두었다. 또 안방의 뒤의 도장방을 창방이라는 명칭으로 부르고 있다. 이웃 **박창규 가옥**[비지정]은 참봉댁과 동형이나 그 규모가 작다. 가옥 좌측 부엌에만 부섭지붕을 붙인 단순한 ㄱ자형 맞배지붕 가옥으로 많이 퇴락되어 있다.

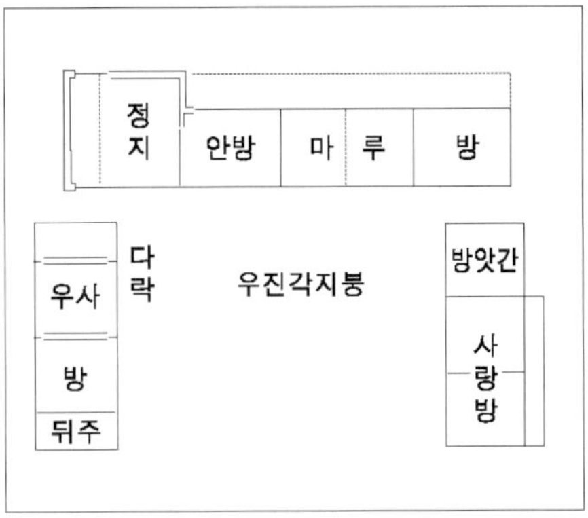

조길방 가옥

5) 가창면 정대 1리

정대리 중 양지 한덤은 해발 500m 높은 곳에 위치하고 있는 산지촌이다. 정대리는 총 60가구이나 함안 조씨는 한덤 6가구 중 2가구뿐이다.

달성 조길방 가옥[중 200호] : 현 조현기 소유인 이 가옥은 함안 조씨가 약 290년 전에 이주해 와서 지었으며, 현재는 안채, 사랑채, 아래채로 구성되어 있는 초가이다. 이 집은 간소한 구조이나 안방 전면에 있는 외여닫이 살 창문은 크기가 매우 작고, 또 안채는 싸리 기둥에 칠기 봇장(칠기 나무로 된 보) 가옥인 것이 특이하다.

2. 대구시 동구

1) 둔산 3구

일명 옻골은 봉림대군의 사부 대암(臺巖) 최동집 공이 광해군 8년 입향 이후 400여 년간 세거하였다. 이 마을은 경주 최씨가 한때 80호 중 50호가 되었고 마을의 긴 역사를 洞口의 우람한 숲이 보여주고 있다.

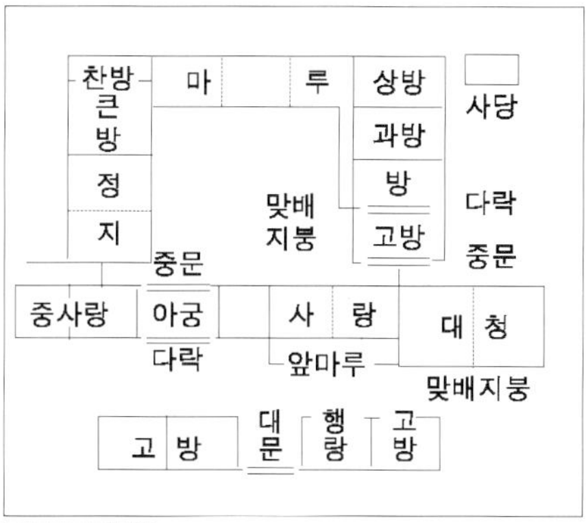

최씨 종갓집(상)　　최세돈 가옥(좌하)　　마을입구 숲(우하)

옻골 경주 최씨 종가[문 1호] : 현 최진돈 소유인 이 가옥은 대암 공이 지은 집으로 대구에서는 조선조 주택 가운데서 가장 오래된 가옥이다. 또한 이 가옥은 그의 5대손인 대학자 百弗庵 최흥원(1705-85) 선생의 생가이기도 하다. 그는 大山 이상정과 교유하였고, 정조 8년 세자익위사 좌익찬을 지냈다. 가옥은 안채, 사랑채, 대문채, 재실, 가묘, 별묘 등 사대부가의 구성요소를 고루 갖추고 있어 조선조의 생활양식을 알 수 있는 좋은 사례이다. 가옥은 안채의 ㄇ자형과 사랑채 一자형이 튼 口자 배치를 하고, 평면은 <몸채-대청>의 중부형이다. 지붕은 모두 고식적인 맞배지붕 가옥이다. 특히 큰방 뒤의 찬방(도장방), 상방 앞의 과방(청방)이란 명칭은 이색적이고 독특하다.

옻골 최세돈 가옥[비지정] : 남부지방의 보편적인 중류가옥의 一자형 평면구조로 볼 수 있다. 그러나 지붕은 맞배지붕 양쪽에 각 1칸의 부섭지붕을 단 고식적인 가옥이다. 그 외 **최인식 가옥, 최병덕 가옥, 최완식 가옥** 등도 맞배지붕의 고옥들이다.

3. 경상북도 고령군

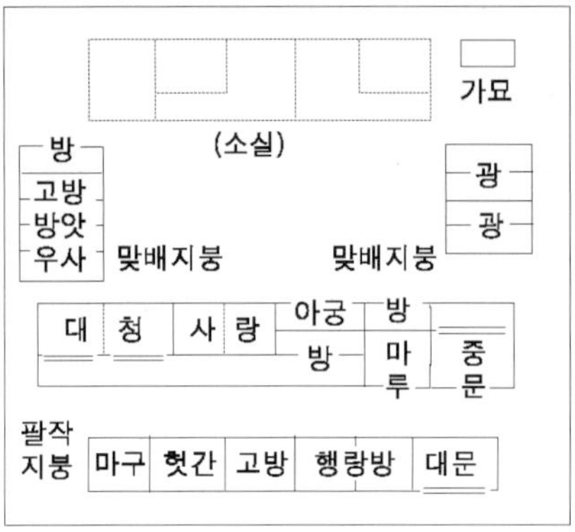

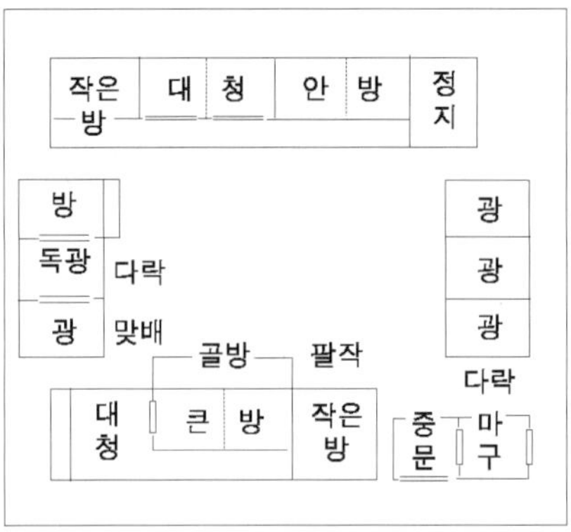

참봉댁 사랑채(상)　　이중식 가옥의 안채(하)

1) 고령읍 본관동

성산 이씨의 동족촌락으로 총 63호 중 50호가 이씨이다. 이들은 약 400여 년간 세거해 왔다.

관동 참봉댁[비지정] : 현 소유주 이준식의 증조부 이경 공이 참봉을 지낸 관계로 참봉댁으로 알려져 있다. 안채는 6.25 사변에 불타고, 그 전면의 고방채와 행랑채는 모두 고풍 서린 맞배지붕이다. 사랑채는 겹집구조의 팔작지붕인데, 대청에는 띠살 4분합 들문을, 창방에는 빗살 교창을 달아 멋을 냈다. 전형적인 영남지방 상류층의 가옥이다. 이웃 **이중식 가옥**은 참봉의 차자의 손자 가옥로서 대체로 평면구조와 지붕이 전자와 동일하다.

2) 우곡면 도진동

고려 말 사재감 소윤이신 고령 박씨 박경(景) 공이 개척한 마을로 도원(桃源) 또는 도진(桃津)으로 불려지고, 소윤공파의 본향이 되었다. 寒岡 정구 선생에게 수학하고, 임란시에는 松庵 김면 장군, 忘憂堂 곽재우 장군과 창의하여 개산진과 무계진 전투에서 공을 세운 의병장 학암(鶴巖) 박정번 공과 그의 손자로 漢詩의 대가인 남고(南皐) 박응형 선생의 생가도 있다. 최근 이 마을은 경상북도지사가 지정(1996. 7. 13)한 도내 최초의 충효마을로서 총 96호 중 80호가 박씨이다.

고령 박일동 가옥[비지정] : 현 박수헌 소유인 이 가옥의 안채와 중 사랑채는 210여 년 전 건축한 것으로 전해지고 있으며, 그 후에 사랑채, 고방채, 가묘, 대문채가 지어졌다. 안채는 一자형 5칸 맞배지붕에 비바람을 막는 부섭지붕을 동측에 붙여 반 칸 공청(空廳)의 툇마루를 두었다. 또 중 사랑채를 고집스럽게 초가로 보존하고, 사랑채는 겹집구조에 누마루식 대청을 두었는데, 외래 문객이 많은 사대부가의 구조로 보인다.

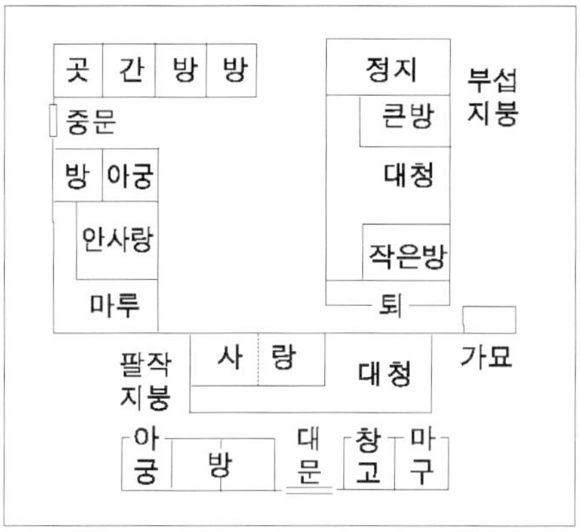

박일동 가옥

3) 쌍림면 합가리

일명 개실은 조선전기 이후 대성리학자인 佔畢齋 김종직(1431-92) 선생의 5대손이 입향하여 만든 일선 김씨의 세거지로 총 71호 중 62호가 김씨인 동족촌락이다. 김종직은 영남학파의 종조로서 문하생으로 일두 정여창, 한훤당 김굉필, 탁영(濯纓) 김일손 등이 있으며 무오사화에 연루되어 부관참시되었다.

점필재 종택[민 62호] : 현 김병식 소유인 이 가옥은 문충공 김종직 선생의 종가로 그의 5대손 김수휘 공이 효종 2년(1651)에 이곳으로 이주 · 정착하면서 신축한 것이다. 평면은 一자형의 안채, 사랑채, 중 사랑, 고방채가 떨어진 ㅁ자형 배치이다. 그 외 안채 우측에는 김종직의 불천위 신주를 모신 묘우(사진)가 있고, 또 최근에 신축한 유물관이 있다. 외형은 팔작지붕의 사랑채를 제외하고는 모두 맞배지붕으로, 화려하지도 웅장하지도 않는 남부지방 반가의 전형을 보여준다.

4) 쌍림면 하거리

일명 학동은 길조인 학이 날아와 동명이 되었으며, 마을 숲은 배산임수의 학동을 자연과 조화롭게 연결해 주고 있다. 원래 고령 박씨의 250여 년 세거지이며, 고령 박씨는 지금도 약 20여 호가 살고 있다. 그 외 양천 최씨와 성산 배씨가 다수 거주하고 있다.

학양 종가댁[비지정] : 현 소유자 박준식(부산외국어대학교 교수)의 9대조 청초 박치상 공이 전술한 우곡면 도진동에서 우거하여 건축하였고, 그 후 학양선생이 중수하였다. 안채는 아주 평범한 一자형 5칸이나, 사랑채는 남부지방에서 보기 힘든 ㄱ자형의 구조로서 서재(槐竹亭)와 책실을 겸하고 있다. 이 괴죽정은 입재 정종노 선생에 수학한 鶴陽 박경가(1779-1841) 선생이 한글의 발달에 찬란한 업적을 남긴 四七正言韻考을 비롯하여 東言考略, 東姓考, 高靈郡誌 등을 저술한 산실이다. 박경가는 조선 순조 · 헌종 때 실학의 대가이다.

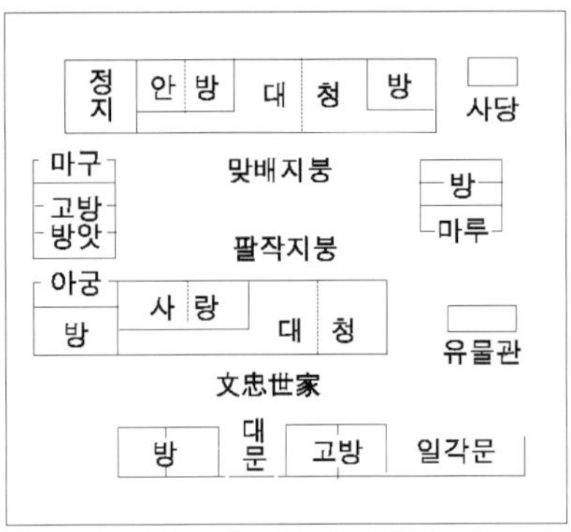

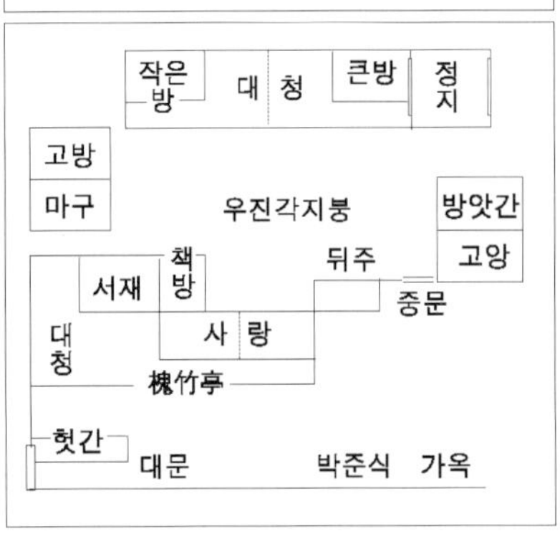

점필재 종택(상) 학양 종가댁(하)

점필재 불천위 사당(좌)　　고령 박씨 열여비(우)

4. 경상북도 성주군

1) 대가면 칠봉동

사도실과 유촌은 칠봉동에 속하는 자연부락으로 사도실은 대사성을 지낸 의성 김씨 東岡 김우옹(1540-1603) 선생의, 유촌은 대사헌을 지낸 청주 정씨 寒岡 정구(1543-1620) 선생의 출생지이다. 이 두 분의 대가가 태어나서 면 이름이 성주군 대가면이 되었다. 또 한강은 한훤당 김굉필이 외증조부이고, 동강은 忘憂堂 곽재우와 동서지간으로 모두 南冥 조식 선생의 외손녀들과 결혼하였다.

심산 김창숙 생가[기 83호] : 현 소유주 김위의 조부 김창숙(1879-1962) 공은 동강의 후손이며 한말 독립운동을 하다가 일제의 고문으로 평생을 앉은뱅이로 지낸 애국지사이다. 이 가옥은 안채와 사랑채가 평범한 남부 직가형 二자 배치를 하고 있으며, 안채는 4칸의 앞퇴도 없는 가난한 선비의 고졸(古拙)한 가옥의 전형이다.

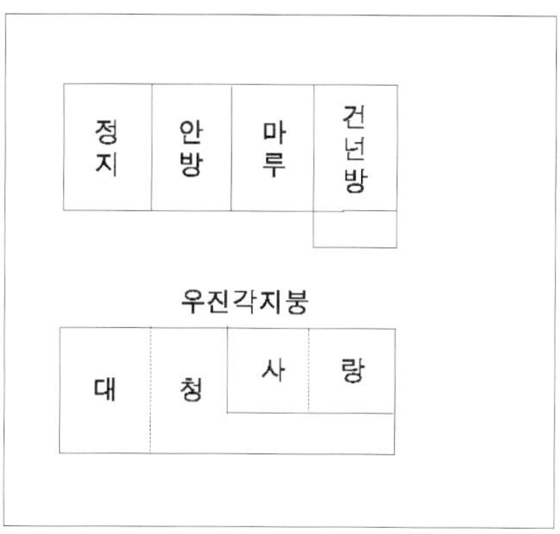

김창숙 생가

2) 수륜면 수성리

일명 갓말은 청주 정씨의 동족촌락으로 현재도 22호 중 21호가 정씨이고, 한강 정구(鄭逑)선생 성장지이다. 그는 남명의 고제(高弟)이고, 종 이모부인 한시의 대가 덕계(德溪) 오건(1521-74)의 문인으로 퇴계 선생 이후 대성리학자로 칭송 받고 있다. 한강은 「함주지, 춘주지, 충주지, 영가지」등 부임했던 고을의 읍지를 저술한 지리학자이기도 하였다. 양천인 미수(眉叟) 허목(1595-1682)은 한강에 수학하여 후일 송시열과 예송논쟁을 벌인 기호의 남인 영수이다. 그는 백호 임제의 외손자이고, 청백리로서 6번의 영의정을 지낸 전주인 오리(梧里) 이원익의 손서가 되었다.

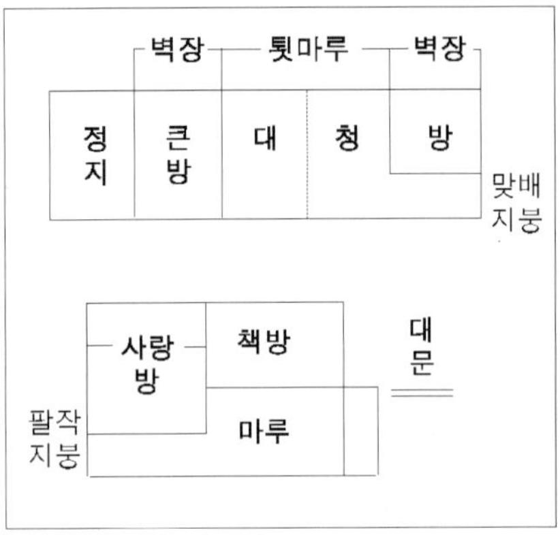

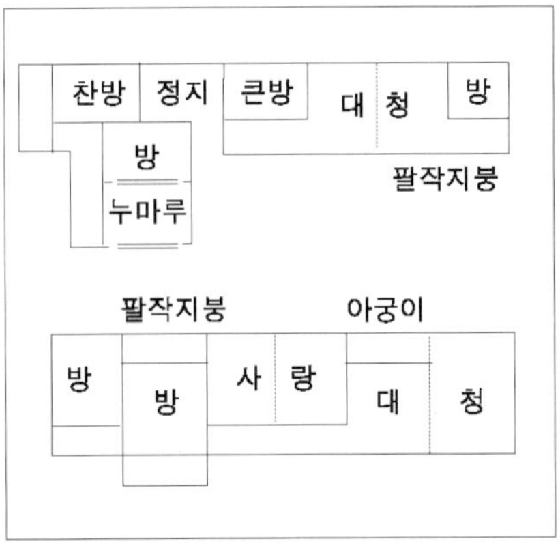

한강 종갓집(상)　　중매댁(하)

수성리 종갓집[비지정] : 현 종손 정천륜 가옥은 정구 선생의 종갓집이다. 안채는 맞배지붕이고 사랑채는 팔작지붕으로 비교적 평범한 영남지방의 一자형 민가이다. 그러나 사랑방 손님은 안마당에 들어가지 않고 대문 밖에서 바로 사랑으로 출입하도록 되어 있어, 남녀공간이 구분된 사대부가의 양식을 보여준다.

성주 수성리 중매댁[민 86호] : 현 정발 가옥은 광무 7년(1903) 그의 조부 정재철 공이 건립한 민가이다. 중매는 그의 광주 이씨 부인이 왜관 매원에서 시집온 관계로 당호가 되었다. 건물은 T자형 안채, 一자형의 사랑채, 대문채, 고방채 등이 있으며, 팔작지붕이기는 하나 안채의 좌측 누마루를 돌출시켜 사대부가의 멋을 보여준다. 이것은 후술하는 소백산 자락의 경남의 합천과 거창지방에서 볼 수 있는 내루와 유사하여 동일 문화권임을 알 수 있다.

3) 월랑면 대산동

일명 한개는 세종 때 진주목사를 역임한 성산 이씨 이우 공이 입향한 후 약 400여 년이 되었고, 동족촌락으로 총 107호 중 75호가 이씨이다. 이 마을은 마을을 중심으로 영취산이 좌청룡, 우백호로 뻗어 있고, 백천이 서남쪽으로 흐르는 풍수상 길지이며, 현재 한옥보존마을로 지정되어 있다.

대산동 한주 종택[민 45호] : 현 이태용 소유인 이 가옥은 영조 4년(1767) 이민검 공이 창건하고, 그 후 한말 성리학자인 寒洲 이진상(1818-86) 선생이 중수한 것이다. 가옥은 一자형 안채, 아래채, 고방채, 중문채, 사랑채 등이 튼 ㅁ자 배치를 하고 있다. 이들 가옥은 모두 맞배지붕이나, 한주정사는 T자형 팔작지붕의 정자이다. 여기에는 祖雲憲陶齋라는 현판이 있는데, 이는 선생의 제자들이 雲谷(주자)과 陶山(퇴계)의 학설을 본받는다는 뜻이다.

한주 종택

대산동 북비 고택(北扉古宅)[민 44호] : 현재 이수학 소유인 이 가옥은 대감댁 또는 응와 종택이라 불리고 있다. 영조 때 사도세자의 호위무관으로 훈련원 주부를 지낸 돈재 이석문 공이 1774년에 터를 잡고, 사도세자를 사모하여 북향으로 사립문을 내면서 북비 고택이라 이름 지었다. 사랑채는 그의 증손자로 판의금 부사를 지낸 응와(凝窩) 이원조 공이 중건한 것이다. 구성은 ㄱ자형 사랑채,

一자형의 안채, 아래채, 사당이 있고, 그 외 장판각과 안대문, 마방 등은 없어졌다.

대산동 교리댁[민 43호] : 현 소유주 이태영의 선조인 창건주 이석구 공의 후손인 이귀상이 홍문관 교리를 하여 붙여진 이름으로 이 마을에서 가장 오래된 건축(1760년)으로 알려져 있다. 평면은 ㄱ자형 안채가 맞배지붕이고 一자형의 사랑채가 팔작지붕으로 북비 고택과 함께 사랑채가 안채의 북측에 위치하고 그 때문에 대문도 북향이다. **하회댁**[문 326호] : 현 이건석 소유인 이 가옥은 ㄇ자형의 안채, ㄴ자형의 행랑채, 一자형의 사랑채 등이 다양하게 구성된 가옥이다. 또 이웃에는 1852년 이주희 공이 건립한 **극와 고택**[문 354호], 1911년 이진희 공이 건립한 **월곡댁**[민 46호] 등이 있다.

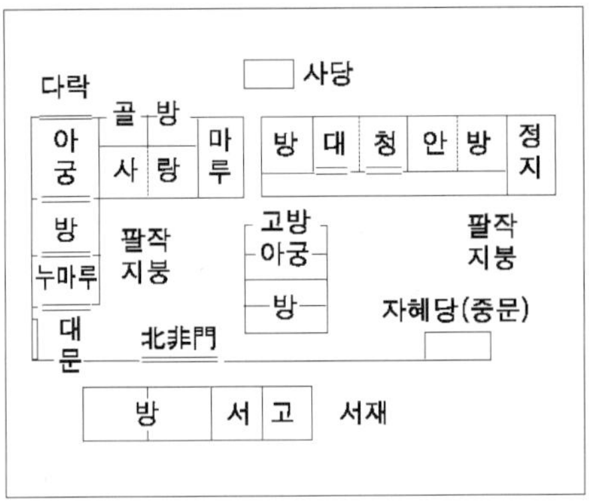

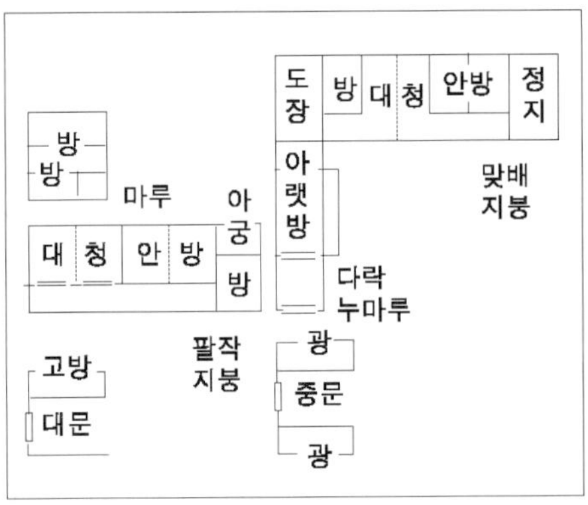

북비 고택(상) 교리댁(하)

4) 초전면 고산동

야성 송씨의 동족촌락으로 총 70호 중 60호가 송씨이다.

성주 백세각[유형 163호] : 현 송만수 소유인 이 가옥은 낙동강 우안에는 하나밖에 없는 뜰집이다. 조선조 명종 때 대구 부사를 지낸 송희규(1494-1558) 공이 지은 양 날개 口자형 가옥으로 원래는 누각이었다고 하나 구조가 살림집이고, 실제로 그렇게 사용한 것으로 보인다. 1919년 3.1운동 당시 경북 유림의 대표들이 모여 파리장서사건을 모의한 장소로도 사용되었던 유서 깊은 건물이다. 정침은 <몸채-대청>의 중부 곡가형 평면으로 지붕의 높이가 3계층을 이루고 있는 고식적인 가옥이다.

하회댁(좌) 극와 고택(우)

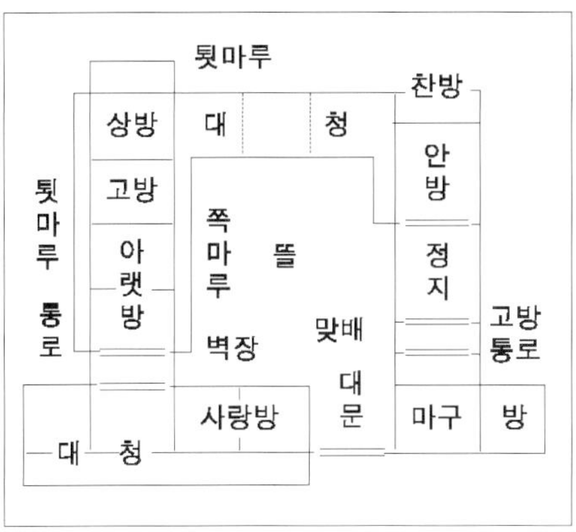

백세각

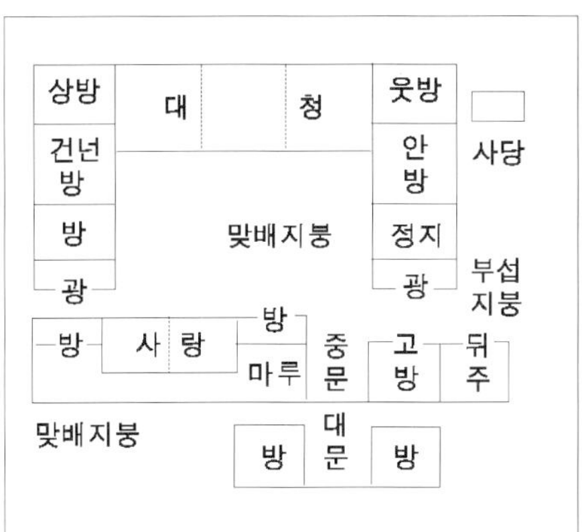

완정 고택

5) 초전면 월곡리

벽진 이씨 감무공파의 동족촌락으로 50호 중 35호가 이씨이다.

완정 고택[문 163호] : 현 소유주 이종건의 선조로서 승지를 거쳐 인조 때 선산부사를 역임한 浣亭 이언영 공의 집으로 그의 현손 이존영(1787-1849)이 새로 건립하였다고 전한다. 현재는 안채, 사랑채, 대문채, 사당, 내삼문 등이 있고, 모두 맞배지붕이다. 안채에서 지붕이 한 단계 낮은 양익사가 돌출한 ㄇ자형의 고식적 가옥이다. 그러나 사랑채의 사랑마루가 사랑방을 에워싸고 있는 특이한 구조이다.

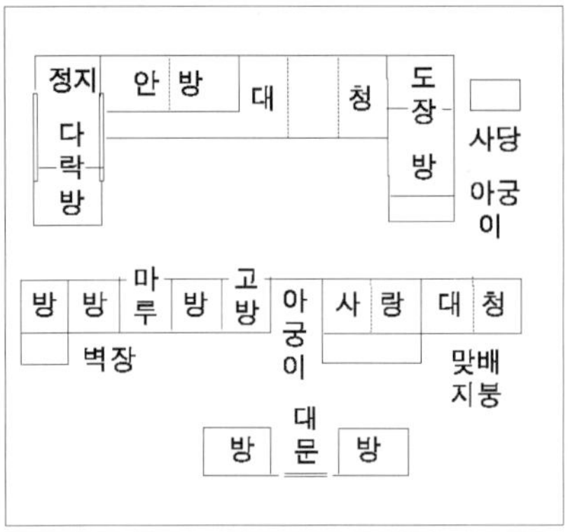

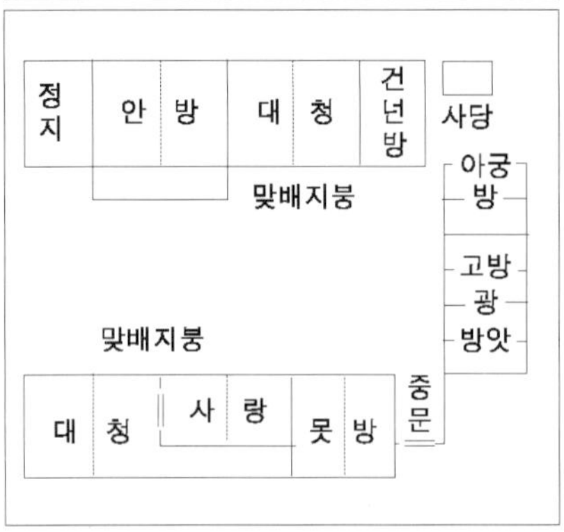

묵헌 종택(상) 혜은 고택(하)

5. 경상북도 칠곡군

1) 왜관읍 석전리

광주 이씨 동족촌락으로 한때 130호 중 60여 호가 이씨였으나, 현재는 도시화되어 옛날 촌락의 모습을 찾아볼 수가 없다.

묵헌 종택[문 245호] : 숙종 때 이조판서를 지낸 문익공 이원정(1622-80)의 아들로 경상감사 지낸 이한명 공이 1670년에 정침을 건립하였고, 사당은 5세손 默軒 이만운(1736-1820) 선생 사후 유림이 선생의 뜻에 따라 건립하였다. 이만운은 한강의 문인으로 천문, 지리에도 밝은 정통성리학자이다. 가옥은 정침 7칸, 사랑채 10칸으로 규모가 크고, 안채는 <몸채-안방 · 대청>의 남부형 평면으로 약간은 개방적인 구조이다.

2) 왜관읍 매원리

광주 이씨 동족촌락으로 한때 185호 중 85호가 광주 이씨 사람들이었다. 마을 형국이 매화꽃처럼 생겼다 하여 매원이라 한다.

해은 고택[문 275호] : 현 이수전 소유인 이 가옥은 상기 이원정의 아우이며, 숙종 때 대사헌을 지낸 朴谷 이원록(1629-88)의 후손 이동유 공이 정조 12년(1788)에 건립하였다. 지금은 그 후손으로 고종 때 참봉을 지낸 海隱 이철연(1851-1905)의 호를 따라 해은 고택이라 부른다. 가옥은 정침, 사랑채, 곳간채가 ㄷ자형 배치이고, 특히 사랑에는 2칸 대청과 방 사이에 4분합 들문을 달고, 2칸의 사랑방 안에는 4짝의 미서기문을 달아 필요에 따라 4칸을 통칸으로 사용할 수 있게 하였다. 그 외 이 마을에는 **이수동 가옥, 이수곤 가옥, 이재길 가옥, 이수대 가옥** 등 다수의 고옥이 있다.

6. 경상북도 구미시

1) 해평면 해평리

조선 인재의 반은 영남에 있고, 영남 인재의 반은 선산에 있다는 말이 있다. 그중 해평리는 국문학사에서 빛나는 가사문학을 남긴 전주 최씨 인재(認齊) 최현 선생의 출생지이다. 인재(학봉의 조카사위)는 박진감 넘치는 학봉 선생 언행록, 임진왜란의 참상을 기록한 전쟁문학, 평안도 암행어사의 명을 받아 지은 관서록 등 많은 작품을 후세에 남겼다.

해평 최상학 가옥[중 105호] : 일명 쌍암 고가는 입향조 儉齋 최수지 공이 400여 년 전에 정착한 후 그 10대손 진사 최광익이 정조 3년(1779)에 지은 것이다. 가옥은 안채, 중문채, 사랑채로 구성된 전형적인 조선 후기 상류가옥이다. 즉 ㄇ자형 안채와 一자형 중문채가 튼 ㅁ자 배치로서 안채는 <몸채-대청>의 중부형 평면이다. 특히 안채의 우익사에는 부엌 뒤 큰방이 있고, 그 뒤에 있는 차방(도장방)은 접대 준비를 위한 별도의 공간이다. 좌익사에는 마루방과 아랫방을 두어 중 사랑으로 이용하고 있다.

해평 북애 고택[민 41호] : 맞배지붕 3개를 H자로 접합한 가옥이다. 이 가옥은 정조 12년(1788)에 최광익 공이 아우에게 지어 준 것으로 남쪽에 있는 상기 최상학 가옥에서 보면 아우 집이 북쪽 언덕에 있다 하여 북애고가(北厓古家)라 하였다. 평면은 몸채에 꽤 넓은 뒷마루가 있는 것을 제외하면 최상학 가옥과 유사하다. 그 외 다른 점은 중문채 외벽 아래에 막돌 흩은 쌓기를 하고 그 위는 판석을 미려하게 적상하였다는 것 정도이다.

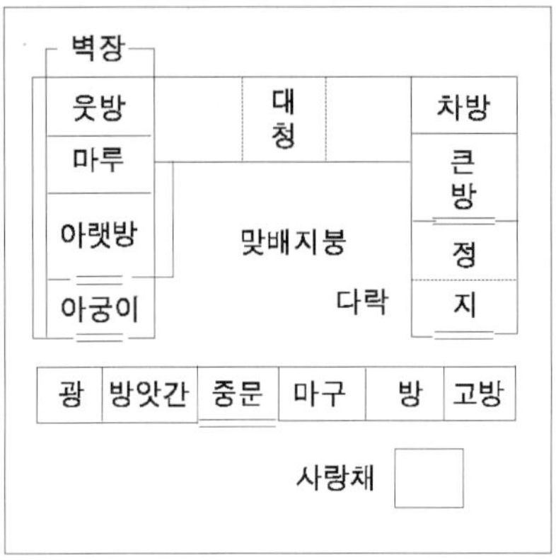

최상학 가옥(상)　　북애 고택 후면(하)

2) 해평면 일선리

경사지 일대에 1987년 임하댐 건설로 수몰되는 전주 류씨의 고옥들을 임동면 수곡리, 망천동, 마령리, 박곡리 등에서 이건한 안동권 가옥이다

근암 고택[문 55호] : 현 류후영 가옥은 수몰을 피하여 수곡리(무실)에서 이건되었다. 이 가옥은 定齋 류치명의 문인이며, 철종 때 실학자로서 『전예고증』 등을 저술한 近庵 류치덕(1823-81) 공이 고종 7년(1870) 건축한 고택이다. 가옥은 외날개 口자형 뜰집에 정침은 <몸채-큰방 · 대청>의 남부 一자형 평면을 채택하여 규모를 확대시켰다. 지붕 역시 모두 맞배지붕으로 고식적이다. 우측에 있는

근암정의 현판은 대원군의 친필이라 한다.

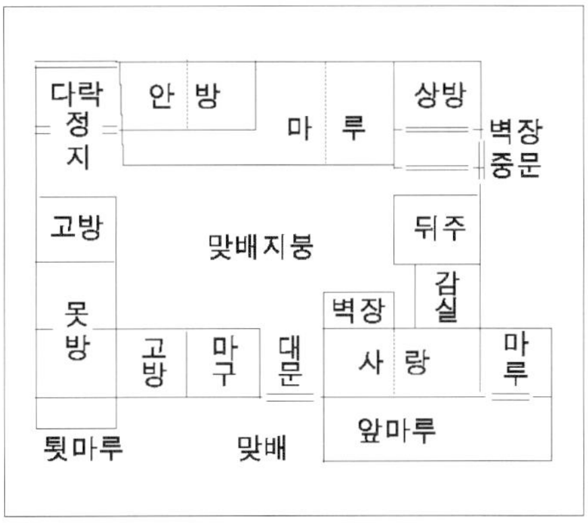

근암 고택

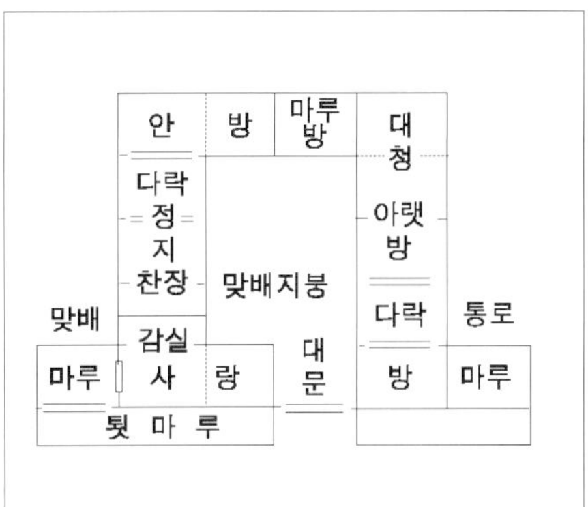

임당댁(상)　효고와 종택(하)

망천동 임당댁[민 59호] : 임동면 망천리에서 역시 수몰을 피하여 이곳으로 이건되었다. 영조 51년 (1775) 宗瑞 김규진 공이 건립하고, 현 소유자 류용희가 1966년 매입하여 단포 고택(丹浦古宅)이라 부르고 있다. 가옥은 양 날개 ㅁ자형 뜰집이고, 정침은 원래 <몸채-마루>의 중부형의 평면이었으나, 정면에 있는 큰방과 마루를 바꾸어 개조하였다. 그러나 사랑의 판장문과 박공벽의 방풍널은 옛 모습 그대로이다.

호고와 종택[문 57호] : 현 류종우 가옥은 임동면 마령리에서 이건되었다. 영조 때 대사간을 지낸 三山 류정원의 손자로서 정조 · 순조 때의 실학자 好古窩 류희문(1773- 1832) 선생이 지은 고택이다. 선생은 일생동안 학문연구와 후학 양성에 전념하여 성리학, 역학, 예문, 천문, 지리 분야의 저서를 남겼다. 가옥은 외날개 ㅁ자형 뜰집이고, <몸채-대청>의 중부형 평면이다. 지붕은 근암 고택과 함께 사랑도 높은 맞배지붕으로 개조하여 고식적인 멋을 더하였다. 또 좌측에 행랑채와 마구간을 추가하여 아름다운 외관을 한 고옥이다.

수남위 종택[문 51호] : 전주 류씨 수곡리 입향조 류성(1540-60) 공의 아우인 水南位 류원이 박곡리로 분가할 때 지은 집으로 호와(壺窩) 류현시를 비롯하여 여러 명현이 배출되었다. 이 가옥은 이 마을에서 유일하게 남부 一자형 겹집이고, 팔작지붕이다. **용와 종택**[민 18호] : 숙종 때 공조참의를 지낸 용와 류승현 공이 1710년에 박곡리에 세운 가옥이고, 침간정은 그가 강학하던 곳이다. **임하댁**[문 53호]은 조선 후기 유학자인 수재 류정호 공과 그의 아들 영암 류연구가 1835년 수곡리에 건축하여 수재 고택이라 하였다.

수남위 종택

7. 경상북도 군위군(부계면 대율리)

일명 한밤은 320여 호 중 200호가 부림(부계) 홍씨이다. 대제학을 지낸 허백(虛伯) 홍귀달(1438-1504)은 성리학을 꽃피운 성현, 김종직, 조위와 함께 4군자로 알려져 있다. 이 마을에 있는 **대청**(유 262)은 조선 초기 서당으로 사용하였으나 임란 때 소실, 인조 10년에 중창되어 마을 회의 장소, 경로당 등으로 활용되고 있다. 한밤은 팔공산 북사면에 위치하여 풍화된 돌들이 널려 있는 패디멘트 지형으로 돌담을 끼고 도는 아름다운 골목길이 있는 마을이다.

군위 홍인규 가옥[비지정] : 9대 소종가로서 270년 전에 건축되었다. 구성은 안채가 ㄇ자형, 사랑채가 一자형으로 떨어진 ㅁ자형 배치이다. 안채의 3칸 대청 위에 높은 다락은 전국에서도 거의 볼 수 없는 유일한 구조이고, 또 우익사 아궁이 위의 누마루는 정교하면서 고식적이다. 지붕은 사랑채의 우측은 팔작지붕, 좌측은 맞배지붕으로 영남에서 보기 힘든 중부지방 혼용 지붕이다. 이웃에는 경북대학교 사범대학 지리교육과를 창설하고, 한국의 도시지리학과 지형학을 개척한 **홍경희 교수의 생가**도 있는데, 영남지방 직가형 5칸의 평범한 반가이다.

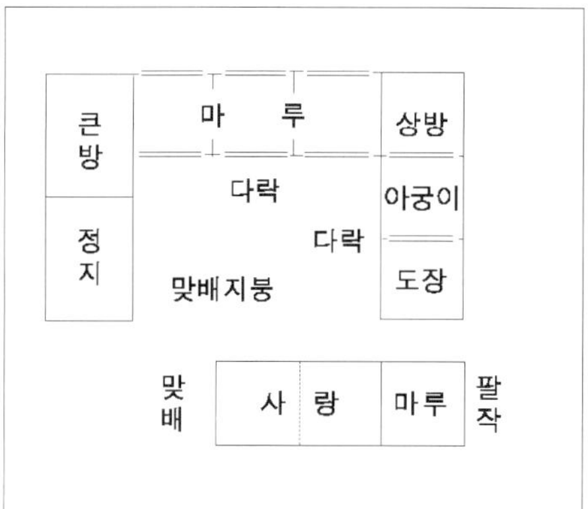

대청(좌상)　돌담 골목길(우상)　홍인규 가옥(하)

홍경희 교수 생가(좌)　부계 홍씨 대종가(우)

군위 부계 홍씨 대종가[비지정] : 현 홍찬군 가옥은 부림 홍씨의 대종가로서 몸채, 사랑채, 사당, 대문채, 중간채, 묘우(사당)로 구성되어 있는 가옥이다. 평면은 안채 5칸, 사랑채 7칸으로 모두 一자형 홑집의 중류계층 가옥이며, 모두 맞배지붕이다. 사랑채에는 부계에서 불천위 조상으로 모시는 고려 門下舍人(종 4품)에 오른 경재(敬齋) 홍로(1366-92) 선생의 충절을 빛내기 위하여 현액한 당호 경절당(景節堂)이 걸려 있다.

8. 경상북도 의성군

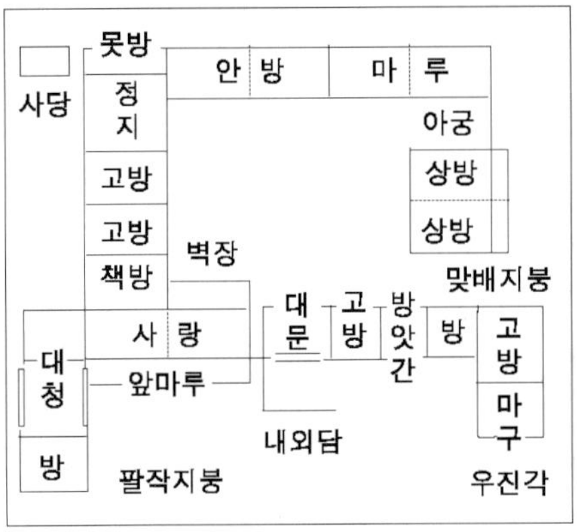

운곡당

1) 금성면 산운리

영천 이씨의 동족촌이었으나 현재 영천 이씨는 총 70호 중 10여 호에 불과하다. 명종 때 관찰사를 지낸 鶴洞 이광준(1531-1609) 공이 군위에서 이 마을로 입향하였다. 그의 아들 형제 중 부제학을 지낸 敬亭 이민성은 시문에 뛰어나 동방의 태백이라 하였다. 자암(紫巖) 이민환은 호란 시 종사관이었고, 주화파였던 그는 전쟁일기인『책중목록』(柵中目錄)과 포로생활에서 적은『조문록』(朝聞錄) 등을 남겼다.

의성 운곡당[문 374호] : 현 소유주 이목의 5대조 雲谷 이휘발 공이 영월부사로 재직하고 있을 때인 1800년대 초반에 건립하였다고 전한다. 그는 정조의『홍제전서』편찬에 크게 기여한 유학자이다. 가옥은 안채 ㄇ자형, 사랑채와 고방채가 각 ㄱ자형으로 튼 ㅁ자형 배치이나 거의 한 동으로 연결되고 있다. 정침은 남부 一자형 평면으로 모서리에 못방이 있는 것이 이채롭다. 지붕형도 안채 맞배지붕, 사랑채 팔작지붕, 고방채 우진각지붕 등의 혼용 지붕이다. 또 사랑마당에는 내외담이 있어 법도 있는 유가로 보인다.

의성 점우당[문 375호] : 현 소유주인 이병직의 증조부 漸于 이홍 공이 1900년경에 건립하였다.

안채에 사랑이 연결되어 ㄷ자형의 평면이고, 맞은편에 ㅡ자형의 헛간채가 있어 떨어진 ㅁ자 배치를 보인다. 전면 중앙에 3칸의 대청이 있고, 안방과 부엌이 익사에 위치하고 있는 중부 곡가형 평면이다.

점우당(상)　　소우당(하)

의성 소우당[중 237호] : 현 소유자인 이희춘의 6대조 素宇 이가발(운곡의 동생) 공이 19세기 초에 건립하였다. 가옥은 ㄱ자형의 안채와 ㄴ자형의 사랑채가 안마당을 감싸고 있는 남부지방에서 보기 드문 중부형 「맞곱패」집이다. 그러나 영남지방의 전후 퇴가 있는 간결하고 소박한 구조로서 조선시대 상류가옥의 풍류와 운치를 볼 수 있고, 연못이 있는 정원으로 원림을 조성하였다. 그 외 이 마을에는 직가 二자형의 **이재영 가옥, 이부윤 가옥, 이시유 가옥** 등의 고옥이 있다.

2) 점곡면 윤암 2리

영양 남씨의 동족촌락으로 총 60호 중 40여 호가 영양 남씨이다.

의성 소계당[문 376호] : 현 소유주 남기일의 7대조인 남정기 공이 영조 원년(1724)에 지었다고 전한다.

가옥은 ㄷ자형 안채와 一자형 사랑채가 튼 ㅁ자형으로, 안채는 중앙에 마루가 있는 중부형 평면으로 소규모 가옥이다. 지붕은 맞배지붕으로 단아하면서도 옛 주름살을 고스란히 간직하고 있는 듯하다.

의성 서계당[문 377호] : 현 소유주 남정구의 선조 남용진 공이 정조 4년(1780)에 지었다고 전한다. 가옥은 안채와 사랑채가 튼 ㅁ자형 배치에, 역시 중부형 소규모 평면이다. 우측에 초당과 고방채가 간소하게 건축되어 있다. 그 외 하인들이 거처하던 3칸의 초가, 방앗간, 우물 등이 남아 있어, 당시 생활상의 연구에 귀중한 자료가 되고 있다.

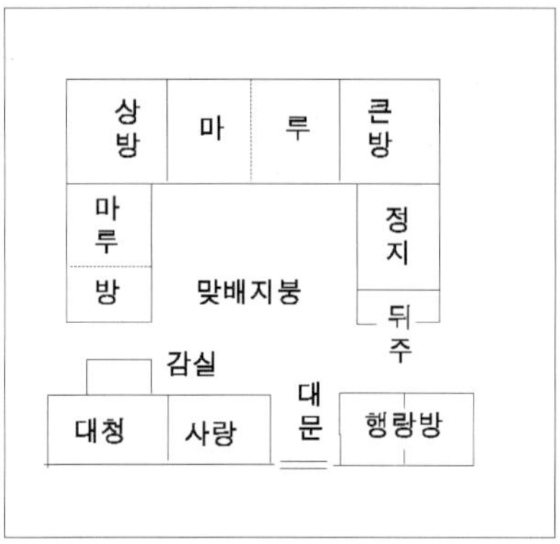

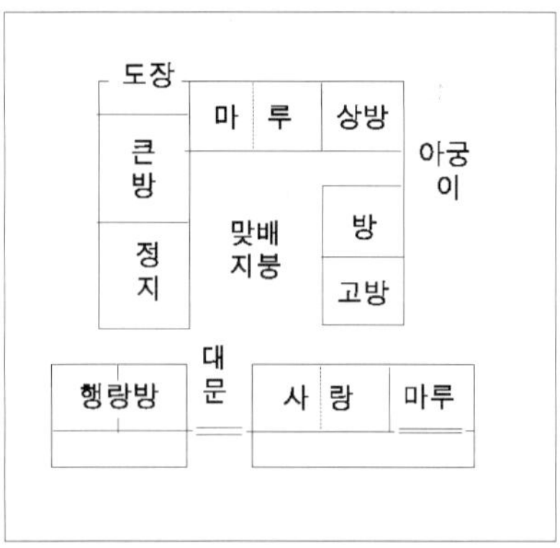

소계당(상)　　서계당(하)

3) 점곡면 사촌리

김방경을 중시조로 하는 선 안동 김씨의 집성촌이며, 서애 류성용 대감의 외가가 있는 곳이기도 하다. 류성용은 이곳에서 태어났다. "사촌은 외손이 잘되는 터"로 딸들의 해산을 막아 왔는데, 만삭의 류성용 어머니도 망설이다가 친정집으로 미처 들어오지 못하고 「동구의 가로 숲」에서 출산했다고 한다. 그래서 사촌 3정승 전설과 만취당을 소재로 한 소설 등으로 지금도 많은 관광객이 즐겨 찾는 곳이 되었다. 현재는 97가구 중 50가구가 안동 김씨이고, 5가구가 하회 류씨이다.

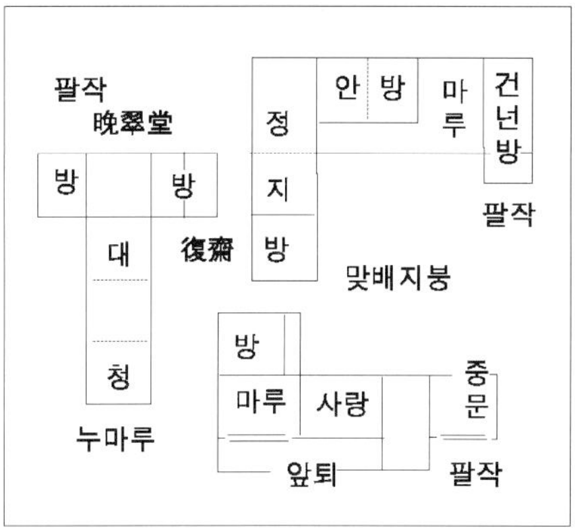

만취당

의성 만취당(晩翠堂)[유 169호]과 살림집 : 현 종손 김희윤 가옥은 퇴계의 문인으로 성리학자인 김사원(1539-1602) 공이 선조 12(1582)년 건립하였다. 가옥은 살림집의 몸채와 사랑채는 각 ㄱ자와 ㄴ자로 중부형 평면이다. 그러나 맞곱패형 집이 아니고, 남부지방의 반개방형으로 배열되었다. 별채인 만취당은 T자형 큰 누마루에 온돌방이 딸려 있는 팔작지붕 가옥으로 주로 김씨 종가의 대청 겸 문중 집회소로 이용되고 있다. 이 건물은 부석사의 무량수전과 함께 가장 오래된 사가의 목조 건물로 꼽히고 있다. 현판의 글씨는 김사원과 동문인 석봉 한호가 썼다고 한다. 이웃에 있는 **류민철 가옥, 류근하 가옥, 류신하 가옥, 김희국 가옥** 등도 보존할 만한 가치가 충분한 고옥이다.

방초정과 열녀각(좌)　　이응대 가옥(우)

9. 경상북도 김천시(구성면 상 · 하원리)

하원리는 연안 이씨 부사공파가 1510년부터 세거지로 사용하여 왔다. 입향조는 성종 때 좌리공신과 병조판서를 지낸 이숭원 공의 직계인데, 남인 성향이었다. 상원리는 그 이상에서 분파되어 세조시 자익공신 연성부원군 이말정 공의 후손으로 노론성향이다. 그 후 이이와 성혼에 수학한 연안인 묵재(默齋) 이귀와 송익필에 수학한 순천인 북저(北渚) 김유는 인조반정에 성공하여 서인 시대를 연 공신으로 인조 · 효종조에 권문이 되었다. 이곳은 조선시대 관영숙소인 「상좌원」이 있어서 원터로 불리었으며 현재도 총 95호 중 80호가 이씨이다

김천 이응대 가옥[비지정] : 상원리의 작은 종가로서 19세기 중반에 건립되었다. 가옥은 一자형 6칸의 안채만 남아 있는데, 안방 2칸 뒤에는 골방과 마루방이 있어서 준겹집이다. 한국전쟁 때 99칸의 종가와 마을이 파괴되었고, 지금은 아름다운 방초정(유 46호)과 연못, 2기의 열녀비각이 남아 예전의 번창을 말해 주고 있다.

이도응 가옥

김천 이도응 가옥[비지정] : 하원리의 종가로서 현 소유주의 14대조가 380여 년 전에 건축한 가장 오래된 고옥이다. 가옥은 직가 一자형의 몸채, 사랑채, 아래채, 사당 등이 떨어진 口자형의 배치를 보이고, 특히 안채 5칸은 맞배지붕으로 긴 역사만큼이나 고풍을 물씬 풍기고, 정겨운 외관을 하고 있다.

10. 경상북도 상주군

1) 낙동면 승곡리

이 마을은 풍양 조씨의 호군공파의 세거지이다. 시조의 7세손 조사춘 공의 후손이므로 조선 헌종 때 세도정치를 한 회양공파와는 다르다. 총 80호 중 30호가 조씨이다.

상주 오작당[24쪽 H자형 가옥 참조]

상주 양진당[유 85호] : 맞배지붕 3개를 H자형으로 접합시킨 가옥이나 원래는 口자형이라고 한다. 이 가옥은 검간(黔澗) 조정(1555-1636) 공의 처가인 안동 천전리(학봉의 조카사위)에서 뗏목으로 1600년경 옮겨온 가옥이다. 조정은 서애와 한강의 문인으로 임란 때 의병활동을 하였고, 약 6년간의 귀중한 『임진난 기록』(보물 1003호)을 남겼다. 몸채는 전면 9칸의 큰 규모의 田자형 겹집으로 안방 6칸, 부엌 5칸, 대청 6칸, 다락 10칸으로 그 외관도 마치 종묘 건물에서 볼 수 있는 장중함을 느낀다.

고상식 높은 다락방을 가진 맞배지붕 가옥이어서 여름 복사열 차단과 낮은 대지에서 올라오는 습기를 막는 데 편리하다.

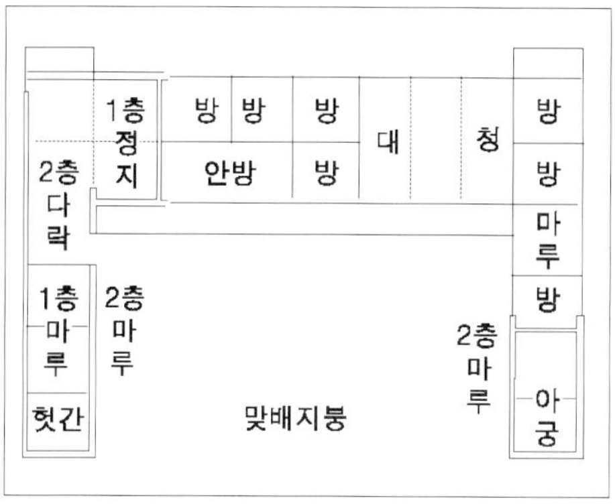

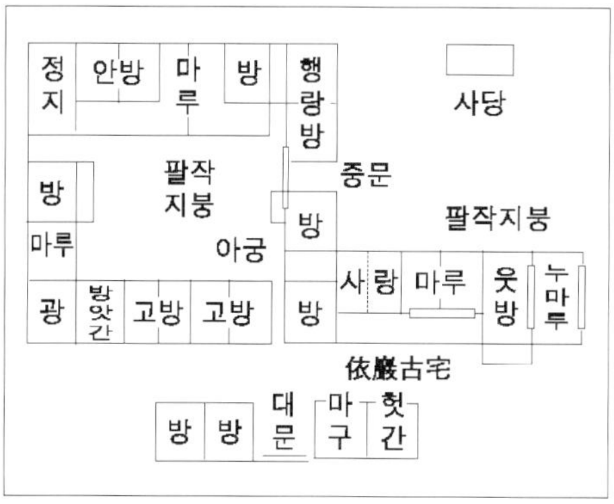

양진당(상) 의암 고택(하)

2) 낙동면 운평리

풍양 조씨의 동족촌으로 18호 중 15호가 조씨이다.

의암 고택[문 177호] : 현 소유주 조준희의 7대 조모 연안 이씨가 1830년경 승곡리 양진당 부근에 세운 것을 이건한 것이다. 대문 앞에 「의암」이라는 큰 바위가 있어 당호로 정하였다. 가옥은 一자형 안채, ㄴ자형 사랑채와 고방채가 튼 ㅁ자 배치이고, 안채와 사랑채는 팔작지붕이다. 그 외 대문채와 고방채, 사당 등 조선시대의 사대부가의 주택양식을 고루 갖추고 있다. 이웃의 **조두희 가옥**[비지정]은 안채가 불타고 사랑채와 대문채만 남아 있으나, 고식적인 멋을 잃지 않고 있다.

3) 외서면 우산리

진주 정씨의 동족촌으로 현재도 46호 중 26호가 정씨이다. 임란 때 우복(愚伏) 공이 성심 봉공한 것을 치하하여 영조가 남북 10리, 동서 5리의 우산동천(愚山洞天)을 하사함으로써 종가는 독가촌의 고립장택이 되었다.

우복 정경세 종택[민 31호] : 우복 정경세(1563-1633) 선생이 임란 때 의병활동과 경상도 관찰사를 지낸 후 입향하여 여생을 보낸 가옥이고, 그의 6세손 立齊 정종노 공의 생가이다. 우복은 서애의 문인으로 퇴계와 율곡 학파 간의 인적교류와 상호이해 증진에 교량 역할을 하였고, 입제는 大山 이상정의 문인으로 벼슬은 않고 학문에만 전념한 학자이다. 평면구성은 안채, 사랑채, 행랑채, 사당 등이 떨어진 口자형 배치이고, 특히 사랑채는 2계층의 높은 기단 위에 세워져서 권문세도가로 보이는 가옥 형태이다.

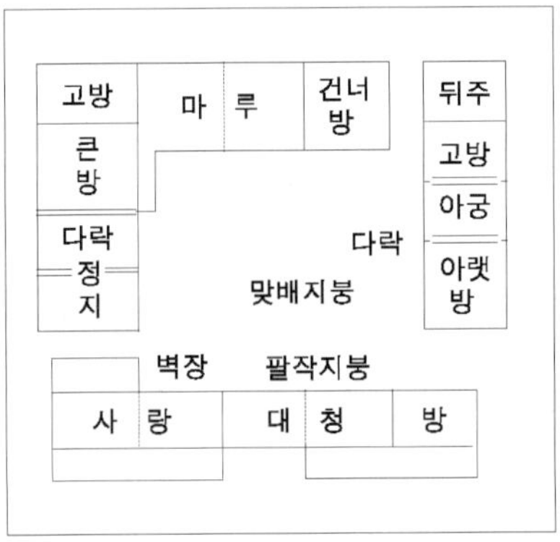

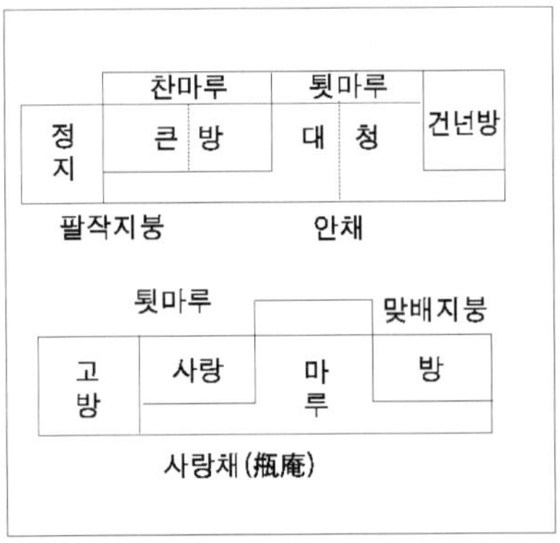

우복 종택(상)　　병암 고택(하)

병암 고택[문 130호] : 현 정옥의 소유인 이 가옥은 입재 정종로의 아우인 정재로 공이 영조 46년(1770)경에 건축한 것이다. 사랑채 병암(甁庵) 역시 당시의 건물이긴 하나 현 소유자의 고조부 정철우 공의 호를 당호로 채택하고 있다. 평면은 직가 二자형으로 전형적인 영남지방의 전후 툇집이다. 그래서 안채는 팔작지붕, 사랑채는 맞배지붕으로 영남지방 반가의 고전적인 전통민가이다.

4) 중동면 간물리

남원 양씨의 집성촌으로 총 50호 중 30호가 양씨이고, 하회 류씨는 5호에 불과하다.

수암 종택[민 70호] : 현 류영화 소유인 이 가옥은 서애의 셋째 아들 수암(修巖) 류진(1582-1636) 공이 자리 잡은 삼산이수(三山二水)의 명당에 1700년 중기 건립한 풍산 류씨 우천파의 종가이며 석학 江皐 류심춘의 생가이다. 가옥은 口자형 뜰집에 정침은 <몸채-큰방 · 대청>의 남부 一자형 평면을 채택하여 가옥 규모를 확대시켰다. 또 마루의 가장자리를 따라 ㄱ자형의 쪽마루가 있어 공간연결이 양호하다. 지붕은 모두 맞배지붕으로 고식적이다. 또 사랑 앞뜰에 있는 녹사청은 녹봉을 가지고 오는 지방관리들을 쉬어가게 했던 곳이다.

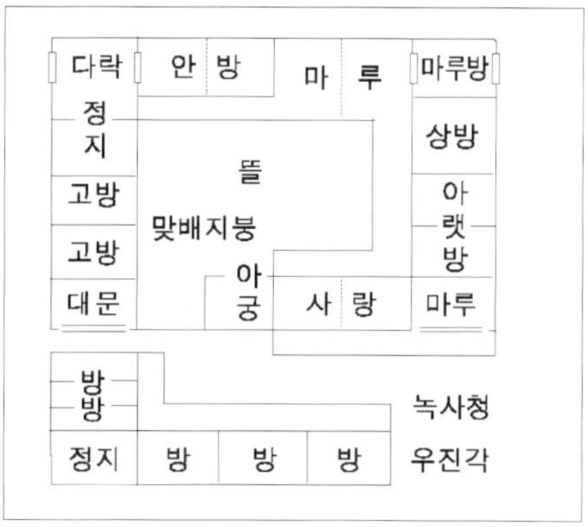

수암 종택(상) 황씨 종택(하)

11. 경상북도 문경시(산북면 대하리)

한때 장수 황씨 집성촌이었으나 현재 황씨는 45호 중 10여 호에 불과하다. 이 마을 장수 황씨 종가에는 현 종부 권숙자 씨가 대대로 내려오던 술 '호산춘'을 옛 방식 그대로 빚고 있는데, 길손으로 들르면 이 술을 맛볼 수 있다. 또 무려 18년간 영의정을 지낸 황희(1363-1452) 정승이 쓰던 유물도 보관되어 있다.

장수 황씨 종택[문 236호] : 장수 황씨 사정공파 종택으로 조선 세조 때 부사정을 지낸 황정 공의 고택으로 그의 현손인 현감을 지낸 칠봉 황시간(1558-1642)이 35세 때 거주한 기록으로 보아 약 400여 년 전의 건축으로 추정된다. 가옥은 몸채가 T자형 평면으로 겹집구조이다. 그 외 큰 사랑채와 작은 사랑채, 대문채가 넓은 대지 위에 산재해 있는 양반가옥으로 그 원형이 잘 보존되어 민가연구의 자료로서 가치가 있다.

10장 안동서부 평야지대 양반가옥

안동시 전체에서는 문화재로 지정된 전통가옥은 종갓집 37개소, 고택 34개소 등이다. 이 지방 전통민가는 첫째, 중앙에서 높은 벼슬을 살고 낙향한 선비들의 가옥, 둘째, 저명한 우리나라 동족촌락의 가옥 또는 종갓집, 셋째, 고려왕조 건국에 기여한 3태사를 비롯하여 국난 때마다 공을 세운 공신과 충신의 가옥, 넷째, 조선시대에는 부녀자 유폐라는 문화적인 배경과 맞아 떨어진 폐쇄적인 ㅁ자형 뜰집 등으로 구분해 볼 수 있다. 특히 퇴계 선생의 학통을 잇는 학자들 간의 중첩혼과 아들과 딸에게 균등하게 재산을 분배하던 전통 등으로 이 지역의 뜰집은 자연스럽게 이웃 고을까지 전파되었다.

1. 안동시 서후면

1) 금계리

일명 춘파는 서후면 소재지로 안동 권씨 마을이었으나 그 후에 의성 김씨 70호와 안동 장씨 30호가 함께 살아가는 150여 호의 혼성촌락이 되었다.

의성 김씨 학봉 종택[기 112호] : 현 김시인 가옥은 선조 때 문신 鶴峯 김성일(1538-93) 선생의 직계 종손만이 대대로 살아온 가옥이다. 학봉은 이 마을 안동 권씨에 장가들어 춘파의 입향조가 되었다. 그는 퇴계의 문인으로 경상도 관찰사를 지냈고, 임진왜란 때는 경상도 초유사로 민중의 궐기를 호소하였다. 이 가옥은 양 날개 ㅁ자형 뜰집에 <몸채-큰방 · 대청>의 남부 一자형 평면을 채택, 가옥을 확대시켰다. 그래서 안채는 겹집구조의 맞배지붕 가옥으로 대청이 6칸으로 넓고, 아래채는 사랑의 규모가 큰 팔작지붕으로 그야말로 고관대작의 고대광실의 외양이다. 그 외 좌측에 긴 행랑채, 우측에 사당과 유물관 등이 있다.

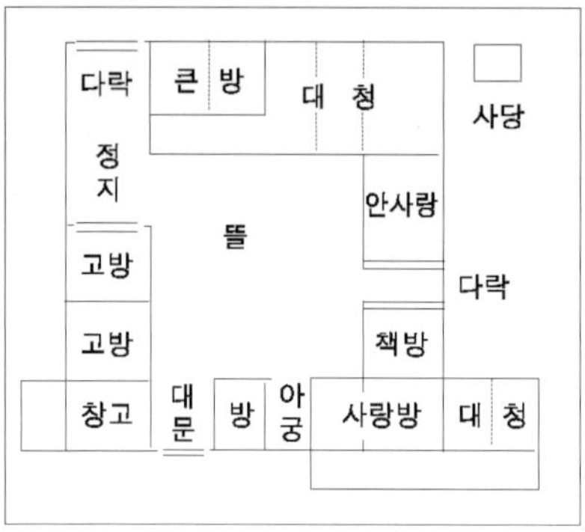

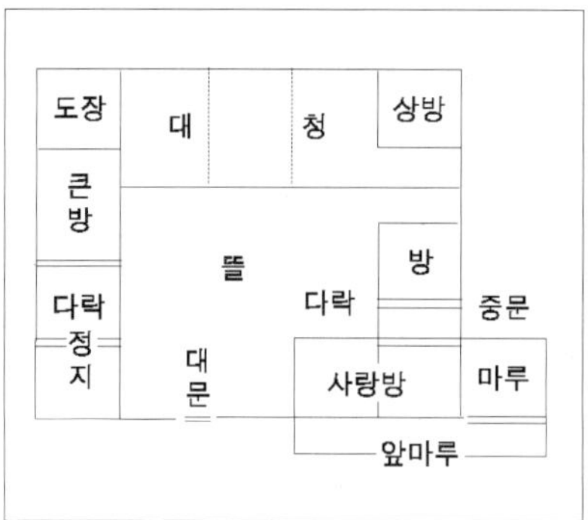

학봉 종택(상) 김태현 가옥(하)

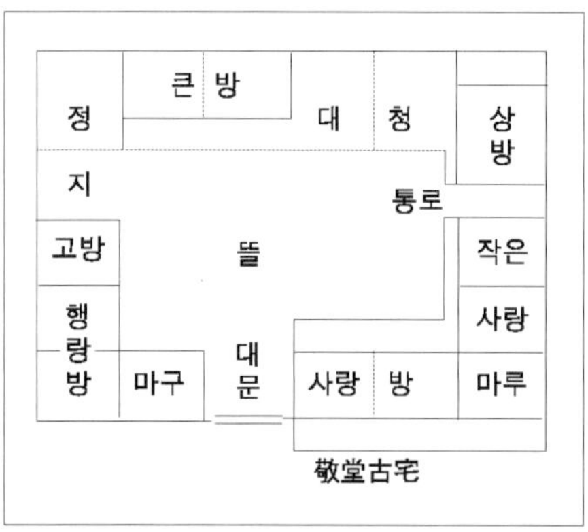

경당 고택

김태현 가옥[비지정] : 원래는 ㅁ자형 가옥으로 보이나 현재는 대문 양쪽의 우사와 사랑부엌이 훼철되어 튼 ㅁ자형 구조로 개조된 가옥이다. 그 외 이웃에 **김광호** ㄷ자형 고옥이 있다.

경당 고택[비지정] : 현 장성진 가옥은 퇴계의 학맥을 이은 영남의 대학자 敬堂 장흥효(1564-1633) 선생의 종가이다. 그는 학봉의 문인이고, 외손자인 갈암과 존재의 스승이다. 또 『음식디미방』을 저술한 貞夫人 장씨가 그의 외동딸이다. 이 고택은 口자형 뜰집에 <몸채-큰방 · 대청>의 남부형 평면의 저택이다. 특히 사랑에서 신발을 신지 않고 안채에 출입할 수 있도록 툇마루와 쪽마루로 연결되어 있다. 또 사랑 처마에는 芝村의 종손인 南井 김구직이 쓴 '敬堂古宅'이란 현판이 걸려 있다. 이웃에는 경당 고택과 유사한 평면구조를 가진 **장화진 가옥**[비지정]이 있으며, 이 사랑채는 겹처마에 계자난간을 둘러 사랑의 멋을 더하였다. 그 외 아랫마을에 있는 **장영찬 가옥**[비지정]은 외관에서 변화가 다소 많다.

장화진(좌) 장영찬(우)

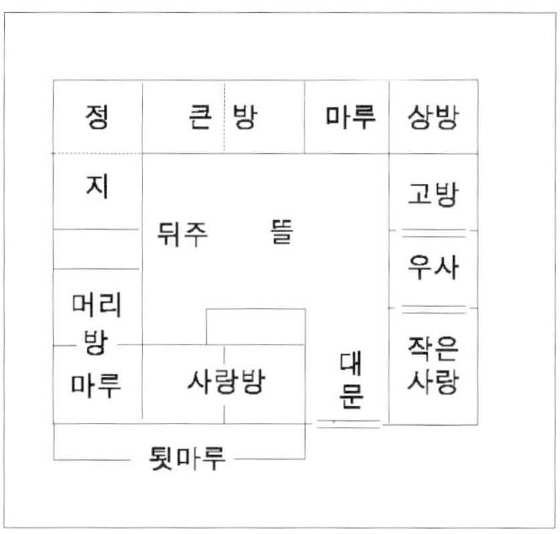

죽헌 고택

2) 태장리

평산 신씨, 안동 김씨 등의 혼성마을로서 진성 이씨는 없다.

죽헌 고택[문 164호] : 현 이만용 가옥은 상해임시정부 요인으로 활약한 안동 김씨 東農 김가진 공이 고종 23년에 건립한 고택이었으나 1890년 진성 이씨 竹軒 이현찬이 인수하여 현재 재사(齋舍)로 사용하고 있다. 이 가옥은 口자형 뜰집에 남부형 평면이나 큰방 앞에 앞마루가 없는 것을 볼 때 약간은 고식적 구조이고, 또 우사가 우익사에 위치하고 있는 것이 이채롭다. 지붕은 몸채는 맞배지붕, 아래채는 우진각지붕 등 혼용지붕이다. 그 외 높은 돌담 울타리가 고옥의 멋을 더하고 있다.

2. 안동시 풍산읍

1) 막곡 1리

일명 율리는 의성 김씨가 7호 중 5호이다.

의성 김씨 율리 종택[중 181호] : 의성 김씨 21대손 운천 김용의 손자 도암(陶巖) 김후의 종가로서, 그의 장인 광풍당 권제가 공이 인조 8년(1630)에 건립하였다. 가옥은 양 날개 口자형에 <몸채-대청>의 중부형 평면으로 모두 맞배지붕 용마루가 차례로 낮은 3계층 지붕의 초기 고식적 뜰집이다. 그 외 사랑방 좌측에 마루방과 판벽의 벽장이 예쁘게 꾸며져 있고, 사랑의 앞 툇마루 난간의 문양이 고풍스럽다.

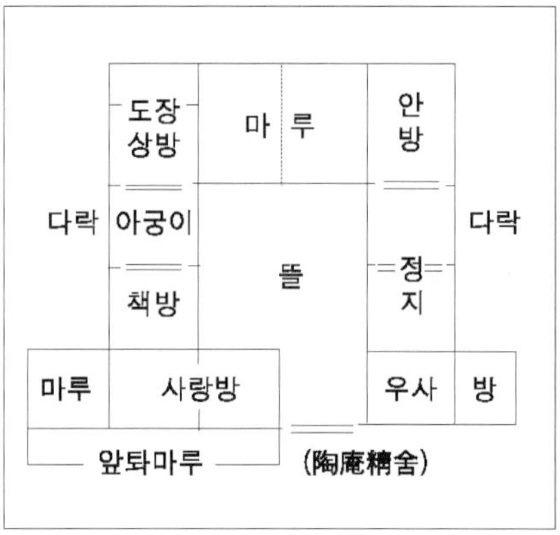

율리 종택

2) 막곡 2리

안동 권씨 동영공파 동족촌락으로 50호 중 40호가 권씨이다.

권기형 가옥과 권영직 가옥[이상 비지정] : 마을 입구 좌측에 쌍둥이처럼 나란히 있는데, 모두 200년 전에 건립된 고옥이나 문화재로 지정되지 않아 훼철 직전에 있다. 가옥은 외날개 口자형에 <몸채-마루>의 중부 곡가형 소규모 평면이고, 안채 대청의 좌측 마루방과 우측 상방 위가 통 공간으로 연기가 빠지게 되어 있는 고식적 가옥이다. 또 사랑채는 田자형의 겹집 구조가 가미된 약간은 독창적 평면이다.

동영공파 재사[비지정] : 마을 뒤쪽 높은 곳에 위치하고 있으며, 양 날개 ㅁ자형에 <몸채-마루>의 중부형 평면으로 상기 권기형 가옥과 거의 유사하다. 그러나 사랑채가 겹집구조이고, 대청에는 4분합 들문이 있으나 너무 퇴락했다.

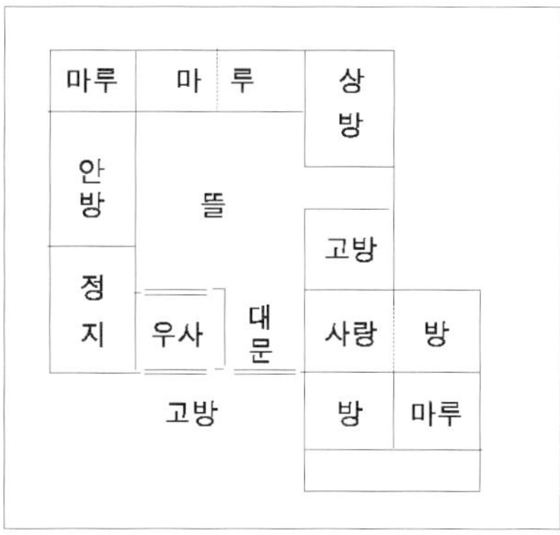

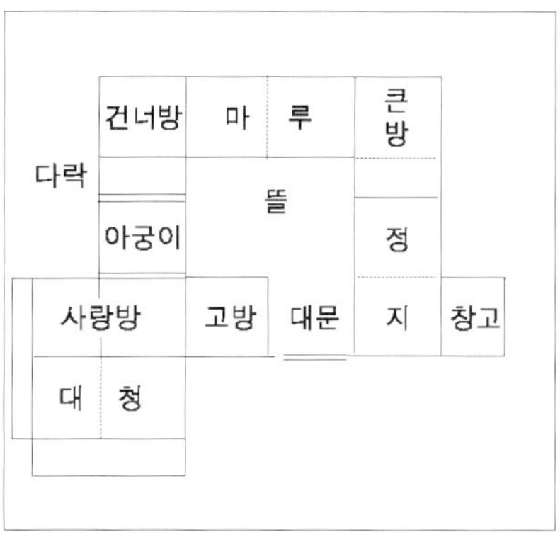

권기형 · 권영직 가옥(상)　동영공파 재사(하)

3) 상리

전의 이씨 동족촌락으로 총 80호 중 50호가 이씨이고, 이들이 500년간 세거하고 있다. 이들은 고려의 개국공신 태사 이도 공의 후예이다. 전의 이씨는 살아생전에는 선성(예안의 옛 이름) 이씨, 사후에는 예안 이씨라 부르는 관습도 있다.

예안 이씨 상리 종택[민 67호] : 현 이항식 가옥은 예안 이씨 7세손 이훈 공의 종택으로 중종 20년(1525)에 건립되었다. 그는 기묘사화(1519)의 참혹함을 보고 낙향하여 이 집을 짓고 유유자적하였다고 한다. 이 가옥은 외날개 ㅁ자형에 <몸채-안방 · 대청>의 남부 一자형 평면을 채택, 가옥을 확대하였다. 그러나 안방이 중앙으로 나오면서 대청 1칸이 상방 뒤로 간 변형된 구조가 되었다. 지붕형도 몸채는 맞배지붕, 아래채는 우측이 우진각지붕이고, 좌측은 팔작지붕으로 되어 혼용지붕이다. 그래서 조선시대 상류주택의 유형이기는 하나 상당히 확대 · 변형된 뜰집이다.

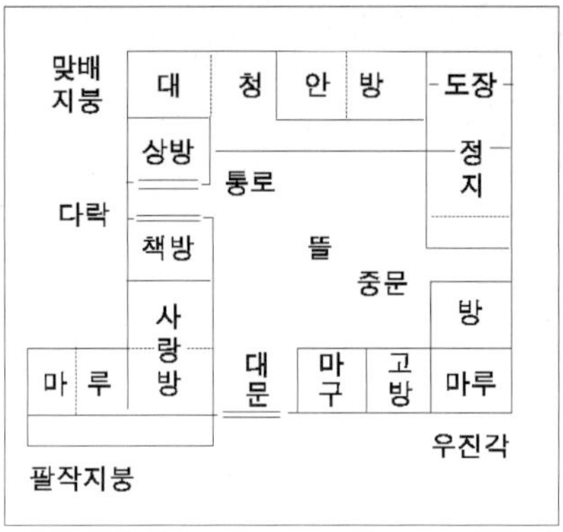

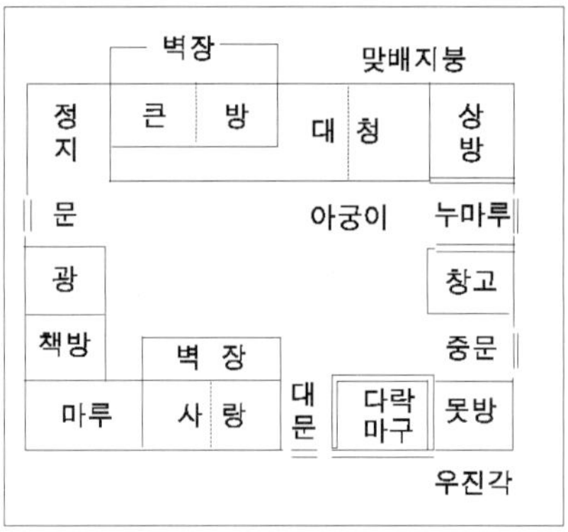

상리 종택(상)　　하리 종택(하)

4) 하리

풍산들을 가운데 두고 동쪽에는 풍산읍 상리와 하리가 있고, 북서쪽에 풍산읍 소산리, 풍천면 가곡리가 있다. 서남쪽으로 야산 넘어 하회리가 있다. 풍산읍 하리는 예안 이씨가 500년간 세거한 동족촌락으로 한때 120호 중 110호가 이씨였다. 하리의 입향조는 고려 말 전농정(典農正)을 지낸 이웅 공이다.

예안 이씨 충효당[보 553호] : 현 이성직 가옥은 일명 우릉골 종가 또는 충효당으로 불리는데, 보물로 지정될 정도로 고식적이다. 이 가옥은 예안 이씨 16대손 근재(近齋) 이전의 둘째 아들이었으며 임란 때 의병을 일으켜 풍천에서 순국한 풍은(豐隱) 이홍인(1528-94) 공의 종택이다. 별당인 쌍수당(雙修堂)과 함께 1572년 건축된 것으로 추정된다. 가옥은 ㅁ자형 뜰집에 <몸채-안방 · 대청>의 남부 一자형을 채택, 6칸으로 확대된 평면이다. 지붕은 안채는 맞배지붕이고, 아래채는 안동권에서는 별로 없는 우진각지붕 와가이다.

일성당

예안 이씨 일성당[중 178호] : 하리 입향조 이웅의 후손 이문환 공이 숙종 때(1680년경) 건축하였다. 日省堂이라 한 것은 외당에 독서실을 배치하고, 하루하루를 반성한다는 뜻으로 현판을 계첨하였기 때문이다. 가옥은 ㅁ자형에 <몸채-안방 · 마루>의 남부형 평면이나 전면이 4칸으로 소규모이다. 그러나 원래 중부형에서 개조한 가옥으로 보인다. 지붕은 몸채는 팔작지붕, 사랑은 우진각지붕이다.

사직공파 구택

예안 이씨 사직공파 구택[민 68호] : 현 이용흠 가옥은 중종 때 부사직을 지낸 이필간의 아들 이영공이 중종 14년(1519) 기묘사화를 피하여 이곳으로 낙향하여 1525년경에 건립한 것으로, 이곳 예안 이씨의 맏집이다. 이 가옥은 외날개 ㅁ자형에 <몸채-대청>의 중부 곡가형 평면이나 사랑을 개조한 것으로 보인다. 지붕은 모두 맞배지붕으로 초기의 구조와 분위기를 가진 품위 있는 고옥이다.

5) 소산리

소산리는 영가지에는 金山村, 순수 우리말로는 「쇠(金)뫼(山)」에서 유래된 「시미마」로 애칭되고 있다. 소산리는 신(新) 안동 김씨인 시조 太師 김선평의 후예로서 조선 초 현감을 지낸 9세 비안(比安) 삼근 공이 입향한 후 500여 년간 안동 김씨가 세거하여 한때 100호가 넘는 동족촌락이 되었다. 입향조의 아들 김계권 손자 번(璠)의 후손은 조선 후기에 세도정치를 한 서울의 장동파이다. 그 후손으로는 청음(淸陰) 김상헌, 방랑시인 김삿갓으로 알려진 김병연 등의 명사도 있다. 그 외 이 마을에는 고려 명장 김방경 후예인 선(先) 안동 김씨가 함께 거주하고 있다.

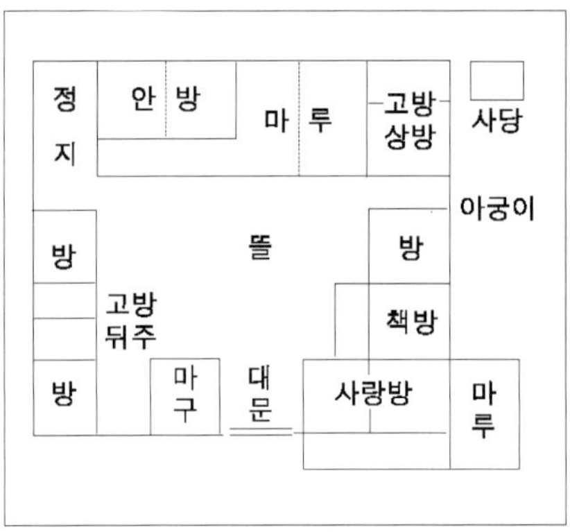

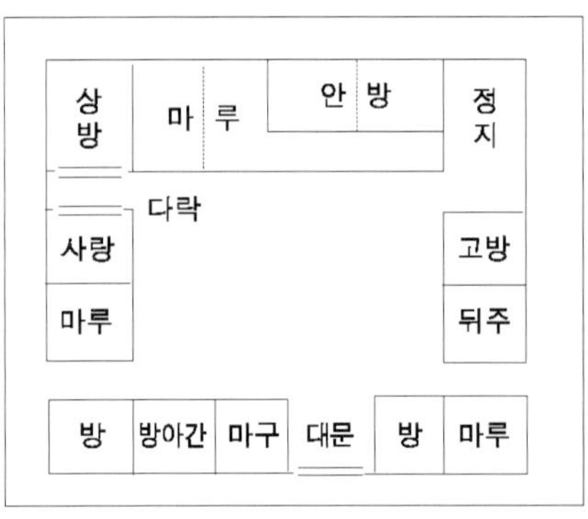

안동 김씨 종택(상) 동야 고택(하)

안동 김씨 종택[민 25호] : 현 김학년 가옥은 안동 김씨 대종가로 성종 때 사헌부 장령을 지낸 양소당(養素堂) 김영수(1446-1502) 공이 살던 집이다. 가옥은 외날개 ㅁ자형의 뜰집에 <몸채-안방·대청>의 남부 一자형 평면으로 확대되어 있는 가옥이다. 지붕은 모두 맞배지붕이나 사랑만 높은 팔작지붕으로 권문을 상징하는 큰 가옥이다.

안동 소산동 동야 고택[문 193호] : 현 김각년 가옥은 영조 때 사마시에 장원하고 병조참의를 지낸 동야(東埜) 김양근(1734-99) 공의 생가로서 약 330년 전에 건립되었다. 가옥은 ㄇ자형 안채와 一자형의 아래채가 튼 ㅁ자형이고, 큰방과 대청이 정면에 나온 남부형 평면이다. 그러나 좌익사에 사랑과 사랑마루가 몸채에 더부살이 하는 것은 흔히 있는 초기 고옥의 유습으로 보인다.

묵재 고택

삼소재

묵재 고택[민 85호] : 현 김장한 가옥은 비안공 구택의 별동 건물로서 맞배지붕 3개를 H자로 접합한 가옥으로 1516년경에 건축된 고식(古式)이다. 그 후손 묵재(默齋) 공 하세 후부터 묵재 고택으로 호칭되었다. 이 가옥은 소규모임에도 불구하고 도장방과 행랑방을 갖춘 반가의 양식이다. 그 외 부엌 외측에 담을 쌓아 부엌 공간을 넓히고, 아랫방은 뜰에 돌출한 고상 벽장도 두어 공간의 효용을 높이고 있다.

삼소재 선 안동 김씨 종택[민 66호] : 선 안동 상락 김씨 시조의 18대손인 김용추(1651-1711) 공의 종택으로 현종 15년(1674)에 건립하였다. 당호는 그의 5대손인 통정대부를 지낸 三素齋 김종락의 호를 딴 것이다. 가옥은 외날개 口자형 뜰집에 <몸채-대청>의 중부형 평면이다. 그러나 안 대청 건넌방 앞에 뒤주를 둔 것과 중문간 옆 외양간 위의 다락으로 올라가는 외사다리가 고식적 운치를 더해 준다.

청원루(좌)　　비안공 구택(우)

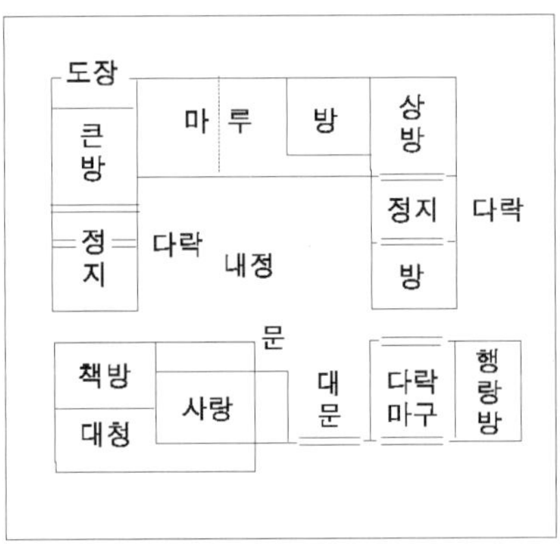

북애공 종택

청원루[유 199호] : 1520년대 평양 서윤을 지낸 김빈 공의 집으로 장동파 종택이다. 그의 증손 淸陰 김상헌(1570-1662) 공은 인조 23년 병자호란 때 척화주전론의 거두로서 청나라에 끌려갔다가 풀려 나온 뒤 원래의 가옥을 누각으로 중건하였다. 당호는 청나라를 멀리 하는 뜻의 청원루(淸遠樓)라 하였다. 원래는 2동 41칸이었으나 1934년 홍수로 허물어져 한 채(정면 7칸의 ㄇ자형 누각)만 남아 있다.

비안공 구택[문 211호] : 현 김한진 가옥은 안동 김씨의 입향조이며 비안 현감을 지낸 비안(比安) 김삼근(1419-65) 공이 집을 짓고 거처하면서 당호도 '비안''이 되었다. 사랑 현판의 당호는 김삼근 16대손 돈소당(敦素堂) 김언행이 그의 호를 따서 명명하였다. 평면은 소규모의 ㅁ자형 뜰집이다.

6) 현애리

현재 아주 신씨가 다수이고, 안동 김씨는 거주하지 않는다.

안동 김씨 북애공 종택[민 27호] : 원래 아주 신씨 종택이었으나 후손이 없으므로 그의 외손인 안동 김씨 北涯 김후(1596-1641) 공이 370년 전 물려받아 그의 종택이 되었다고 하나, 그 과정은 분명치 않다. 가옥은 안채가 ㄇ자형과 아래채가 一자형이 전체적으로 튼 ㅁ자형이고, 큰방과 부엌이 익사에 내려온 중부형 평면이다. 사랑은 겹집구조이면서도 튼튼하고 미려한 고옥이다.

7) 오미리

풍산 김씨 동족촌으로 총 70호 중 40호가 김씨이고, 이들은 500년간 이곳에서 살고 있다. 풍산 김씨는 신라 경순왕의 넷째 아들의 후예인데, 입향조 김자순 공은 왕자 난의 화를 피하여 이곳 오릉동(五陵洞)에 은거하였다. 현감을 지낸 김대현(1553-1602) 공의 아들 8형제가 모두 진사시에 합격하였고, 그중 5명은 문과에 급제하여 벼슬길에 나아가니 인조 임금이 「팔련오계」라 하고, 마을 이름을 오릉동에서 오미동으로 고치게 했다. 그 후 8형제 중 이곳에 첫째 鶴湖 봉조(지평), 넷째 경조(현감), 여덟째 숭조(주서)가 세거했다. 그 외 3형제는 봉화 오록리에 있다.

안동 풍산 김씨 종택[민 38호] : 현 김원재 가옥은 선조 때 유연당(悠然堂) 김대현 공이 창건하였으나 임란 때 소실된 것을 사헌부 지평을 지낸 김봉조가 1600년 다시 세웠다. 평면은 <몸채-안방 · 대청>의 남부 一자형 평면으로 확대된 외날개 ㅁ자형이다. 지붕형은 모두 맞배지붕이나 사랑은 팔작지붕으로 이중곡선의 경쾌한 외관이고, 또 중문 앞의 헛담을 토벽으로 쌓아 유가의 내외 법도를 보이고 있다.

오미동 참봉댁[중 179호] : 현 김윤 가옥은 순조 때인 1800년경 학암(鶴巖) 김중휴 공이 분가할 때 세운 가옥으로 그가 제릉 참봉을 지냈기 때문에 참봉집이라고도 부른다. 가옥은 외날개 ㅁ자형에 <몸채-대청>의 중부 곡가형 평면이다. 특히 사랑은 높은 맞배지붕 2칸이 너무 좁아 당시 주인의 위상이 초라해 보이기까지 한다.

안동 풍산 김씨 영감댁[민 39호] : 현 김직현 가옥은 영조 35년(1759) 규장각 직각을 지낸 김상목 공이 처음 ㄱ자형 안채를 세우고, 순조 26년 첨지중추부사를 지낸 그의 손자 학남(鶴南) 김중우가 ㄴ자형 아래채를 증축하여, 일견 중부지방의 맞곱패 가옥이 되어 있다. 그의 아들 낙애(洛崖) 김두흠이 동부승지를 지냈기에 당호는 영감댁이 되었다. 사랑채는 원주를 사용하였고, 마루 가장자리는 헌함과 계자난간으로 멋을 내었다.

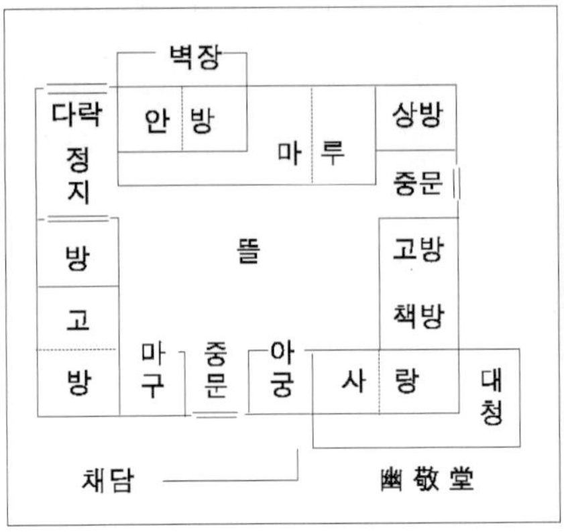

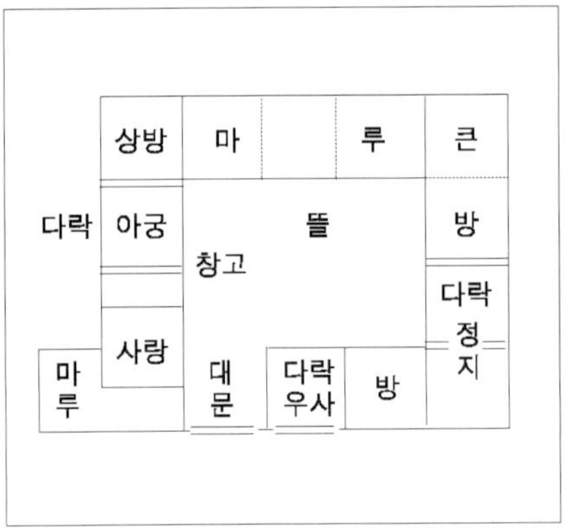

풍산 김씨 종택(상)　　　참봉댁(하)

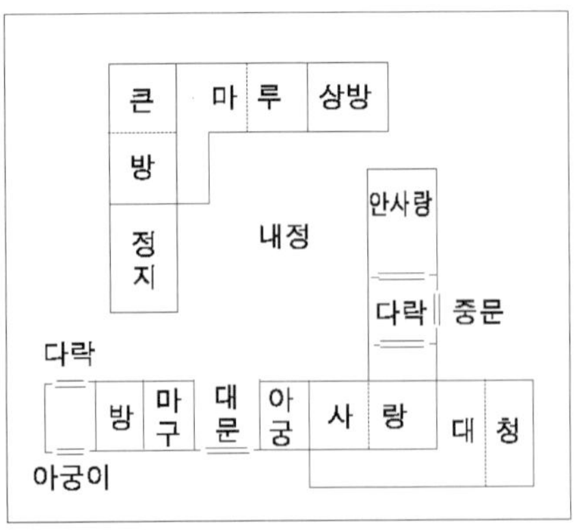

영감댁

삼벽당[문 273호] : 현 소유주 김승현의 8대조 김상구(1746-1814) 공이 분가할 때 지은 가옥으로 당호는 그의 아들 동몽교관을 지낸 三碧堂 김종한의 호를 따른 것이다. 가옥은 양 날개 口자형 뜰집에 <몸채-대청>의 중부형 평면으로 고식적이다. 특히 사랑마루 벽에 설치된 감실과 더불어 곳곳에 마련된 수장공간이 옛 모습을 잘 간직하고 있다. 그 외 고옥으로 口자형인 **김용재, 김현섭, 김재선, 김재창 가옥**과 부산지방법원 판사로 재직하고 있는 **김현석 가옥**이 있고, ㄷ자형은 **김재형, 김보현 가옥**이 있다.

삼벽당(상) 김재창(좌하) 김현석(우하)

3. 안동시 풍천면

1) 가곡리

일명 가일(佳日)은 이웃 소산리와 함께 북으로는 학가산의 줄기가 서남으로 뻗다가 멈춘 井山에서 보면 동의 좌청룡, 서의 우백호의 야산 사이에 위치하고, 앞으로는 넓은 풍산들과 멀리 낙동강이 굽이쳐 풍수 지리적으로 안동에서 제일가는 명당으로 보인다. 이 마을은 고려 때는 왕씨에 이어 하회 류씨가 세거하였고, 세종 때 정랑을 지낸 입향조 복야파 권항이 류씨 가문에 장가들어 부호 류서(柳湑)

의 임야와 전답을 물려받아 500여 년 세거하게 되었다. 그래서 현재는 안동 권씨의 동족촌락으로 약 50여 호가 된다.

김재선 가옥(좌) 김보현 가옥(우)

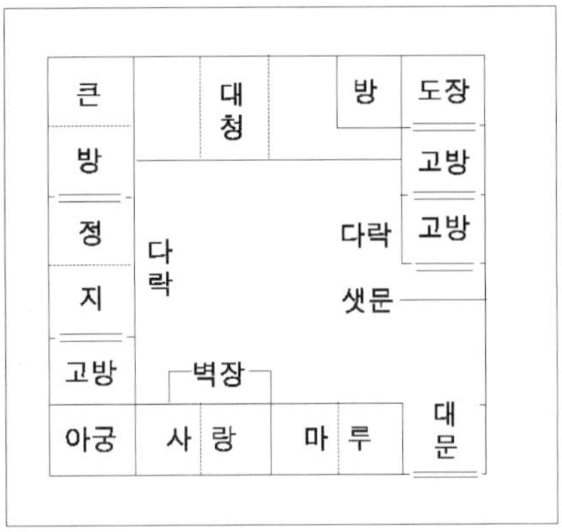

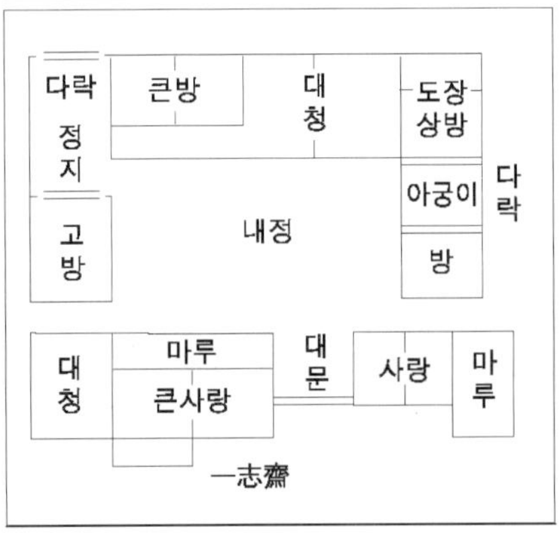

시습재(상) 수곡 종택(하),

안동 시습재[문 370호] : 현 권종만 가옥은 입향조 권항의 아들이며, 도승지 · 경상관찰사를 지낸

花山 권주(1457-1505) 종택으로 화산구택이라 부른다. 성종 13년 연산군의 어머니가 사사될 때 주서(主書)로서 참여하여 훗날 권주 공은 사약을 받고 아들 권질[퇴계 선생 재취의 장인]은 절도에 위리안치되었다. 그의 7대손 권구는 서실을 만들어 시습재(時習齋)라 하였다. 튼 ㅁ자 가옥으로 우익사의 고방이 2층으로 된 것은 다른 가옥에서는 볼 수 없는 특이한 구조이다.

남천 고택

권오광 가옥(좌상) 권순집 가옥(우상)   권재정 가옥(좌하) 권원탄 가옥(우하)

가일 수곡 종택[중 176호] : 현 권대송 가옥은 정조 16(1792)년 권조 공이 조부 樹谷 권보(화산의 8대손)의 유덕을 추모하여 세운 종가이다. 가옥은 ㄇ자형 안채와 一자형이 튼 口자형 배치로서 <몸채-안방 · 대청>의 남부 一자형 평면으로 확대되었다. 또 큰 사랑채에 해당하는 별당인 일지재(一枝齋)는 자손들로 하여금 학문연구와 후진양성에 사용토록 마련한 것이다. 큰 사랑과 작은 사랑과는 계층 맞배지붕으로 접합되어 있다. 이웃에는 동형의 **권오광 가옥**이 있다.

남천 고택[문 324호] : 현 권용대 가옥은 권장(1802-1874) 공이 철종 1년(1850)경에 그의 셋째아들 南川 권숙(1832-1901)의 세간 집으로 건축한 것이다. 그의 아들의 호가 당호가 되었다. 가옥은 맞배지붕의 ㄇ자형 안채와 一자형 아래채가 합쳐서 튼 口자형 평면이다. 사랑은 팔작지붕 가옥으로 안채의 우익사에 접합되어 있고, 문중의 후학을 양성하기 위한 서당으로 사용하였다. 그 외 이 마을에는 口자형 **권순집 가옥**, 튼 口자형 **권기웅 가옥**, ㄷ자형의 **권재정 가옥, 권대형 가옥**, **권병기 가옥**, 직가 二자형의 **권원탄 가옥** 등이 있다. 양동과 하회와 함께 다양한 평면의 가옥이 있는 전통마을에 속한다.

가일 권태응 가옥[35쪽 외날개 口자형 가옥 참조]

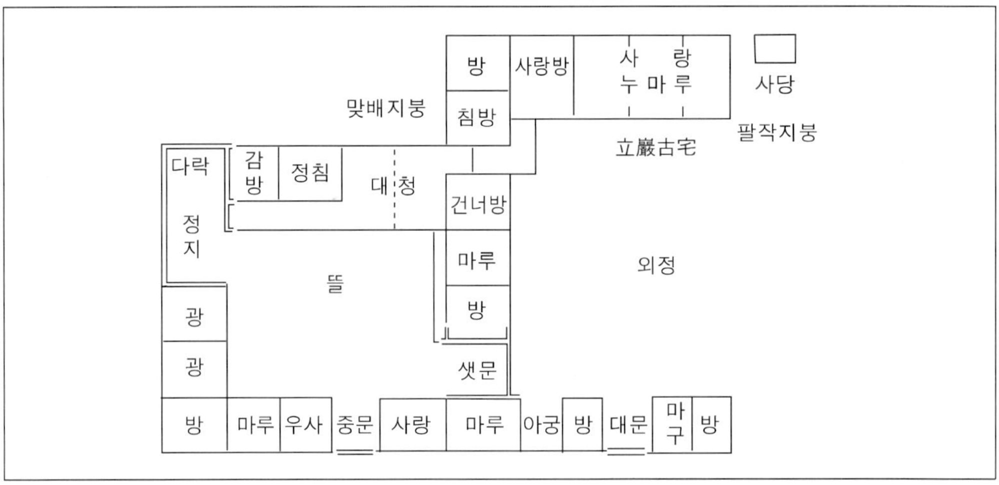

양진당의 평면도

2) 하회리

민속보존마을로 지정[중 122호]되었으며, 물이 돌아 흐른다는 뜻의 河回 또는 「물돌이 동」으로 일컬어지고 있다. S자로 낙동강이 흐르는 「太極形」으로 「水太極」에 「山太極」의 마을이 연꽃처럼 떠 있어서 풍수지리설에 나오는 「蓮花浮水」형에 해당하는 명당이다. 이중환의 택리지에서도 양동, 닭실, 내앞과 함께 영남지방의 4대 길지로 알려져 있다. 이 마을은 먼저 허씨가 터를 잡았고, 안씨들이 살다가 지금은 풍산 류씨가 살고 있다. 류씨의 입향조는 선조 때 영의정을 지낸 西厓 류성용 대감의 6대조인 류종혜 공이다. 그 후 번창기에는 290호 중 158호가 류씨였다.

안동 양진당[보 306호] : 현 류상붕 가옥은 입향조 류종혜 공이 하회에서 처음 자리를 잡았던 곳으로, 풍산 류씨 대종택인 동시에 겸암(謙菴) 류운용(1539-1601) 선생의 종택이다. 양진당은 건축 양식이 고려시대 것을 모방했거나 조선조 초기 것을 답습한 것으로 추정되어 실용성보다 관습성이 지배되는 하회에서 으뜸가는 고옥이다. 立巖(古宅)은 겸암의 부(父) 류중영의 호이고, 養眞堂은 그의 6대손 류영의 아호이다. 가옥은 양 날개 ㄷ자형의 변형인 누워 있는 ㅁ자형으로 <몸채-큰방 · 대청> 남부형 확대 평면이다. 특히 사랑이 몸채보다 뒤편에 있고, 샛문 위는 다락을 만들어 외정과 내정을 차단하였다. 또 안방 곁에 있는 감방과, 대청 앞 선반에 걸어 둔 많은 밥상들은 일반 농가에서는 볼 수 없는 구조와 모양들이다.

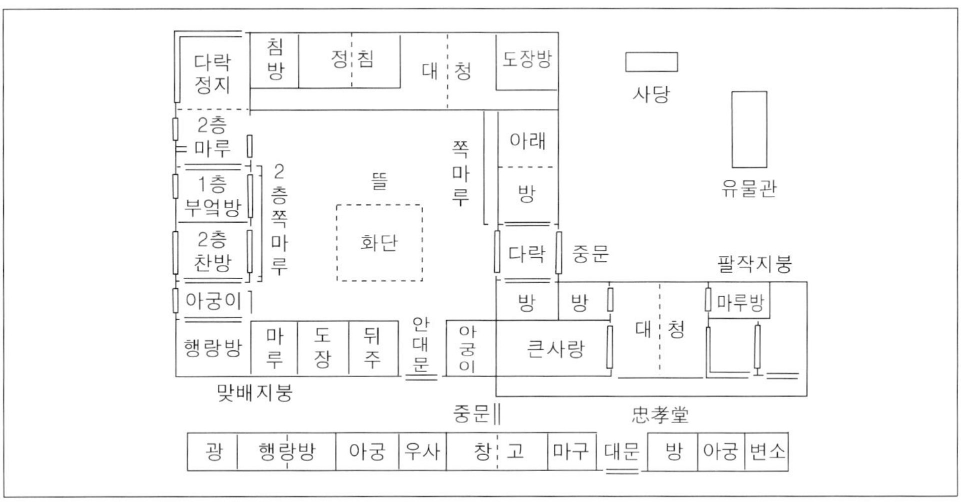

충효당의 평면도

안동 충효당[보 414호] : 현 류녕하(柳寧夏) 가옥은 임란 때 영의정으로서 구국의 공을 세운 西厓 류성용(1542-1607) 대감의 종택이며, 350년 전 그의 손자 졸재(拙齋) 류원지 공이 창건한 것이다. 마을의 주산인 화산의 지맥이 충효당 뒤뜰에까지 이어져서 정승이 나온다고 믿고 있다. 가옥은 외날개 ㅁ자형에 <몸채-큰방 · 대청>의 남부 一자형의 확대 평면이다. 안채에는 정침의 천장이 높아 붙박이 정(井)자살 광창이 있고, 그 곁에는 양진당처럼 접빈이 많은 상류계층의 가옥에만 있는 감방의 기능을 겸한 별도의 침방이 있다. 또 좌익사의 2층은 애경사시에 음식을 장만하는 누마루와 찬방이 있다. 사랑채는 명재상의 위상에 걸맞게 규모가 크고, 대청에는 2중 마루가 있는 등 다양성이 있다. 당호

忠孝堂은 미수(眉瘦) 허목이 전서로 쓴 글씨다. 지붕은 모두 맞배지붕이나 사랑채만 팔작지붕으로 아래채에 연결되어 있다. 그 외 사당과 유물전시관인 영모각이 오른쪽에 있다.

양진당의 안채(좌)　　충효당의 전경(우)

하회마을 북촌댁[중 84호] : 현 류영하(柳永夏) 가옥은 그의 고조부로 경상도 도사를 지낸 石湖 류도성 공이 철종 13년(1862)에 건축하였다. 마을 북촌의 중심에 위치하여 북촌댁 또는 和敬堂이라 부르는 품격 높은 고택이다. 대지 1,700평에 72칸의 한옥은 칸수로는 하회에서 가장 큰 규모이다. 당시는 3,000석을 하여 7대 200년간 부호로 알려져 있다. 이 가옥의 품격은 할아버지는 北村幽居, 아버지는 和敬堂, 손자는 수신와(須愼窩) 등 각 분리된 사랑채에 거처하고 있다는 데 있다. 안채의 평면은 크고 웅장하다. 田자형 겹집의 안방과 대청은 규모가 커서 각 4칸이다. 아래채는 큰 사랑과 작은 사랑에 앞마루를 내어 공간을 넓혔으며, 띠 살 4분합 들문을 달았고, 별당의 사랑채와 사당은 우측에 차례로 있다. 또 치솟은 솟을대문은 마을을 압도하는 듯하다.

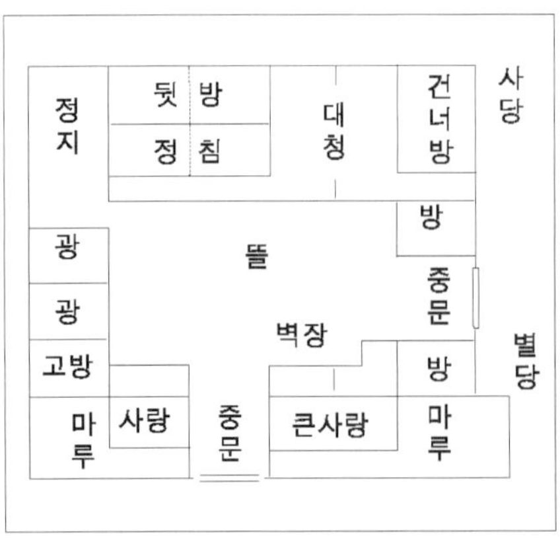

북촌댁 대문

하동 고택

하회동 하동 고택[중 177호] : 서애파로 용궁현감을 지낸 류교목 공이 현종 2년(1836) 하회마을 동쪽에 건립했다는 뜻에서 하동 고택이라 부른다. 현 소유주 류단하의 부친이 1953년에 인수하였으며, 최근 행정당국에 의하여 「하회 선비의 집」으로 지정되었다. 이 가옥은 총 24간의 弓자형 가옥으로 현재는 안채, 문간채, 사랑채가 연이어져 있는 튼 ㅁ자형 가옥으로 큰방과 부엌이 익사에 내려와 있는 중부형 평면이다.

류광호 가옥

하회 류광호 가옥[비지정] : 안채가 ㄇ자형, 아래채 一자형이 튼 ㅁ자형 배치이고, <몸채-안방 · 대청>의 남부형 평면으로 이 마을에서 가장 많은 가옥형이다. 특히 좌우익사에는 각 1칸씩의 고방과 아랫방이 접하여 곡가형은 흉내만 낸 것으로 보인다. 그러나 아래채 역시 사랑채와 중문채가 직선으로 접합된 이 지방의 대표적인 평면구조이고, 옛날 그대로 초가이다. 그 외 **류교우 가옥, 류시선 가옥,**

류창하 가옥[이상 비지정]은 모두 몸채가 ㅁ자형의 유사한 구조이다. 그러나 안방과 대청의 위치가 바뀌거나, 익사가 1칸 정도 차이가 있으며, 모두 아래채가 없다는 공통점이 있다.

하회 류창하 가옥[23쪽 ㄷ자형 가옥 참조]

하회 주일재[17쪽 맞배지붕 가옥 참조]

하회 류시주 가옥[중 87호] : 건축수법과 양식으로 보아 조선 중기의 건물로 추정된다. 작천(鵲泉) 류도관 공이 거주하여 그의 호를 따서 작천 고택이라 부른다. 원래는 2 동이었으나 유실되고, 지금은 一자형 맞배지붕 안채만 남아 있다. 이 가옥은 작은방과 동편 갓방 사이의 마당에 토담을 쌓아 갓방을 사랑방으로 활용하는 아주 옹색한 선비가옥이다. 그래서 사랑손님과 안방의 부녀자가 서로 볼 수 없도록 배려한 공간구성이 특징적이다.

류교우 가옥(상)　　류시주 가옥(하)

11장 안동북부 산간지방의 선비가옥

이 지역은 성리학 교리를 그대로 실천하는 선비들의 도장이었으므로 유가의 고졸한 가옥이 많다. 또 조상의 사후에 산소에서 제사를 모시는 가옥, 즉 재사(齋舍)들이 산골마다 들어서 있다. 이들 재사와 관계되어 전래되어 오는 가옥은 옛날의 원형을 그대로 보존하고 있는 점에 유의할 필요가 있다. 그래서 이곳 묘막의 口자형 가옥에서 고려시대 개경을 중심으로 발달한 뜰집의 정형을 탐색할 수 있다. 그뿐 아니라 도산서원을 중심으로 퇴계 선생의 성리학, 광산 김씨의 예학을 꽃피우면서 벼슬을 마다하고 학문에 정진하던 선비들의 가옥에서도 초기의 고식적 원형이 잘 보존되어 있다.

1. 안동시 와룡면

1) 가야리

광산 김씨와 안동 권씨의 혼성촌락으로 총 76호 중 각각 20여 호가 세거하고 있다.

광산 김씨 긍구당[유 316호] : 현 김대중 가옥은 퇴계의 문인으로 영해부 교수 등을 지낸 유일재(惟一齋) 김언기(1520-88) 선생이 무오사화의 화를 피해 와룡면 가야로 낙향하여 약 500년 전에 건립한 조선 전기 건물이다. 그는 柏潭 구봉령(1526-86)과 청량산에 들어가 10년간 학문을 닦았으며, 그 외 유성룡, 정경세, 정탁, 권춘란 종인 김부필과 친교했으며, 백인국, 박의장, 신지재, 권태일, 정사성, 남치리 등 189명의 학자를 배출해 안동 문풍을 진작시킨 대학자라고 한다. 이 가옥은 口자형 뜰집에 <몸채-안방 · 대청>의 남부 一자형 평면으로 가옥 규모를 확대시켰다. 그래서 안방이 田자 겹집구조이면서도 앞마루가 없는 것은 조선 중기의 독특한 구조로 보인다. 그러나 지붕이 모두 팔작지붕인 것은 중수과정에서 개조된 것으로 짐작할 수 있다. 당호는 유일재의 현손인 肯構堂 김세환의 호이다.

광산 김씨 유일재 고택[민 113호] : 현 김병문 가옥은 유일재 종가로서 그의 9대손 김도상이 가야에서 이곳 순흥 안씨의 집성촌인 와룡면 가구리로 옮겨와서 1700년대 말에 건립한 고택이다. 양 날개 ㅁ자형 뜰집으로 상방이 전면에 있기는 하나 큰방과 부엌이 우익사에 내려온 중부 곡가형 평면이다.

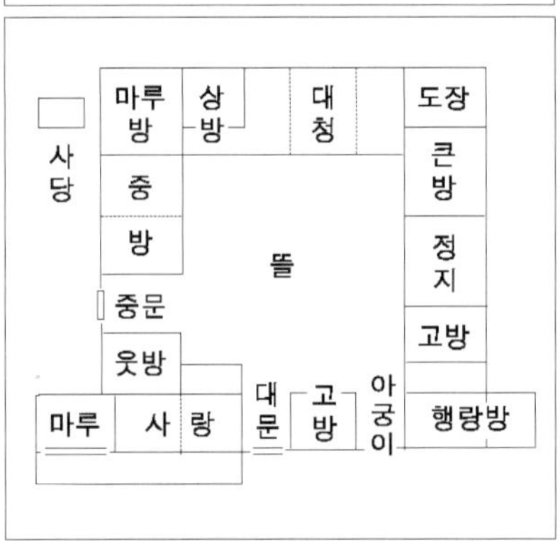

긍구당(상) 유일재(하)

2) 서지리

의성 김씨 서지 재사[중 182호] : 학봉 김성일 선생의 묘제(墓祭)를 위한 재사(齋舍)로 인조 12년(1634)에 세워진 것이다. 이 묘막은 정면 5칸, 측면 4칸의 ㅁ자형 뜰집이다. 경사지에 세워 몸채의 마루는 아래채 2층 누마루 바닥보다 약간 높다. 누마루 정면 누하에는 두리기둥을 세우고 어간(御間)에 대문을 내었고, 양옆의 외부는 흙벽으로 막았다. 누마루는 4칸으로 넓고, 우측에 방 1칸이 있다. 이 누는 제사 후 음복석으로 사용하였고, 정침은 제수를 장만하는 데 사용된 장소이다.

서지 재사

3) 중가리

영양 남씨가 5호에 불과하다.

남흥 재사[민 28호] : 고려 후기의 문신이었던 전리판서를 지낸 남휘주(1326-72) 공과 남민생 부자를 위한 재사이다. 1500년 경 남흥사 절터에 건축된 것으로 추정되고, 그래서 당호도 남흥 재사라 하였다. 이 묘막(墓幕)은 정면 5칸, 측면 5칸의 ㅁ자형 뜰집이다. 총 20여 칸 중 누마루가 8칸으로 규모가 아주 크고, 건물은 전통적인 양식에서 약간 벗어난 독창적인 재사(齋舍)로서 보기 드물게 우측이 보통 재사에는 없는 팔작지붕으로 화려하게 건축되었다.

남흥 재사

4) 태리

안동 권씨 집성촌으로 20호가 권씨이다.

안동 권씨 소등 재사[중 204호] : 권태사 18세손으로 선락장군을 역임한 무관출신인 권곤(1427-1502) 공의 재사이다. 원래 마을에서 멀리 있는 폐사된 절터를 인수하여 영조 2년(1726)에 몸채 추원재(追遠齋)를 세웠다. 이 가옥은 몸채 一자형, 아래채가 ㄩ자형이 되어 튼 ㅁ자형 배치를 하고, 당호는 이곳의 지명이다.

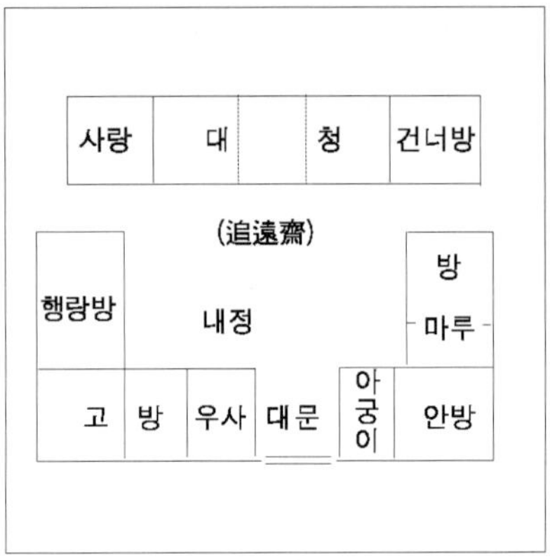

소등 재사

이상댁

이상댁[비지정] : 고 이경직 가옥은 풍산읍 하리 우릉골에서 전의 이씨가 이곳 태 2리 일명 말바우로 이주하면서 건축하였다. 이 가옥은 외날개 ㅁ자형에 <몸채-대청>의 중부 곡가형 평면으로 소규모이다. 또 경사지에 건립되어 맞배지붕이 3계층이 되고, 사랑마루는 누각을 닮은 가옥이다. 특징은 하기의 죽헌 고택과 함께 대문에서 부엌과 뜰로 동시에 진입할 수 있는 전국에서 흔하지 않은 독특한 가옥구조이다.

죽헌 고택[비지정] : 현 정윤성 가옥은 15대조인 청주인 한성부 우윤을 지낸 竹軒 정두 공의 아들이면서, 유일재 문인으로 양구 현감을 지낸 芝軒 정사성이 이곳으로 이주한 후에 건축한 것으로 추정되고, 당호를 「竹軒古宅」이라하였다. 가옥은 외날개 口자형에 <몸채-대청>의 중부형 평면으로 이상댁과 달리 대청이 3칸으로 규모가 크다. 역시 경사지에 건축되어 상기 이상댁과 나란히 3계층 맞배지붕의 아름다움이 잘 보여진다.

죽헌 고택

5) 주하리

일명 주촌 또는 두루 편안하다고 하여 두루마을로서 진성 이씨의 600년 간 세거지로서 현재 총 33호 중 20호가 이씨이다.

안동 주하동 경류정 종택[37쪽 양 날개 口자형 가옥 참조]

6) 이상리

안동 권씨 집성촌이었으나 현재 30가구 중 가구뿐이다.

안동 송소 종택[중 203호] : 현 종손 권응룡의 12대조인 경릉 참봉을 지낸 송소(松巢) 권우(1552-90) 공의 종택으로 1592년 건축되었다. 평면은 一자형 몸채(사당)와 ㄩ자형 문간채(강당)로 구성된 튼 口자형 배치인데, 원래는 몸채는 재사(齋舍)로 사용하였고, 아래채는 이계서당으로 사용하였다.

7) 오천리

일명 외내는 광산 김씨 예안파가 600여 년 간 세거해 왔는데, 현재 총 60호 중 9호에 불과하다. 입향조는 농수(聾叟) 김효로(1455-1534) 공이 처향인 안동 김씨가 있는 곳으로 낙향하였다. 이 마을의 고택과 문화재는 안동댐의 수몰을 피하여 이곳 오천문화재 단지를 조성하여 이건 하였다. 외내는 예로부터 君子마을로 일컬어 왔음은 글 잘하고 행실 있는 선비가 많았다는 데서 연유한 것이다.

탁정청 종가[유 26호] : 현 김세중 가옥은 입향조의 차자로서 효성이 지극한 濯淸亭 김유 공이 중종 36년(1541)에 건립한 종택이다. 가옥은 양 날개 ㅁ자형에 <몸채-대청>의 중부형 평면이고, 지붕은 맞배지붕으로 초기 고식적인 뜰집이다. 그 외 우측에 있는 탁청정(중민 226호) 정자는 팔작지붕으로 중종 36년에 세운 오래된 누각식 건물이고, 현판은 石奉 한호(1543-1605)의 글씨라고 한다.

송소 종택(상) 탁정청 종가(하)

2. 안동시 북후면{물한리(속동)}

마을 북쪽 산속에 진성 이씨 송안군(松安郡) 이자수 공의 유덕을 추모하기 위하여 퇴계 선생 조부 3형제가 성종 11년(1480)에 세운 작산정사(강당)가 있으며, 주요 건물로 가창 재사 및 작산주사가 있다.

가창 재사[민 21호] : 정사(강당)의 동편에 있는 재사(齋舍)는 송안군(松安郡)의 손자 선산부사 이정

공의 묘제를 위하여 마련한 건물로 재사 건축의 전형이다. 평면은 전면 6칸의 口자형 뜰집으로 몸채의 큰방 4칸, 좌익사 2층 마루방, 우익사 2층 종손 방 등이 독특하다. 또 정면 2층 누마루와 쪽마루, 1층 누하의 넓은 공간 등은 우중이라도 많은 손님을 수용할 수 있는 특이한 구조이다. 강당은 남서쪽에 별도로 정면 5칸, 측면 2칸 규모로 세워져 있다.

작산주사[민 22호] : 작산정사 관리를 위한 살림집의 구조로서 경사지에 건축되었다. 가옥은 口자형 뜰집에 <몸채-대청>, <아래채-우사>의 중부형 평면이고, 지붕도 맞배지붕으로 용마루와 처마가 3계층의 고식적 초기 정형으로 짐작된다.

가창 재사 (상) 작산주사(하)

3. 안동시 도산면

1) 서부리

평산 신씨의 집성촌으로 구(舊)예안면 서부동이 댐 건설로 수몰되어 이곳에 계획적인 신(新)촌락을 조성하여 1975년 이건하였다.

안동 서부동 송곡 고택[민 4호] : 현 신현재 가옥은 평산 신씨 송곡파 종택으로 19세기 중엽에 건립되었다. 가옥은 양 날개 ㅁ자형 뜰집에 <몸채-마루>의 중부형 평면으로 몸채의 상방을 윗방으로 호칭하고, 아래채 마구가 고방으로 대체되어 있다. 지붕은 모두 3계층의 고식적인 맞배지붕이다.

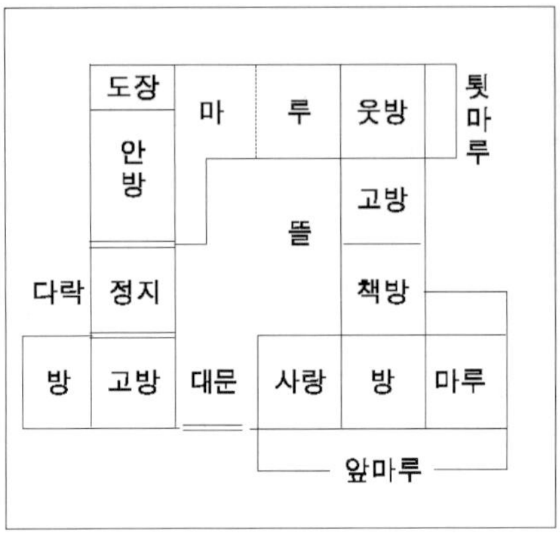

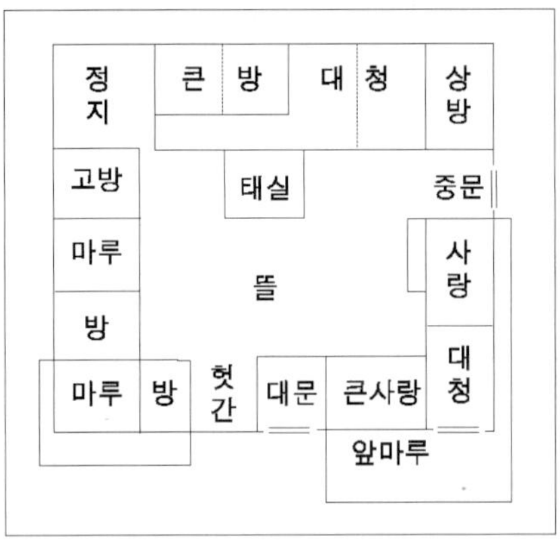

송곡 고택(상) 퇴계 태실(하)

2) 온혜동

진성(진보) 이씨 집성촌으로 한때 총 189호 중 77호가 이씨였다. 이들이 입향한 지는 벌써 500여 년이 되었다.

퇴계 태실[민 60호] : 단종 2년(1454) 퇴계 선생의 조부 이계양 공이 건립하였고, 몸채 중앙의 돌출된 방에서 퇴계 이황(1501-70)이 태어났다 하여 이 방을 퇴계 태실이라 한다. 가옥은 ㅁ자형 뜰집에 <몸채-큰방·대청>의 남부 一자형 평면으로 확대되었다. 특히 사랑채에는 대청을 사이에 두고 큰 사랑과 작은 사랑이 있는 선비 집의 구조이다. 지붕도 몸채는 맞배지붕 아래채는 팔작지붕으로 몸채와 아래채 지붕이 높고 양익사 지붕이 낮은 2계층의 변형지붕이다. 그 외 팔작지붕의 老松亭 정자가 태실의 오른쪽에 있어서 「노송정 종택」이라 부르기도 한다. 퇴계는 어릴 때 노송정에서 숙부 송재 이우로부터 글을 배워서 대성리학자가 된 유서 깊은 곳이다.

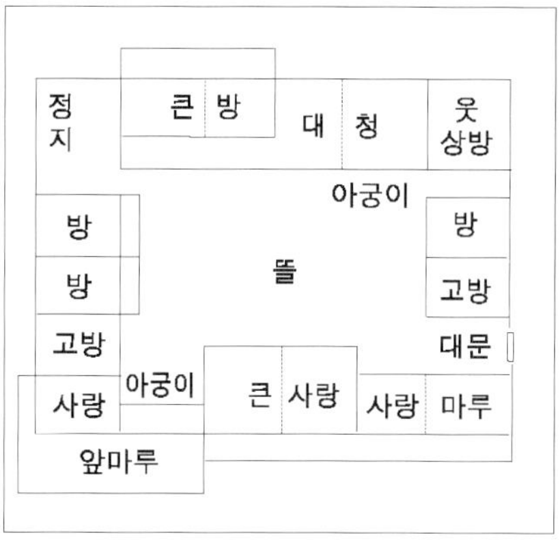

퇴계 종택

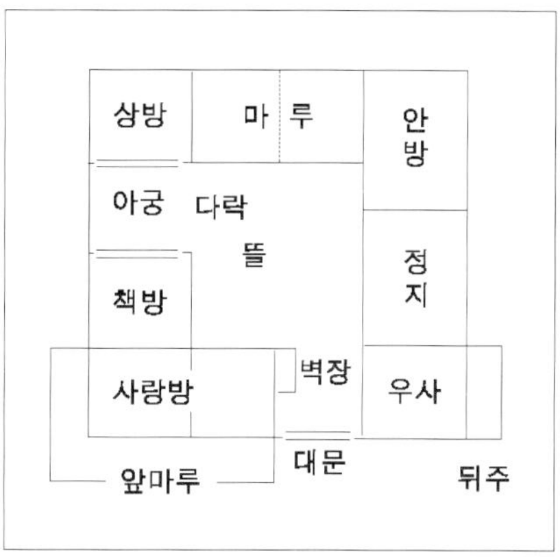

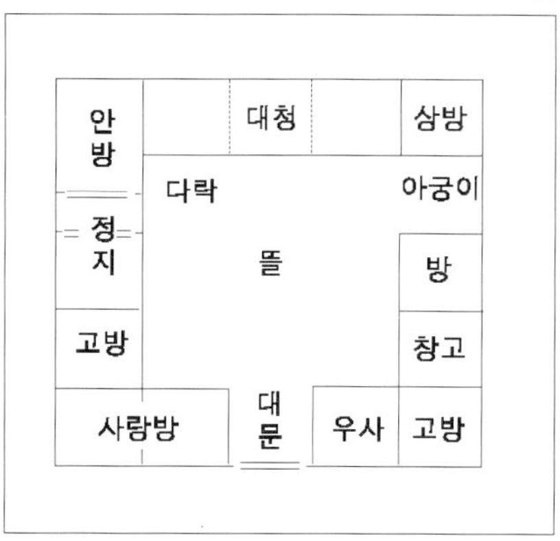

이재곤 가옥(상) 이재영 가옥(하)

3) 토계리

진보 이씨의 동족촌락으로 한때 138호 중 60호가 이씨이다. 입향한 후 400여 년 세거했으며, 댐 조성으로 일부가 수몰되고 가장자리만 남아 있다.

퇴계 종택[기 42호] : 1929년 퇴계 선생의 13대손 하정(霞汀) 공이 사림 및 종중의 협조로 이전 종택의 규모를 참작하여 지금의 터에 새로 지었다. 종택은 총 34칸의 규모가 큰 ㅁ자형 뜰집으로 사랑이 있는 아래채의 평면이 약간 변경되었을 뿐 거의 태실과 유사하고, 지붕형 역시 그러하다. 종택 우측에 있는 팔작지붕의 추월 한수정(秋月寒水亭)이라는 정자는 큰 사랑으로 이용되고 있다.

이재곤 가옥[비지정] : ㅁ자형 뜰집에 <몸채-마루>, <아래채-우사>의 중부 곡가형 소규모 평면으로 뜰이 2칸×1.5칸이다. 그러나 모두가 맞배지붕이고, 사랑마루가 없으면서도 상방과 책방을 두고 있는 것 등이 옹색한 선비가임을 시사한다. 또 우사의 우측에 붙은 작은 뒤주에서 공간을 알뜰히 이용하는 옛사람들의 지혜를 엿볼 수 있다.

이재영 가옥[비지정] : ㅁ자형의 뜰집에 <몸채-대청>의 중부 곡가형 평면이나 대청이 3칸으로 다소 규모가 크다. 지붕도 높이가 3계층의 맞배지붕으로 고식적이다. 그러나 이웃의 **이재령 가옥**은 전자와 평면형은 거의 유사하나 아래채가 높은 팔작지붕으로 변경되어 사랑의 위상이 높아 보인다. 그 외 이 마을에 있든 **향산 고택**은 안동시 안막동에, **계남댁**은 단천리에 이건되어 있다.

원천리 입구의 이육사 시비

4) 원천리

진성 이씨 집성촌이었으나 지금은 58가구 중 20가구만 이씨이다. 마을의 저지 일부가 수몰되고 고지의 가옥 일부만 남아 있다. 그래서 이곳에 있던 **이육사의 생가**는 안동시 태화동으로 옮겨가고,

시비만이 길손을 반기고 있는데, 그 둥근 바위는 청포도를 상징한다. 최근 마을 인근에 육사 기념관이 건립되어 찾는 방문객이 많아졌다.

이동언 가옥[비지정] : 이육사 시비 동측 울타리를 따라 남향으로 위치하고 있다. 평면은 전면 5칸, 측면 6칸으로 종심이 긴 ㅁ자형 뜰집이다. 대문이 우익사에 있고, 또 대청 양측에 대칭적으로 도장이 있는 것은 흔하지 않다. 그 외 이웃에는 튼 ㅁ자형의 **이태희 가옥**과 **이재철 가옥**이 있고, 치암 고택은 안동시 안막동에 이건되었다.

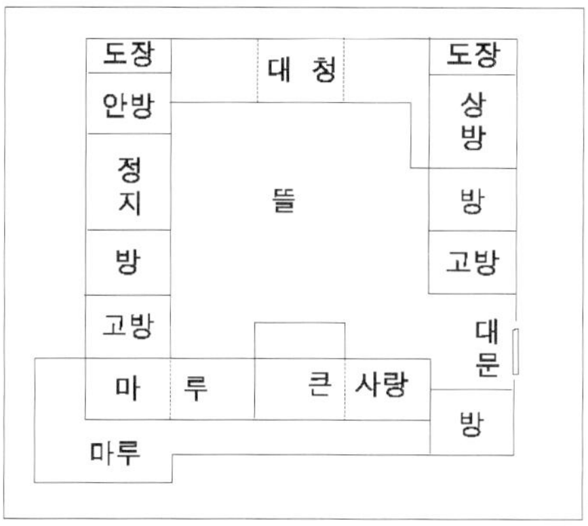

이동언 가옥

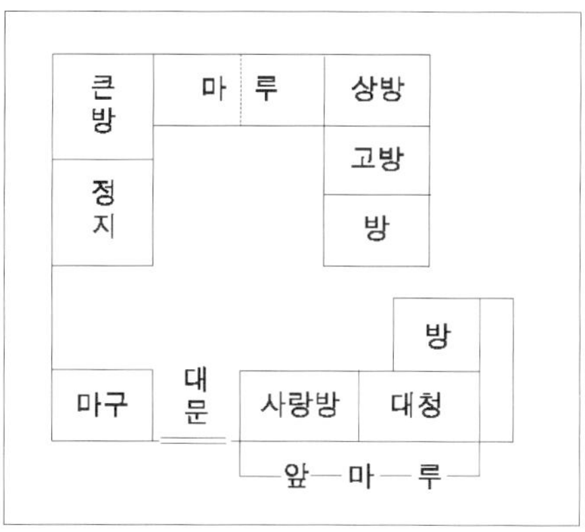

이태희 가옥

5) 단천리

진성 이씨 집성촌으로 현재도 59호 중 15호가 이씨이다.

안동 토계동 계남 고택[민 8호] : 현 이원강 가옥은 수몰을 피해서 토계동에서 이곳 단천리 북측 숲속에 이건되었다. 이 가옥의 건축연대는 1800년대로 추정된다. 도산면의 下溪 남쪽에 위치한다고 하여 계남댁이라 부른다. 가옥은 ⊓자의 안채와 ⊔자의 아래채가 좌 · 우익사에서 접합된 가옥인데, <몸채-큰방 · 대청>의 남부 一자형 평면으로 정면 7칸의 규모가 큰 가옥이다. 지붕은 모두 맞배지붕이나 사랑만은 높은 팔작지붕이다. 특히 뜰에서 몸채의 대청에 오르는 나무계단과 사랑마루를 종으로 배치하여 마루방을 만든 것 등은 다른 가옥에서는 볼 수 없는 구조이다.

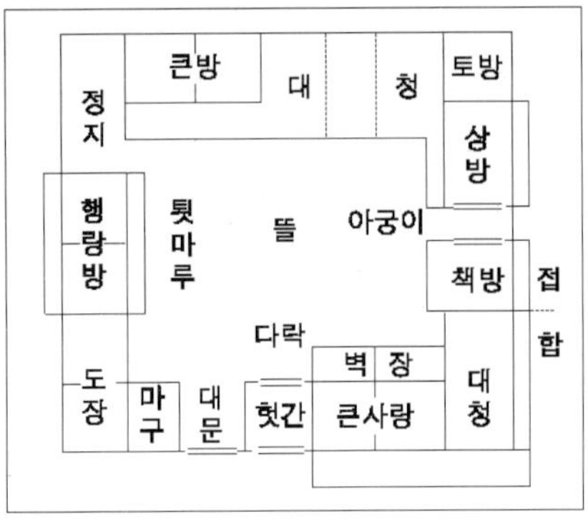

계남 고택

번남댁

6) 의촌동

진보 이씨의 동족촌락으로 총 131호 중 75호가 이씨이고, 입향한 지 약 300여 년 되었다.

번남댁(樊南宅)[민 7호] : 현 이원필 가옥은 조선 고종 때 좌산 이만윤 공이 감독하여 서울의 창덕궁을 모방하여 건립하였다고 전한다. 처음 99칸으로 건축되었으나 6.25전란으로 일부가 소실되고, 지금은 50칸 정도가 남아 있다. 가옥은 오른쪽에 튼 口자형의 안채가 있고 왼쪽에 사랑채가 있는데, 훼철 부분을 복원하면 별도의 뜰집이 되어, 전체적으로 역 巴자형의 중복 뜰집으로 볼 수도 있다. 지붕은 맞배지붕의 안채, 행랑채, 대문채가 있고, 팔작지붕의 사랑채가 그런대로 옛 가옥의 풍류와 운치를 보여준다. 특히 몸채 후면에 전석을 쌓아 만든 하나의 굴뚝으로 모든 아궁이의 연기가 모여 빠져나가게 되어 있다. 이웃의 **이원모 가옥**은 안동시 성곡동에 이건되어 있다.

7) 가송리(올미재)

농암 종택[유 32호]과 긍구당 : 현 이용구 소유인 이 가옥은 조선 중기 문신으로 경상도 관찰사 등을 역임했고, 또 시조 작가로도 유명한 한 농암(聾巖) 이현보(1467-1555) 선생의 종택이다. 그는 홍귀달의 문인이었으며 그가 태어난 肯構堂은 영천 이씨 예안파 파조 소윤(少尹) 이헌 공이 고려 말에 도산면 분천동에 접객 별당으로 건축한 것이다. 또 편액은 당시의 3절이던 靈川子 신잠의 글씨라고 한다. 그러나 안동댐 수몰을 피하여 1975년 운곡리로 이건하고, 다시 2003년 이곳 가송리 낙동강변에 이건하여 건축 중이다. 평면은 안채와 사랑채가 떨어진 ㄷ자형으로 새 부재로 교채하면서 송진 냄새가 고옥의 맛을 날려 버렸으나 몸채 왼쪽에 있는 긍구당과 옛 건물들은 그대로 옮겨져 세월의 흔적이 아직 고스란히 남아 있다.

농암 종택

4. 안동시

1) 태화동

이육사 생가[민속 10호] : 일제시대 애국시인 陸史 이활(1904-44)의 생가로 건축연대는 미상이다. 그가 태어난 도산면 원천리에서 안동댐 수몰을 피해 이곳으로 이건하였다. 평면은 남부지방 직가 二자형 가옥으로 맞배지붕의 안채와 팔작지붕의 사랑채가 나란히 있다.

2) 안막동

안동에서 도산면으로 가는 국도 변에 있다.

안동 토계동 향산 고택[민 9호] : 안동댐 수몰을 피하여 도산면 토계동에서 이곳으로 옮겨 놓았다. 이 가옥은 순국의사 響山 이만도(1842-1910) 공의 고택인데, 향산은 퇴계의 11대손으로 조부는 홍문관 응교, 부친은 성균관 대사성, 본인은 동부승지 벼슬을 지냈다. 그는 1896년 봉기한 예안 의병대의 대장을 맡았고, 1910년 합방에 이르자 단식을 감행 스스로 목숨을 끊었다. 가옥은 안채 ㄇ자형, 아래채 一자형이 튼 ㅁ자형 배치이고, 평면은 남부 一자형 평면으로 약간 확장되었다. 특히 아래채의 좌우 박공에 풍판 즉 방풍널을 설치하였으나 오랜 고옥의 흔적이 남아 있다.

안동 원천동 치암 고택[민 11호] : 현 이원봉 소유의 이 가옥 역시 도산면 원천동에서 이건되었고, 홍문관 교리를 지낸 진성 이씨 恥巖 이만현 공의 고택이다. 그는 1910년 나라가 일제에 의하여 병탄되자 비분강개, 와병을 얻어 세상을 떠났다. 구조상 외날개 ㅁ자형 뜰집이다. 가옥은 <몸채-대청>의 중부 곡가형 평면으로 큰방과 부엌이 익사에 내려와 있다. 특히 사랑마루의 감실, 책방 등이 법도 있는 유가임을 시사한다.

육사 생가(상)　　향산 고택(하)

3) 안동시 법흥동

그 옛날 고성 이씨 집성촌이었다.

고성 이씨 임청각[44쪽 用자형 가옥 참조]

4) 송천동

안동대학교가 위치한 마을이다.

이태형 고택[문 47호] : 고성 이씨 지례 종택으로 입향조 이후장의 손자인 이원보 공이 숙종 36년(1710)에 건립하였다. 당호는 입향조 주손의 이름을 따서 이태형 고택이라 했으며 임하댐의 수몰을 피해서 임동면 지례리에서 1989년 현 위치로 이건하였다. 구성은 안채 ㄇ자형, 아래채 一자형이 전체적으로 튼 ㅁ자형 소규모 가옥이다. 특히 중문채의 좌측 방에 거릿방이란 독특한 명칭을 붙여 사용하고 있다.

치암 고택(상) 이태형 가옥(하)

금역당 배씨 종가

배씨 종가 및 금역당[유 25호] : 퇴계의 제자인 흥해 배씨 임연재(臨淵齋) 배삼익 공이 명종 13년 건립하였고, 예안면 고목리에서 수몰을 피해 이곳으로 이건하였다. 당호는 그의 아들인 조선 중기의 문신 琴易堂 배용길(1556-1609)의 호를 따서 금역당이라 하였다. 그는 학봉의 문인으로 임란 때에는 의병을 일으켜 싸웠으며, 천문, 지리 ,율력, 병전, 의학 등 다방면에 조예가 깊은 실학자였다. 종가는 ㅁ자형 뜰집에 중부 곡가형 평면으로 정면 5칸, 측면 6칸이 되어 종심이 긴 가옥이다. 별당인 금역당은 전면 4칸, 측면 2칸으로 큰 팔작지붕이다.

5) 성곡동

안동댐 민속박물관이 있는 곳으로 수몰되는 와가 3가구, 초가 5가구 등을 이곳에 이건하여 두었다.

이원모 가옥

부포리 이원모 가옥[비지정] : 예안면 부포 1리에서 수몰을 피해 이곳에 이건되어 있으며, 정확한 건립연대는 알 수 없다. 이 가옥은 안채가 ㄱ자, 아래채가 ㄴ자가 「맞곱패」 배치를 하고 있는 중부형이다. 그러나 안채의 정면이 큰방으로 남부지방 평면이고, 지붕은 팔작지붕과 맞배지붕을 충청도식으로 혼용하고 있다.

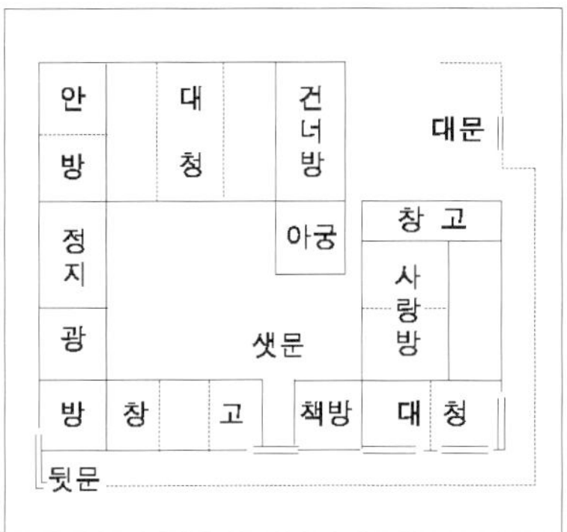

이필구 가옥

의촌리 이필구 가옥[비지정] : 도산면 의촌동에서 이건되었고, 조선조 말기에 건립되었다. 이 가옥은 안채 ㄷ자, 아래채 ㄴ자를 접합시킨 튼 ㅁ자형 가옥에 <몸채-대청>의 중부 곡가형 평면을 하고 있는 상류계층 반가의 가옥이다. 지붕은 접합 부분을 제외하고는 팔작지붕으로 조선 후기 변형 가옥으로 보인다.

12장 안동 남동부의 낙동강 연안 가옥

안동의 남동부 낙동강 연안은 서부에 비해 농업생산성이 낮고, 벼슬을 마다하고 학문에만 전념했던 선비도 북부와 비교하면 적어 보인다. 그러나 관계에 진출했던 낙향 관료들에 의해 독특한 가옥문화가 꽃핀 곳이 바로 이 지역이다. 평면은 <몸채-안방 · 대청>의 남부 一자형보다 <몸채-대청>의 중부형 고옥이 많다. 그래서 가옥의 규모가 안동 서부보다 작고 북부보다는 대체로 크다. 이것은 인접한 지역과도 관계되는데, 즉 봉화와 영주가 규모 큰 남부 직가형이 많고, 영양과 청송이 규모가 작은 초기 중부 곡가형이 많다.

1. 안동시 일직면

1) 망호리

총 40호 중 한산 이씨 25호, 달성 서씨 12호가 살고 있는 혼성촌락이다. 이 마을에서 출생한 한산인 大山 이상정은 牧隱 이색의 15세손이고, 密庵 이제의 외손으로 퇴계학을 잇는 대학자로서 主理的 理氣說의 규명에 주력하였다.

소호헌(蘇湖軒)[보 475호] : 고성 이씨 임청각 이명 공의 다섯 번째 아들로서 청풍군수를 지낸 무금정(無禁亭) 이고가 분가주택으로 건립한 후 그의 무남독녀 사위인 조선 중종 때 학자 달성인 함재(涵齋) 서해에게 물려준 준 집이다. 그의 아들 藥峯 서성(1558-1631)은 기호학파의 栗谷 이이와 龜峰 송익필의 문인으로 벼슬이 판중추부사에 이르렀으며, 임란 때 선조를 업고 피난을 간 신하로 알려져 있다. 그 후 우의정(약봉 맏아들 경우), 총관(네째 경주 선조 임금의 사위) 등 많은 인물이

이 집에서 태어났다. 소호헌은 함재의 서실로 쓰던 정면 4칸의 T자형 별당으로 서재의 주동(主棟)은 팔작지붕이고, 돌출한 누마루 지붕은 맞배지붕이다. 온돌방 뒤의 툇마루 전면에는 들문을 달고, 벽에는 가시새를 넣어 보강한 것이 이채롭다. 당호는 지명에서 유래되었다. 현재 수리 중에 있다.

대산 종택

한산 이씨 대산 종택[문 408호] : 현 이장원 가옥은 大山 이상정(1711-1781) 선생이 영조 11년 문과에 급제하여 형조참의 등 여러 관직을 두루 역임한 후 낙향하여 건립한 것이다. 가옥은 튼 ㅁ자형에 <몸채-안방 · 마루>이나 중부형과 남부형의 혼합형으로 볼 수 있다. 특히 사랑채가 (외)측입형으로 후술하는 영덕 괴시의 남부 영동지방 가옥과 유사하고, 사랑의 평면은 전술한 중부 영동지방의 田자 겹집구조와 유사하다.

영양 남씨 재사

2) 송리

영양 남씨가 진사공파가 24대째 살고 있는 집성촌으로 현재 총 56가구 중 10여 가구가 남씨이고, 권씨가 6가구 있다.

안동 영양 남씨 재사[문 371호] : 일두 정여창(1450-1504)의 문인으로 부령교수를 지낸 둔재(屯齋) 남창년(1463-?) 공을 위해 1826년 건립하였다. 가옥은 ㅁ자형 뜰집에 몸채는 초기 중부형인 고식적 평면이고, 맞배지붕이다. 특히 대청 위쪽의 가구수법과 뒷벽의 창호 등은 옛 서러운 운치를 남기고 있다.

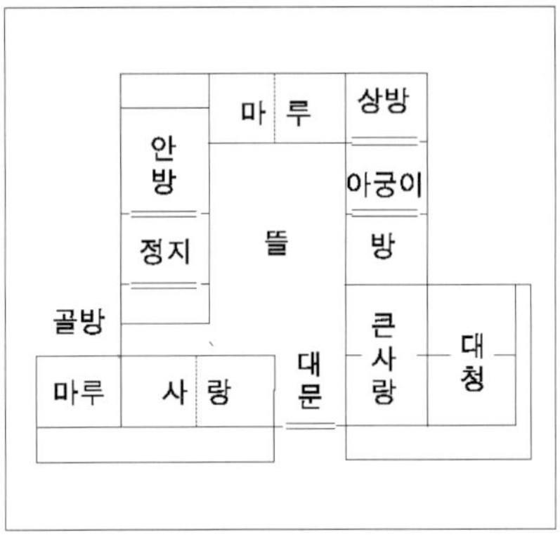

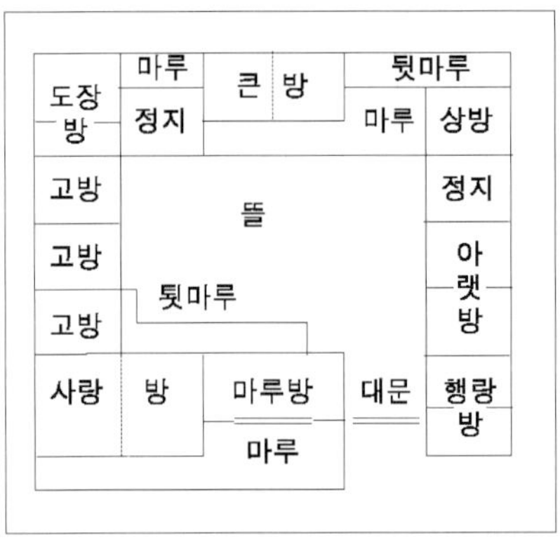

두릉 구택(상)　　묵계 종택(하)

2. 안동시 길안면

1) 현하 1리

옛 길안현 관아터였으며, 명당으로 알려져 있다. 동래 정씨 동족촌락으로 50호 중 30호가 정씨이다.

두릉 구택[문 259호] : 현 정성기 가옥은 많은 길손을 대접하여 현(縣)골 3,000석 정 부자로 알려졌던

杜陵 정원달(1853-1924) 공이 1890년경에 지은 건물로, 양 날개 口자형 뜰집에 <몸채-대청>의 중부 곡가형 평면이다. 그중 아래채의 큰 사랑과 대청은 田자 겹집 구조이다. 이웃에는 ㄇ자형 맞배지붕의 **정용건 가옥**이 있다.

2) 묵계동

한때 안동 김씨 50여 호가 살았으나 현재는 5가구뿐이다. 입향조는 풍산 소산리서 분파한 보백당(寶白堂) 김계행(1431-1517) 공으로 이조판서를 지냈고, 이곳에 정착한 지는 약 400년이 되었다.

안동 김씨 묵계 종택[민 19호] : 경북 교육감을 지낸 김주연 선생 가옥으로 口자형 뜰집에 <몸채-안방·대청>의 남부 一자형 평면의 저택이다. 그러나 몸채는 준겹집 구조로 부엌도장, 부엌마루, 뒷마루 등이 조화롭게 배치되어 있어 가사일을 하기에 편리한 내당 마님 중심의 구조를 보여 준다. 그 외 서편에 사당과 재실(寶白堂)이 있다.

3. 안동군 임하면

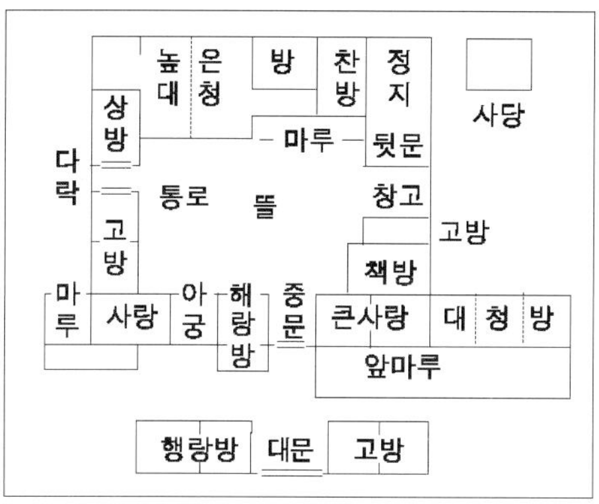

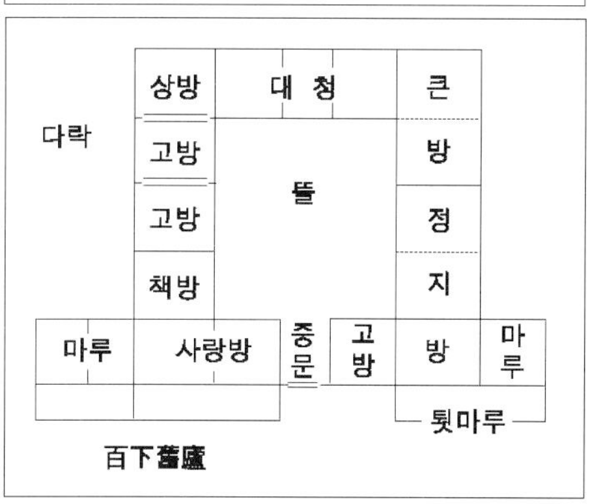

귀봉 종택(상)　　백하구려(하)

1) 천전리(川前里)

일명 '내 앞'이라고도 불리는 이곳은 15세기 의성 김씨 통례 공이 입향한 후 유교문화를 꽃피운 마을이다. 넓게 펼쳐진 반변천 백사장이 밝은 달빛 아래 비단을 빨아 펼친 「浣紗明月形」으로 三南 4대 길지의 하나로 알려져 있다. 마을의 水口가 공허한 것을 보완할 목적으로 조림하였던 「개호송(開湖松)」이 지금도 조정지 댐 호수 속에 남아 있다. 입향조의 손자 靑溪 김진(1500-1580) 공의 아들 5형제가 등과한 것을 길지의 음덕으로 해석하는 사람도 있으나 알 길은 없다.

청계공파 대종택[42쪽 巴자형 가옥 참조]

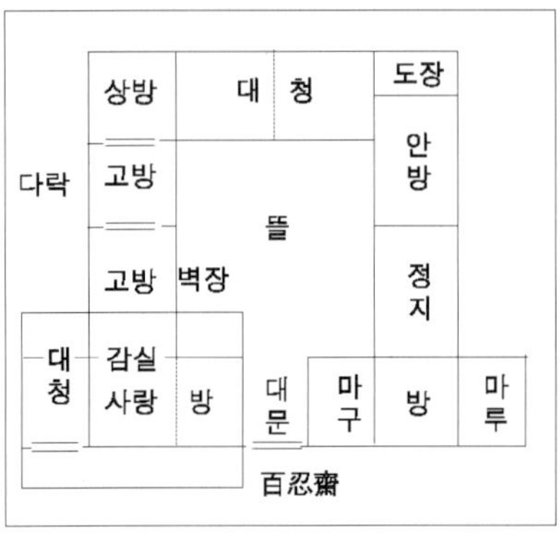

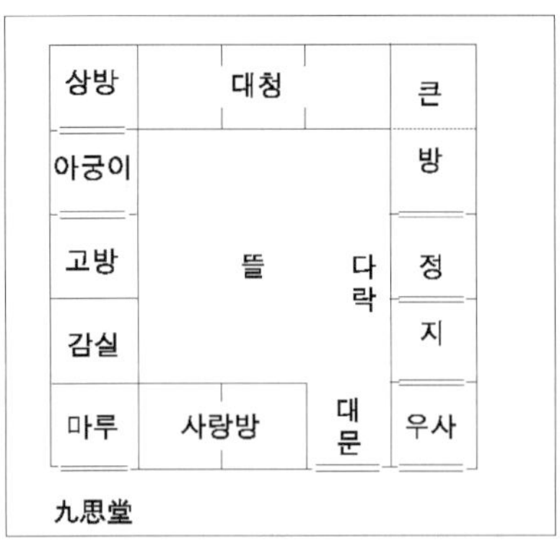

백인재(상) 구사당(하)

안동 귀봉 종택[민 35] : 현 김승태 가옥은 17세기 청계 공의 둘째 아들로 여주 목사를 지낸 龜峯 김수일(1528-1583) 공의 현손이 현종 원년(1660)에 건립한 것으로 추정된다. 종갓집 양식이기는 하나 규모가 너무 크고, 장중하여 궁중의 건물로 보인다. 지붕은 안채 대청 쪽이 높은 팔작지붕이고, 큰방 쪽은 낮은 맞배지붕인데, 이는 전국을 통틀어도 매우 독특한 지붕형이다. 또 몸채 대청 앞에 상방이 있는 것이 여타 가옥과 구분되는 점이다. 아래채는 큰 사랑과 작은 사랑으로 나누어져 위계질서가 뚜렷한 선비가옥의 구조를 보여주고 있다. 이웃에는 의성 김씨 12대 종손의 동생 김정락이 거주했던 추파 고택(문 432호)이 있다.

백하구려[기 137호] : 현 김종승 가옥은 귀봉의 11대손이며 독립지사였던 白下 김대락(1845-1914) 공이 1885년 건축한 것이다. 구조는 양 날개 ㅁ자형 뜰집에 <몸채-대청>의 중부 곡가형 평면이다. 또 지붕은 용마루와 처마가 3계층의 맞배지붕으로 되어 있어 초기의 고식적인 멋을 간직하고 있다.

백인재[비지정] : 현 김창정 가옥은 소유주의 6대조 白忍齋 김헌수 공이 약 200여 년 전 분가 시에 건축한 것이다. 역시 양 날개 ㅁ자의 중부형 평면으로 몸채는 많이 개조되었다. 지붕은 아래채가 높고 낮은 2계층의 맞배지붕인데, 조화미와 고전미를 물씬 풍긴다. 사랑마루에는 들문을 달고 헌함난간을 둘렀다. 현재는 음식점으로 사용되고 있다.

구사당[비지정] : 현 김재옥 가옥은 갈암의 문인으로 교리 벼슬을 하였으며, 영조가 친필 축시를 내린 바 있는 소유주의 10대조 제산(霽山) 김성택 공의 종가이다. 九思堂은 그의 아들이자 문장가였던 김락행(1708-1766)의 호이다. 가옥은 ㅁ자형에 <몸채-대청>의 중부형 평면으로 사랑채에 툇마루가 없는 것으로 보아 초기 정형으로 보인다.

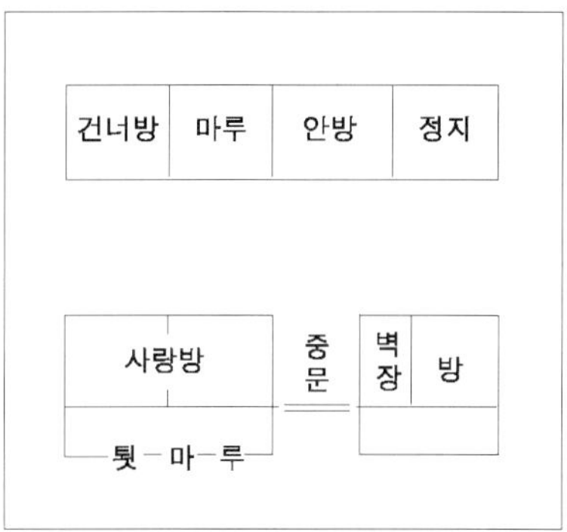

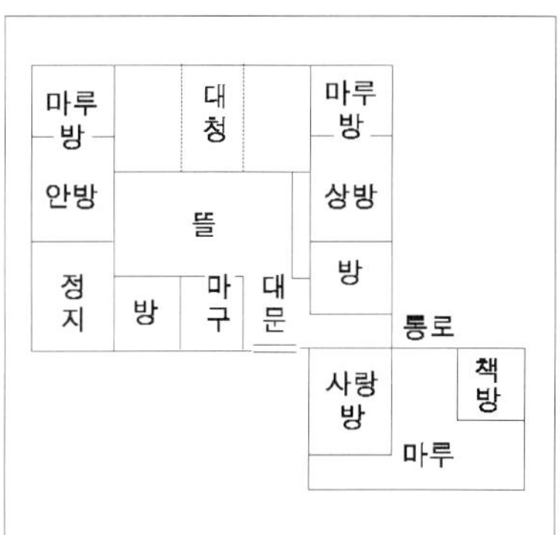

치헌(상)　　운암 종택(하)

치헌[문 43호] : 현 김석구 옹의 가옥은 지례에서 수몰을 피하여 이곳에 이건한 것이다. 국탄 김시정 공의 셋째 아들 치헌(寘軒) 김영운이 1785년 분가할 때 건립되었다. 남부지방의 二자형 가옥으로 내당의 정침과 외당의 사랑채는 소규모 홑집의 맞배지붕이다. 특히 안채는 전후 퇴가 없는 점으로 보아 역시 초기 정형으로 볼 수 있다.

2) 신덕리

靑溪 공의 셋째 아들 雲岩 김명일(1534-1570)이 명종 5년경부터 이곳에 거주하였으나 현재 의성 김씨는 10가구에 불과하다.

의성 김씨 운암 종택[민속 50호] : 현 김의만 가옥은 운암 종택으로, 영조 30년에 건립되었다. 가옥은 외날개 ㅁ자형 뜰집이나 사랑채를 별도로 건축하여 안채의 오른쪽에 접합시켜 놓았으므로 일견 튼 ㅁ자형으로 보인다. 평면은 <몸채-대청>의 중부 곡가형이고, 사랑은 겹집 구조이다. 지붕은 안채는 맞배지붕이고 사랑채는 팔작지붕이다.

3) 임하리

의성 김씨 50여 호, 안동 권씨 40여 호, 단양 우씨 20여 호가 옛날부터 함께 살아온 혼성촌락이다. 최근 임하댐 건설로 지례에 거주하던 의성 김씨 상당수가 이곳으로 이주하였다.

이우당 종택

이우당 종택[민 49호] : 현 권일오 가옥은 안동 권씨 부정공파 임하지파의 二愚堂 권환 공의 종택으로, 인조 18년(1640)에 건립되었다. 권환 공은 한강 정구 선생의 문인으로 직강을 지냈다. 가옥은 독립된 ㅁ자형에 <몸채-대청>의 중부 곡가형 평면이다. 사랑채는 3칸 겹집을 누각식으로 건축하여 안채에 접합시킨 독특한 구조이다. 아주 높은 기단 위에 팔작지붕을 올려서 전체 마을을 내려다볼 수 있는 정자 같은 외양이다.

김광수 가옥[비지정] : ㅁ자형 뜰집에 중부 곡가형 소규모 평면으로 사랑방의 문이 아주 작다. 그래서 사랑 마루문이 아래는 판장, 위는 여닫이 띠살문이 되어 옛 정취를 더해 주고 있다. 이웃의 **김정식 가옥**은 동형이나 다소 개조하여 변형되었다.

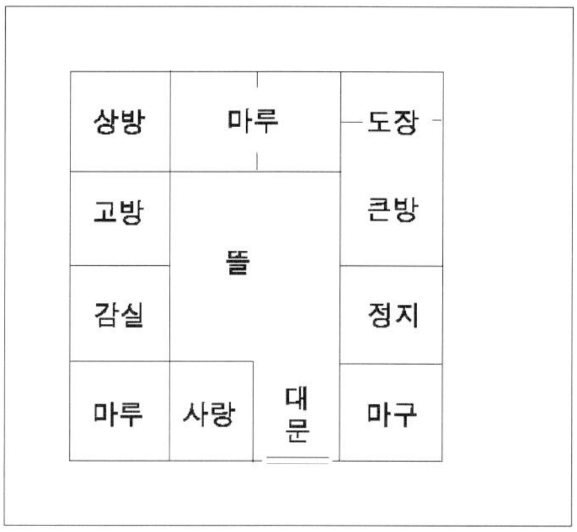

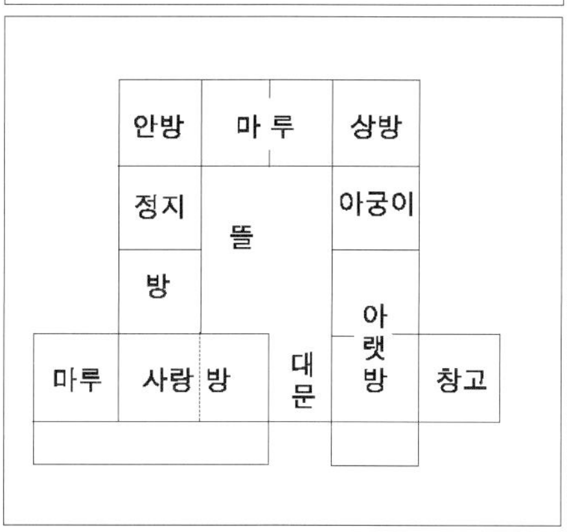

김광수 가옥(상)　김시화 가옥(하)

김시화 가옥[비지정] : 양 날개 ㅁ자형 뜰집에 <몸채-마루>의 중부형 평면이다. 지붕은 경사지에 건축하여 높이가 3계층을 이루고 있는 맞배지붕이다. 와가에 낀 흰 이끼가 고색창연한 멋을 더해 주고 있으나, 현재 심각하게 훼손되어 가고 있다.

지례동 오류헌[중 184호] : 현 김원택 가옥은 芝村 김방걸의 셋째 아들인 목와(木窩) 김원중(1658-1724) 공이 숙종 4년(1678) 분가 시에 건립한 것이다. 지례에서 수몰을 피하여 이곳으로 이건되었다. 가옥의 안채는 중부지방 ㄱ자형이고, 사랑채는 ㅗ자형 팔작지붕으로 튼 ㅁ자형 배치인데,

이는 중부지방의 맞곱패 가옥의 영향으로 보인다.

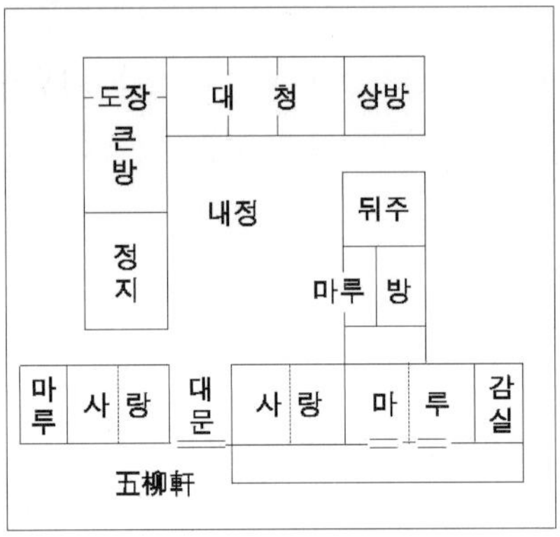

지례 오류헌

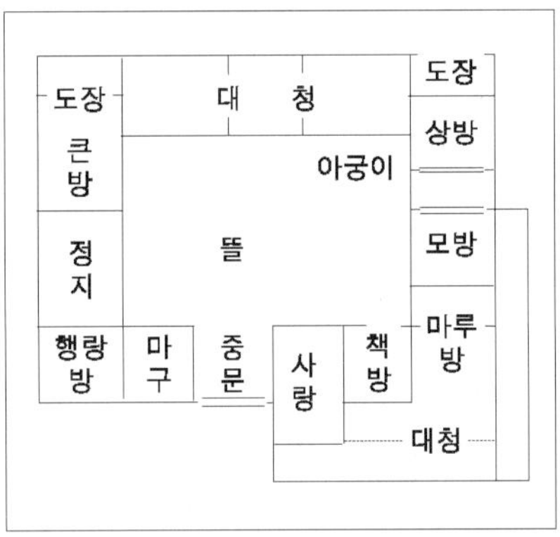

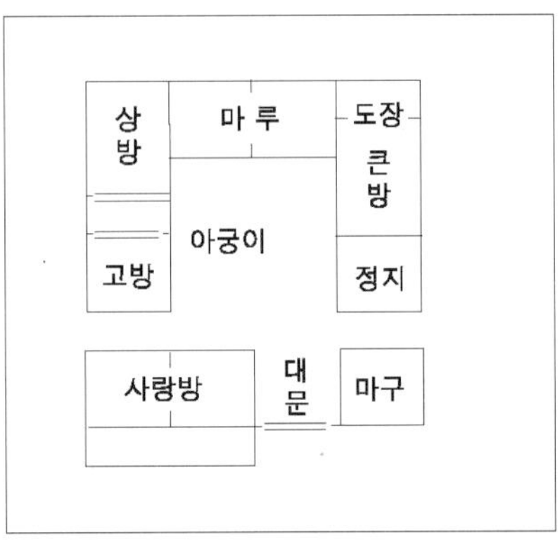

지례 양동댁(상) 국탄댁(하)

지례동 양동댁[민 58호] : 현 김용천 가옥은 지촌의 중형인 김방형 공의 거택으로 현종 4년(1663) 지례에 건축된 것이다. 그 후 주인이 여러 번 바뀌었고, 포항공대 김호철 전 총장도 이곳에서 태어났다.

이 가옥 역시 口자형에 <몸채-대청>의 중부 곡가형 평면이다. 사랑채의 우측에 툇마루가 붙은 모방과 마루방, 그 좌측의 책방 구성이 특이하다. 그렇지만 이 가옥은 전체적으로 균형미가 있다.

국탄댁[문 45호] : 현 소유주 김종구의 10대조인 국탄(菊灘) 김시정 공이 영조 33년(1757) 건축한 단아한 가옥으로 역시 지례에서 이건되었다. 이 가옥은 ㄇ자형과 一자형이 결합된 전형적인 튼 口자형 소규모 가옥이다. 초기의 평면기능을 수정 없이 그대로 간직하고 있어 자료로서의 가치가 높은 귀중한 가옥이다.

4) 금소리

200여 호의 큰 마을로, 예천 임씨의 동족촌락이다.

갈암 금양강도지[기 116호] : 현 이병설 가옥은 葛庵 이현일(1627-1704) 공과 관련이 있다. 이현일 공은 68세 되던 해에 갑술환국을 당했고, 75세 때 유배에서 풀려난 후 이곳 금소리에 우거하며 후학을 가르쳤다. 이 가옥은 그의 사후 제자들이 지은 것으로 알려져 있다. 평면은 口자형 뜰집으로 아래채의 방과 마루는 다소 많은 유생이 유숙할 수 있는 구조로 보인다.

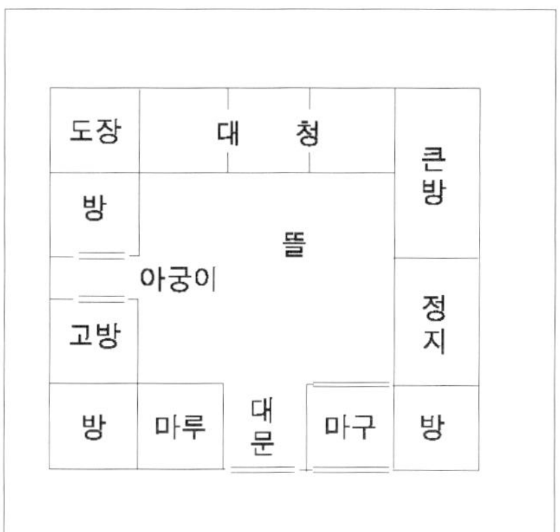

금양강도지(상) 무실 종택(하)

4. 안동시 임동면

1) 수곡동

일명 '무실' 마을이라고 부르는 이곳은 전주 류씨의 시조인 완산백(完山佰) 류습의 6대손 류성공이 400여 년 전 입향한 곳이다. 그 후 의병장 기봉(岐峯) 류복기(1555-1617) 등 많은 인재가 이 마을에서 배출되었다. 류복기는 외숙인 학봉의 문인이었고, 한강 정구와 교유하였으며, 정유재란 때는 망우당을 따라 화왕산성을 지켰다. 한때 전체 122호 중 92호가 전주 류씨일 정도로 큰 대표적인 동족촌락이었다.

수애당

전주 류씨 무실 종택[민 47호] : 현 류승우 가옥은 전주 류씨 수곡(水谷)파의 대종택이다. 외날개 口자형 뜰집에 <몸채-대청>, <아래채-우사>의 고식적인 중부 곡가형 평면이다. 인근에는 기봉 공의 후손들이 세운 口자형 뜰집인 **기양서당**(민 17호)과 水涯 류진걸이 1939년에 건립한 **수애당**[문 56호] 등이 함께 이건되어 있다. 그 외 수곡동 **근암 고택**(近庵古宅), 망천동 **임당댁**, 박곡리 **용와 종택**, **수남위 종택**, 마령리 **호고와(好古窩) 종택** 등은 수몰을 피해 구미시 해평면 일선리로 이건되어 있다.

망천동 정재 류치명 종택[35쪽 口자형 가옥 참조]

2) 지례리

일명 '지촌'으로 부르기도 하는 이곳은 한때 145호 중 120호가 의성 김씨일 정도로 규모가 큰 동족촌락이었으며, 300여 년의 긴 역사를 가지고 있다. 현재 임하댐 건설로 인한 수몰을 피하기 위해 종가만을 원래 있던 위치에서 해발 200m의 산 중턱으로 옮겨 놓았는데, 이곳이 영화 동의보감 촬영지로 알려져 있는 지례 예술인촌이다.

지촌 종택[문 44호] : 현 김원길 가옥은 숙종 때 대사성을 지낸 芝村 김방걸(1623-1695) 공의 종가로서 1663년 건립되었다. 종가는 양 날개 口자형에 <몸채-대청>의 중부 곡가형이기는 하나 규모가 큰 평면이다. 행랑채, 서당, 별묘, 곳간, 대문채 등을 모두 갖추고 있는, 조선시대를 대표하는 종가의 양식이다. 수몰 전 이 마을에 있던 **오류헌**, **양동댁**, **국탄고댁** 등은 임하리로, **치헌**은 천전리로, **이태형 고택**은 송천동으로 이건되었다.

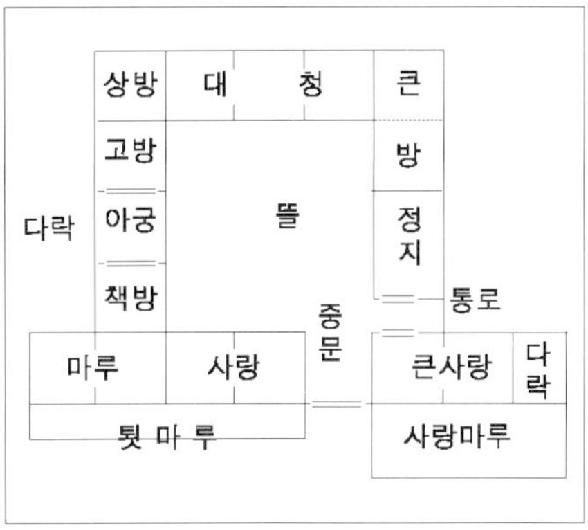

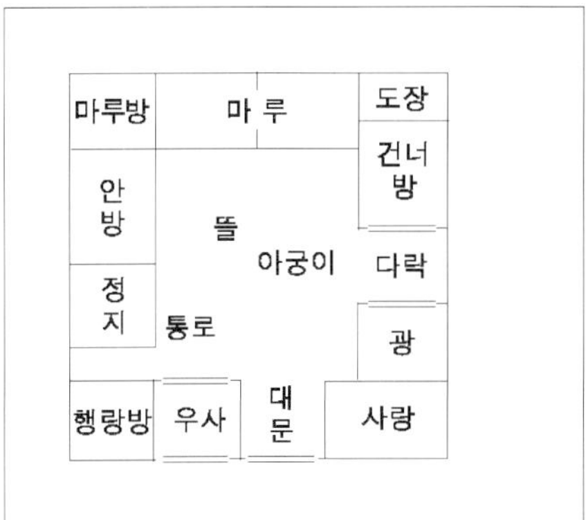

지촌 종택(상)　　운천 재사(하)

3) 임동면 지리

운천 재사[문 48호] : 내앞 귀봉(龜峯) 김수일의 장자로 임란 때 선조를 호송하고 『호종일기』(보 484호)를 쓴 雲川 김용 공의 묘 관리를 위해 세운 재사로, 인조 17년(1639)에 건립되었다. 지례에서 수몰을 피하여 현 위치로 이건하였으며, 재사(齋舍)형 건물로는 매우 검소한 느낌을 준다.

5. 안동시 예안면

1) 주진 2리

전주 류씨의 집성촌으로 총 60호 중 30여 호가 류씨이다. 입향조 三山 류정원(1702-60)은 류복기 공의 6대손으로 그의 호가 당호이고, 마을 이름이기도 하다. 그는 영조 때 명신이자 대사간을 지낸 뛰어난 학자였다. 그의 <목민사상>은 다산도 극찬한 바 있다. 그의 5대손 서파(西坡) 류필영(1841-1924)은 류치명의 문인이었으며, 남쪽에는 곽종성(이진상의 문인)이, 북쪽에는 류필영이 퇴계학의 계승자라는 칭송을 받았다. 서파는 西山 김흥락, 響山 이만도와 함께 구한말 안동 유림을 대표하는 항일 독립운동가이기도 하다.

전주 류씨 삼산 종택[민 36호] : 현 류목희 가옥은 영조 26년(1750)경 건립되었다. 一자형 몸채에 ⊔자형 아래채를 접합한 口자형에 <몸채-안방 · 마루>의 남부형 평면으로 안동호반의 단아한 선비가이다. 그 외 3칸 겹집의 사랑채와 사당이 우측에 있다.

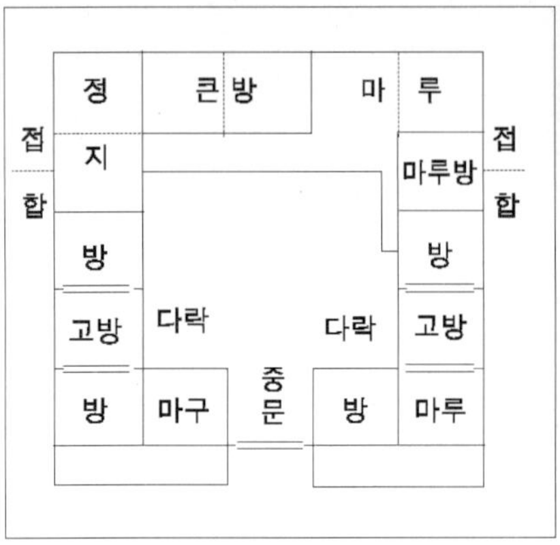

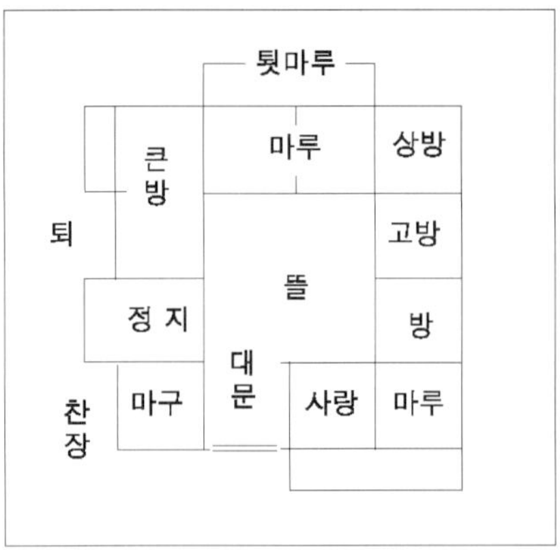

삼산 종택(상)　　동간재 고택 (하)

2) 귀단리

진성 이씨 동족촌락으로 80호가 이씨이다.

예안 동간재 고택[민 5호] : 주진리에서 999번 지방도를 따라 부포리로 가는 도중에 있는데, 안동댐 언덕 위 숲속에 은닉되어 있어 찾기가 어렵다. 현종 10년에 건립된 口자형 뜰집에 <몸채-마루>의 중부형 소규모 평면이다. 처음 평산 신씨가 건립하고, 1940년 현 소유주인 진성 이씨가 매입하여 선친의 호를 따서 東澗齋라 이름 지었다.

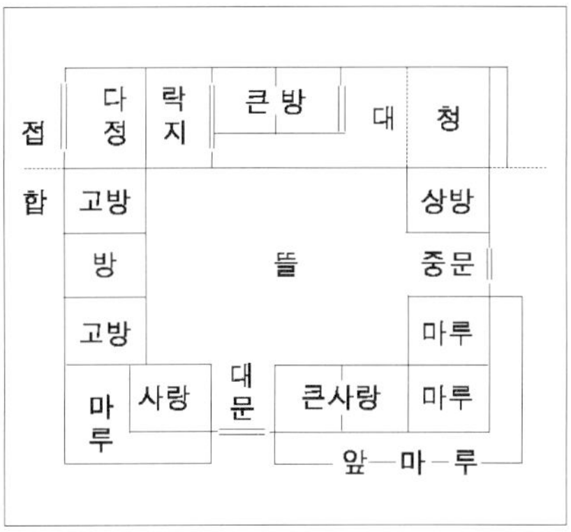

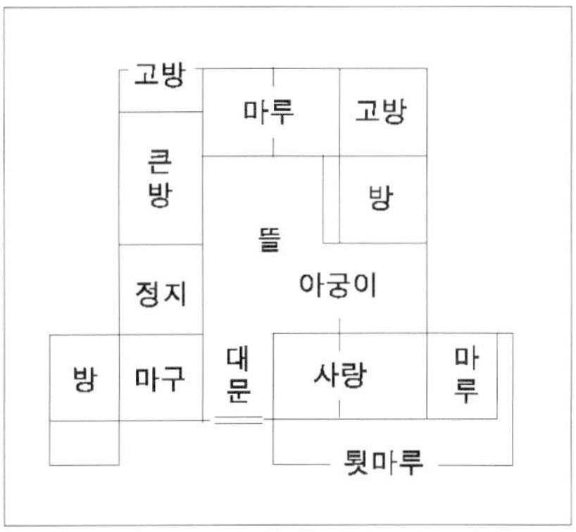

성성재 종택(상) 금창업 가옥(하)

3) 부포동

안동댐의 가장자리에 수몰을 피한 30여 가구가 있는데, 진성 이씨 10가구, 봉화 금씨 3가구 등이 모여 사는 혼성촌락이다.

성성재 종택[문 264호] : 조선 중기의 학자인 惺惺齋 금란수(1530-1604)의 종택이다. 그는 퇴계 선생의 학문을 계승하여 도산서원을 지켰던 횡성인 월천(月川) 조목 선생(1524- 1606)과는 동문이자 처남-매부 지간이었다. 임진왜란이 일어나자 고향에서 의병활동에 참여하였고, 봉화 현감을 역임하였다. 이 가옥은 ㅁ자형 뜰집으로 몸채 대청이 오른쪽에 치우쳐 있고, 상방이 대청 앞으로 나와 있으며 부엌 위가 4칸의 넓은 다락이라는 점에서 매우 특이한 구조라 하겠다. 또 팔작지붕 가옥으로 우익사에서 지붕을 2번 접합시킨 것은 전국에서 영덕의 갈암 종택과 이 종택뿐이다.

금창업 가옥[비지정] : 양 날개 ㅁ자형 뜰집에 <몸채-마루>의 소규모의 고색창연한 중부 곡가형 평면이다. 이 가옥은 넉넉지 않은 선비가옥으로 보이며, 많이 퇴락한 상태이다. 이웃에 있는 **이필구 가옥**은 안동시 성곡동에 이건되어 있다.

13장 경북 내륙의 청송군과 영양군 가옥

이 지방에 속하는 청송군과 영양군은 옛날에는 교통이 매우 불편한 오지였다. 그래서 이 지역에는 임진왜란과 병자호란 등의 전란을 피할 수 있었던 양반 가옥, 정쟁이나 사화로 희생된 사람의 친인척이 낙향하거나 이주하여 건축한 가옥, 처음부터 관직에서 뜻을 버리고 학문에 몰두했던 선비들의 가옥 등이 잘 남아 있다. 이 지역 가옥들의 공통적인 특징은 생산성이 낮은 산간지역인 관계로 다른 지역에 비해 가옥의 규모가 비교적 작다는 것이다. 형태 면에서는 口자형으로 <몸채-마루>의 중부 곡가형 평면과 고식적 맞배지붕 가옥이 많다.

1. 청송군 파천면

1) 덕천동

600여 년간 세거해 온 청송 심씨 동족촌락으로 총 74호 중 73호가 심씨이다. 청송 심씨는 조선 왕조에서 청주 한씨(5명), 파평 윤씨와 여흥 민씨(각 4명)에 이어 세 번째로 많은 3명의 많은 왕비를 낸 가문으로도 잘 알려져 있다.

송소 고택[민 63호] : 현 심재오 가옥은 사파종가로서 전통 한옥의 정취가 고스란히 남아 있다. 이 건물은 영조 때 만석의 부를 누린 심처대의 7대손 松韶 심호택 공이 1880년경 호박골에서 이곳으로 이주하면서 건축한 것이다. 가옥은 튼 口자형에 <몸채-큰방 · 대청>의 남부 一자형 평면이다. 특히 아래채가 14칸으로 전국에서도 규모가 크고, 대문채는 홍살 대문으로 가문의 자랑으로 여기고 있다. 대문 내측에는 사랑채 손님이 보이지 않게끔 헛담(내외담)을 두었다. 안채 대청의 띠살 들문과 그

위 빗살 교창(交窓) 등은 조선시대 상류주택의 멋을 지니고 있다.

청송 심재균 가옥[비지정] : 동측이 열려 있는, 떨어진 ㄷ자형 가옥이다. 가옥은 <몸채-안방 · 마루>의 남부 一자형 평면으로 좌익사에는 책방을 두어 사대부가의 가옥구조를 보여주고 있다.

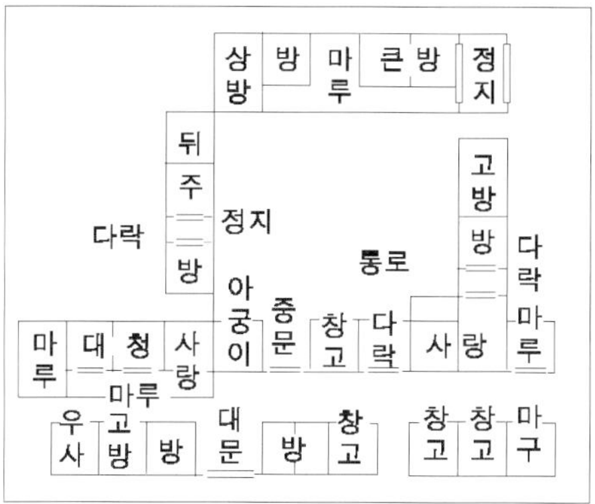

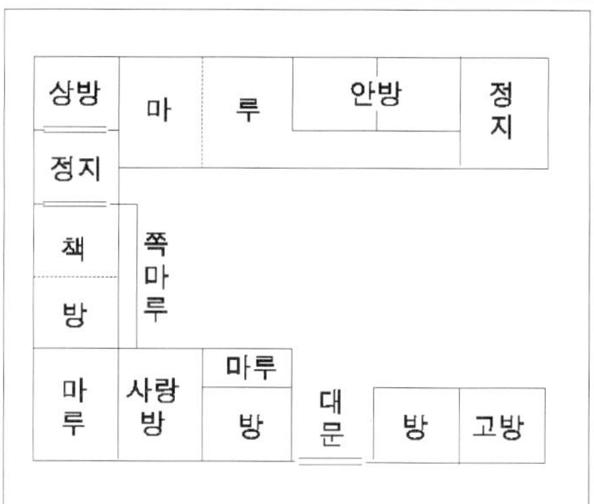

송소 고택(상)　　심재균 가옥(하)

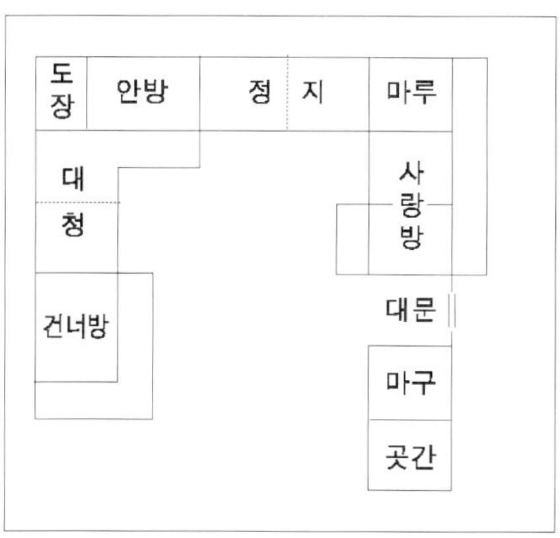

심재홍 가옥

청송 심재홍 가옥[비지정] : 초전댁으로 더 잘 알려져 있는 고택이다. 이 가옥은 순조 때 통정대부첨지중추부사를 지낸 석촌(石村)공파의 17대조 덕활 공이 아들 헌문의 돌을 기념하여 1806년 건축한 것으로 전해진다. 이 가옥은 원래 ㅁ자형 가옥이었으나 훼철되고, 현재는 ㄇ자형의 안채와 양익사만 남아 있다.

2) 중평리

평산 신씨의 동족촌락으로 총 100호 중 80호가 신씨이고, 최근 신숭겸 장군의 생가가 있는 마을로 알려져 많은 관광객들이 찾고 있다.

평산 신씨 판사공파 종택[민 89호] : 파시조 21세손 신한태(1663 -1719) 공이 조선 숙종 때(1705) 건축하였다. 솟을대문을 들어서면 몸채와 별동의 사랑채 사이에 넓은 사랑마당이 있다. 또 안채의 우측에는 사당, 좌측에는 영정각과 서당이 나란히 있어 사대부가 저택의 면모를 보인다. 본채는 양 날개 ㅁ자형 뜰집에 <몸채-대청>의 중부형 평면이나 대청이 3칸으로 그 규모가 크다. 원형을 비교적 잘 간직하고 있다.

청송군 중평리 마을 숲

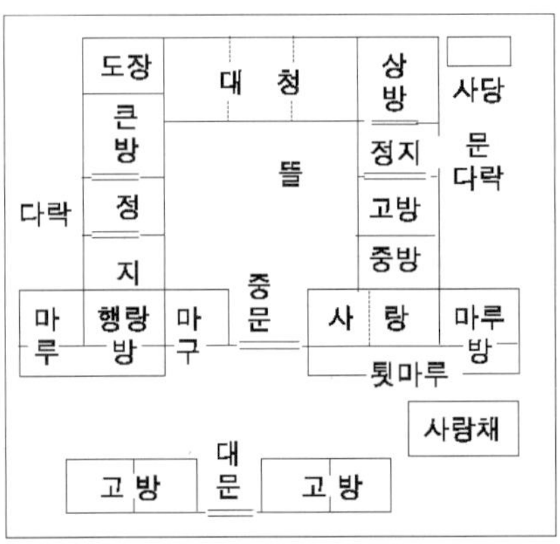

판사공파 종택

사남 고택[문 340호] : 현 신응석 가옥은 장절(壯節)공 신숭겸의 31세손이며, 판사공파 시조 순의 19세손인 신치학 공이 1780년경 건축한 것이다. 사남(泗南)은 그의 손자 신우호의 호이다. 가옥은 외날개 口자형에 <몸채-마루>의 중부 곡가형 평면이다. 특히 사랑의 田자형 겹집구조, 창호의 배치법 등이 전통가옥임을 보여주고 있다. 즉 사랑은 막돌 흩은 쌓기를 한 높은 기단 위에서 날렵하게 치솟은 팔작지붕의 추녀와 사랑마루가 누각처럼 보이는데, 당시 가옥의 멋이 지금도 아름답다.

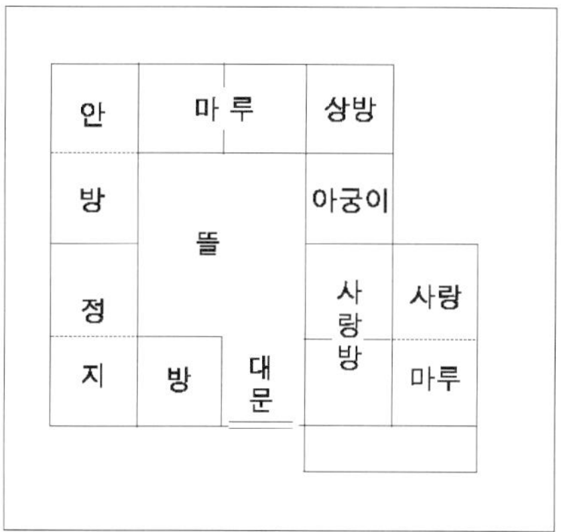

사남 고택

서벽 고택[36쪽 양 날개 口자형 가옥 참조]

(아래 서벽 고택은 뜰에서 바라보면 하늘이 우물 정(井)자로 보임)

서벽 고택 뜰(상)　　신홍채 가옥(하)

청송 신홍채 가옥[비지정] : 맞배지붕의 양쪽을 모두 부섭지붕으로 처리하여 비바람을 막고, 마루 앞에는 여닫이문을 달아 고가옥의 특색을 보여주고 있다. 또 남부 一자형 평면이면서도 앞 툇마루가 없는 것을 볼 때 초기 고옥이라 생각되며, 가옥 발달과정을 유추할 수 있는 좋은 자료이다.

2. 청송군 청송읍(청운동)

평해 황씨의 집성촌으로 한때 200여 호가 황씨였다. 이 지방에는 뜰집을 우물 정(井)자 집으로 호칭하는데, 원래는 10여 동이 있었으나 지금은 훼철되고 3동만 남아 있다.

성천댁[중 172호] : 18세기경 건립된 가옥으로 추정된다. 가옥주는 원래 황씨였으나 후일 임씨로 바뀌었다. 현 소유주는 대학 교수인 신창석이다. 가옥은 외날개 ㅁ자형에 <몸채-마루>의 중부 곡가형 평면이다. 그런데 지붕은 동향이나 평면 배치는 북향으로 혼돈된다. 그래서 몸채는 큰방 양측 즉 좌익사에는 마루, 우익사에는 부엌과 창고가 배치된 이색적인 평면구조이다. 창고에서 마구 위로 올라가는 계단은 토속적 양식으로 보인다.

청송 황학구 가옥[비지정] : 1831년경 건축된 가옥으로 알려져 있으며, 역시 우물 정(井)자 집이다. 상기 성천댁과 함께 외날개 ㅁ자의 중부 곡가형 평면으로 초기 정형에 근접한 소규모 가옥이다. 현재 훼손이 아주 심하다.

성천댁(상) 황학구 가옥(하)

청송 고수성 가옥[비지정] : 원래 평해 황씨의 소유이었으나. 고씨가 매입하였고, 현재 퇴락하여 붕괴 직전에 있다. 가옥은 우물 정(井)자에 중부형 평면이고, 용마루와 처마 높이가 3계층을 이루는 맞배지붕의 초기 고옥으로 보존가치가 있다.

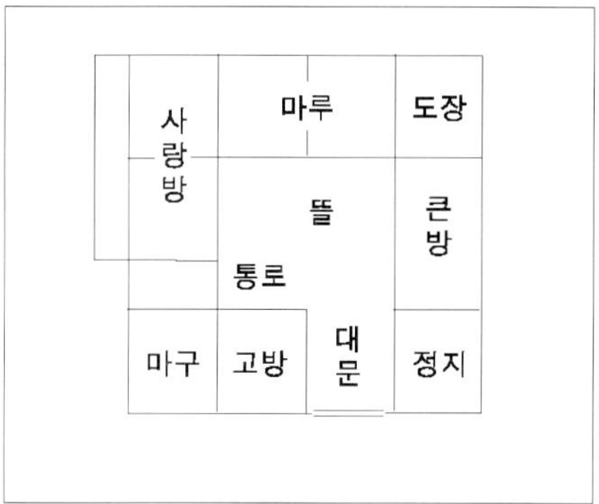

고수성 가옥

3. 청송군 현동면(창양동)

함안 조씨 집성촌으로 총 90호 중 30여 호가 조씨이다.

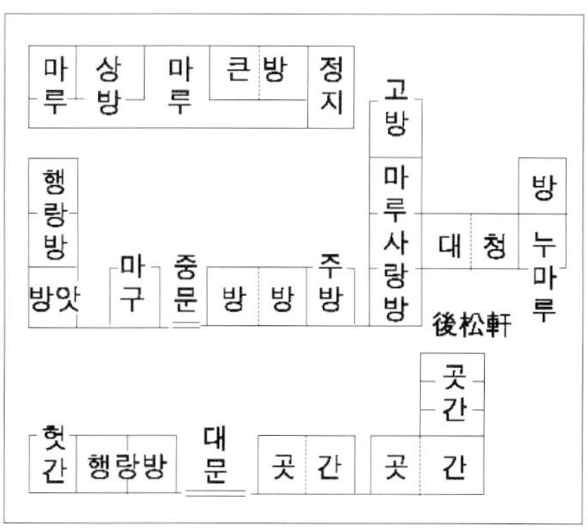

조창래 가옥

창양동 후송당[중 173호]과 살림집 : 현 소유주 조창래의 조부(祖父)이며 조선 말기 빈민규휼 사업에 전념한 後松 조용정 공이 1919년 건립한 것이다. 전체적으로 안채, 행랑채, 중문채, 사랑채, 대문채 등 50칸이 넘는 가옥이 튼 ㅁ자형으로 배치되어 있으며, 조선 말기의 건축형태를 잘 표현한 걸작이다. 그러나 고전에 충실치 않고 나름대로의 미관을 창조한 형식으로 볼 수 있다. 사랑채(후송헌)에는 누하주를 세웠고, 대청 퇴에는 헌함(軒檻)과 아자(亞字)를 결합한 난간을 설치하여 누집 모양으로 꾸몄다.

4. 영양군 석보면

1) 원리

일명 두들 마을은 재령 이씨의 집성촌으로 총 80호 중 20여 호가 재령 이씨이다. 인조 · 현종 연간의 학자인 石溪 이시명(1590-1674) 공이 입향조이다. 그는 영덕군 창수면에서 출생하였고, 병자호란으로 영양 수비면 산촌에 피란해 있다가 이곳으로 들어왔다. 이 마을 중 영양 화매천에 잘 발달된 하안 단구의 언덕 위에 재령 이씨의 가옥이 위치하고 있다.

석계 고택

석계 고택[민 91호] : 학문에만 전념하였던 石溪 공이 인조 18년에 세운 고택이다. 석계는 임종 때까지 정부인 장씨와 함께 이곳에서 살았다. 貞夫人 장씨(1598-1680)는 敬堂 장흥효의 외동딸로서 한국의 대표적 어머니인 신사임당 못지않은 효행 · 부덕(婦德) · 학문 · 예술을 고루 갖추고 있었다. 장씨는 또한 한시 작가이자 요리서『음식디미방』의 저자이기도 하다. 가옥은 안채와 사랑채가 직가 二자형 맞배지붕 가옥이다. 특히 안채는 전 퇴, 즉 앞마루가 없는 고식적인 가옥이다.

재령 이씨 두들 종갓집[비지정] : 현 이돈 가옥은 ㅁ자형 뜰집에 <몸채-마루>의 중부 곡가형 평면이고 맞배지붕이다. 이는 이 마을 가옥의 기본형으로 볼 수 있겠으나 너무 현대적으로 중수하여 고색적인 멋이 퇴색했다. 이웃에는 현재는 백주순이 소유한 **영감댁**, 이우호의 가옥인 소계댁 등이 있다.

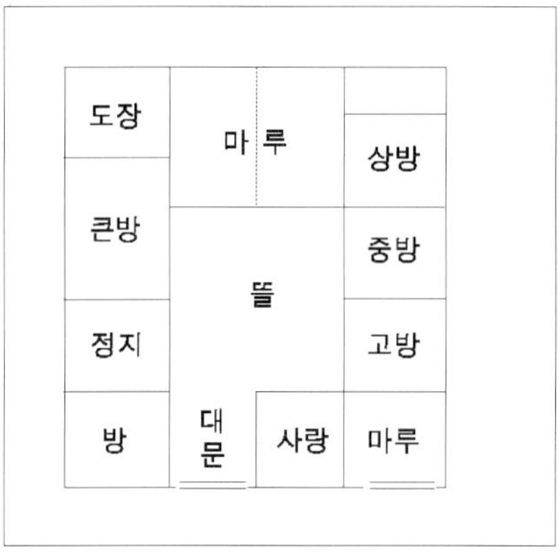

두들 종갓집

영감댁(좌)　　　　소계댁(우)

영양 이원복 가옥[비지정] : 여러 차례 주인이 바뀌었으며 소설가 이문열의 생가이기도 하다. 녹동댁이라 불리기도 했다. 이 가옥도 ㅁ자형 뜰집에 중부형 평면이다.

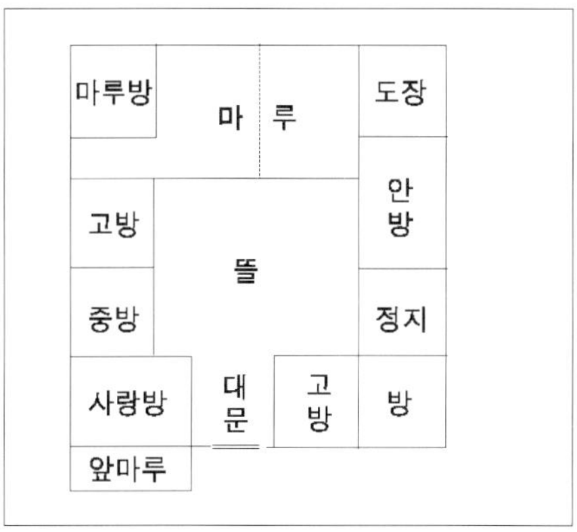

이원복 가옥

이성원 가옥

영양 이성원 가옥[비지정] : 이 마을에서 유일한 양 날개 口자형에 <몸채-대청>의 중부형 평면이고 모두 맞배지붕이다. 원리에서 비교적 규모가 크면서도 고식적인 가옥이다. 또 안채에 도장방과 상방, 아래채에 큰 사랑과 작은 사랑, 감실과 책방을 둔 사대부가의 가옥이다. 그러나 문화재로 지정되어 있지 않아 현재 퇴락이 심하다.

원리 주곡 고택[민 114호] : 현 이철규 가옥은 재령인 우계 이시형의 손자인 做谷 이도(李櫂) 공의 종택이다. 주남리에 건립하였던 것을 순조 30년 이건하였다. 그는 당숙 존재 · 갈암 형제의 문하에서 수학하였다. 이 가옥에는 벽장의 기능을 하는 물치장(物置欌)이 사랑에 있다. 그 외 감실 방의 벽감 아래 있는 제사상이 돋보이고, 부엌에 묻어 놓은 물 두멍도 지금은 남아 있는 예가 드문 옛 생활문화 자료이다.

주곡 고택

유우당(惟于堂)[문 285호] : 현 이용희 가옥은 순조 3년에 이상도 공이 건립한 살림집이다. 당호는 그의 장자 惟于堂 이기찬의 호를 딴 것이다. 그 후손으로 파리장서사건에 가담한 이돈호(1869-1942)가 이웃 주남리에서 이곳으로 이건하였다. 가옥은 외날개 ㅁ자형에 <몸채-마루>의 중부지방 평면이다.

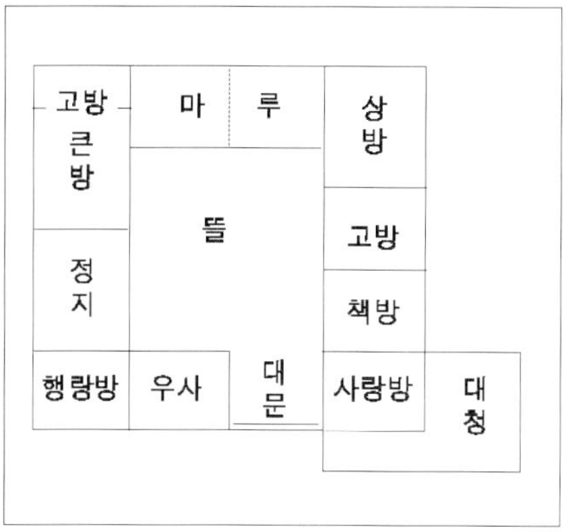

유우당 종택

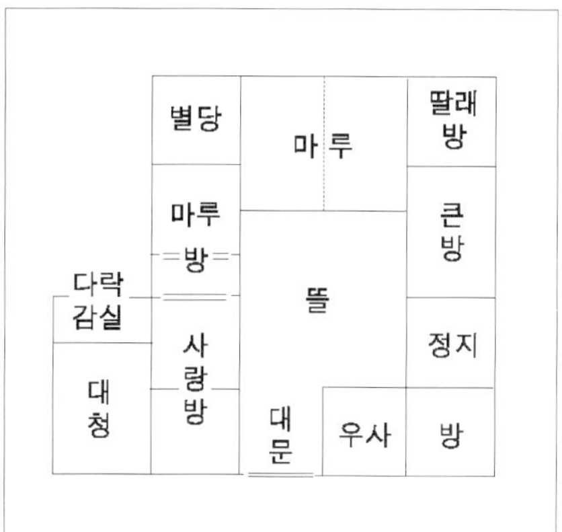

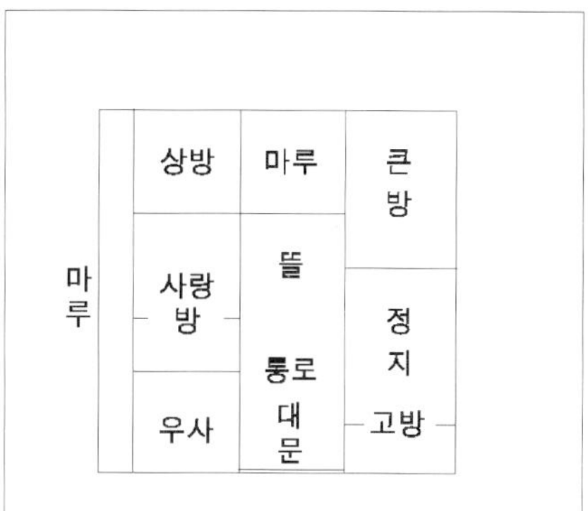

오류정 종택(상)　김진기 가옥(하)

2) 소계리

김녕 김씨가 약 450여 년간 살아온 동족촌락으로 60호 중 40호가 김씨이고, 그 외 재령 이씨가 다수 거주한다.

오류정 종택[문 82호] : 생육신의 한 분인 白村 김문기 선생의 13대손인 吳柳亭 김두행 공이 영조 11년 지은 살림집이다. 현 주인 김호봉 옹은 영남의 남인 속에서 노론으로 외롭게 살아온 선대의 사정을 자랑인지 하소연인지 열심히 들려준다. 이 가옥도 외날개 ㅁ자형에 중부형 평면이며, 뜰은 2칸×2칸으로 소규모이다. 또 큰방 뒤에는 딸이 친정에 와서 기거하는 딸래 방을 두었으며, 출가 전의 딸이 기거하는 별당도 마루방 뒤에 별도로 두고 있는데, 이곳의 남인들과는 방 이름에서도 차이를 두는 듯하다. 모두 맞배지붕이나 팔작지붕 사랑이 2칸 겹집으로 정자처럼 경쾌하고 날렵하다.

영양 김진기 가옥[비지정] : 뜰이 1칸×1.5칸으로 전국에서 가장 소규모의 ㅁ자형 가옥이다. 작은 규모임에도 상방, 사랑방, 좁고 긴 사랑마루 등을 갖추었으나 옹색한 선비집안의 구조이다. 외관도 원래는 맞배지붕 가옥이었으나 기와 대신 조각 루핑(아스팔트 싱글)으로 교체하여 놓았다. 주민의 고증으로 복원이 가능할 것으로 보인다.

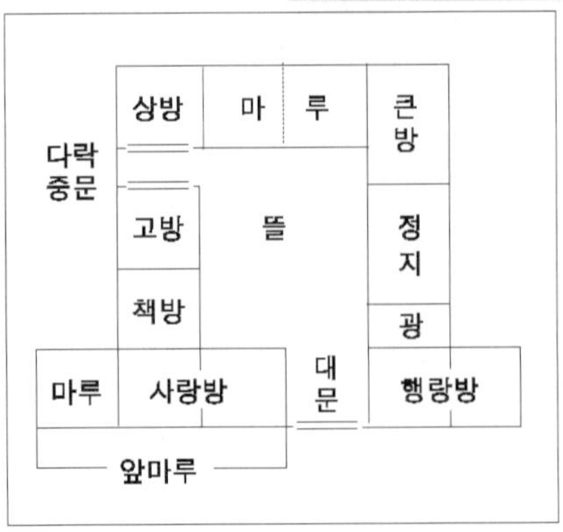

서석지의 연당(상)　정수달 가옥(하)

5. 영양군 입안면(연당 1리)

동래 정씨 동족촌락으로 총 35호 중 20호가 정씨이고, 예천서 입향한 지 400년이 된다. 마을 입구에는 광해군 5년 石門 정영방(1577-1650) 공이 조성한 지당(池塘)의 대표적인 조원(造苑)인 연당서석지(蓮塘瑞石池 : 중 108호)가 있다. 그는 우복의 문인이고, 진사로 은거하면서 약봉 서성과 친교하였다. 이 정원은 내원과 외원으로 구분되어 있는데, 내원은 정관, 사고, 독서 등 사생활을 위해 인공적으로 꾸민 것이다. 주위의 자연과 조화를 이루었다. 외원은 모퉁이 수구에 둔 60여 개의 瑞石群이 물속에 잠기기도 하고 드러나기도 한다. 조성자의 지혜에 감탄할 따름이다. 정면의 정자 경정(敬亭)에는 당시에 이름난 명사들의 詩가 보존되어 있다. 서석지는 담양의 소쇄원, 보길도의 부용원(세연정)과 함께 조선시대 3대 민가 정원으로 일컬어진다.

정종철 가옥

영양 정수달 가옥 및 정종철 가옥[이상 비지정] : 이 가옥들은 양 날개 口자형 뜰집에 <몸채-마루>의 중부형 평면으로 거의 동일하다. 정수달 가옥은 모두 맞배지붕 가옥으로 용마루와 처마가 3계층인 고옥이다. 그러나 정종철 가옥은 아래채의 사랑을 팔작지붕으로 개조하면서 지붕을 높이고 또 사랑 앞마루에 헌함난간을 둘러 멋을 내었다.

영양 정수용 가옥[비지정] : 평면은 전자와 거의 동형이고, 모두 맞배지붕이다. 그러나 아래채 중 사랑을 확대시켜 높고 규모도 크다. 사랑마루에는 띠살문을 달아 마루방이 되었고, 가장자리는 헌함과 계자난간을 함께 설치하여 한껏 멋을 내고 있다.

영양 정용상 가옥[비지정] : 외관과 평면은 정수달 가옥과 유사하나 방의 배치가 약간 특이하다. 즉 안방의 규모가 작은 대신 부엌 전면에 있는 일방이 1.5칸으로 커서 안방 기능을 대신하는 것으로 보인다. 이것은 건축 당시 할머니가 생존해서 안사랑 역할을 하도록 건축한 것이 아닌가 짐작이 된다.

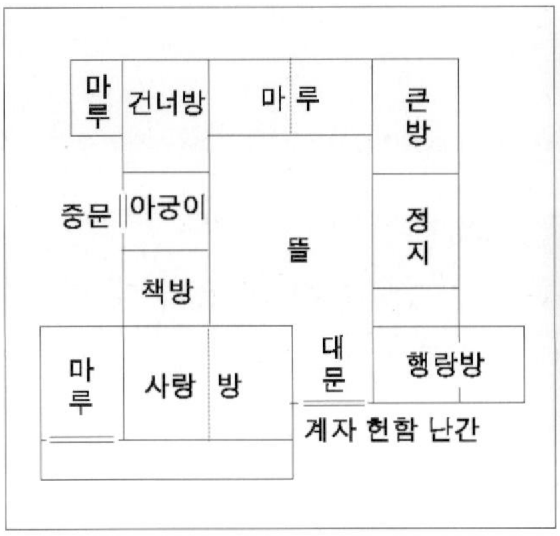

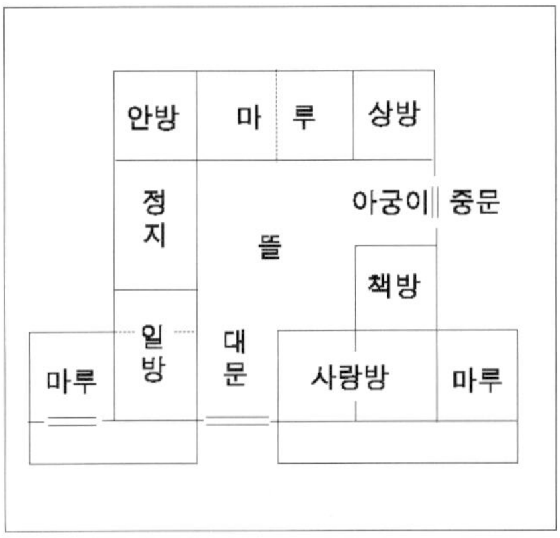

정수용 가옥(상)　　정용상 가옥(하)

6. 영양군 영양읍

1) 감천 1리

함양 오씨가 300년간 세거해 온 동족촌락으로 총 83호 중 61호가 오씨이다. 황간 현감을 지낸 문월당(問月堂) 오극성은 임란 때 공을 세우고, 그의 차자 우재(愚齊) 오익(1591-1671)은 학자로서 해월(海月) 황여일(黃如一)의 문인이었다.

오일도 생가[문 248호] 및 오씨 종가[비지정] : 전자는 저항시인 一島 오희병(1901-1946) 선생의 생가로, 그의 조부 오시동 공이 고종 원년(1864)에 건립한 것이다. 후자는 함양 오씨 종택이다. 이들은 양 날개 ㅁ자형에 <몸채-마루>의 중부형 평면으로 동일하나 사랑지붕은 서로 다르다. 즉 생가는 팔작지붕이고, 종택은 맞배지붕이다. 그러나 모두 정침을 정면 4칸, 측면 5칸으로 종심을 길게 변형시켰는데, 이것이 안동권 뜰집과의 차이점으로 보인다.

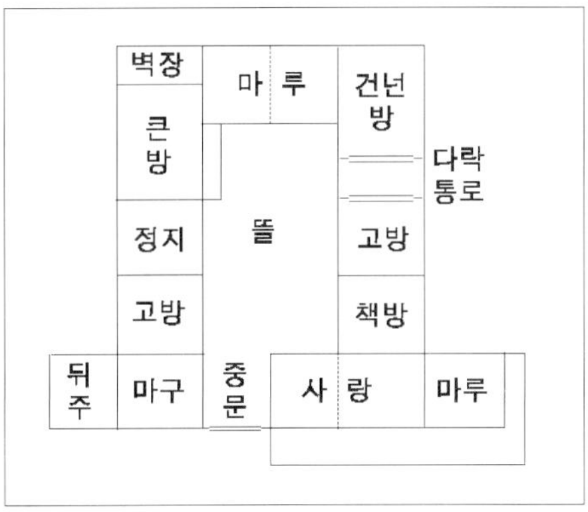

일도 시비(좌상) 오씨 종가(우상), 일도 오희병 생가(하)

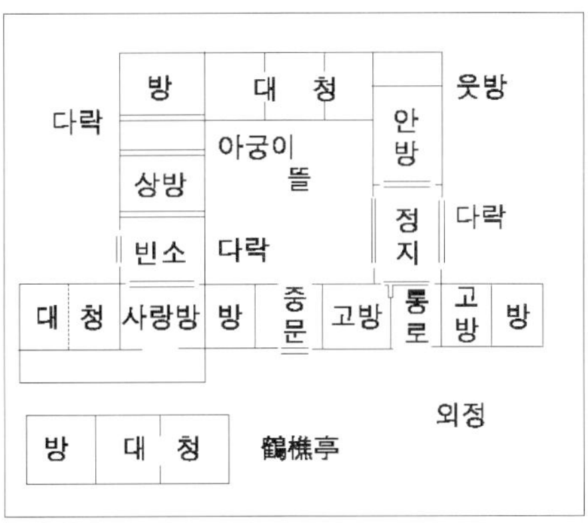

학초정과 정침

2) 감천 2리

감천 1리에서 반변천을 건너 내려다보면, 계곡과 조화를 이루고 있는 고옥이 한 폭의 동양화와 같은 자태를 하고 있다.

학초정 및 정침[민 64호] : 현 박학래 가옥은 원래 한양 조씨의 가옥으로 효종 때 三秀堂 조규

공이 건립한 맞배지붕 살림집(정침)과 팔작지붕의 정자(학초정)였다. 그 후 밀양인 고 박대규가 구입하여 당호를 학초정으로 바꾸었는데, 현 주인은 그의 증손자이다. 살림집은 양 날개 ㅁ자에 중부 곡가형 평면이나 규모가 크다. 지붕은 안채, 익사채, 아래채 등의 맞배지붕의 높고 낮은 직선이 조화롭다. 또 중 대문 우측에 통로가 있어 부엌을 통해 바로 안마당으로 들어갈 수 있도록 되어 있다. 이는 아녀자들의 출입이 편리하도록 배려한 구조이다.

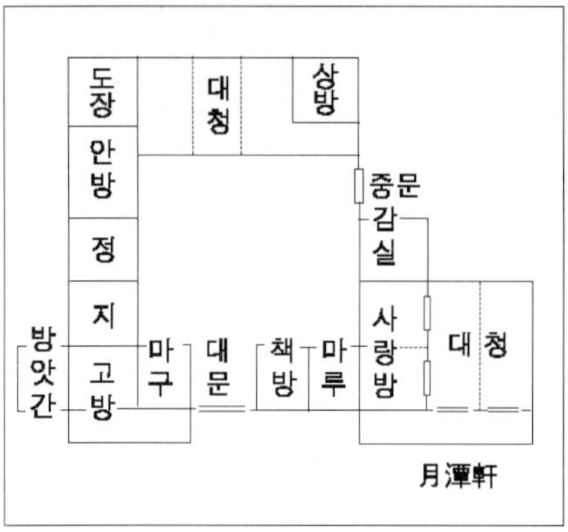

하원리 사월 종택

3) 하원리

한양 조씨 집성촌이다. 정암(靜庵) 조광조 선생이 기묘사화로 참화를 당하면서 그의 재종 참판 조종공이 영주 문수에 낙향하였고, 그 후 손자 조원이 안동 풍산을 거쳐 이곳 하원리에 입향하였다.

사월 종택과 월담헌[유 52호] : 영양읍 원당리(하원리)는 반변천을 넘어 주위에는 민가도 없이 외롭게 모진 풍상을 버티어 온 자태를 하고 있다. 건물은 중추부사를 지낸 沙月 조임(입향조 참판공의 손자) 공이 선조 35년(1602) 건립한 것이다. 살림채는 우익사가 몸채와 떨어져 있어서 정확히 튼 ㅁ자 가옥이고, 단아한 맞배지붕이다. 사랑채 월담헌(月潭軒)은 3칸 겹집이고, 2칸이 대청이나 띠살 들문을 달아 사랑을 하나의 공간으로 사용할 수 있게 만들었다. 지붕은 팔작지붕으로 가벼운 부양감을 주고 계자난간으로 멋을 내었다.

7. 영양군 일월면

1) 주곡리

한양 조씨의 동족촌락으로 108호 중 66호가 조씨이다. 호은(壺隱) 조전 공이 하원리에서 이거한 후 300년간 세거하였다. 그는 망우당 곽재우의 화왕산성 전투에 참여한 의병장이기도 하다. 동구의 숲속에는 조지훈 시비(詩碑)가 있어 집성촌의 멋을 더하고 있다.

주곡리 지훈 시비

호은 종택[기 78호] : 이 종택은 입향조 호은의 아들 조정형 공이 인조 때 건축한 것이며, 의병대장 조승기, 민족시인 조동진, 청록파 시인 지훈(芝薰) 조동탁의 생가이기도 하다. 가옥은 ㅁ자형 뜰집에 중부 곡가형 평면이며, 규모는 정면 7칸, 측면 7칸이다. 지붕은 후기에 변형된 팔작지붕으로 봉화 해저리나 오록리 가옥과 유사하다. 또 6.25 동란 때 일부 소실된 것을 수리하면서 마루에 서구식 유리창을 끼우는 등 고옥에 어울리지 않게 복원해 놓았다. 안타까운 일이다.

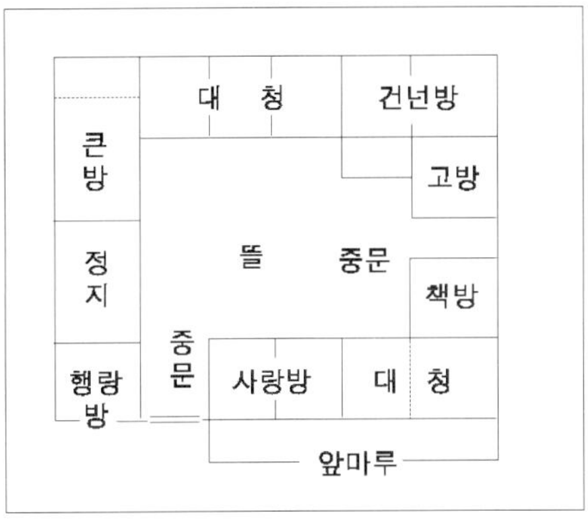

호은 종택

옥천 종택[34쪽 ㅁ자형 가옥 참조]

노계 조후용 고택[비지정] : 임진왜란 때 의병장을 지낸 조광의 8대손 魯溪 조후용(1833-1906) 공의 고택이다. 그 후 이 가옥에는 독립운동을 한 조용해, 경북대학교 동창회장 조운해, 서울대학교 교수 조동일 등의 명사가 태어났다. 전형적인 양 날개 ㅁ자형에 <몸채-대청>의 중부 곡가형 평면이다. 그러나 아래채 사랑은 맞배지붕으로 높였다. 건물 곳곳에서 초기 정형을 유지하려는 노력을 엿볼 수 있다.

노계 고택(상) 권대섭 가옥(하)

영양 고 조석조 가옥[비지정] : 현재는 권대섭이 거주하고 있다. 평면구조가 상기 조후용 고택과 유사하나 규모가 다소 작다. 그러나 많이 퇴락하여 붕괴 직전에 있다. 인근에는 고옥으로 튼 ㅁ자형의 **조동시 가옥**이 있다.

2) 가곡리

야성 정씨 동족촌락으로 80호 중 40호가 정씨이다. 영덕 창수에서 태어났고 효종 때 통정대부를 지낸 월잠(月岑) 정유석(1634-1714) 공이 이곳으로 입향하였다.

월잠 고택[문 195호] : 현 정동춘 가옥은 월잠의 5대손인 우와(愚窩) 정상추 공이 정조 2년(1778)에 건립하였다. 이 가옥은 ㅁ자형에 중부 곡가형의 소규모 평면이고, 고식적인 맞배지붕이다. 안채에는 윗방이라 부르는 상방이 있고, 윗방 앞에는 웃 고방이 있다. 좌익사에는 중방과 반칸의 빈소 방을 두어 선비가임을 보여주고 있다. 사랑마루는 좌측 판장벽과 전면 띠살문을 달아 마루방으로 꾸며 놓았다. 청주 목사로 재임 중 임란을 맞이하여 공을 세우고 전사한 **장열공 정담 종택**(현재 정재홍 가옥)과 **정재구 가옥**[이상 비지정] 등이 인근에 있으며, 월잠 고택과 거의 동일한 평면구조이다.

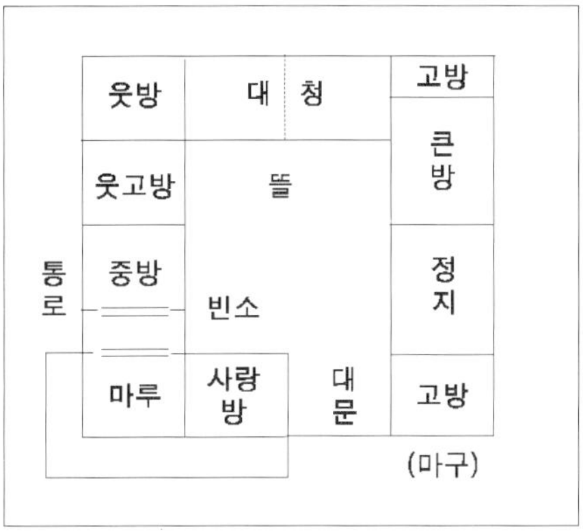

월잠 고택

장열공 종택(좌), 정재구 가옥(우)

8. 영양군 청기면

1) 상청 1리

김녕 김씨 집성촌으로 현재 총 70호 중 30호가 김씨이다. 450년간 세거해 왔다.

벽산 생가[기 64호] : 현 김덕규 가옥은 생육신 白村 김문기 공의 4대손이며 임란 때 군자감정으로 선조를 호위하였던 김응상 공이 1580년 건축한 것이다. 당호는 그의 10대손이며 의병활동으로 건국공로훈장이 추서된 벽산(碧山) 김도현(1852-1914)의 호를 딴 것이다. 이 가옥은 ㅁ자형 뜰집에 <몸채-마루>의 중부 곡가형 평면이고, 지붕은 용마루가 3계층인 맞배지붕이다. 전체적으로 세상사에 초연한, 단아한 선비가옥으로 보인다. 그러나 대문의 왼쪽은 원래 온돌방이었던 것을 마루로, 사랑마루는 방으로, 오른쪽 마구는 고방으로 개조한 것으로 보인다.

2) 기포리

영양군에서도 가장 오지 마을이다. 앞산의 귀인봉이 코에 와 닿을 듯하다. 한때는 50호 중 20여 호가 안동 권씨였다.

회곡 고택[민 79호] : 현 권오선 가옥은 조선 중기의 문신 晦谷 권춘란(1539-1617) 공이 임란 직전에 지은 집이다. 그는 와룡면 가구동에서 출생하였고, 백담(栢潭)과 퇴계(退溪)에게 수학하였다. 후일 대과에 급제하여 청송부사 등을 지냈고, 이곳으로 낙향하여 서애(西厓), 우복(愚伏) 등과 교유하였다. 그의 양자는 유일재(惟一齋) 김언기의 문인으로 문과에 급제하여 형조판서를 지낸 노천(蘆川) 권태일이다. 노천의 장인인 학봉(鶴峯)이 와서 물을 마셨던 우물이 이 마을에 지금도 남아 있다. 이 뜰집은 우리나라 가장 오지에서 속세를 등지고 자연과 더불어 살았던 선비의 가옥으로 보인다.

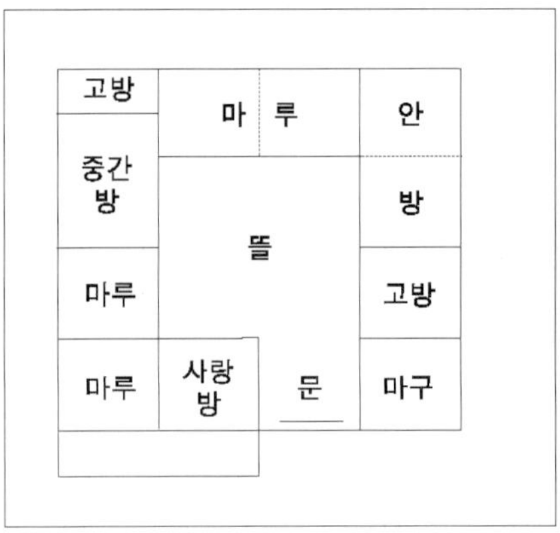

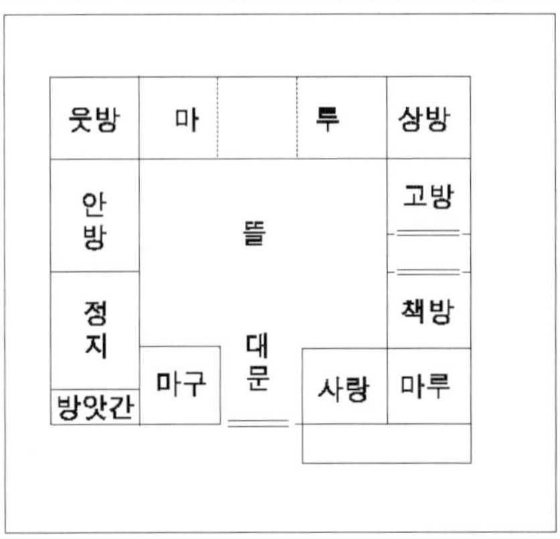

벽산 생가(상) 회곡 고택(하)

14장 태백·소백산간 봉화군의 가옥

봉화군의 가옥에는 안동권의 뜰집이 전파되었으나 지붕형은 중부지방의 영향을 받아 팔작지붕이 다수이고, 평면형은 남부지방 직가형의 영향을 받아 가옥의 규모가 크다. 특히 강원도 태백산맥 동사면의 겹집(양통집)과 겹겹집, 즉 까치구멍집과 도토마리집 등이 다수 분포하고 있어 태백산지 문화권의 영향도 있음을 알 수 있다. 그래서 정체성 있는 독자적인 가옥보다는 다양한 형태의 가옥들을 봉화에서 발견할 수 있다.

1. 봉화군 봉화읍

1) 해저리

일명 바래미는 260년 전에 이주한 의성 김씨의 동족촌락으로 한때 111호 중 86호가 김씨였다. 입향조는 조선 숙종 때 강원도 관찰사를 지낸 八吾軒 김성구(1641-1707) 공이다. 현재도 20여 호의 고가가 있다.

봉화 남호 구택[문 385호] : 현 김중환 가옥은 농산(聾山) 김난영 공이 고종 13년에 건립하였다. 그의 아들 南湖 김뢰식은 부호로서 상해 임시정부에 군자금을 제공했던 애국자였다. 가옥은 ㅁ자형에 <몸채-안방 · 대청>의 남부 一자형으로 규모가 큰 평면이다. 특히 아래채 좌측에 돌출된 도장방이 있고, 중문이 우익사에 있는 것 등은 이곳 가옥에만 있는 구조이다. 지붕은 몸채와 아래채의 높이가 동일하고, 익사채가 낮은 2계층의 팔작지붕이다. 이웃에 있는 **김호진 가옥**[비지정]은 거의 동형이다.

봉화 김건영 가옥[34쪽 ㅁ자형 가옥 참조]

봉화 개암 종가[비지정] : 현 김종원 가옥은 東岡 김우옹의 중형이고, 南冥 조식 선생의 문인으로 대사성을 지낸 開岩 김우굉(1524-90) 공의 종택이다. 종택은 튼 ㅁ자형으로 아래채 사랑마루 1칸을 마루방으로 만들고 그 뒤에 툇마루를 둔 독특한 양식이다. 이웃에는 동형의 **김상완 가옥[비지정]**이 있었다.

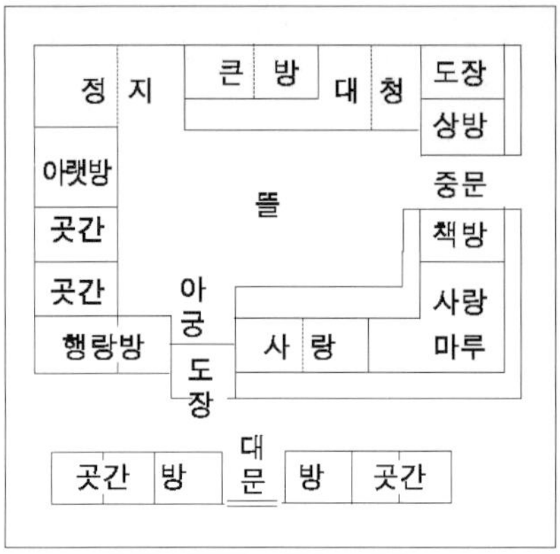

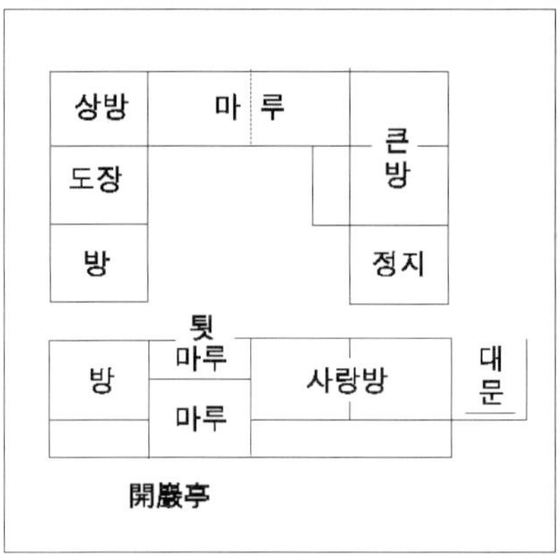

남호구택(상)　　개암 종가(하)

해와 고택[문 338호] : 영조 때 이조참의를 역임한 海窩 김희택(1742-1818)의 손자 김중수 공이 1837년에 세운 가옥이다. 이들 가옥은 중부지방 「맞곱패」형 배치를 한 가옥으로 중수과정에서 대부분의 부재를 새것으로 교체하여 고가라는 분위기를 느끼지 못한다. 이웃에는 동형의 **김효충 가옥**[비지정]이 있다.

해저 만해 고택[중 169호] : 현 김정진 가옥은 순조 때 봉화현감을 지낸 晩海 김건수(1790-1854) 공이 살던 집으로 그의 6대조가 선주하던 여씨(余氏)에게서 매입하였다고 전한다. 몸채는 ㅁ자형 맞배지붕이고, 사랑채는 팔작지붕으로 영천 매산 종택과 같이 마루가 우측에서 T자형으로 돌출하였다. 3.1운동 직후 心山 김창숙 옹을 중심으로 한 유생들이 파리 만국평화회의에 제출할 독립 청원서를 작성하였던 곳이 바로 이곳이다.

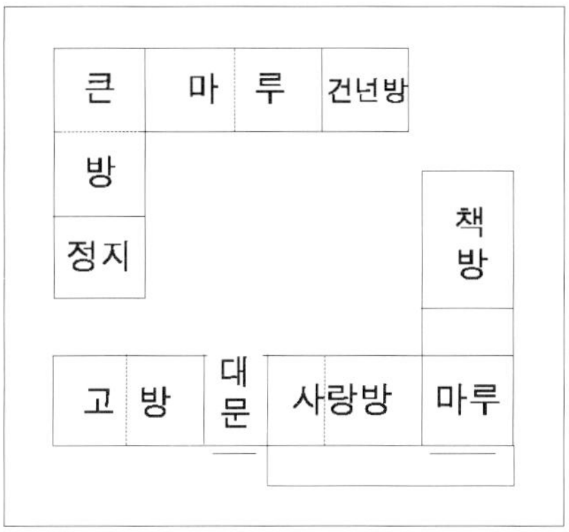

해와 고택(상)　김호진 가옥(좌하), 김효충 가옥(우하)

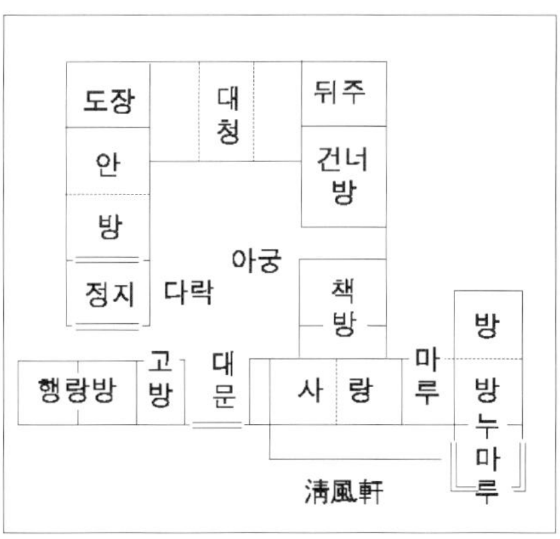

만해 고택

봉화 김종구 가옥[비지정] : 외관과 평면 구성이 남호 구택과 거의 유사하다. 그러나 중문이 아래채에 위치하고, 사랑에 누마루를 두어 대가댁 가옥의 멋을 살렸고, 누마루 뒤에 감실을 두어 동시에 예를 숭상하는 반가의 구조로 보인다.

2) 유곡리

일명 닭실은 중종 때의 우찬성 충재(忠齋) 권벌(1478-1548) 공의 유적지이다. 그는 기묘사화의 환란을 겪고 43세 때 이곳에 와서 후진을 양성하며 경학에 몰두하였다. 이 마을은 울창한 송림과 아름다운 수석으로 경관이 수려할 뿐만 아니라 풍수지리상 삼남의 4대 길지의 하나로 금계포란형(金鷄抱卵形)으로 알려져 있다. 그 후 안동 권씨의 세거지가 되었으며, 한때 120호 중 90호가 권씨였다.

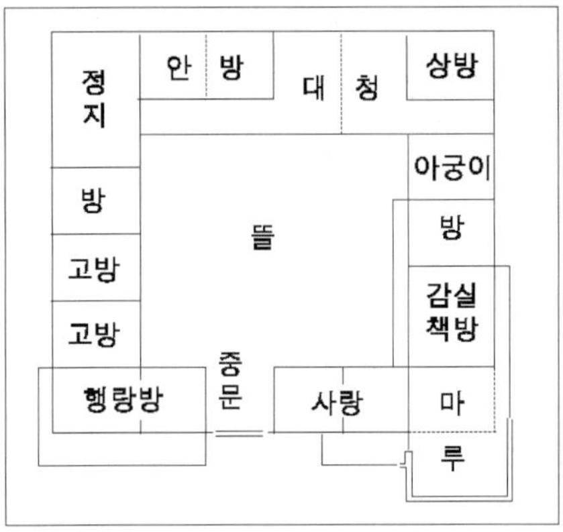

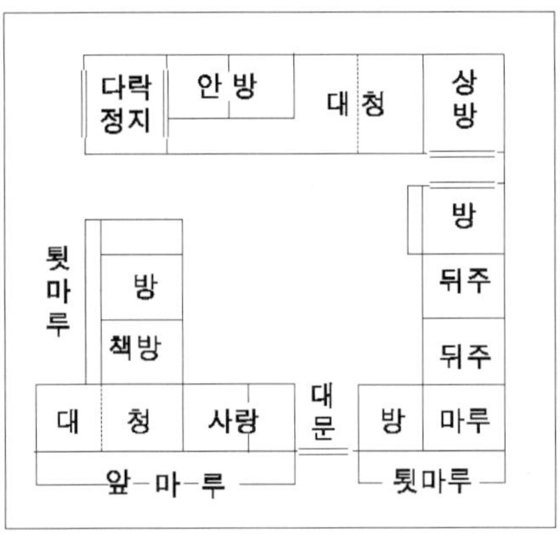

김종구 가옥(상)　　닭실 종택(하)

닭실 종택[사적 및 명승 제3호] : 현 18대 종손 권종목의 가옥은 모두 팔작지붕으로 화려하다. 가옥은 건축 당시부터 몸채와 좌익사가 떨어져 있는 튼 ㅁ자형 평면으로 건축자가 창안한 구조로 보인다. 그 외 수석과 어우러진 정원에는 고색창연한 서재와 정자 청암정이 있다. 특히 이 종가에서 만들어 제례에 올라가는 유과와 오색강정 등의 한과는 전국적으로 그 명성이 자자하다.

봉화 권경만 가옥[비지정] : 충재의 11세손으로 감역을 지낸 이재(頤齊) 권연하(1813-96) 공의 종택으로 추정된다. 이재는 류치명의 문하에서 성리학을 탐구하였으며 김흥락, 이진상, 장복구와 함께 한말 四儒로 일컬어진다. 가옥은 퇴락하여 철거된 빈터에 양옥으로 대체되어 있으나 원래는 <몸채-대청>, <아래채-우사>의 중부 곡가형 평면으로 이 마을에서 유일한 뜰집이었다.

봉화 권석우 가옥[31쪽 ㅁ자형 가옥 참조]

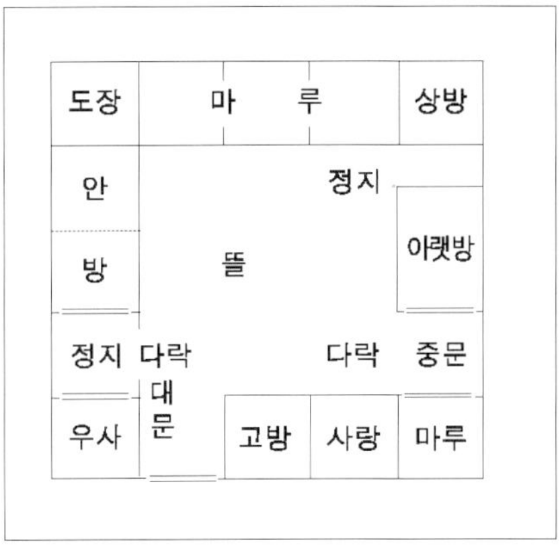

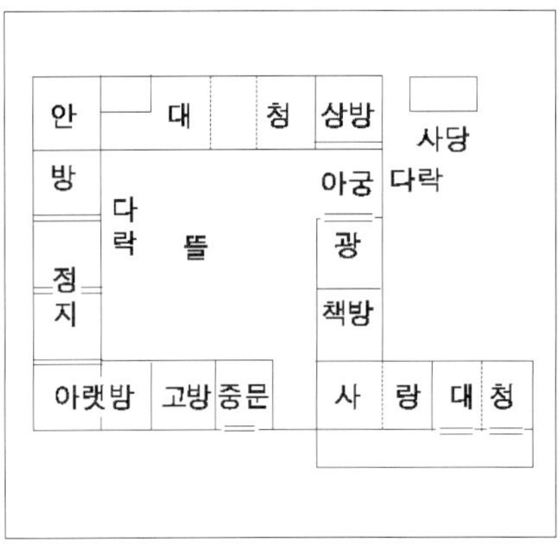

철거전 권경만 가옥(상)　　서설당(하)

봉화 서설당[민 104호] : 원래는 송암정 앞에 있었는데, 충재의 5세손 瑞雪堂 권두익 공이 숙종 34년(1708) 마을 동쪽 외딴 곳에 위치한 현재의 장소에 이건하였다. 가옥은 외날개 口자형에 중부형 평면이고, 18세기의 시대적 특성과 민간신앙의 자취를 잘 보존하고 있다.

3) 거촌 1리

30여 호 중 원주 변씨 10호, 광산 김씨 15호인 혼성촌락이다.

거촌리 쌍벽당[중 170호]과 살림집 : 현 소유주 김두순의 17대조인 연산조 성리학자 광산인 김언구 공의 부친이 명종 21년(1566)부터 세거했다. 가옥은 양 날개 口자형 뜰집에 <몸채-대청>의 중부형 평면이다. 특히 몸채의 원주가 높고 우람하여 사찰의 본당 같은 기분이 들고, 대문 내측의 노송은 이 가옥의 연륜을 배가시키고 있다.

쌍벽당

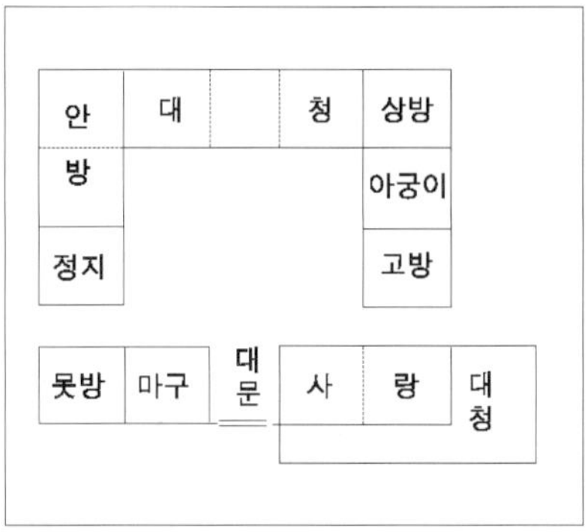

황전 종가(중)　　김광언 고옥(좌하) 김동대 고옥(우하)

4) 거촌 2리

일명 황전 마을은 의성 김씨의 동족촌락으로 100여 호 중 50호가 김씨이다. 10여 동의 고옥이 있는 전통적인 마을이다.

황전 종가 또는 경암헌 고택[민 53호] : 원래는 영양 남씨 종택이었으나 현 소유주인 김성규의 12대조 황파 김종걸(1628-1748)이 그의 장인 되는 진사 남구수로부터 물려받아 황전 의성 김씨 종택이 되었다. 가옥은 17세기 초에 건립된 튼 ㅁ자형이고, 사랑을 제외하고는 맞배지붕으로 초기의 고옥이다. 이 마을에는 동형의 **김광언**, **김동대**, **김시일 고옥**[이상 비지정] 등이 있어 고풍스런 마을 분위기를 만들고 있다.

5) 석평리

안동 권씨 입석 문중 동족촌락으로 40호 중 38호가 권씨이다.

송석헌 가옥[민 95호] : 현 권현조 가옥은 동암 권이번(1678-1763) 공이 아들 선암(仙巖) 권명신에게 지어 준 가옥으로 일반 상류층 가옥 중에서도 보기 드문 구조를 하고 있다. 몸채는 외날개 ㅁ자형 뜰집이고, 아래채 사랑(松石軒) 앞에는 자그마한 2층의 영풍루(迎風樓)가 바람이 불면 날려 갈 듯 서 있다. 그 외에도 행랑채와 별채 등 모두 7동의 건물이 있다.

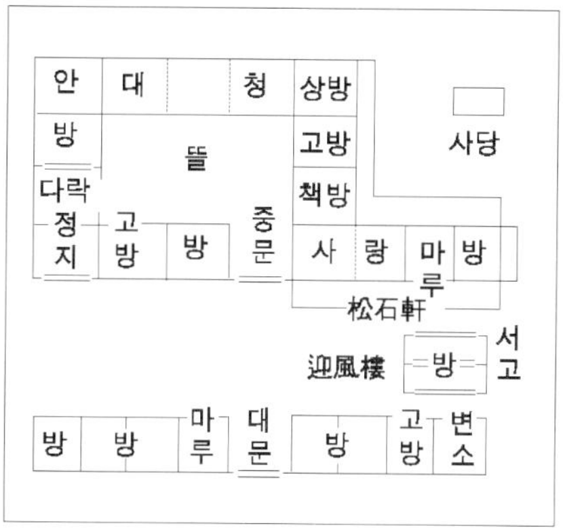

송석헌

2. 봉화군 물야면

1) 오록리

일명 창 마을은 250년 전에 입향한 풍산 김씨 동족촌락으로 한때 80호 중 50여 호가 김씨였다. 풍산읍 오미동에 맏집이 있고, 오록리에는 둘째 망와(忘窩) 김영조(이조참판, 학봉 사위), 셋째 김창조(찰방), 여섯째 아헌(啞軒) 김응조(한성부 우윤) 등의 후손이 거주고 있다.

봉화 노봉집과 김명섭 가옥[이상 비지정] : 전자 김재헌의 가옥은 口자형 뜰집으로 <몸채-대청>의 중부 곡가형 평면이나 규모가 크다. 지붕은 변형되어 몸채는 높은 맞배지붕이고, 아래채는 낮은 팔작지붕으로 높이가 2계층이다. 이 가옥 당호는 영조 때 제주목사를 지내면서 사천서당을 세우고, 선정을 베푼 蘆峯 김정(1670-1739) 공의 호이다. 후자 김명섭의 가옥은 전자와 거의 동형이나 오른쪽 대청 1칸을 상방으로 개조하고, 그 다음은 마루방을 만들어 곡식을 보관하고 있다.

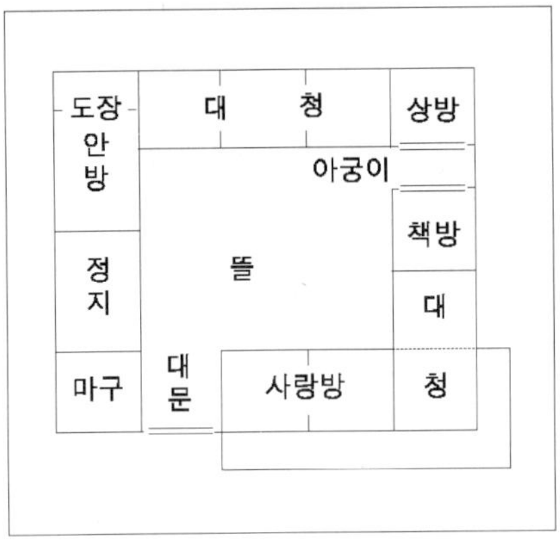

노봉집(상) 김재원 가옥(하)

봉화 김재원, 김기홍, 김성재, 김병윤 가옥[이상 비지정] : 모두 <몸채-안방 · 대청>의 남부 一자형 평면을 채택하여 가옥을 확대시켰다. 지붕도 노봉집과 동일한 2계층이나, 김기홍 가옥은 몸채는 높은 맞배지붕, 아래채는 낮은 팔작지붕, 사랑은 높은 팔작지붕으로 높이가 3계층인 지붕경관을 보이고 있다. 또 김재원 가옥은 대문 옆 마구가 방으로 개조되어 있다. 김병윤 가옥은 원래 口자형 가옥이었으나 훼철되어 현재 ⊓자형 몸채만 남아 있다.

김기홍 가옥(좌상), 김성재(우상)　　김명섭(좌하) 김병윤(우하)

2) 가평리

현재 96호 중 안동 권씨가 13호, 창녕 성씨가 8호이다.

가평리 계서당[중 171호] : 창녕 성씨의 종택으로 조선 중기 문신으로 진주부사를 지내고 청백리로 추앙받던 溪西 성이성(1595-1664) 공이 1613년에 지었다고 전해진다. 가옥은 튼 ㅁ자형으로 안방 뒤에 도장방을 마루까지 연장하여 곡식을 저장할 수 있게 해 놓았고, 사랑은 田자형의 겹집구조이다. 그래서 사랑방, 책방, 윗방 등이 겹으로 연이어 있고, 내당에서 사랑에 출입하는 복도 마루가 미로처럼 되어 있다.

계서당

3. 봉화군 상운면

1) 구천리

옥천 전씨 집성촌으로 89호 중 29호가 전씨이다. 이 마을은 중종 때 사마시에 합격한 야옹(野翁) 전응방(1491-1554) 공이 입향조이다. 그는 조부이자 단종조 절의신(節義臣)인 휴계(休溪) 전의철 선생의 유훈을 받들어 관직에 나아가지 않고, 교우였던 퇴계 선생과 도학을 강론하였다고 한다.

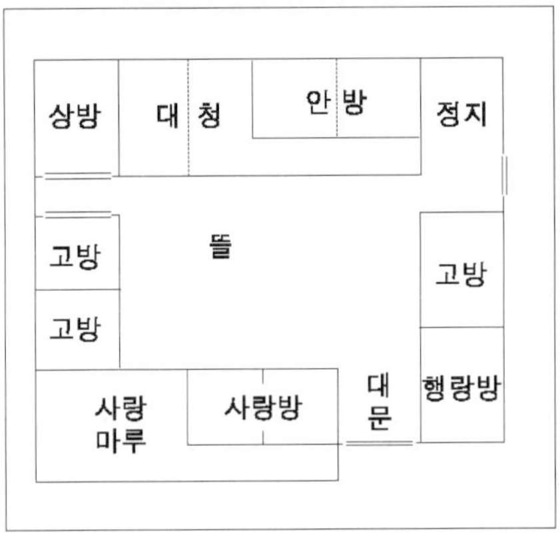

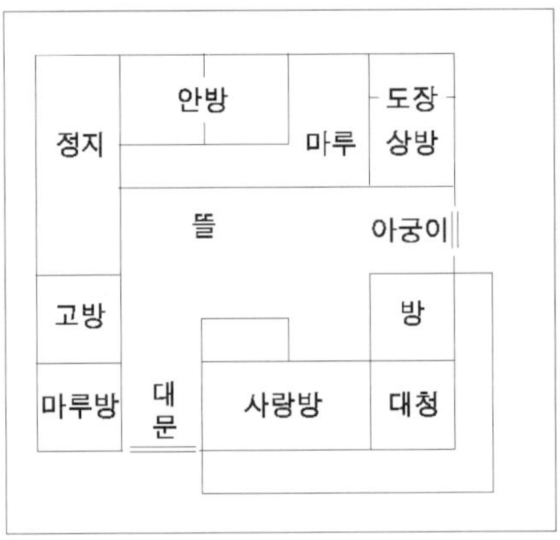

옥천 전씨 종갓집(상)　　전영건 가옥(하)

옥천 전씨 종갓집[비지정] : 현 전경우 가옥은 몸채 7칸, 익사 6칸 등 규모가 큰 口자형 뜰집에 남부 직가 一자형 평면이다. 그간 중수과정에서 옛 멋이 많이 퇴색되었다. 지붕은 해저리 남호구택과 동형으로 2계층 팔작지붕이다. 가내에 있는 야옹정(野翁亭: 문 153호) 당호의 글씨는 퇴계의 친필이라 한다.

봉화 전영건, 전우익 가옥[이상 비지정] : 종가와는 달리 아래채의 사랑을 더 높은 팔작지붕으로 건립하여 3계층이 된 가옥이고, 모두 <몸채-안방 · 마루>의 남부 一자형 평면이다. 전영건 가옥은 중수하면서 골기와를 사용하지 않아 고옥의 멋이 퇴색했고 훼손이 심하다.

전우익 가옥

봉화 전우겸 가옥[가옥[39쪽 日자 측입형 가옥 참조]

휴계 재사 및 칠성루[유 174호] : 바로 인근이나 행정적으로는 영주시 이산면 용산리의 산속에 있다. 칠성루는 휴계 전의철의 유덕을 추모하여 그의 5대손이며, 우복 정경세의 문인으로 사간원 정언을 지낸 雪月堂 전익희 공이 인조 9년 창건한 4칸 겹집의 정자이다. 휴계 재사는 그 후인 숙종 23년경 창건되었고, 口자형 뜰집에 외양이 좌우 대칭을 이루는 맞배지붕의 고식적인 가옥이다.

휴계 재사

2) 설매리

총 70호 중 파평 윤씨 20호, 영양 남씨 11호, 단양 우씨 10호, 밀양 박씨 10호 등이 함께 살고 있는 혼성촌락이다.

설매리 겹집[민 109호] : 약 150여 년 전 건축된 것으로 추정되는데, 현재는 박문출이 매입하여 거주하고 있다. 한 지붕 아래 모든 기능이 다 있는 폐쇄형 가옥의 일종이다. 그래서 실내가 어둡고, 연기가 차기 쉬워 환기 구멍이 가옥의 전면 벽에 다수 있다. 평면은 정면 3칸, 측면 2칸으로 「여칸집」인데, 이는 「6칸 집」이라는 뜻이다.

설매리 3겹 까치구멍집[민 110호] : 현 소유주 윤익의 7대조가 170여 년 전에 건립한 초가이다.

평면은 정면 3칸, 측면 3칸의 겹겹집으로 전면 중앙에 토상(土床)으로 된 봉당의 역할이 크다. 내부는 이 봉당을 중심으로 눈이 와서 길이 막혀도 생활할 수 있는 구조를 하고 있다. 이 까치구멍집은 전면은 물론 측면에도 환기 구멍이 다수 있으며, 소백 · 태백산간에 다수 분포하고 있다.

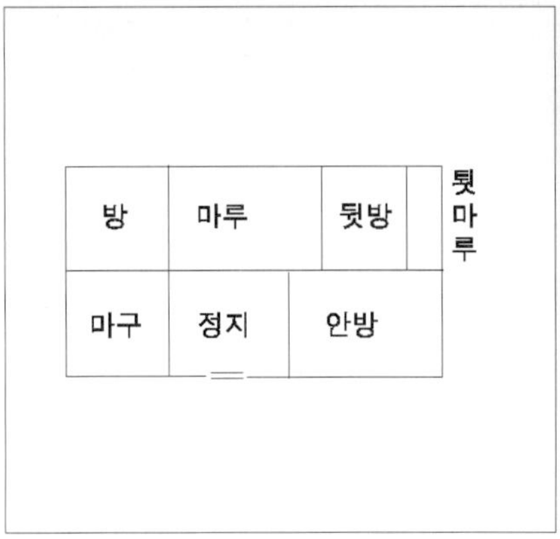

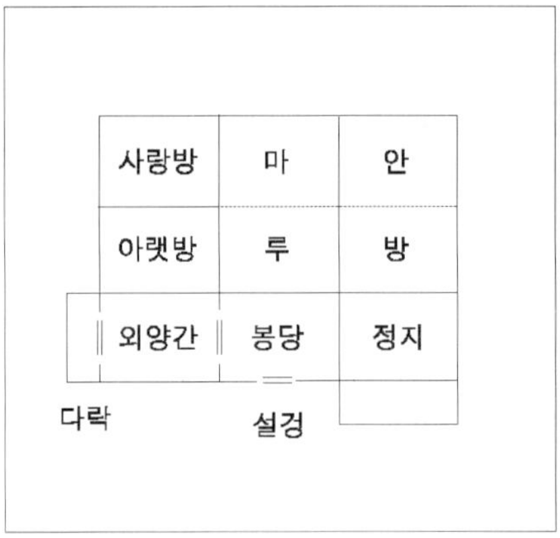

설매리 겹집(상) 설매리 까치구멍집(하)

4. 봉화군 봉성면(봉양리)

밀양 박씨의 동족촌락으로 107호 중 60호가 박씨이다.

오고당 구택[민 52호] : 조선 말기 명의인 박한진이 태어난 가옥으로 1820년 건축된 것으로 추정된다. 그는 조대비의 병을 고치고 고종으로부터 五高堂이라는 호를 받았다. 평면은 사방이 3칸으로 된 <사방 집>으로 겹겹집이다. 역시 전면에 환기와 채광을 위하여 여러 개의 개구부가 있다. 현재는 초가에서 팔작지붕 와가로 개조되어 있다. 이웃에는 ㅁ자형 뜰집인 **박인민 가옥**[비지정]이 있다.

5. 봉화군 명호면(도천리)

봉화 정씨는 50호 중 30호이고 안동 김씨는 단 1호뿐이다.

봉화 김갑동 가옥[문 353호] : 현 소유주의 증조부인 안동인 김우규 공이 봉화군 소천면에서 뗏목으로 적송을 운반, 1924년 건립하였다. 가옥은 ㅁ자형 뜰집에 <몸채-큰방 · 대청>의 정면 6칸, 측면 6칸으로 규모가 큰 남부 직가형 평면이다.

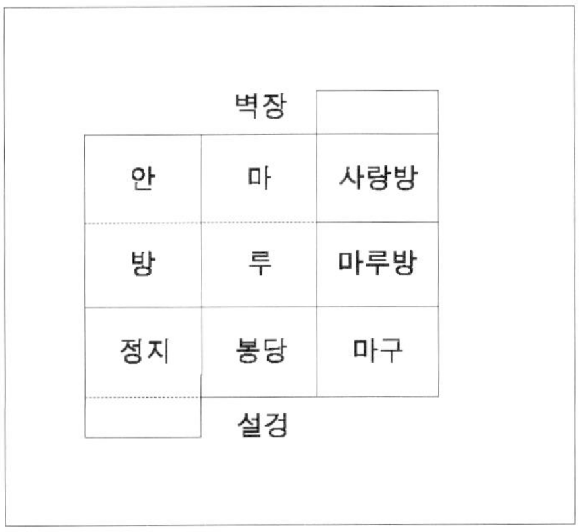

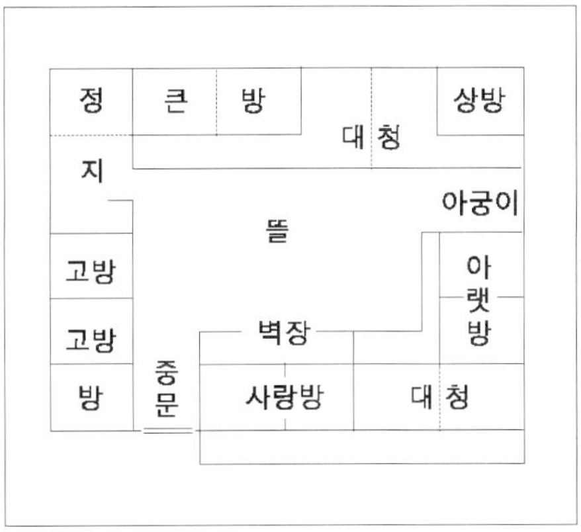

오고당 구택(상)　　김갑동 가옥(하)

6. 봉화군 법전면

1) 법전 1리

면소재지 마을로 총 120가구 중 진주 강씨는 40여 호이다.

봉화 기헌 고택[문 419호] : 현 강석민 가옥은 조선 후기 헌종 때 세운 집으로 당시의 생활상을 잘 반영하고 있다. 가옥은 ㅁ자형 뜰집에 남부 一자형 평면이고, 모두 팔작지붕이다. 특히 안채 대청을 2등분하고 4분합 들문을 설치, 폐쇄형 마루를 만들고 도장으로 활용하고 있다. 이웃에는 동형의 전주 이씨 **이남재 가옥**[비지정]이 있다.

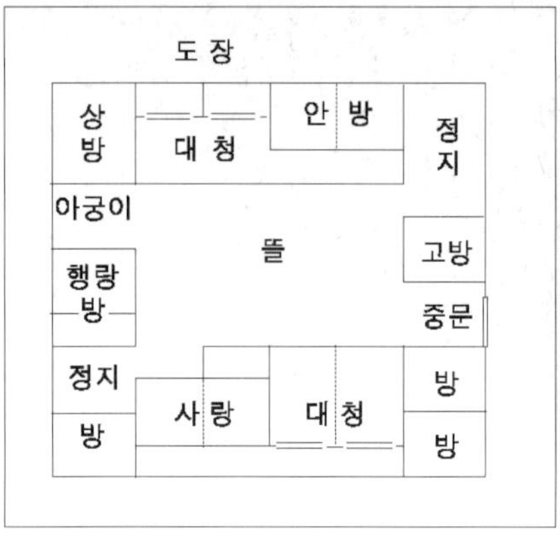

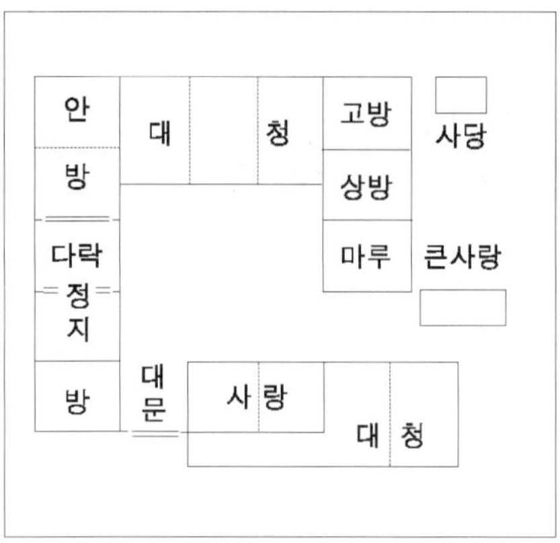

기헌 고택(상)　　강씨 종택(하)

2) 척곡 1리

진주 강씨의 동족촌락으로 30호 중 20호가 강씨이다.

봉화 법전(진주) 강씨 종택[민 40호] : 인조 때 병자호란이 항복으로 끝나자 도은(陶隱) 강격은 동생 잠은(潛隱) 강흡과 이곳에서 은거하면서 후진을 양성하여 일명 **도은 구택**으로 불리었다. 잠은(1602- 71)은 병자호란 때 대명절의를 지킨 태백오현 중 한 분이다. 가옥은 튼 ㅁ자형으로 안채의 전면에 굵고 높은 두리기둥을 사용하였으며, 정침 오른쪽에는 재실과 사당이 있다. 이웃에는 맞곱패형의 **강궁원 가옥**[비지정]이 있다.

강금원 가옥

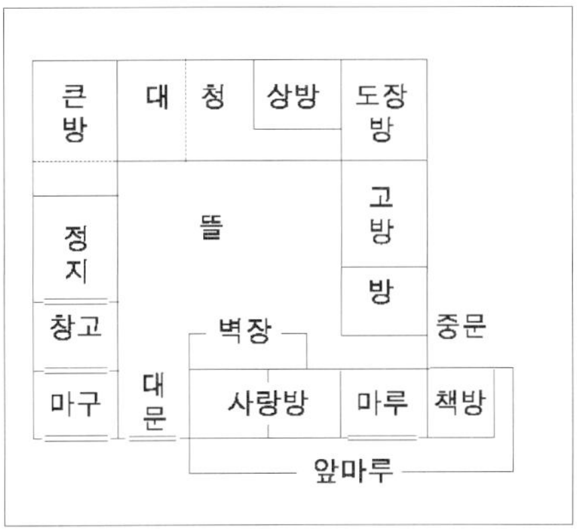

김성도 가옥(상)　김갑동(좌하), 김명환(우하)

3) 소천 1리

일명 옥천리는 의성 김씨 집성촌으로 80호 중 20호가 김씨이고, 300여 년간 세거했다.

봉화 김성도 가옥[비지정] : 의성 김씨 이곳 소종가이다. 가옥은 口자형 뜰집에 큰방 대신 상방이 대청으로 나온 <몸채-마루 · 상방>의 약간 색다른 남부 一자형 평면이다. 그리고 아래채 사랑마루가

1칸으로 적은 것은 추운 기후 때문인 것으로 보인다.

봉화 김갑동 가옥[비지정] : 안채가 一자형, 아래채가 ⊔자형이 되어 전체적으로 튼 口자형 배치이다. 이 가옥은 몸채에 대청이 없는 대신에 사랑마루가 있고, 마루 동편 판장 문 위에는 빗살 광창을 달아서 멋을 부렸다. 이웃의 **김명환 가옥**[비지정]은 남부지방의 보편적인 직가 二자형이나, 부속건물을 포함하면 떨어진 口자형 가옥이다.

4) 소천 2리

한때 의성 김씨 집성촌이었으나 지금은 총 66호 중 7호만 김씨이다.

봉화 김영근 가옥[비지정] : 이곳 학봉 후손의 대종가로서 학자인 동시에 효자로 이름난 옥계(玉溪) 김명흠 공이 건립한 구택이다. 평면은 소종가와 거의 동형이고, 또 玉溪舊宅 현판이 걸린 사랑의 앞마루는 헌함난간을 둘러서 고식적 멋을 살렸다.

김영근 가옥

7. 봉화군 춘양면(의양 3리)

춘양면 면소재지에 인접해 있고, 한때 진주 강씨의 강촌이었으나 현재 강씨는 186호 중 단 14호에 불과하다.

봉화 만산 고택[민 121호] : 현 소유주 강백기의 4대조이고, 조선 말기 문신으로 통정대부를 지낸 晩山 강용(1846-1934) 공이 을사조약이 체결되자 벼슬을 버리고 이곳에 내려와 고종 15년(1878)에 건립하였다. 가옥은 口자형에 <몸채-대청>의 중부형 평면이다. 그 외 외정 좌측에 서실, 오른쪽에 별당(七柳軒)을 두어 사대부집 면모를 갖추었다. 또 몸채와 대문채에 있는 많은 고방은 이 집안이 당시 만석꾼이었음을 말해 주고 있다. 晩山이라는 현판의 글씨는 대원군의 친필이라 한다. 이웃에는 당숙댁인 **강희탁 가옥**[비지정]이 있는데, 거의 동형의 뜰집이다.

권진사댁[문 190호] : 안동 권씨 성암(省庵) 권철연(1874-1951) 공이 살던 집으로 건넛마을 운곡에서 부친이 1880년경 이곳으로 이건하였다. 이 댁에는 문인 명사와 우국지사들의 내왕이 잦았고, 심지어 걸인들도 후히 대접하였다고 한다. 가옥은 口자형 뜰집에 남부 직가형 평면으로 규모가 아주 큰 가옥이다. 그래서 안채가 이곳 북부지방에서는 잘 볼 수 없는 田자형 겹집이다.

만산 고택(상)　대원군 글씨(좌하)　강희탁(우하)

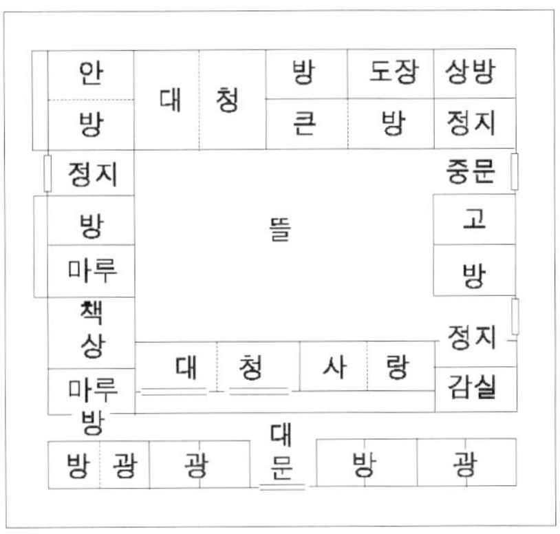

권진사댁

8. 봉화군 소천면(분천리)

일명 수안골은 김녕 김씨 집성촌으로, 현재 70호 중 20여 호가 김씨이다.

분천리 도토마리집[민 107호] : 나무축대의 양단에 네모진 판이 붙은 베 짜는 연상 노토마리처럼 평면 구성이 정지를 중심으로 양쪽에 온돌방이 배치되어 있다고 하여 붙여진 이름이다. 엄격히 말하면 중앙부엌형 가옥으로 태백산맥 일대에 분포되어 있는 서민주택의 한 유형이다. 평면은 겹집으로 중앙 전면이 봉당이고 그 앞문이 대문 역할을 하는데, 문틀에 쇠못을 쓰지 않고 장부로만 결구하여 고정시킨 것이다.

분천리 까치구멍집[민 108호] : 현 김진석 가옥은 19세기말 이전에 건축된, 일종의 외양간이 돌출한 겹집이다. 전술한 곡가형 삼척 너와집, 고성군 왕곡의 「북방식 외양간 돌출 곡가형 양통집」과 비슷하여 중·북부 영동지방 가옥문화의 영향이 있었던 것으로 보인다. 가옥 내부에 연기가 차기 쉬워 환기 구멍, 즉 용마루 양측에 까치구멍을 만들어 놓았다.

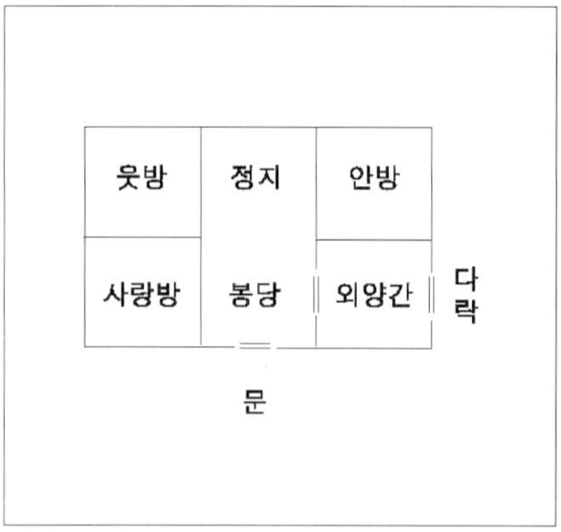

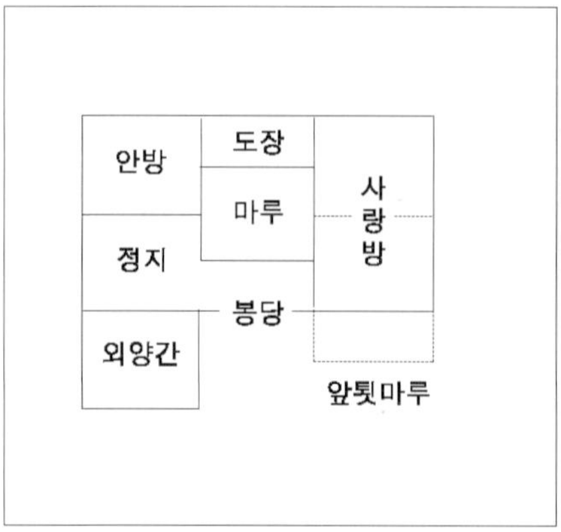

도토마리집(상)　까치구멍집(하)

15장 경북 북부의 영주시와 예천군 가옥

영주시와 예천군이 이 지역에 해당한다. 이들 지역에는 낙동강 상류의 산간평야를 배경으로 부농이 세거하는 지역과 또 일부 낙향관료가 거주하고 있는 곳에서 고옥이 많다. 이들 가옥은 안동권과 한양권의 문화가 교류되는 중간지역에서 양 지역의 영향으로 새로운 가옥형이 발달하였다. 지붕은 3계층 맞배지붕이 2계층 팔작지붕으로 많이 대체되었고, 평면은 중부지방 <몸채-대청>형이 남부지방 <몸채-안방·대청>형으로 대체되었다.

1. 영주시

1) 영주 1동

영주 김종만 가옥[비지정] : 도심 북쪽의 영광여중 오르는 언덕길에 있는 이 고옥은 고층건물에 파묻혀서 양 날개 ㄷ자형 뜰집에 중부형 평면이 보존되어 온 것이 신기하다. 지붕은 모두 맞배지붕이나 사랑이 높은 팔작지붕이다.

김종만 가옥

2) 상줄동

일명 줄포의 나주 정씨는 총 80호 중 8호이다.

영주 희현당[비지정] : 나주 정씨 종택으로 안협 현감을 지낸 희현당 정의철 공이 건립하였으며,

그는 당시 1,000석 꾼의 부자였다고 한다. 이 가옥은 ㅁ자형 뜰집이고 중부 곡가형 평면으로 붕괴직전에 있다. 지붕은 몸채와 아래채의 지붕이 높고, 익사채의 지붕이 낮은 2계층 지붕으로 되어 있는데, 이는 이곳 영주·봉화지역에서 변형된 가옥형이다. 그 외 이 마을에 **정관순 가옥**[비지정]이 있다.

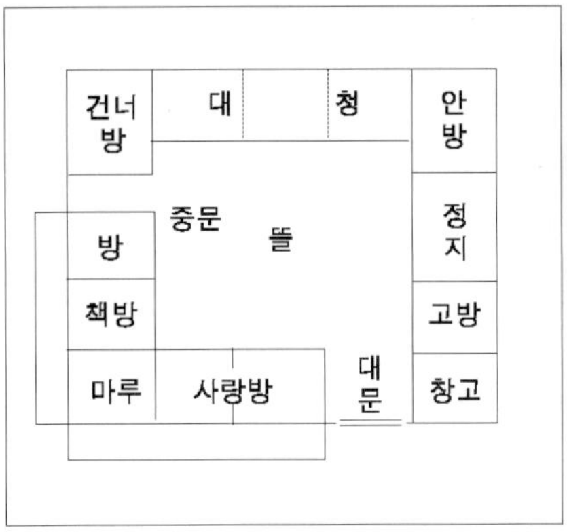

희현당

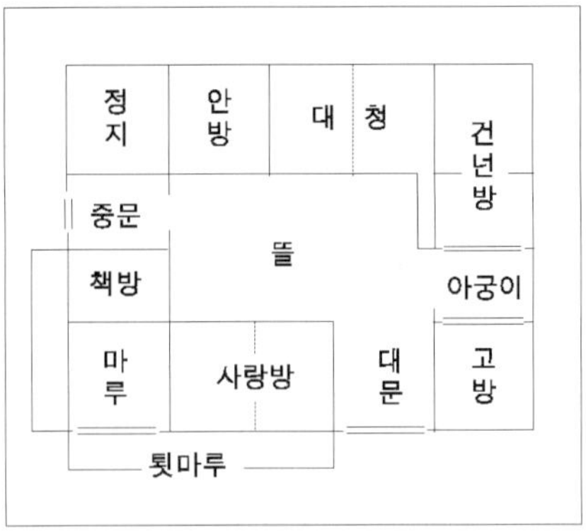

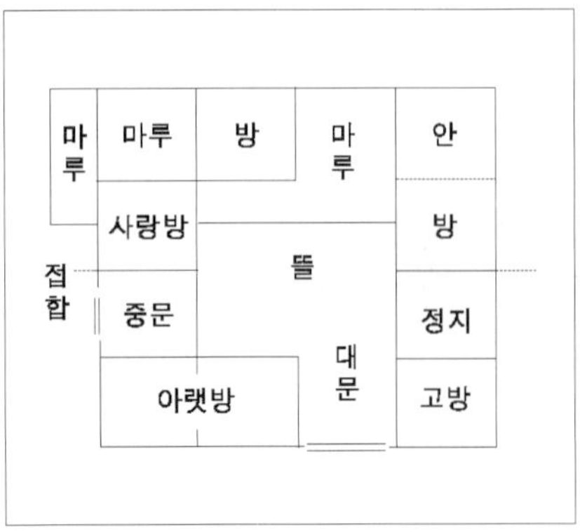

순흥 안씨 종택(상) 창원황씨 종택(하)

2. 영주시 안정면(용산 1리)

남으로 멀리 보이는 대룡산은 용이 누워 있는 형상으로 명당에 위치한 마을이라 한다. 원래 순흥 안씨의 마을에 창원 황씨가 장가를 와서 양성의 혼성촌락이 되었다. 현재 총 60호 중 안씨가 12호이고, 황씨는 30호이다.

순흥 안씨 종택[비지정] : 현 안우석 가옥은 ㅁ자형 뜰집에 <몸채-안방 · 대청>의 남부 一자형 평면이다. 아래채의 대문 옆 우사가 뜰집 밖으로 나가면서 고방으로 대체되어 있다. 지붕은 몸채, 익사채, 아래채의 높이가 2계층으로 변형되어 있으며, 특히 팔작지붕의 박공부분이 작아서 우진각지붕처럼 보인다.

창원 황씨 종택[비지정] : 현 황춘일 가옥은 몸채 ㄱ자형, 아래채 ㄴ자형의 접합된 ㅁ자형 뜰집에 <몸채-대청>의 중부 곡가형 평면이다. 몸채 좌측 상방이 사랑방으로, 마루 1칸이 건넌방으로 변경되어 있다. 또 사랑공간에는 작은 옆마루를 두고, 아자(亞字)난간을 둘러 멋을 내었다. 지붕 높이가 2계층이고, 팔작지붕의 접합이다.

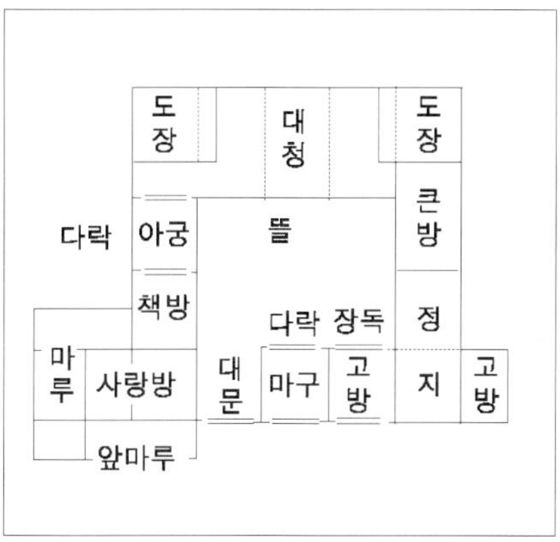

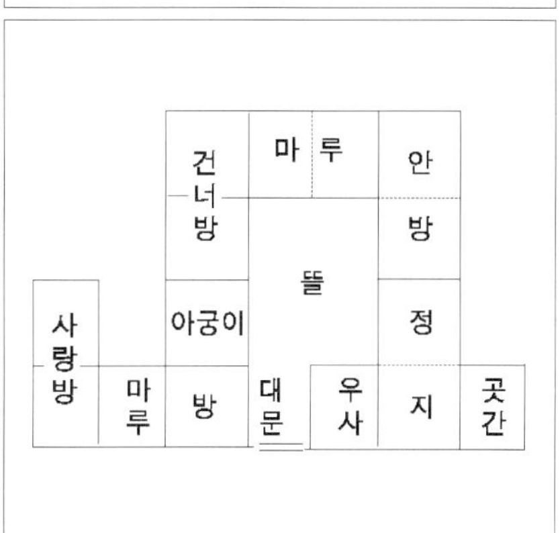

장씨 고택(상)　　금암 고택(하)

3. 영주시 평은면(금광리)

세조 때 적개공신 장말손의 증손 과재(果齋) 장수희(1616-1686) 공이 화기리에서 분파되었고, 중종 때 그의 아들 장여화가 이곳 금광리에 입향한 후 인동 장씨 동족촌락이 되었다. 현재 총 50호 중 47호가 장씨이다.

금광리 장씨 고택[문 233호] : 조선 헌종 때 동지중추부사를 지낸 장연구 공이 1860년대 건립한 것으로 영감댁으로 부르기도 한다. 가옥은 양 날개 ㅁ자형 뜰집으로 조선 후기를 대표하는 민가건축이다. 평면은 <몸채-대청>의 중부 곡가형이다. 안채 부엌 부뚜막 위에 벽장을, 상부에는 다락을 설치한 것, 또 대청의 좌우에 있는 도장이 대청까지 일부 점유하고 있는 것이 이 가옥의 특징이다. 곡식을 안전하게 보관하기 위해 건축에서부터 세심하게 계획되어 창안된 구조로 보인다.

영주 금암 고택[비지정] : 현 장재원 가옥은 양 날개 ㅁ자형에 <몸채-마루>의 중부 곡가형 평면이다. 특히 좌측 날개인 사랑이 또 뒤로 연장되어 있는 전국에서 유일한 가옥이다. 지붕은 연장된 사랑채의 팔작지붕을 제외하고는 맞배지붕의 고식적인 뜰집으로 보인다. 그러나 문화재로 지정되지 않아 많이 퇴락해 있다.

4. 영주시 이산면

1) 두월리

일명 두들마을은 연안 김씨 만취당파의 집성촌이다. 이들은 약 300년 전에 입향하였으나 총 80호 중 단 4호만 김씨이다. 연안 김씨는 중종 때 좌의정 김안로와 인목대비를 배출한 가문이다.

괴헌 고택[민 65호] : 현 소유주 김종헌의 고조부 槐軒 김영의 선고 덕산 공이 정조 3년(1779)에 건축하였다. 괴헌은 임란 때 의병장을 지낸 만취당 김개국의 후손이다. 가옥은 우익사가 아래채와 떨어져 있는 튼 ㅁ자형에 <몸채-안방 · 대청>의 남부형 평면이다. 지붕은 몸채와 사랑채가 팔작지붕이고, 돌출한 우익사는 맞배지붕이다. 큰방 뒤의 장고방, 아래채의 2칸 고방, 좌익사 2칸의 광 등은 이 집안이 부유한 권문임을 보여주고 있다. 특히 안방의 피난다락과 사랑방 뒷벽의 은신처 등이 이채롭다. 이 고택에 많은 고문서가 안전하게 보존될 수 있었던 것도 이러한 가옥구조 덕분이라 한다.

영주 김석희[비지정] : 가옥은 ㅁ자형 뜰집으로 평면은 역시 남부 一자형이다. 그러나 이 가옥은 몸채가 아래채보다 짧아 연결이 부엌 모서리에서 불완전하다. 지붕은 괴헌 고택과 동일하게 몸채와 사랑이 팔작지붕이다.

영주 연당댁[비지정] : 현 김만기 가옥은 많이 퇴락되어 있으나 양 날개 ㅁ자형 뜰집에 <몸채-마

루>, <아래채-우사>의 중부 정형의 소규모의 평면이고, 모두 고식적인 맞배지붕인 점 등이 보존가치가 높은 것으로 보인다. 특히 사랑마루 동측의 판 벽과 그 위에 있는 작은 벽장 등 좁은 공간을 지혜롭게 이용하고 있다.

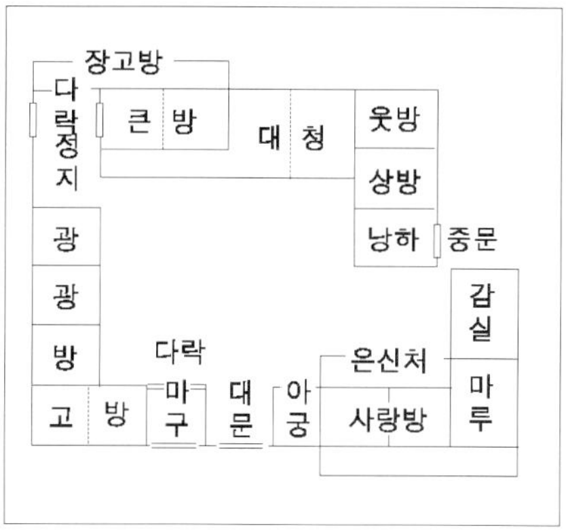

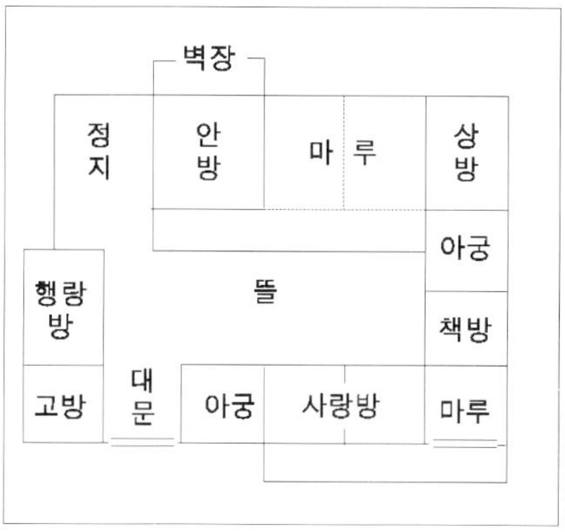

괴헌 고택(상) 김석희 가옥(하)

연당댁

2) 용상리

일명 어휘실은 강릉 유씨 동족촌락으로 130호 중 70호가 유씨이다. 이 마을 뜰집을 청송의 황씨처럼 우물 정(井)자 집이라 부르고 있다. 모두 몸채 ㄇ자형과 아래채 ㄩ자형을 접합시켜 지붕과 처마 높이가 2계층인 팔작지붕이다. 평면형태는 부엌이 익사에 내려온 <몸채-마루>의 중부 곡가형 소규모 평면으로 초기 뜰집의 변형으로 보인다.

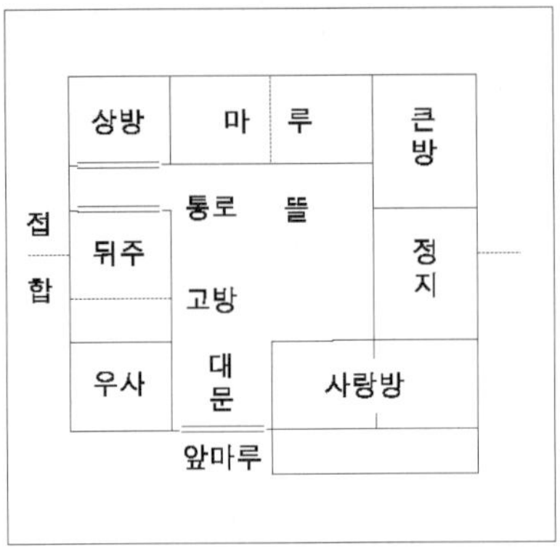

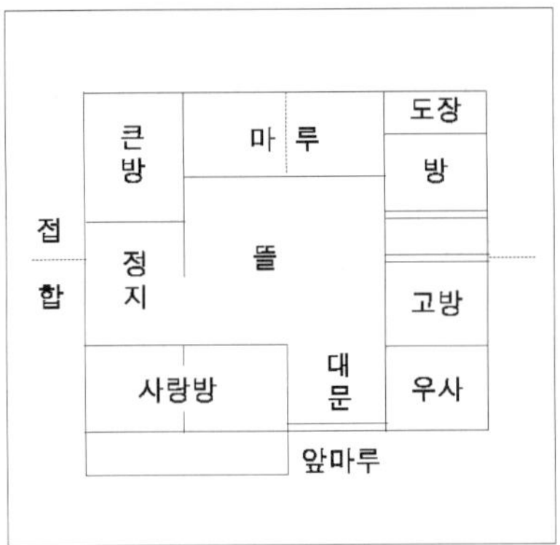

참봉댁(상)　　유종호 가옥(하)

영주 참봉댁[비지정] : 현 유은종 가옥은 강릉 유씨 종가로서 약 400년 전 통정대부를 지낸 유억용공이 건립한 것으로 알려져 있다. 평면은 보통 안방과 사랑방이 대각선으로 마주하는 것이 보통인데, 이 가옥은 안방과 사랑방이 함께 우측에 있다. 이웃에는 동형의 **유재윤 가옥**[비지정]이 있다.

영주 유종호 가옥과 유성민 가옥[이상 비지정] : 평면구조가 동일하다. 이들 가옥은 큰방과 사랑방이 좌측에 함께 있다. 유종호 가옥의 뜰에서 본 하늘은 너무 작게 보여 우물 정(井)자, 말 그대로 우물통과 같이 느껴진다. 유성민 가옥은 아래채의 ㄩ자형이 훼손되어 헐어내고 시멘트 모르타르로 개수하여 보기가 흉하다.

유재윤(좌)　　　유성민(우)

3) 신암 1리

일명 우금촌은 선성 김씨 20호, 연안 김씨 6호가 세거한다.

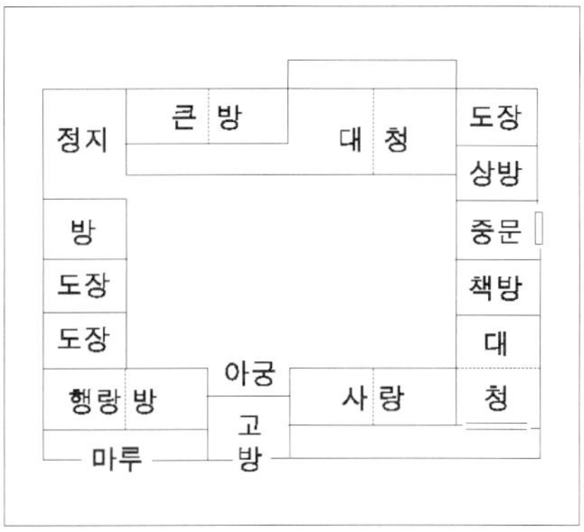

두암 고택(상)　　이종식 가옥(하)

우금촌 두암 고택[유 81호] : 현 연안인 김성걸 가옥은 광해군 때 한성부윤을 역임한 斗巖 김우익

공이 선조 23년(1590) 분가 시 건립하였다. 이 집은 양 날개 ㅁ자형 뜰집에 <몸채-대청>의 중부 곡가형 평면이다. 정침(正寢) 및 아래채를 합쳐 모두 24칸으로 규모가 상당히 크며, 그 외 별당인 함집당(咸集堂)과 가묘 등을 갖추고 있는 사대부가이다. 이 마을에 **김병묵 가옥**, **만간암 고택**, **만취당**(晩翠堂) 등의 고옥이 더 있다.

우금촌 이종식 가옥[비지정] : 진성 이씨 가옥으로 우금촌에 외롭게 떨어져 있다. 이 가옥은 안채 ㄱ자형, 아래채 ㄴ자형이 마주보는 중부지방 맞곱패형 가옥이다. 그러나 평면은 <몸채-안방 · 대청>의 남부 직가형이고, 지붕형은 모두 팔작지붕이다.

구은 고택(상) 김성민 가옥(하)

4) 신암 2리

일명 삼봉골은 연안 김씨의 집성촌으로 20호 중 10호가 김씨이다.

영주 구은 고택[비지정] : 현 김익주 가옥은 4대가 참봉을 지낸 사파 종가라 한다. 가옥은 ㅁ자형에 <몸채-안방 · 대청>의 남부 一자형 평면이고, 지붕은 모두 팔작지붕이다. 사랑채 구은정(九隱亭)은 참봉 김성수 공의 유덕을 추모하여 후손이 건립하였고, 그 앞의 연당은 물이 맑고 깊어 보여서 예사롭지 않는 상류계층의 가옥으로 보인다.

영주 김성민 가옥[비지정] : 삼봉골에서 다시 북쪽으로 약 1km 떨어진 실내마을의 산밑에 독가촌으로 외롭게 있다. 처음 진성 이씨가 건립하였으나 여러 차례 주인이 바뀌었고 현재는 김해 김씨가 주인이 되어 있다. 이 가옥은 몸채가 ㄱ자형, 아래채가 一자형으로 된 튼 ㅁ자형 배치이고, 모두 맞배지붕이다. 평면은 정면에 마루가 있는 중부 곡가형으로 뒤주 1칸이 마루를 점유하고 있다.

5. 영주시 장수면(화기리)

일명 꽃게는 세조 때 이시애 난에 공을 세운 적개공신으로 첨지중추부사를 지낸 경윤(景胤) 장말손의 현손인 장언상(1529-1609) 공이 입향한 후 인동 장씨의 집성촌이 되었다. 총 70가구 중 30가구가 장씨이다.

화기리 인동 장씨 종택[민 98호] : 현 장덕필 가옥은 정침의 좌우에 사당과 유물 보호각이 있다. 입향조가 건축한 정침은 양 날개 ㅁ자형으로 보이나 안채와 아래채가 떨어져 정확히는 튼 ㅁ자의 중부 곡가형 평면이다. 특히 사랑 뒤편 아궁이 위 다락에 오르는 나무 사다리에서 소박하면서 토속적인 한옥의 정취를 느낄 수 있다.

인동 장씨 종택

6. 영주군 문수면

1) 수도리

원래 반남 박씨의 마을에 선성 김씨 文節公 김담의 10대손 김대 공이 영주에서 장가 와서 세거함으로써 양성의 혼성촌락이 되었다. 즉 양동(월성 손씨 마을)의 여강 이씨, 용산(순흥 안씨 마을)의 창원 황씨와 같이 사위의 후손이 번창한 마을이 되었다. 현재 총 60호 중 반남 박씨 15호, 선성 김씨 35호이다. 수도리는 하회와 같이 내성천의 흰모래와 맑은 물이 3방향에서 감싸고 있어서 마을 이름 그대로 수도리이다. 이러한 아름다운 환경과 아름다운 고옥들을 숨겨 두고, 영주시는 어째서 별도의 모조품 선비촌을 조성했는지 모를 일이다.

만죽재(상)　　오헌 고택(하)

만죽재 고택[민 93호] : 반남 박씨의 판관공파 종택으로 현 종손 박건우의 11대조 박수 공이 입향하여 1600년대 건립하였다고 한다. 이 가옥은 口자형 뜰집에 <몸채-머루>의 중부형 평면이고, 지붕의 경우, 몸채는 맞배지붕이나 아래채가 팔작지붕과 우진각지붕을 취한 변형이다. 그래서 화려하지는 않으나 고졸한 품위를 간직하고 있다.

오헌 고택[비지정] : 현 박종우 가옥은 고종 때 병조참판을 지낸 그의 5대조 吾軒 박재연 공이 180여 년 전에 건축하였다고 한다. 가옥은 외날개 口자형에 이 마을에서 유일하게 <몸채-안방 ·

대청>의 남부 一자형 평면이다. 지붕은 몸채와 아래채의 팔작지붕 추녀가 유난히도 치솟아 맵시 있는 외관이다. 이웃의 **섬계 고택**[비지정]은 원래 반남인 박용준의 가옥이었으나 현재 선성인 김두한이 거주하고 있다. 평면은 만죽재와 동형이나 사랑마루가 1칸 추가되어 있다.

섬계 고택

수도리 김덕진 가옥[민 117호], 감역 고택[비지정], 초산 고택[비지정] : 약 300년 전에 건축되었고, 각 몸채 4칸의 소규모 ㅁ자, 외날개 ㅁ자, 양 날개 ㅁ자 등의 뜰집에 <몸채-마루>의 중부 곡가형 평면이다. 그중 김덕진 가옥은 1700년대 반남 박씨가 건립한 것을 현 소유자의 증조부가 매입하였으며, 당시 ㅁ자형 정침과 ㄱ자형 방앗간이 그대로 남아 있다. 감역 고택은 몸채 상방 뒤 도장문과 상방 앞 다락문이 모두 판장문으로 고풍스럽고, 또 아래채 우진각지붕의 오른쪽 추녀가 별스럽게 치솟아 경쾌하다. 현 김한설 가옥인 초산 고택은 모두 맞배지붕으로 이 물도리에서는 가장 고식적인 초기 정형으로 보이나 너무 훼손되어 보기가 민망하다.

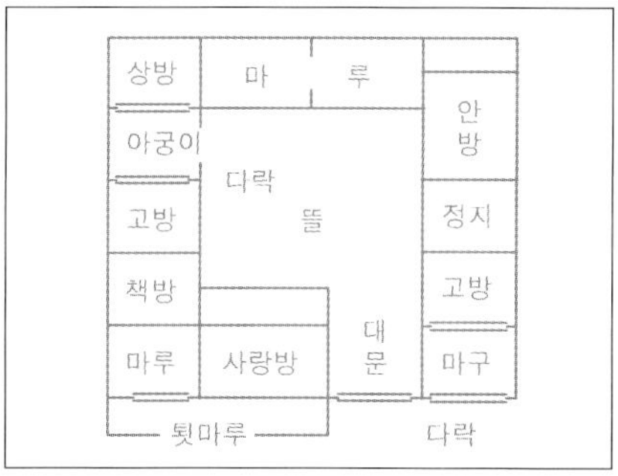

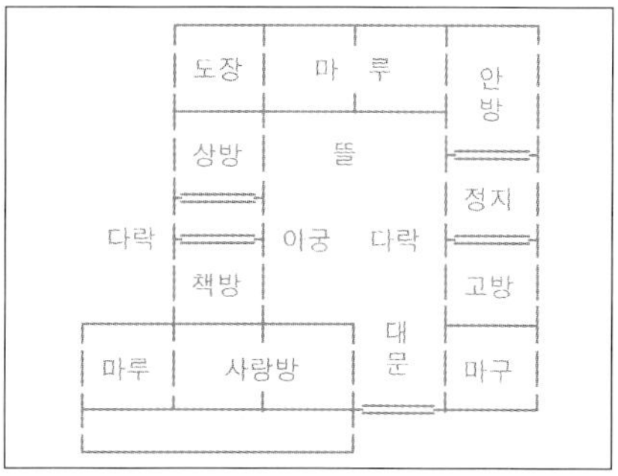

김덕진 가옥(상)　감역 고택(하)

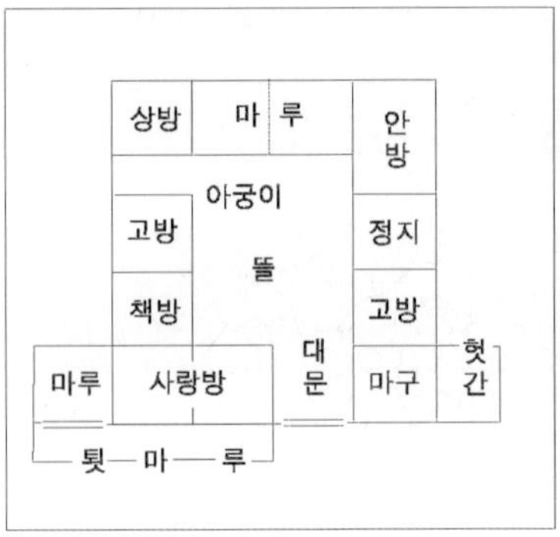

초산 고택

아석 고택[비지정] : ㅁ자형 뜰집에 중부 곡가형 평면이나 규모가 크고, 지붕은 사랑 좌우측이 모두 우진각지붕인데, 이는 여간해서는 보기 어려운 것이다. 또 사랑 앞마루의 계자난간은 조촐하면서 고풍스런 멋을 지니고 있다.

농담 고택[비지정] : 현 김기한 가옥은 ㅁ자형 뜰집에 중부 곡가형 평면이나 역시 규모가 비교적 크고, 사랑채 지붕은 좌측은 팔작지붕, 우측은 맞배지붕으로 혼용지붕이다. 평면은 몸채가 아래채보다 1칸이 부족하여 좌측 모서리가 들어가 기이하고, 그 때문에 지붕도 변화의 극치를 이루고 있다.

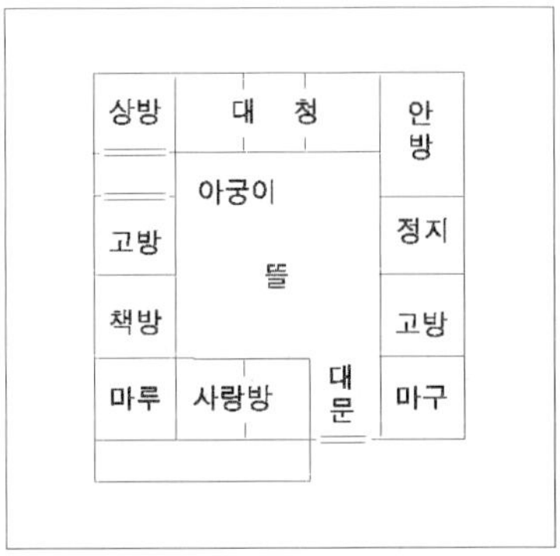

아석 고택(상) 농담 고택(하)

김학진 가옥

영주 김학진 가옥[비지정] : 주사댁이라 부르는 이 가옥은 ㅁ자형에 중부형 평면이다. 아래채는 팔작지붕과 우진각지붕으로 된 혼용지붕이고, 사랑 대청에는 4분합 들문을 달아 멋을 내었다.

해우당 고택[민 92호] : 현 김필영 가옥은 고종 16년(1879) 의금부도사를 지낸 김낙풍 공이 건립한 외날개 ㅁ자형으로 관리상태가 수도리에서 으뜸이다. 평면은 <몸채-대청>의 중부 곡가형으로 초기 뜰집의 요소들이 많이 남아 있는 가옥이다. 특히 우측 큰 사랑은 田자형 겹집구조인데, 여기에는 붓방이라는 특이한 이름의 방이 있다. 또 원주 기둥으로 마루를 높이고, 난간을 돌려 누마루로 꾸민 고옥이다.

해우당 고택(상)　　치류 고택(좌하), 김위진 가옥(우하)

치류 고택[비지정] : 양 날개 ㅁ자형 뜰집으로 훼손이 심하여 붕괴직전에 있다. **김위진 가옥**[문 360호]은 1800년경에 건축된 이 마을의 대표적인 ㅁ자형 주택이다. 사랑마루 3면에 판벽을 두르고 들문을 달아 마루방으로 꾸미고, 가장자리에 헌함난간을 둘렀다. **김규진 가옥**[문 361호]은 조선 후기에 세워진 것으로 추정되는데, 지붕개량으로 없어진 까치구멍의 초기형태를 보이고 있어 겹집의 발달과정을 볼 수 있는 좋은 자료이다. **김뢰진 가옥**[민 118호]은 원래 초가로 된 까치구멍집이었으나 1975년 지붕을 개량하면서 없어졌다. **김정규 가옥**[문 362]은 9칸의 겹겹 집의 까치구멍집이고, **박덕우 가옥**(문 363호)과 **박천립 가옥**[문 364호]은 6칸 겹집의 까치구멍집이다. 그 외 직가 一자형의 **천경 고택**, **만운 고택** 등은 이 마을의 다양한 가옥형을 보여주고 있다.

2) 권선리

일명 고랑골은 반남 박씨의 동족촌락으로 총 89호 중 52호가 박씨이고, 500년 동안 세거해 왔다.

갈산댁[비지정] : 현 박찬흥 가옥은 양 날개 ㅁ자형이나 뜰이 2칸×1.5칸으로 소규모이다. 평면은 <몸채-마루>, <아래채-우사>의 중부지방 초기 정형으로 보인다. 지붕이 맞배지붕으로 몸채, 익사채, 아래채의 높이가 3계층을 이루는 점도 그러하다. 특히 사랑마루의 작은 2분합 들문, 좁은 앞 툇마루의 계자난간은 협소한 고옥을 더 옹색하게 보이게 한다.

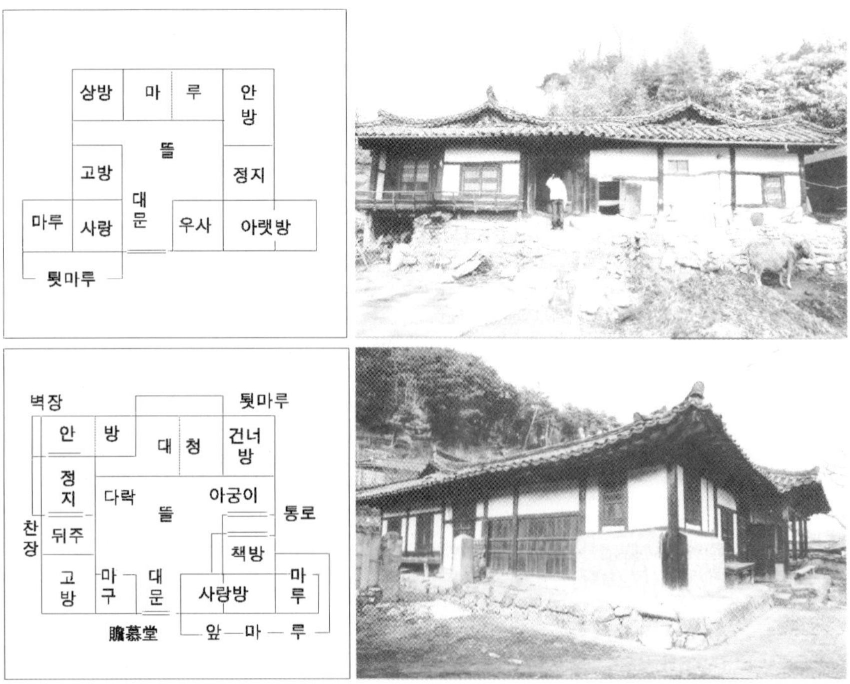

갈산댁(상) 황춘진 가옥(하)

7. 영주시 단산면

1) 병산리

창원 황씨의 집성촌으로 총 100호 중 30호가 황씨이다. 입향조는 동래 군수 지낸 황대산 공으로 알려져 있다. 마을에는 첨모당(瞻慕堂)이 있는데, 세종시 통례원 봉례를 역임한 바 있는 황전(1391-1458) 공이 세종 11년에 지방유생들을 가르치기 위해 건립하였다.

황춘진 가옥[비지정] : 외날개 ㅁ자형에 남부 一자형 평면이다. 안채와 아래채는 전후 측에 툇마루가 있고, 대문 옆 마구간이 방으로 개조되어 있다. 또 첨모당이라는 현판이 있는 사랑은 사대부가의 외양을 하고 있다. 이웃에는 약 70년 전에 건축된 **김두철 가옥**(건축 당시는 고 황두석 소유임)이 있는데, 안채는 ㄇ자형 아래채는 ㄩ자형이 접합되어 있는 뜰집이다.

2) 사천 1리

일명 새내는 달성 서씨 동족촌락으로 총 50호 중 30호가 서씨인데, 이들은 지금까지 약 500년간 세거해 왔다.

서씨 종갓집(상) 사간 고택(하)

달성 서씨 종갓집[비지정] : 현 여수현 가옥은 약 150년 전에 달성 서씨 종택으로 건축되었다. 가옥은 ㅁ자형 뜰집에 <몸채-대청>의 중부 곡가형 평면이고, 지붕은 용산리 안씨 종택과 동형으로 높이가 동일한 팔작지붕이다. 이 종택에는 고방과 창고가 비교적 많아서 집주인이 한때 만석꾼의 부농이었음을 보여주고 있다.

사간 고택 또는 대동댁[비지정] : 현 소유주 서진원의 조부가 서울시장을 임명되었으나 6.25 전란으로 부임은 못한 가문으로 알려져 있다. 평면은 종가와 달리 <몸채-안방·마루>의 남부 一자형이고, 지붕 역시 종가와 달리 몸채가 맞배지붕이고 높다. 또 사랑마루에는 2분합 들문을 달고, 가장자리에 헌함(軒檻)난간을 돌려 고옥의 멋을 살렸다. 그 외 화재로 소실된 **서원태 가옥**과 우국의사 竹林 **서재승 고택**이 있었다.

8. 영주시 부석면(용암 2리)

일명 화감마을은 연안 김씨 동족촌락으로 70호 중 30호가 김씨이다.

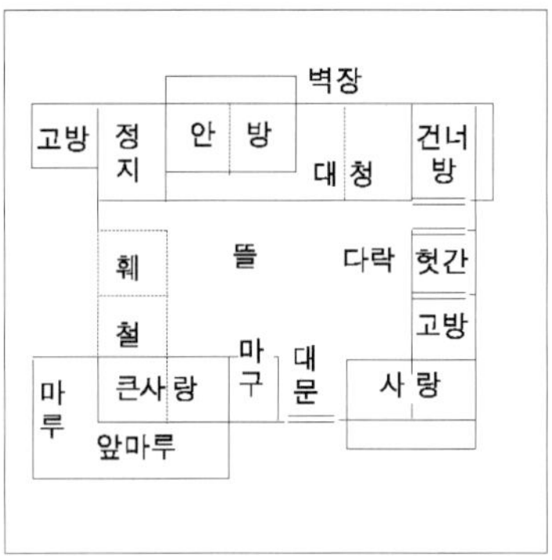

운소 고택

운소 고택[비지정] : 현 김종걸 가옥은 당시 영주고을 갑부로서 고종 때 중추원의관을 지낸 김규수 댁이다. 가옥은 외날개 ㅁ자형이었으나, 우익사가 훼철되어 현재는 ㄷ자형 배치이다. 지붕은 몸채와 사랑은 높은 팔작지붕이고, 아래채는 낮은 팔작지붕으로 3계층의 화려한 외관을 하고 있다. 또 사랑마루의 정교한 아자(亞字)난간은 그 옛날 만석꾼 가옥의 잔영으로 보여진다.

9. 예천군 용문리

1) 죽림리

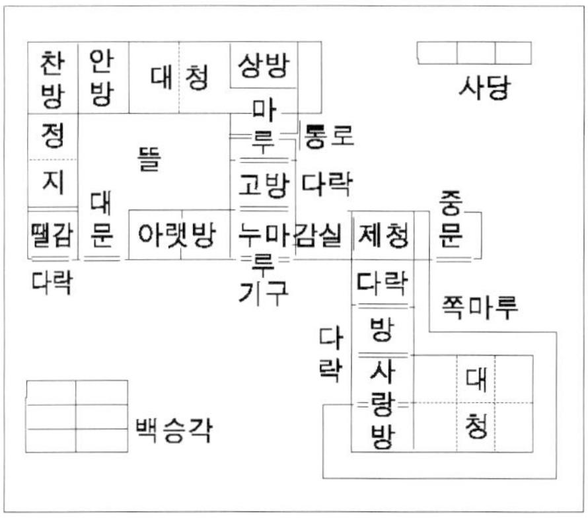

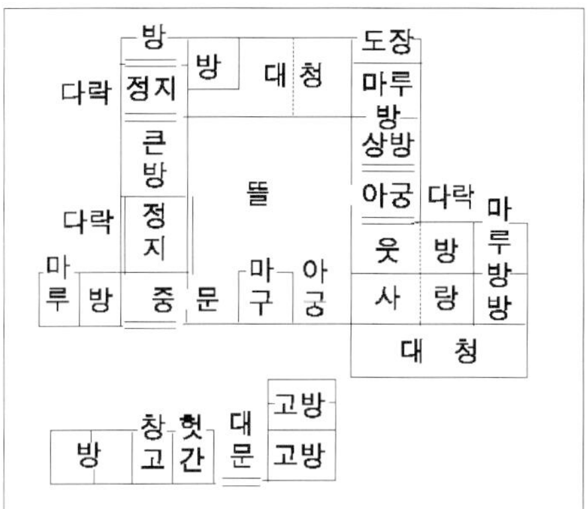

예천 권씨 종택(상)　　남악 종택(하)

예천 권씨 창고(백승각)

뒷산이 반달모양으로 감싸 안고 좌청룡인 백마산과 우백호인 아미산이 둘러져서 풍수지리상 명당으로 알려져 있다. 예천 권씨는 원래는 흔(日斤)씨였는데, 충목왕의 이름을 피하여 외가 성을 따라 권씨로 하였다. 조선 성종 때 수헌(睡軒) 권오복(1467-98) 5형제가 모두 문과에 급제하였다. 그는 김종직의 조의제문을 문제삼아 일으킨 무오사화 때 김일손, 권경유 등과 같이 극형에 처해졌다. 선조 조에는 퇴계의 문인으로 좌부승지를 지낸 草澗 권문해(1534-91)가 이곳으로 이주한 후 약 400년간 예천 권씨의 동족촌락으로 현재 총 79호 중 53호가 권씨이다.

예천 권씨 종택[중 201호] : 현 권무열 가옥은 몸채, 별당인 사랑채(보 457호), 사당, 창고(백승각)로 이루어진 상류계층 가옥으로 선조 때의 문신 권문해 조부 권오상 공이 임란전에 건립하였다. 안채에는 안방 뒤에 큰 찬방이 있고, 중 사랑에는 감실방과 제청이 별도로 있는 유가의 가옥이다. 이곳 제청에서 다락형 마루로 꾸며서 사랑채와 연결되고, 또 신발을 신지 않고 사랑채에 갈 수 있게끔 쪽마루를 길게 돌렸다. 이 집은 웅장하면서 정교하게 건축되어 한옥의 미가 무엇인가를 보여주는 듯하다. 조선 초·중기 건축의 구조와 양식연구에 귀중한 자료이다.

2) 구계리

의성 김씨는 총 50호 중 단 5호에 불과하다.

의성 김씨 남악 종택[민 77호] : 현 김용규 가옥은 천전리 청계 공의 5자 남악 김복일(1541-1591) 공의 후손이 인조조(1632)에 건축한 것이다. 남악 공은 선조조에 청렴 강직한 명어사였다. 이 가옥은 병자호란 때 척화신인 그의 종질 不求堂 김주가 출생한 생가이기도 하다. 가옥은 양 날개 ㅁ자형으로 정면이 9칸의 규모가 큰 뜰집이고, 사랑은 정면과 측면이 각 3칸의 겹 田자형으로 지어졌다.(수리중)

반송재 고택(상) 사괴당 고택(하)

3) 상금곡리

천혜의 길지로 알려진 일명 금당실 또는 맞질마을로서 조선 태조가 도읍지로 정하려 했을 정도로 유명한 조선시대 십승지의 하나이다. 이 마을은 함양 박씨, 의성 김씨, 원주 변씨가 세거하는 혼성마을이었다.

반송재 고택[문 262호] : 숙종 때 병조참판을 지낸 의성 김씨 葛川 김빈(1621-1690) 공이 벼슬을 그만두고 살았던 집으로 그의 동생 김정이 처음 세워서 당호를 반송재라 하였다. 한말에 가세가 기울자 당시 법무대신 이유인이 매입하여 1899년 현장소로 이건하였다. 이 가옥은 몸채 ㄇ자, 아래채 一자의 튼 口자형으로 조선 후기 건축양식이 돋보이는 팔작지붕의 고가이다.

사괴당 고택[문 337호] : 현 소유주 변익은 원주 변씨 첨주공파이고, 이 마을 입향조는 선대 귀계 변희리이며, 그의 증손 변응녕(1518-1586) 공이 이 터를 잡고 건립하였다. 이 가옥은 ㄇ자형 팔작지붕의 몸채뿐으로 아래채 一자는 철거된 것으로 추정된다. 그래서 사랑이 몸채의 우익사에 더부살이를 하고 있는 궁색한 반가이다.

4) 제곡리

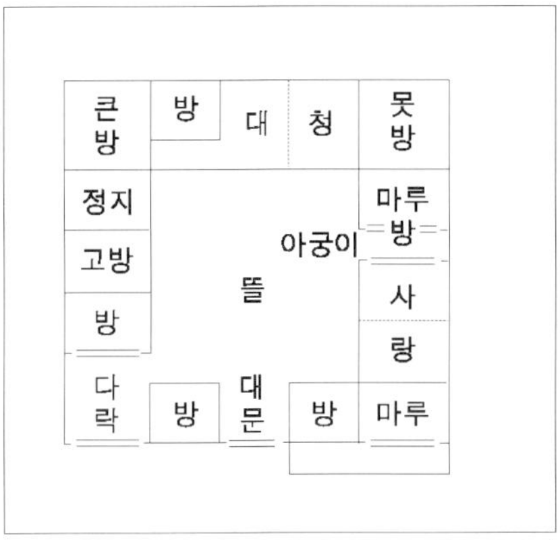

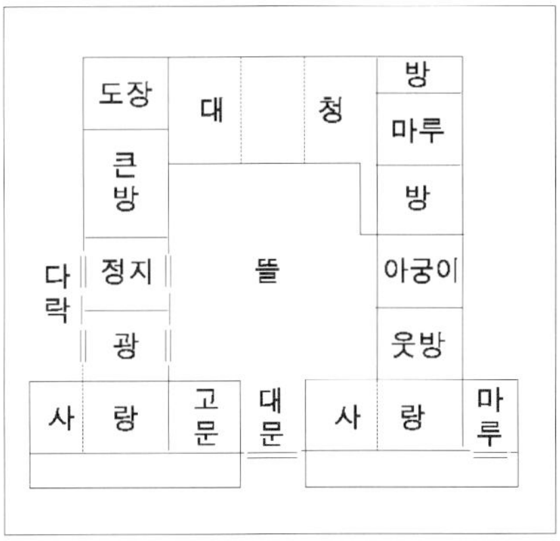

춘우재(상) 연곡 고택(하)

안동 권씨 동족촌락으로 총 50호 중 45호가 권씨이고, 입향조는 복야공파 권수홍의 10대손 야옹(野翁) 권의 공이다.

춘우재 고택[민 102호] : 야옹의 손자 春雨齋 권진(1568-1620) 공이 350여 년 전에 지었다. 평면은 ㅁ자형 뜰집으로 조선시대 상류층 민가이다. 원래는 <몸채-대청>의 중부 곡가형 평면이었으나 대청에 작은 방이 있는 것으로 보아 그 후 <몸채-방 · 대청>의 남부 一자형 평면으로 개조한 것으로 보인다. 지붕은 몸채가 높은 맞배지붕이고, 아래채가 낮은 팔작지붕으로 2계층이다.

연곡 고택[민 103호] : 현 권환의 가옥은 야옹의 8대손으로 군대부(郡大夫)를 지낸 延谷 권성익 공이 1795년 건축하였다. 가옥은 규모가 큰 양 날개 ㅁ자형이고, 그 외 一자형의 대문채와 행랑채가 일곽을 이루고 있다. 평면은 부엌이 우익사에 내려온 <몸채-대청>의 중부 곡가형이고, 지붕은 모두 맞배지붕으로 용마루와 처마가 3계층을 이루고 있는 고식적인 가옥이다.

5) 대제리

함양 박씨 집성촌으로 70호 중 15가구가 박씨이다.

미산 고택[문 137호] : 현 박재문 가옥은 함양 박씨 정랑(正郞) 공의 후손인 박세주가 1650년 금당골에서 이 마을로 이건한 것을 그의 5대손 味山 박득령이 순조 25년(1825) 이 장소에 중창한 것이다. 평면은 튼 ㅁ자형으로 몸채 ㄇ자의 좌우익사 끝에 쌍부엌이 있는데, 이것은 영남지방에서 백제권 유습과 닮아 있는 유일한 가옥이다. 사랑 마루의 당호 味山齋는 흥선대원군의 글씨라고 자랑하고 있다.

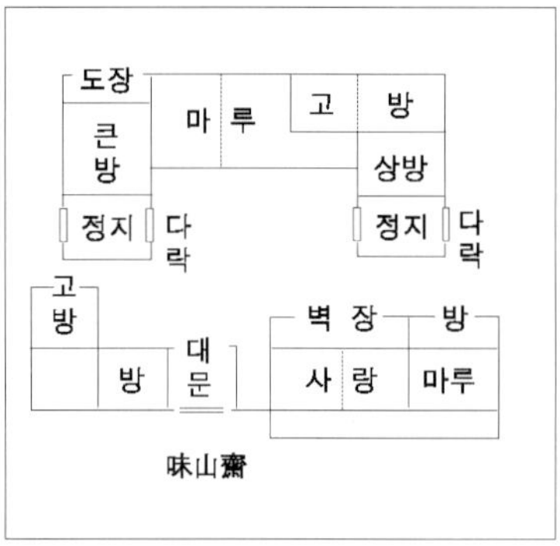

미산 고택

10. 예천군 유천면(율현리)

장흥 임씨 동성촌락으로 50호 중 47호가 임씨이다.

율현동 물체당[중 174호] : 현 임재원 가옥은 조선 중기 건물로 추정되고, 소유주의 8대조가 구입한 것이라 한다. 당호는 7대조 임노운 공의 호를 따서 勿替堂이라 하였다. 가옥은 양 날개 口자형 뜰집으로 특히 대청 협간에 판장의 흔적을 볼 때 폐쇄적이고, 또 몸채 양 모서리에 동형의 윗방과 도장방을 둔 고식적 가옥이다.

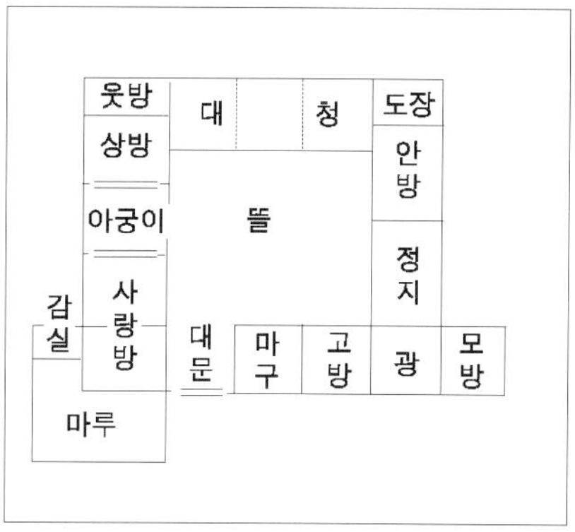

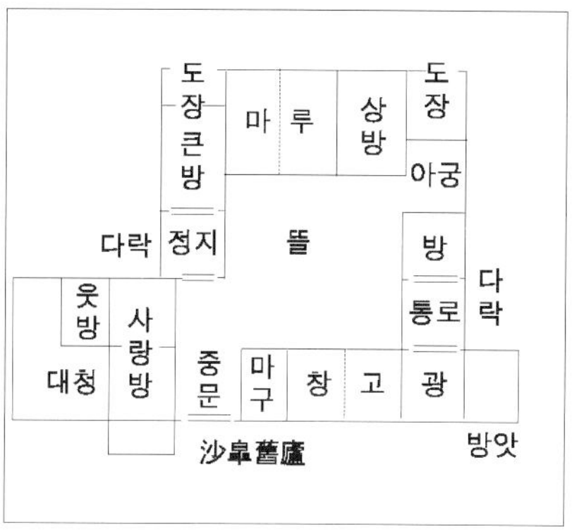

물체당(상) 별좌공 종택(하)

11. 예천군 호명면(송곡리)

연안 이씨 동족촌락으로 대부분인 50호가 이씨이다.

연안 이씨 별좌공 종택[민 71호] : 현 소유주 이의선 17대조 沙皐 이덕창(1569-1616) 공이 선조 때 건립하여 사고구려(沙皐舊廬)라고도 한다. 사고 공은 서애의 문인으로 임란 시 창의한 공으로 내자시정을 지냈다. 가옥은 양 날개 口자형 평면으로 사랑은 田자형 겹집이고, 중문도 겹 구조로 처리한 조금은 특이한 가옥이다. 그래서 이 지방 사대부의 주거 모습과 조선 중기의 건축 특징을 보여주는 좋은 자료이다.

12. 예천군 풍양면(우망리)

중종조에 영의정(1516)을 지낸 文翼公 정광필, 선조조의 대학자 梅塢 정영후(한강 문인)와 石門 정영방(정경세 문인으로 영양 서석지를 조성) 형제가 태어나 번창한 마을이다. 총 154호 중 동래 정씨가 112호이다.

예천 정원택 가옥[비지정] : 몸채 ㄇ자 아래채, 一자가 튼 口자형으로 배치되었고, <몸채-대청>의 중부 곡가형 평면으로 모두 맞배지붕의 고식적 가옥이다. 원래는 좌익사에 사랑이 있었고, 현재의 사랑은 그 뒤에 아래채가 증축되면서 내려온 것으로 보인다.

정원택 가옥

16장 태백산맥 동사면의 경북 동해안 가옥

영덕군은 토성인 영양 남씨, 재령 이씨와 더불어 무안 박씨, 평산 신씨, 진성 이씨, 신안 주씨, 안동 권씨 등이 이주하여 태백산맥 동록의 독창적인 가옥문화를 발달시켰다. 울진군은 고려가 멸망하자 고려왕조에 충성한 울진 장씨, 평해 황씨, 파평 윤씨, 영양 남씨가 낙향하여 재지사족을 형성하면서 개경 문화의 바탕 위에 상기 영덕문화를 수용하였다. 이들 지역 가옥은 첫째, 대부분이 <몸채-대청>의 중부 곡가형 평면이고, 둘째, 괴시를 핵으로 「남부 영동지방 측입형 뜰집」을 발달시키고 또 확산시켰다. 셋째, 울진에서는 부유한 상류층 가옥을 마을에서 보이지 않는 숲 속에 은닉시켜 지었고, 또 곡식의 안전 보관을 위하여 대청에 뒤주를 둔 가옥구조가 많다.

1. 영덕군 영해읍

1) 괴시 1리

일명 호지마을은 영양 남씨의 씨족마을로 139호 중 72호가 남씨이고, 400여 년간 세거해 왔다. 고려 말 함창 김씨가 개척하여 호지촌이라 하였으나 고려의 대문인 목은 이색이 중국 사신으로 다녀와 이곳 고향이 중국의 괴시와 흡사하다 하여 괴시라 부르게 되었다. 이 마을은 민속보존마을로 지정될 정도로 독창적인 측입형(側入型) 뜰집 20여 가구가 있다.

괴시파 종택[민 75호] : 현 남병철 가옥은 甘天亭 남붕익 공이 17세기경 창건하였다. 이곳 호지(濠池) 마을의 가장 중심에 위치하여 안채와 사랑채, 사당으로 구성되어 있다. 가옥은 口자형 뜰집에 <몸채-대청>의 중부 곡가형 평면이고, 사랑채가 우측으로 돌출한 조선 후기의 독특한 주택구조이다. 지붕은 모두 맞배지붕이나 이 사랑만은 팔작지붕이다. 사랑에 있는 제청[9]은 4분합 들문과 계자난간으로 멋을 내고 있다.

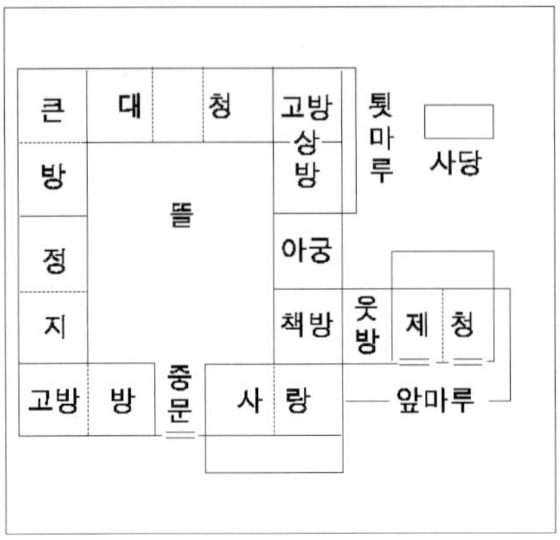

영양 남씨 괴시파 종택

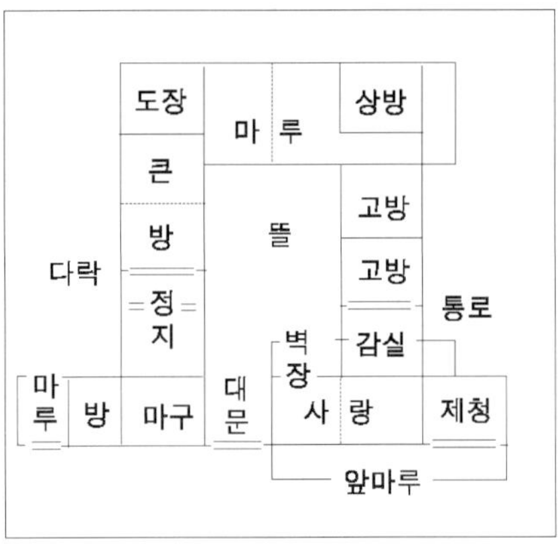

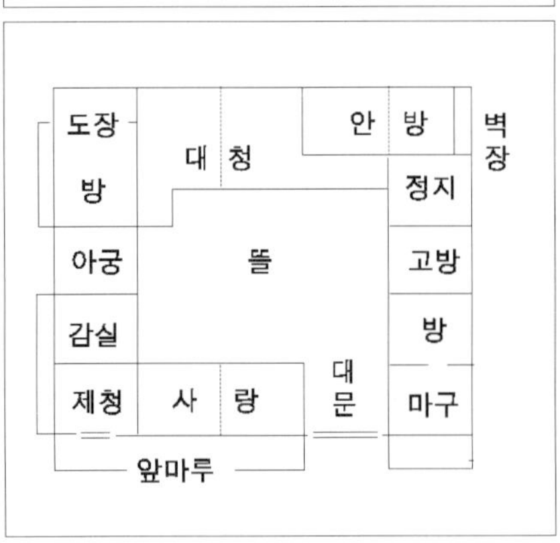

천전댁(상) 주곡댁(하)

9) 제청은 직계 자손이 4대조까지의 제사를 모시던 장소를 일컫는 명칭이다.

영덕 천전댁[문 378호] : 현 남병식 가옥은 19세기 초에 건축된 양 날개 口자에 <몸채-마루>의 중부 곡가형 평면으로 이 마을에서 종가와 함께 우리나라 대부분의 가옥처럼 가옥의 정면에 대문이 있는 전입형(前入型) 가옥이다. 특히 사랑 마루(제청)의 4분합 들문과 행랑마루의 들문이 품격을 더해 주고 있다. 그 외 유사한 전입형 가옥으로 이웃에 **남창호 가옥**[비지정]이 있다.

영해 주곡댁[문 393호] : 현 소유자 남용순의 7대조로서 호조참판을 지낸 남경활(1772-1835) 공이 건립한 것으로 추정된다. 가옥의 당호는 처가인 영양 주곡리에서 유래한 것이다. 이 가옥은 원래 口자형 뜰집에 <몸채-대청>의 중부 곡가형을 <몸채-대청 · 안방>의 남부 一자형 평면으로 어설프게 개조하여 규모를 약간 확대한 전입형 가옥이다.

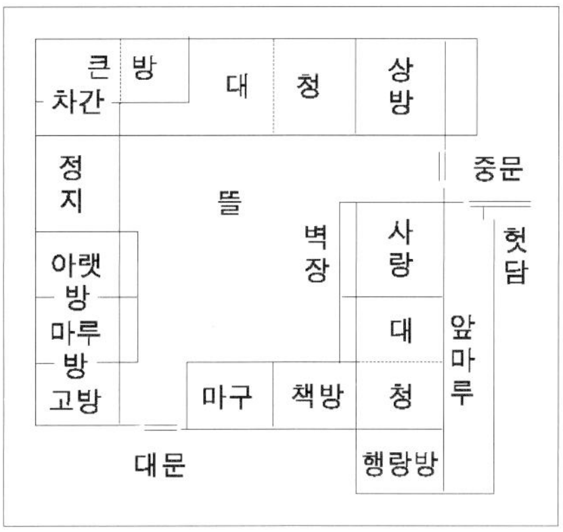

물소와 고택

괴시동 물소와 고택[문 198호] : 현 소유자 남인대의 9대조인 勿小窩 남택만이 분가한 후 그의 증손 남유진 공이 지은 집이다. 가옥은 口자형에 <몸채-안방 · 대청>의 남부 一자형 평면으로 가옥을 확대하고, 지붕은 모두 맞배지붕이다. 이 가옥은 우익사 돌출 박공이 가옥의 정면이 되어 측입형(側入型)이다. 전술한 해촌 고택과 함께 남부 영동지방에서 발달한 「(외) 측입형 뜰집」으로 명명할 수 있다.

괴시동 해촌 고택[38쪽 口자 측입형 가옥 참조]

괴시동 태남댁(台南宅)[문 197호] : 현 남병길 가옥은 그의 8대조인 성균관 생원 남준형 공이 1766년에 건축한 것이다. 이 가옥은 口자형에 <안채-마루>의 중부 곡가형(曲家型)의 소규모 평면이고, 지붕은 몸채와 사랑이 팔작지붕이고, 또 사랑채 팔작지붕의 측면이 가옥의 대문이 있는 정면이 되어 「(외) 측입형 뜰집」이다.

영해 구계댁[문 396호] : 현 소유자 남익순의 7대조 남경괄 공이 1805년에 건축하였다. 가옥은

ㅁ자형으로 안채는 준겹집구조이고, 마루를 중심으로 왼쪽에 큰방과 도장이 있고, 오른쪽에 건넌방과 앞마루가 있는 것이 이 지역 다른 가옥들과 차이점이다. 그러나 외관은 우진각지붕의 우익사가 돌출한 「(외) 측입형 뜰집」이다.

태남댁(상)　　　　구계댁(하)

괴시리 영감댁[문 424호] : 현 남지섭 가옥은 헌종 13년경 호은(濠隱) 남흥수(1813-99) 공이 건립하였다. 가옥은 ㅁ자형에 「(외) 측입형 뜰집」으로 지붕은 우익사 측면이 팔작지붕이고 그 외에는 맞배지붕이다. 또 동형의 **남학순 가옥**은 이 마을에서 유일하게 좌익사의 맞배지붕 측면이 정면으로 나온 「(외) 측입형 뜰집」이다.

영해 사곡댁[비지정] : 현 남명순 가옥은 약 200년 전 건립된 것으로 짐작된다. 이 집은 ㅁ자형에 <몸채-마루>의 중부 곡가형의 소규모 평면이고, 지붕은 모두 맞배지붕이다. 역시 전형적인 「(외) 측입형 뜰집」이다.

영해 경주댁[38쪽 ㅁ자 측입형 가옥 참조]

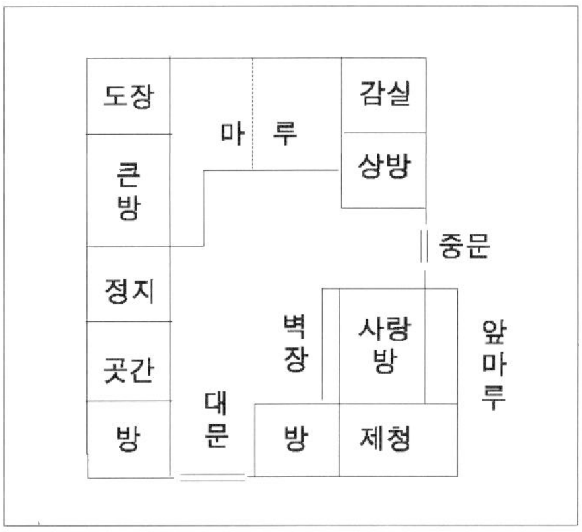

영감댁(상)　　남학순 가옥(좌하) 사곡댁(우하)

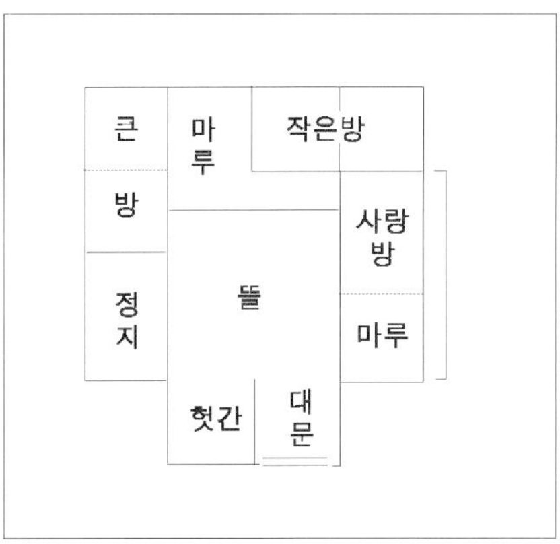

남시중 가옥

영해 남시중 가옥[비지정] : 현 백회재 고택(百悔齋古宅)은 ㄇ자형의 몸채의 트인 부분에 대문과 헛간 2칸을 끼워 넣어서 뜰집으로 개조한 가옥으로 정면에서는 부섭지붕으로 보이는 맞배지붕 가옥이다. 좌우 양익사의 맞배지붕 측면이 가옥의 정면으로 나와서 「(양) 측입형 뜰집」이 되었다.

영해 남영국 가옥[비지정] : ㅁ자형에 <몸채-마루>, <아래채-마구>의 중부 곡가형 평면이다. 지붕은 몸채가 맞배지붕이고, 좌우익사는 팔작지붕으로 그 양익사 측면이 가옥의 정면이 된 「(양) 측입형 뜰집」이다. 이것은 후술하는 울진군 매화 2리 윤강수 가옥과 거의 동형이다.

남영국 가옥

2) 괴시 2리

중종 때 안동 권씨 만취(晩翠) 권의철, 취옹(醉翁) 권의협 형제가 마을을 개척하여 관어대(觀魚臺)라 하였다. 총 84호 중 53호가 권씨이다.

대은 종택

대은 종택[문 278호] : 현 권달용 가옥은 효종조 유학자인 臺隱 권경(1604-66)의 종택으로 그의 선친인 권의형 공이 1600년경에 초건하였다. 대은 공은 학덕과 효행 및 절의가 남달라 조정에 천거되었다. 가옥은 외날개 ㅁ자형에 <몸채-마루>의 중부형 평면이고, 사랑은 높은 팔작지붕으로 조선 중기 영남지방 사대부가의 양식이다.

영덕 번호댁

영덕 번호댁[전 17호] : 현 소유주 권기항의 8대조가 18세기 말엽에 건축하였다. 가옥의 지붕과 평면은 상기 종택과 대동소이하다. 그러나 대청 전면에 둥근 기둥, 후면에 바라지 창과 내정의 장독대 설치 등이 다소 이채롭다. 사랑채는 전면에 헌함과 계자난간을 둘러 격식을 갖추었고, 예헌재(豫軒齋)라는 편액이 걸려 있다.

3) 원구 1리

무안 박씨, 영양 남씨, 대흥 백씨가 거주하는 혼성마을이다.

경수당 종택[유 297호] : 현 박응대 가옥은 선조 3년 慶壽堂 박세순(1539-1612) 공이 살림집과 별당 경수당을 건립하였다. 그는 왜란 때 공을 세워 선무원종공신에 책봉되었고, 오위장을 역임하였다. 가옥은 외날개 ㅁ자형에 <몸채-대청>의 중부 곡가형 평면으로 너무 규모가 크고 웅장하여 멀리서보면 궁궐이 아니가 착각할 정도이다. 그래서 대청에는 배흘림 원주를 세우고, 그 앞에는 지금은 없는 일각 문이 있었다. 별당에는 퇴계 이황의 친필인 慶壽堂 편액과 밀암 이재의 중수기문이 걸려 있는 유가의 대저택이다.

난고 종가[민 29호] : 현 남응시 가옥은 인조 2년(1624) 蘭皐 남경훈의 아들 安分堂 남길 공이 지었다. 난고 공은 진사로서 임진왜란 때 부친과 함께 경주, 대전 등지에서 의병활동을 했던 것으로 알려져 있다. 본채는 역시 규모가 큰 ㅁ자형 뜰집이다. 조선 중기의 건축으로 약간은 호화스럽고, 조화 있는 공간을 가진 사대부가의 가옥이다. 그 외 만취헌(晩翠軒)과 난고정 및 주사(廚舍) 등이 있는 대저택이다.

이 마을에는 **남석호 가옥**(관계정)과 **남호정 가옥**은 「(편)측입식 뜰집」인데, 전자는 팔작지붕, 후자는 맞배지붕의 측면이 가옥의 정면으로 나왔다. 또 **남병수 가옥**[時庵生家]은 ㅁ자형이고, **박종순 가옥**은 외날개 ㅁ자형이다.

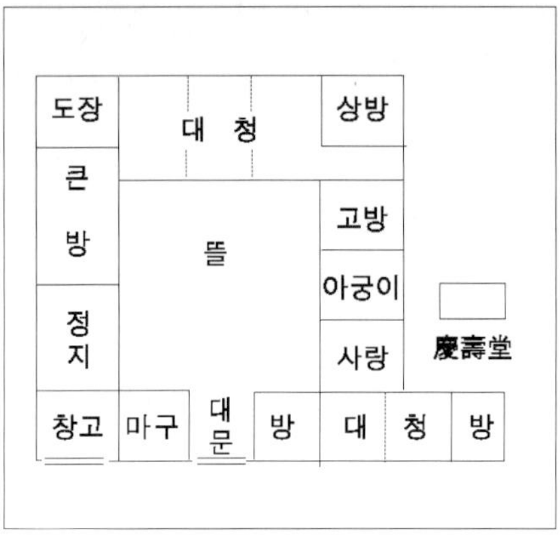

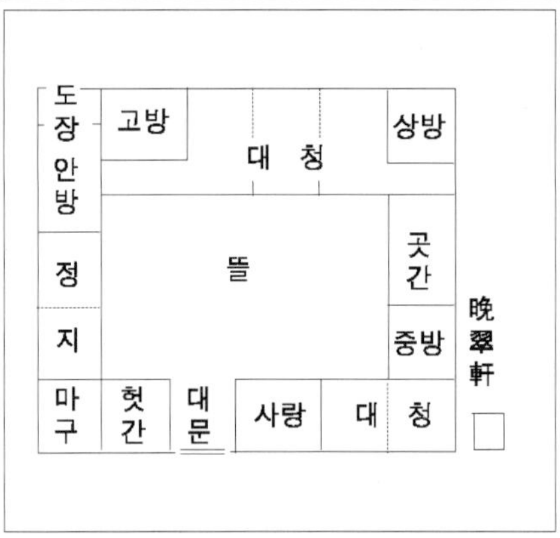

경수당 종택(상) 난고 종가(하)

남석호 가옥(좌), 남호정 가옥(우)

남병수 가옥(좌), 박종순 가옥(우)

4) 원구 2리

안동 권씨가 30호 중 20호인 집성촌이다.

곡강 고택[민 123] : 현 권종대 가옥은 안동 권씨 부정공파 영해 입향조 五峯 권책 공의 현손 曲江亭 권응주가 1500년경에 건축하였다. 가옥은 외날개 ㅁ자형에 <몸채-마루>의 중부 곡가형 평면이고, 맞배지붕으로 된 고식적인 선비가옥으로 보인다.

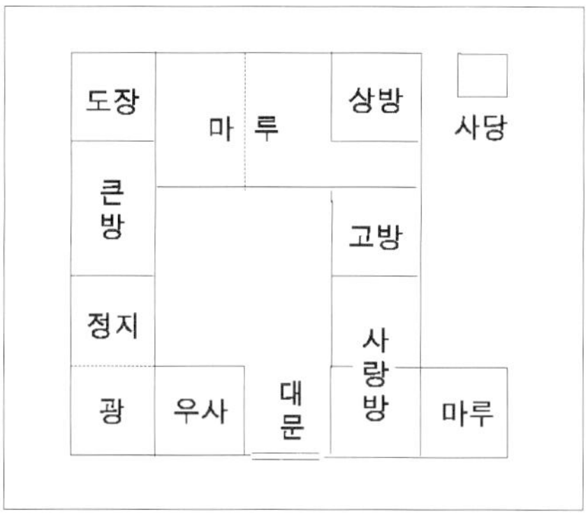

곡강 고택

2. 영덕군 축산면

1) 도곡동

일명 가마골은 원래 해주 오씨와 선산 김씨가 마을을 개척하였으나 약 370년 전에 무안 박씨가 늦게 입향하였다. 현재 58호 중 박씨가 50호인 동족촌락이 되었다. 무의공(武毅公) 박의장은 惟一齋 김언기의 문인으로 임란 시 경주 탈환에 비격진천뢰를 처음 사용하여 큰 공을 세우고 宣武勳 일등공신에 녹훈되었다. 무의공은 재령 이씨 가문에 겹혼을 하였는데, 즉 무의공의 딸은 갈암의 중부에게, 또 손녀 자매는 존재와 갈암 형제에게 시집보냈다. 양반 가문에서 누이 바꿈은 흔히 있었으나 형제가 자매에게 장가가는 것은 희귀한 일이다. 지금도 이 집안은 태백산을 넘어 혼사를 하고 있는데, 진성 이씨 와룡 경류정 종가, 하회 류씨 충효당 종가도 여기에 포함되어 있다.

무안 박씨 무위공파 종택[32쪽 기타 가옥 참조]

무안 박씨 충효당[민 83호] : 무의공의 제4자이며, 西厓 류성용의 손서이고, 旅軒 장현광(1554-1637)의 문인인 도와(陶窩) 박선공이 1620년경 건축한 고택이다. 이 가옥은 종택과 유사한 튼 ㅁ자형으로 너무 웅장하여 궁궐을 연상시킨다. 또 토담이 주위를 싸고 있어서 가옥의 웅장함을 더해주고 있다. 특히 정침의 상부가구와 상방 앞의 중보, 그리고 익사채 부엌에 광창 등이 이채롭다. 사랑에는 숙종 때 우의정을 지낸 眉叟 허목이 박선의 충효를 기리는 뜻으로 쓴 忠孝堂의 현판이 있다. 이웃에는 직가(直家) 一자형의 **박도우 가옥**[비지정]이 있는데 양측에 부섭(가적)지붕을 붙여 고식적이다.

박도우 가옥

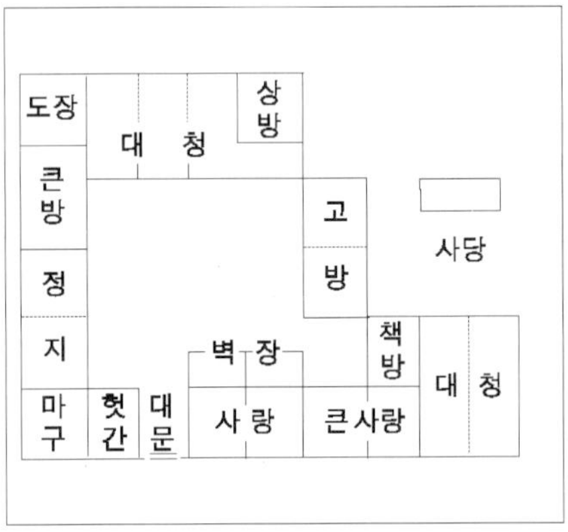

무안 박씨 충효당

목사공 종택[문 320호] : 이웃 칠성리에 있으며, 무의공의 동생 박홍장의 가옥(사랑채)이다. 그는 임란 후 통신부사가 되어 일본에 가서 풍신수길의 압박에도 의기를 굽히지 않았다. 이 가옥에는 까치집과 유사한 형태인 천장 투장이 있다는 점이 주목된다.

2) 상원리

퇴계의 12대손 直長 이윤지 공의 후손이 거주하는 진성 이씨 집성촌으로 총 80호 중 30호가 이씨이다. 모두 100여 년 된 고가이나 문화재로 지정되어 있지 않아 훼손이 심하다.

상원리 이부교 가옥[비지정] : ㅁ자형 뜰집에 <몸채-안방 · 대청>의 남부 一자형 평면으로 규모는 확대되었고, 내부구조와 창호는 양식으로 개조되었다,

이순교 가옥[비지정] : 평면은 외날개 ㅁ자형에 <몸채-마루>의 중부 곡가형 평면이고, 지붕은 아래채 맞배지붕을 제외하고는 모두 팔작지붕이다. 이웃의 **이광식 가옥**[비지정]은 우익사의 팔작지붕 측면이 정면으로 나온 「(편)측입형 뜰집」이고, 사랑채가 우익사에 있는 것이 다른 가옥과 차이점으로 보인다.

이부교 가옥(상)　　　이순교(좌하) 이광식(우하)

3. 영덕군 병곡면(송천리)

안동 권씨가 300년간 세거해 온 집성촌으로 90호 중 38호가 권씨이다.

세노 고택

송천 세노(世盧) 고택[문 86호] : 현 권명기 가옥은 조선 중기 松川子 권득여(1636 -1716) 가 관어대에서 분가하면서 건립하였다. 그는 대은(臺隱) 권경 공의 차남으로 이 지역 사림의 종장으로서 후학을 양성하고 『독오록(獨娛錄)』을 저술하였다. 또 송천보(松川堡)를 만들어 농경문화 발전에도 공헌하였다. 가옥은 안채와 사랑채, 행랑채, 대문채를 포함하면 日자형이라고 하는데, 실은 口자형에서 좌익사 맞배지붕 박공이 돌출하여 정면이 된 「(편) 측입형 뜰집」이다.

4. 영덕군 지품면(눌곡리)

눌곡 종택

경주 김씨 동족촌락으로 62호 중 50호가 김씨이다.

경주 김씨 눌곡 종택(민 119호) : 현 김인식 가옥은 경주 김씨 아천공파 종택으로 경순왕 33대손인 입향조 김주린 공이 이곳에 옮겨 온 후 아들 김언수가 1600년에 건립한 것이다. 당호는 訥谷里 지명에서 따온 것이다. 가옥은 외날개 ㄷ자형에 <몸채-마루>의 중부형 평면이고, 고식적인 맞배지붕이다. 또 중문 밖에는 사랑채가 있다. 특히 부엌과 안방에는 태백산간에서 볼 수 있는 「코쿨」이 있고, 상방 앞의 곳간과 고방 및 창고를 2층으로 꾸며놓은 것이 이채롭다. 또 안방에 감실을 두고 있는데, 이는 이곳에서는 보기 드문 것이다.

5. 영덕군 창수면

1) 인양 1리

영해부는 재령 이씨, 무안 박씨, 대흥 백씨, 안동 권씨, 영양 남씨 등 8 종가가 모여 있는 남부 영동지방의 대표적인 반촌이다. 그러나 현재 총 50호 중 선산 김씨(13호), 영천 이씨(10호)가 다수를 형성하고 있다.

용암 종택

인양리 용암 종택[민 61호] : 영조 때 통정대부와 병조참의를 지낸 선산 김씨 龍巖 김익중(1678-1740) 공의 고택으로 1728년에 상량이 되었다. 가옥은 ㄷ자형에 <몸채-대청>의 중부형 평면이고, 지붕은 몸채 맞배지붕, 아래채 팔작지붕이다. 특히 안채 대청에 곳간 1칸 두어 곡식을 보관하고 있다. 이 가옥은 영덕지방에서는 드물게 균형 잡힌 외관을 하고 있으며, 사랑에서 안채를 볼 수 없게 수목과 어우러진 내외담이 있다.

이원창 가옥[비지정] : 영천 이씨의 눌암(訥庵) 이원직 후손의 가옥으로 안타깝게도 붕괴직전에 있다. 가옥은 양 날개 ㅁ자형에 <몸채-대청>의 중부 곡가형(曲家型) 평면이다. 대청의 반 칸을 뒤주로 만들어 곡식을 보관하는 이 지방의 공통점을 이 가옥에서도 찾아볼 수 있다. 이웃의 **이종은 가옥**[비지정]은 튼 ㅁ자형 맞배지붕 가옥으로 훼손이 심하다. 고옥이 허물어져가 가는 모습에 모두들 무심할 뿐이다.

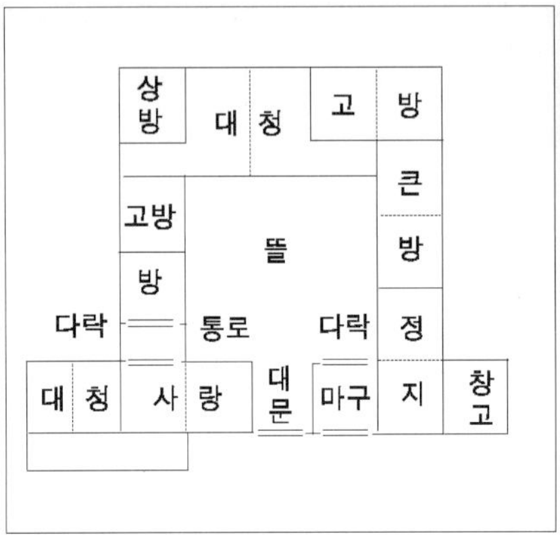

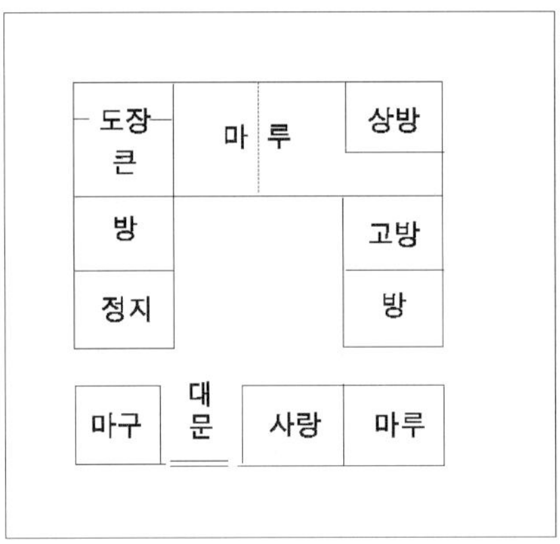

이원창 가옥(상)　　　　이종은 가옥(하)

2) 인양 2리

현재 70호인데, 안동 권씨 20호, 함양 오씨 20호, 재령 이씨 13호, 평산 신씨 10호, 신안 주씨 3호, 무안 박씨 2호가 있는 혼성마을이다.

재령 이씨 충효당[중 168호] : 재령 이씨의 영해 입향조는 통정공(通政公) 현령 이애 공인데, 이애 공은 지금으로부터 약 500년 전인 연산 3년에 입향하였다. 그가 진성 백씨의 외동딸과 혼인하여 정착한 곳이 지금의 충효당이다. 살림집은 그가 성종 연간에 건립한 주택으로 성리학자 갈암이 출생한 곳이기도 하다. 안채는 원래 ㅁ자형으로 내정을 넓히기 위하여 튼 ㅁ자형으로 개조하였다. 살림집의 왼쪽에 있는 忠孝堂은 기관이경(寄觀異景)의 명당으로 많은 名賢이 배출되었다고 믿고 있다. 삼보 컴퓨터를 창업한 이용태 회장이 충효당의 종손이다. 충효당의 당호는 중국 명 태조 주원장의 글씨라고 자랑하고 있다.

인양리 우계 종택[35쪽 외날개 ㅁ자형 가옥 참조]

갈암 종택[기 84호] : 현 이원흥 가옥은 청송군 진보읍에서 1992년 갈암 태실이 있었던 현 위치로 이건하였다. 갈암(1627-1704) 이현일 선생은 영덕 입향조 이애 공의 현손이며, 石溪 이시명의 3자로서 金誠一, 張興孝, 李玄逸, 李栽, 李象靖, 柳致明으로 이어지는 영남 퇴계학파의 거두였다. 그는 이기호발설(理氣好發說)을 지지하였고, 숙종 조에 이조판서를 역임하였으나 서인의 탄핵으로 귀양을 가기도 하였다. 양 날개 ㅁ자형에 중부 곡가형 평면으로 모두 팔작지붕을 중 접합시킨 건축이고, 안동의 성성재 종택과 함께 전국에서도 희귀한 지붕구조를 갖추고 있다.

권장호 가옥[비지정] : ㅁ자형 뜰집에 <몸채-마루>, <아래채-우사>의 중부 곡가형 평면으로 고옥의 품위를 유지하고 있다. 지붕은 맞배형으로 몸채, 익랑채, 아래채의 높이가 3계층을 이루고 있으나 훼손이 심하다. 그 외 **강파헌 정침**(문 358호)은 현 권오웅 가옥으로 숙종 때 청백리로 춘추관의 편수관을 지낸 江波 권상임 공이 건립하였으나 화재로 소실되어 일부만 남아 있다.

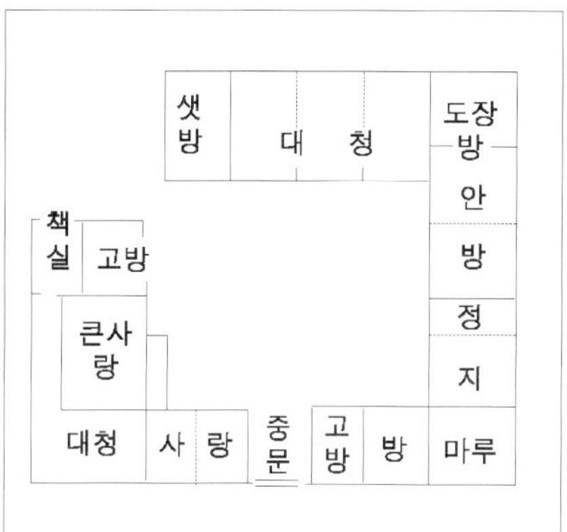

재령 이씨 충효당(상) 갈암 종택(하)

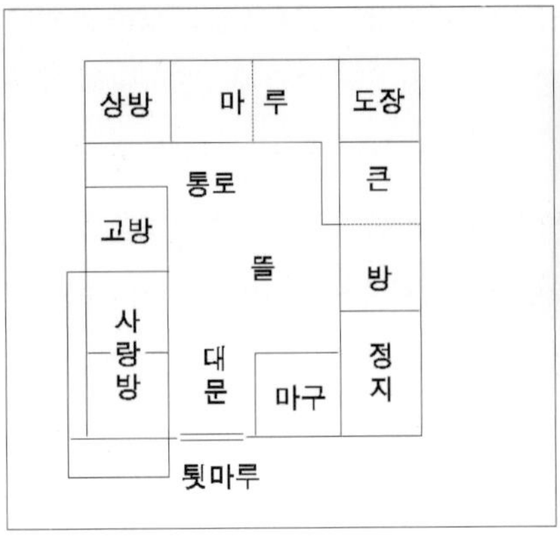

권장호 가옥

주경호 가옥[비지정] : 진사(進士)를 지낸 주열지 공의 후손 가옥으로 권장호 가옥과 동일하나 좌측에 사랑방 1칸을 돌출시킨 외날개 ㅁ자형이다. 훼손이 심하여 양기와로 산뜻하게 중수하였으나 고옥의 멋은 그 어느 곳에서도 볼 수 없다.

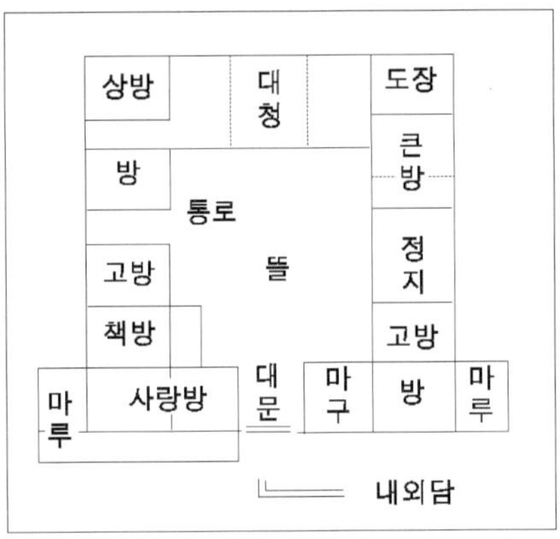

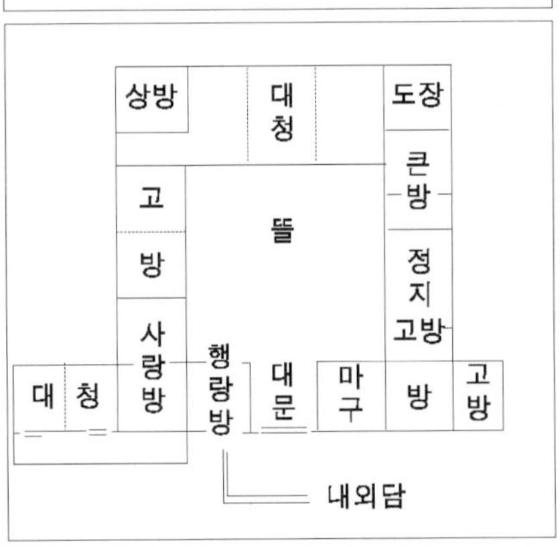

만괴헌(상) 지족당(하)

영덕 만괴헌[문 209호] : 당시 대지주인 야성 정씨 정상기가 1815년 이수민에 매도한 것을 1843년 현 소유주의 6대조인 신재수가 다시 매입하여 그의 호를 따서 晩槐軒이라 하였다. 가옥은 양 날개 口자에 중부 곡가형 평면이고, 안방 뒷부분의 도장방과 상방 전면의 툇마루 배치 등은 뜰집의 또 다른 정형으로 간주되기도 한다. 이 가옥에서는 조선 후기 살림집 평면의 변화를 잘 관찰할 수 있다.

인양 지족당[문 274호] : 현 권정기 가옥은 영조 때 전북 장수현감을 지내고 이곳에 돌아와 후진을 양성하고, 영해읍지를 편찬한 안동인 知足堂 권만두(1674-1753) 공이 영조 3년에 건축한 가옥으로 만괴헌과 동형이다. 산록에 나란히 위치하고, 내외담도 동일하게 배치되어 있어 쌍둥이 건물로 보여진다. 다만 사랑 대청이 2칸으로 만괴헌(1칸)보다 다소 큰 것이 차이점이다.

3) 미곡 2동

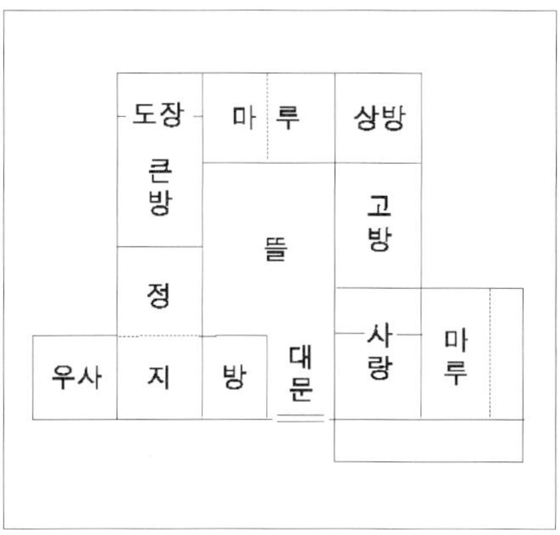

죽노공 종가(상)　　신찬용 가옥(하)

일명 미실은 고려조에 정씨가 개척하였으나 약 500년 전 청송에서 신자옥 공이 이주한 후 평산 신씨의 집성촌이 되었다.

죽노공 종가[비지정] : 현 신정용 가옥은 이곳 판사공파 소종가인데, 양 날개 口자형에 <몸채-대청>의 중부형 평면이다. 몸채는 마루 위 공간을 거쳐서 지붕 양측 박공을 거쳐서 연기가 나가는 초기 뜰집의 정형으로 보인다. 또 팔작지붕의 사랑채는 마루에 띠살문을 달고, 마루 가장자리에 헌함과 계자난간을 둘러 멋을 내었다. 이웃 영덕읍 구미리에 있는 **수정재**(水晶齋)[문 210호]는 평산 신씨의 영덕 입향조이며, 성종 때 행전생서 주부를 지낸 신희 공의 재사로서, 하기 대봉 재사의 평면과 동형이다.

신찬용 가옥[비지정] : 원래 청송의 평산 신씨 판사공파 재실이었다. 가옥은 口자형에 중부 곡가형 평면이고, 지붕은 아래채의 좌측은 팔작지붕, 우측은 맞배지붕을 혼용하였다. 그러나 측입형이 가미되어 약간은 괴시마을 가옥 외관을 하고 있다.

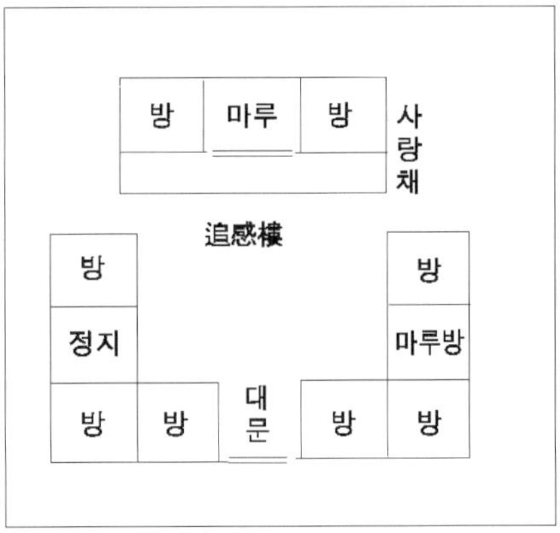

대봉 재사

대봉 재사[문 381호] : 단종의 외숙부 권자신의 위패를 모신 재사로 1800년 초에 건립되었는데, 안동 권씨 영해문중 부정공파에서 관리한다. 가옥은 평산 신씨 수정재와 동형으로 역시 튼 口자형 배치이다. 몸채인 一자형 추감루(追感樓)는 제례 공간으로 사용되고 있는데, 대청에는 들문을 달고, 계자난간이 둘러 멋을 내었다. 아래채는 ㄩ자형 살림채로 제관들이 유숙하는 방이 많은 재사의 특성을 갖추고 있다.

4) 오촌리

고려 말 정씨 촌이었으나 조선 현종 조에 재령 이씨가 입향하여 오촌이라 하였다. 즉 석계 공의 2자 *存齋* 이휘일과 그의 양자인 梧村 이의(갈암 2자)의 후손 세거지이다. 이곳 명서암(冥棲庵)은 존재와 갈암 형제가 면학하던 장소이고, 『홍범연의(洪範衍義)』가 집필되었다.

면운재 고택[민 96호] : 현 이인희 가옥은 존재 이휘일의 증손 眠雲齋 이주원 공이 1750년경 향리 오촌에 세거하면서 지은 살림집이다. 그의 7대손 혜강 이겸호 의사가 한말 독립운동 당시 의병의 본거지로 활용한 유서 깊은 가옥이다. 이 가옥은 口자형에 중부 곡가형 평면으로 소규모이다. 그래서 사랑이 2칸으로 협소하나 어울리지 않는 높은 맞배지붕을 세워 조금은 어색한 선비가옥으로 보인다.

오촌리 갈암 고택[문 399호] : 현 이철희 가옥은 임진왜란으로 폐허가 된 오촌 마을을 재건하면서 현종 14년(1673) 지은 것으로 추정된다. 원래는 정침을 중심으로 왼쪽에 방앗간, 오른쪽 뒤에는 사당이 있었으나 1998년 태풍으로 무너졌다. 가옥은 口자형 뜰집에 <몸채-대청>의 중부 곡가형 평면이다. 아래채는 사랑을 팔작지붕으로 높이고 사랑누마루는 계자난간을 둘러 멋을 내었다. 그 외 **이건호 가옥**[비지정]은 ㄴ자형의 안채, 一자형의 사랑채와 고방채를 포함하는 튼 口자형이다.

면운재 고택(상) 갈암 고택(하)

존재 종택[문 293호] : 1650년경 *存齋* 이휘일(1619-1672) 공에 의하여 건립된 양 날개 口자형에 <몸채-대청>의 중부형 평면이다. 이 가옥은 아래채 8칸, 측면 6칸으로 좁은 계곡이 부담스러울 정도로 규모가 크다. 또 몸채 대청 1칸을 개조하여 뒤주로 만들고, 사랑을 높은 맞배지붕으로 건립하여 더 웅장해 보인다.

이재강 가옥[비지정] : 口자형에 <몸채-마루>의 중부 곡가형 소규모 평면이다. 지붕은 보통 가옥과는 반대로 몸채가 팔작지붕이고 아래채가 맞배지붕으로 정면에서 보면 기하학적으로 대칭적인 가옥인데, 현재 존재 종택가의 재실로 사용된다.

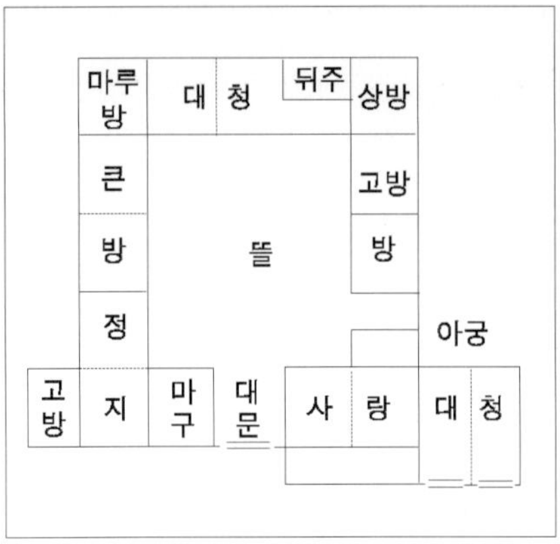

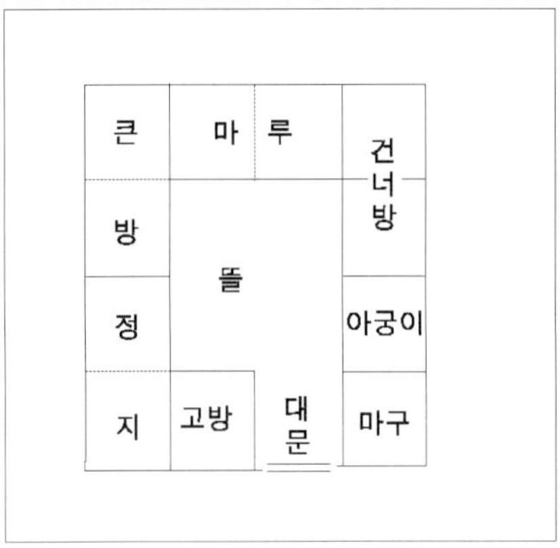

존재 종택(상)　　이재강 가옥(하)

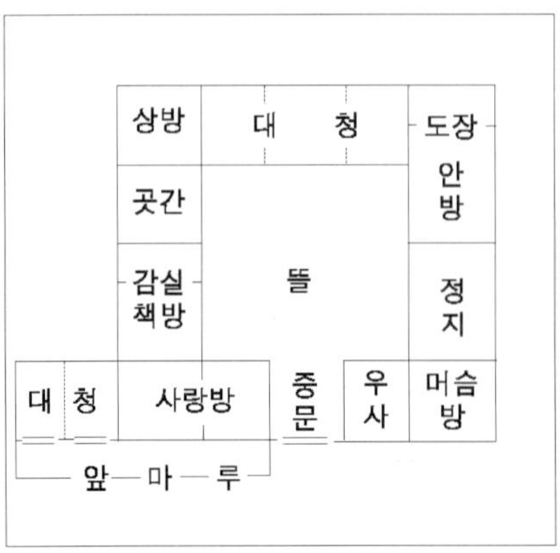

박노형 가옥

5) 삼계 2리

창수천 제일 북쪽에 위치한 오지 마을로 약 300년 전 봉사(奉事)를 지낸 박문걸 공이 입향한 후 함양 박씨의 집성촌이 되었고, 현재 총 20가구 중 10가구가 박씨이다.

영덕 박노형 가옥[비지정] : 함양 박씨 종가 댁으로 외날개 ㅁ자형의 뜰집에 <몸채-대청>의 중부형 평면이다. 지붕은 모두 맞배지붕이나 사랑만 높은 팔작지붕이다. 사랑방 뒤에는 감실을 두어 법도를 지키는 유가의 일면을 보여주고 있다.

6) 삼계 1리

총 40가구 중 영양 남씨 7 가구가 세거하고 있다.

영덕 남학구 가옥[비지정] : 양 날개 ㅁ자형 뜰집에 중부형 평면이고, 아래채 좌우측 날개에는 각각 마루와 모방을 두었다. 또 사랑 앞마루에 헌함과 계자난간으로 멋을 부렸으나 다소 촌스럽고, 창호는 유리를 끼워 고옥의 멋이 사라졌다.

남학구 가옥

7) 갈천리

화수루[유 82호] : 이곳 재사 형태와 달리 안동권의 서지 재사나 가창 재사와 유사한 형태이다. 이곳은 단종의 외삼촌인 권자신 공이 세조에게 화를 당하고, 그의 어린 아들 권책이 유배되었던 곳이다. 숙종 때 단종이 복위되자 대봉서원이 건립되었고, 대원군 때 서원은 철폐되고 화수루 및 청간정만 남아 있다. 특히 재사 2층에 오르는 나무계단과 이웃에 있는 까치구멍집의 용마루 양측 까치구멍이 인상적이다.

초가 까치구멍집[14쪽 우진각지붕 가옥 참조]

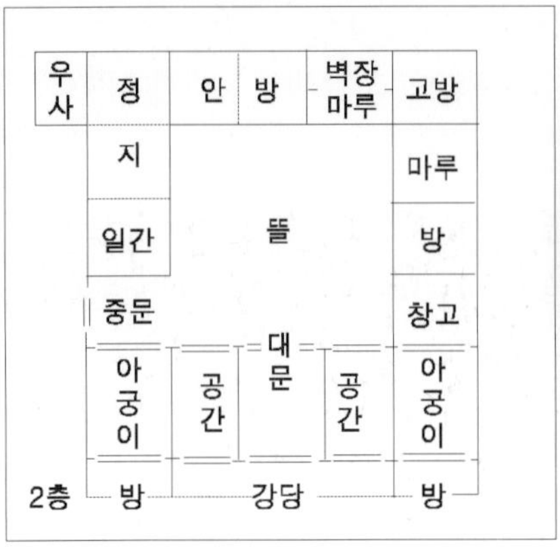

화수루

6. 울진군 기성면

1) 사동리

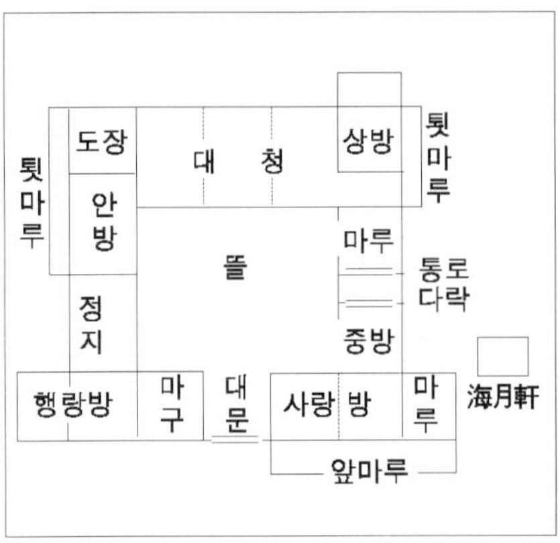

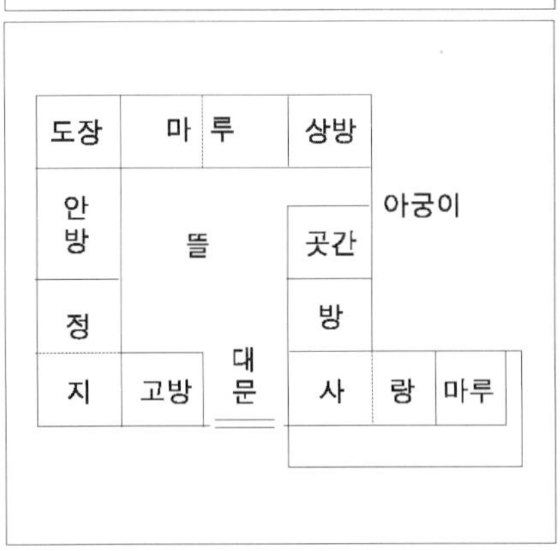

해월헌(상) 황재후 가옥(하)

평해 황씨가 집성촌으로 60여 호 중 10호가 황씨이다. 현 종손의 14대조 응징(應澄) 공이 입향조이다. 시조는 신라 유리왕 5년에 중국에서 해로로 표류되어 와서 평해 월송정 남안에 표착한 후 세거하게 되었고, 고려조의 문하시중 2분을 배출한 울진의 명문이다.

해월헌[문 161호]과 살림집 : 현 황의석 가옥은 평해 황씨의 종가이다. 살림집은 퇴계 선생의 문하생으로 길주목사, 공조참의을 지낸 海月 황여일(1556-1623) 공이 건립하였다. 그는 뛰어난 재주로 인하여 천전리 구봉(龜奉) 김수일의 사위가 되었으며, 시와 문장에 있어서는 白湖 임제, 五山 차천로와 더불어 당대의 3대가로 손꼽히고 있다. 또 1598년 명나라 비변사(정사 이항복, 서장관 황여일)로 갔을 때 마테오리치의 감수를 받아 손수 세계지도를 제작한 바 있는데, 이것은 현재 숭실대학교 박물관에 소장되어 있다.

이 가옥은 양 날개 ㅁ자형에 <몸채-대청>의 중부형 평면이다. 지붕은 사랑의 팔작지붕 외에는 모두 맞배지붕이다. 海月軒은 선조 21년에 별구로 인근에 건축하였으나 후손들이 종가의 우측으로 이축하였다. 이곳 현판은 영의정 아계(鵝溪) 이산해가 썼고, 白沙 이항복, 芝峯 이수광, 藥圃 정탁 등 명유 들의 글이 걸려 있다. 이웃의 **황재후 가옥**[비지정]은 외날개 ㅁ자형의 고옥이나 훼손이 심하여 붕괴 직전에 있다.

2) 척산 1리

순흥 안씨의 동족촌락으로 50가구이다. 순흥인 근제(謹齊) 안축의 8세손 안오상 공이 명종시 황해감사로서 있다가 본 군에 폄보(좌천)되어 이거하게 되었다.

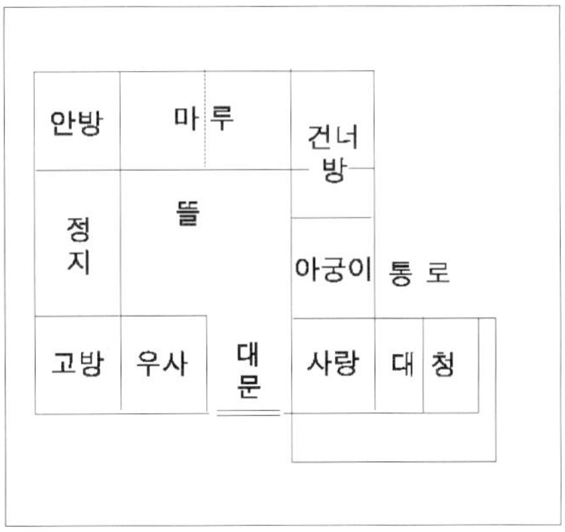

안창열 가옥

안창열 가옥[비지정] : 순흥 안씨 파종가로서 안주인이 멀리 봉화 유곡에서 시집온 관계로 닭실댁으로 호칭한다. 이 가옥은 외날개 ㅁ자형 뜰집이나 많이 개조되어 고풍이 퇴색되어 있다. 가옥

전면 벽에는 화강석을 붙이고, 사랑 앞마루에 계자난간을 둘러 멋을 냈다. 관리상태는 양호하다.

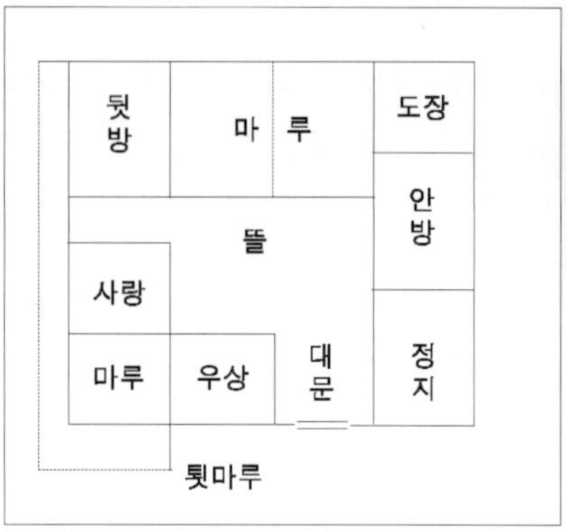

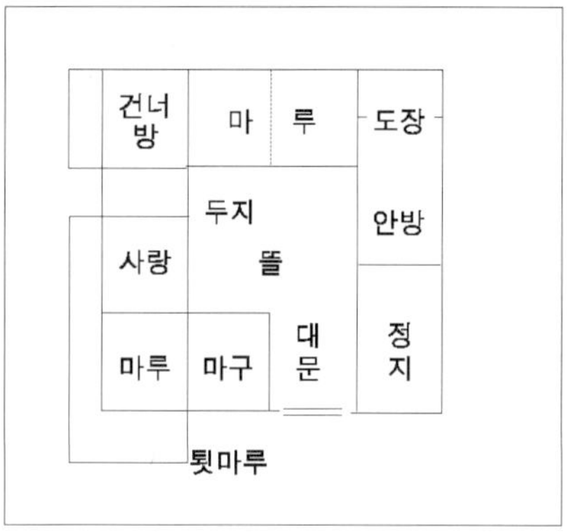

윤강수 가옥 (상)　신태의 가옥(하)

7. 울진군 원남면

1) 매화 2리

1990년 총 96호 중 파평 윤씨 23호, 강릉 최씨 15호, 담양 전씨 13호, 영양 남씨 7호, 울진 장씨 4호, 평산 신씨 4호, 신안 주씨 3호, 김해 김씨 3호 등으로 성씨의 전람회라도 하는 듯한 혼성촌락이다. 한때 뜰집도 10여 가구가 있었으나 지금은 2가구뿐이다.

윤강수 가옥, 윤두규 가옥[이상 비지정] : 이 마을 파평 윤씨의 시조는 고려 충숙왕의 사위인 윤혁공으로 그의 7세손 윤여호(1519-49)가 사망한 후 부인 영양 남씨가 두 아들을 데리고 1560년대 매화리를 개척한 것으로 전해진다. 윤강수 가옥의 평면은 몸채 ㄇ자형 팔작지붕에 대문과 우사가 있는 맞배지붕 가옥을 끼워 넣어 된 ㅁ자형 가옥이다. 그래서 <안채-마루>, <아래채-마구>의 고식적인 중부 곡가형 평면이고, 좌우익사의 팔작지붕 측면이 정면으로 나온 「(양) 측입형 뜰집」이다.

신태의 가옥[비지정] : 평산 신씨 신천찬 공이 영덕으로부터 입향한 후 건축하였다. 가옥은 口자형이나 뜰이 2칸×1.5칸의 소규모이고, 마루 위 공간을 통해 연기가 양측 박공으로 나가는 구조인 점에서 고식적인 중부 정형이다. 또 좌익사 측면의 박공이 가옥 정면으로 나와서 괴시와 유사한 「(외) 측입형 뜰집」이다. 이웃의 **최진기 가옥**은 현 소유주의 6대조 강릉 최씨 최경원 공이 180년 전에 윤씨 가옥을 구입하였는데, 당시는 뜰집이었으나 현재 ㄇ자형의 팔작지붕 가옥이 남아 있다.

남두열 가옥

2) 금매리

이 마을은 매화 2리와 마주하고 있으며, 125호 중 영양 남씨 16호, 의령 남씨 12호, 신안 주씨 12호, 파평 윤씨 12호, 강릉 최씨 8호, 삼척 김씨 8호, 울진 장씨 7호, 김녕 김씨 7호, 경주 이씨 5호가 모여 사는 혼성촌락이다.

남두열 가옥[비지정] : 고려가 멸망한 후 무인이었던 영양인 남득 공이 조선 태조 4년 낙향하여 21대째 세거하였다. 이 가옥은 마을 뒤 숲 속에 은닉되어 있는데, 역시 왜구의 노략질에 대비한 유습으로 보인다. 구성은 口자형에 뜰이 2칸×1.5칸으로 아주 협소하나 몸채가 겹집구조로서 복잡하다. 즉 뒤주가 몸채 방 뒤에 은밀하게 숨겨져 있는 전국에서 유일한 가옥이다. 또 매화 2리 윤강수 가옥과 유사하게 팔작지붕의 양 측면이 정면으로 나온 「(양) 측입형 뜰집」이다.

8. 울진군 근남면

1) 행곡리

울진 장씨의 집성촌이다. 시조인 매계(梅溪) 장말익 공이 고려 정종 때 호부상서문하시중을 역임하고,

울진군에 봉함에 따라 자손이 세거하였다. 그 후에도 고려 문하시중을 두 분이나 배출한 울진의 명문이다.

행곡리 마을 입구

장용준 가옥(상)　　홍순무 가옥(하)

장용준 가옥[비지정] : ㅁ자형 뜰집에 뜰이 2칸×1.5칸으로 상기 신태의 가옥과 함께 전국에서 가장 규모가 작은 뜰집 중 하나이다. 지붕은 맞배지붕 좌우익사의 박공면이 정면으로 나온 희귀한 「(양) 측입형 뜰집」이다. 몸채에 대청은 없어나 그 대신 좌측 사랑채 모서리를 마루방으로 꾸며서 마루 또는 고방 등의 다용도로 사용하고 있는 장난감 같이 귀엽고, 앙증스러운 고옥이다.

2) 진복 2리

조선 성종 때 성근진사를 지낸 홍달효 공이 삼척으로부터 입향하였다. 한때 남양 홍씨 32가구의 동족촌이었으나 현재 7가구가 남아 있다.

홍순무 가옥[비지정] : 홍씨 종갓집 또는 홍부자 집으로서 알려져 있는데, 역시 마을에서 떨어져 숲 속에 외롭게 숨겨져 있었으나 폐가가 되었다. 평면을 복원하여 보면, ㅁ자형 뜰집에 <몸채-대청>의 중부 곡가형으로 오른쪽 부엌 위의 맞배지붕을 제외하고는 팔작지붕으로 「(반) 측입형 뜰집」이다.

9. 울진군 울진읍

1) 읍남 2리

강릉 유(劉)씨 동족촌락으로 한때 50가구가 유씨였다. 조선 초기 대사성과 대제학을 지낸 옥성(강릉) 부원군 유창(劉敞)의 후손 유흥철 공이 원주로부터 이거한 후 480여년 간 세거하였다.

유환민 가옥

유환민 가옥[비지정] : 강릉 유씨의 종가이고, 유부자 집으로 알려져 있다. 이 가옥은 아랫마을로부터 500m 떨어져 산속에 있는 독가촌으로, 역시 왜구의 노략질에 대비한 유습으로 보인다. 가옥은 ㅁ자형에

<몸채-마루>의 중부 곡가형 평면이고, 좁은 대청에 120가마나 들어가는 뒤주를 만들어 두었다. 이 집안은 울진의 사족으로 전술한 진복리 홍부자와 내외종 관계에 있는데, 이는 이곳 상류층 부농 간의 혼사로 보인다.

유한우 가옥

유한우 가옥[비지정] : 상기 유환민의 작은집으로 5가구가 있는 아랫마을에 살고 있어서 전체적으로 산촌(散村)의 형태이다. 가옥구조는 상기 유환민 가옥과 거의 동형이나 이 가옥은 좌익사 팔작지붕 측면이 정면으로 나온 「(반)측입형 뜰집>이다.

2) 명도리

광주 노씨가 한때 50가구가 되는 동족촌락으로 노주천 공이 숙종 때 상주로부터 입향하였다.

노창범 가옥[비지정] : 마을 서쪽의 대밭 속에 은밀히 숨겨져 있으며, 이 가옥 주인은 한때 1000석꾼으로 홍순무, 유환민 함께 울진에서 자타가 인정하는 3대 부호였다고 한다. 가옥은 ㅁ자형 뜰집으로 소규모이고, 전입형이다. 지붕은 몸채 팔작지붕 외에는 좌우 대칭적인 맞배지붕으로 귀한 고식적인 지붕형이다.

10. 울진군 북면

1) 나곡 2리

한때 영해 박씨의 집성촌으로 입향조는 박공달 공의 후손으로 조선 연산조에 형조참의를 지낸 분이었으며, 경주에서 이주하였다고 한다.

박희문 가옥 : 현 소유자는 거주하지 않고 현재 도시에 살고 있으나, 한때 천석꾼의 부자로서 지금도 많은 농토를 소유하고 있다. ㅁ자형 뜰집은 불행히도 철거한 후 양옥을 신축해 놓아 현재 그 지붕형이나 평면을 정확히 알 수 없다.

2) 신화 1리

일명 양지마는 울진 장씨의 동족촌락으로 80가구 중 40호가 장씨이다. 이곳 장씨 북파의 중시조는 전낭장 장인숙 공이다.

장덕중 가옥[비지정] : 옛날 장부자로 알려져 있으며, 시어머니는 척산 순흥 안씨이고, 며느리는 오촌의 재령 이씨라고 자랑하고 있다. 이 가옥은 ㅁ자형에 중부 곡가형 평면이고, 특이하게 사랑이 익랑채로 올라가 있는데, 이는 초기 가옥 구조의 잔재로 보인다. 지붕을 살펴보면 몸채는 팔작지붕, 아래채는 팔작지붕과 맞배지붕으로 되어 있는데 여러 차례 중수과정에서 고식적인 멋이 사라졌다. 또 좌익사 팔작지붕 측면이 정면으로 나온 「(반) 측입형 뜰집」이 되어 있다.

노창범 가옥(좌상) 박희문 양옥(우상) 장덕중 가옥(하)

17장 경북 남동부 지방의 가옥

이 지역은 북쪽 안동권의 ㄱ자형, ㄷ자형, ㅁ자형과 남쪽 경남권의 一자형 가옥 간의 경계가 되는 점이지역으로 볼 수 있다. 이곳 고옥들은 다수가 고식적 맞배지붕을 채택하고 있다. 이것은 남쪽 경남지방의 팔작지붕과 차이점이 된다. 또 이 지역은 비교적 따뜻한 남쪽인데도 안채 대청을 여닫이문 내지는 들어열개문을 달아 마루방으로 꾸며 두었다. 이것은 훨씬 더 추운 기후인데도 대청에 문이 없는 북서부 경북지방과 좋은 대비가 된다. 낙향한 선비 가옥과 조선조의 공신과 고려조의 충신들의 가옥이 이 지역에 많다. 특히 경주 양자동은 모든 가옥형을 모아서 전시해 놓은 표본실과 같은 곳으로 그 이유를 학문적으로 규명해 볼 필요가 있다.

1. 경산시 용성면(곡란리)

난포 최철견 공은 영천 최씨 시조인 최한의 14세손으로 임진왜란 당시 향리에서 손자, 증손과 함께 의병을 일으켜 아화산성 싸움에서 큰공을 세웠다. 현재도 100호 중 40호가 최씨이다.

난포 고택[16쪽 맞배지붕 가옥 참조]

2. 청도군 금천면

1) 신지리

소요당 박하담(1479-1560)이 입촌하고, 그 후 임진왜란 시 의병을 일으켜 마을을 지켰다. 한때

322호 중 156호가 밀양 박씨였던 동족촌이다.

운강 고택[중 106호] : 소요당(逍遙堂) 박하담 선생이 벼슬을 사양하고 은거하던 곳에 현 소유자 박성욱의 5대조이고 정재 유치명의 문인인 雲岡 박시묵 공이 순조 24년 크게 중건하였다. 이 가옥은 一자형 가옥이 9개 동으로 되어 있는 천석꾼의 대저택이고, 지붕은 부농이 선호하는 팔작지붕이다. 각 건물의 평면배치와 공간구성 등이 한층 조화를 이루고 있는 상류주택이다. 또 안채에서 내외문을 지나 사랑채의 뒤뜰로 아녀자의 출입이 가능하도록 남녀공간이 구분되어 있는 반가이다. 6.25 동란 중에는 이승만 대통령이 부산으로 향하던 중 관저로 사용하기도 했던 유서 깊은 저택이다.

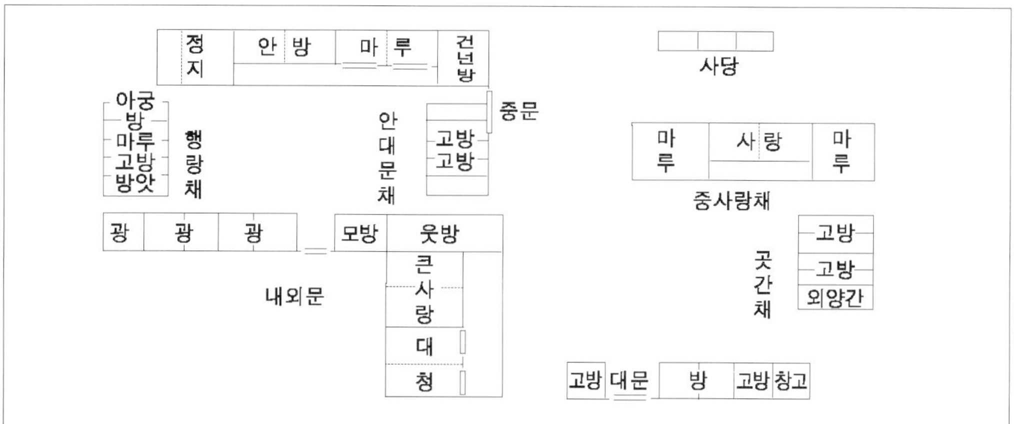

운강고택 평면도

운강 고택(좌)　　섬암 고택(우)

섬암 고택[문 268호] : 조선 말기 雲岡의 둘째 아들 박재소(1840-73) 공이 분가하면서 건립한 가옥으로 이 마을에서 유일한 곡가형이다. 즉 ㄱ자형 안채, 一자형 중문채와 도장채가 있고, 안채의 대청 3칸에는 들문을 달고, 마루방으로 만들었다. 그 외 사랑과 대문채는 대구-청도 간 국도 확장공사 때 철거되었다.

운남 고택[문 270호] : 현 박성림 가옥은 雲岡의 셋째 아들인 박재충(1850-69) 공이 분가를 하면서 건립한 집이다. 가옥은 一자형의 안채, 사랑채, 도장채가 ㄷ자형 배치를 하고 있으며 안채와 사랑채는 영남양식의 전후 툇집이다. 특히 이 마을에서 귀한 맞배지붕이고, 대청은 마루방으로 꾸몄다. 그리고 부엌에 판장으로 된 벽채, 사랑채의 <보>와 <보 고임> 등이 돋보인다.

도일 고택[문 271호] : 현 박승현 가옥은 雲岡의 동생 박기묵 공이 한말 1899년 합천군수로 재직 시 신축하였다. 그 뒤 운강의 삼종질 도일의 소유가 되어 당호가 되었다. 가옥은 운남 고택과 유사한 평면배치를 하고 있으며, 안채와 사랑채가 전후 툇집이고, 사랑채 창호의 불발기 8각 광창이 멋을 내고 있다. 그 외 **명중 고택**[문 269호]은 운강의 손자인 박래현이 고종 18년(1881) 별서(別墅)로 건립한 것이다.

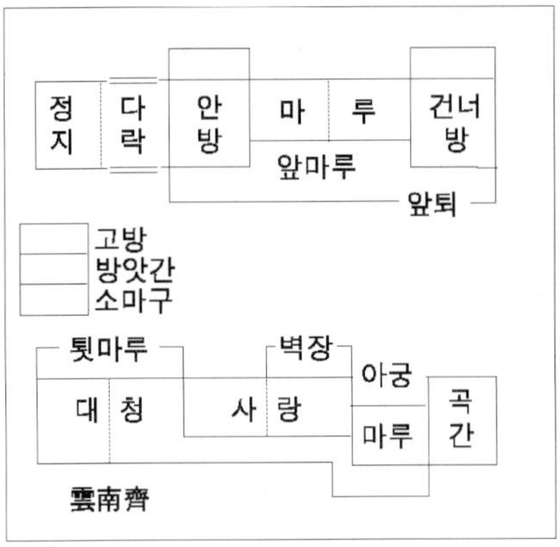

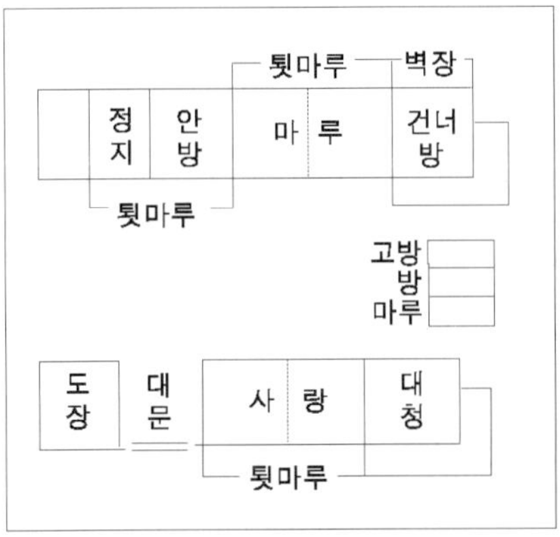

운남 고택(상) 도일 고택(하)

2) 임당리

김해 김씨와 경주 김씨가 다수이고, 의성 김씨는 한 가구도 없다.

임당리 김씨 고택[민 78호] : 임진왜란 전부터 400여 년간 의성 김씨가 세거해 왔는데, 이 고택은 조선시대 궁중 내시로 봉직한 의성인 김일준(통정대부 정 3품) 공이 만년에 낙향하여 건립한 것이다. 이 가옥은 一자형 4동이 떨어진 口자 배치를 하고 있으며, 사랑채(4칸), 중 사랑채(7칸), 큰 고방채(4칸), 소 고방채(4칸) 등으로 구성되어 있다. 고방채가 많은 것으로 보아 그의 부유함을 짐작할 수 있다. 지붕은 안채가 유일하게 맞배지붕이고 나머지는 모두 팔작지붕이다. 또 안방의 문이 임금이 계시는 북쪽으로 향하여 변치 않는 충절을 보여 주고 있다.

임당리 김씨 고택

3) 순지리

이 마을은 경주 김씨 집성촌이었으나 운문 댐의 조성으로 수몰되고, 대부분의 주민은 도시로 이주하였다.

운곡 정사

운곡정사[민 90호] : 현 김병돈 가옥은 자인 지방의 선비 취죽당 김응명(1593-1647)의 8대손 雲谷 김몽노(1828-84) 공의 생가이다. 1993년 운문 댐 조성으로 수몰을 피하여 이곳 마을 뒷산으로 이건하였다. 안채와 사랑채를 2단의 기단으로 구분하고, 특히 사랑채 좌우에 중문과 고방을 두어 산형대문(山形大門) 형태의 외관을 이루는데, 그 구성이 독특하여 한옥 건축의 귀중한 자료로 평가된다.

3. 영천시

1) 대전동

한때 영일(연일 또는 오천) 정씨의 문중이 크게 번창한 동족촌락이었으나 현재는 영천시 교외가 되어 촌락적 성격이 퇴색되고 있다.

호수 종가[유 90호] : 현 정재종 가옥은 임진왜란 때 무인이 아닌 선비의 신분으로 의병을 일으키고, 영천성 탈환에 공을 세운 湖叟 정세아(1535-1612) 의병장의 호가 당호가 되었다. 그의 장손인 해남현감 정호례 공이 광해군 5년(1613)에 건축한 우리나라에서 유일한 工자형의 건물이다. 평면은 큰방과 부엌을 중심에 배치함으로써 북측은 여자의 전용 생활공간이 되고, 사랑마당은 남자의 전용 활동공간이 되도록 해 놓았다. 그러나 안채의 앞뜰은 사랑채의 뒤뜰이 되어 자연스럽게 남녀 모두의 활동공간이 된다. 매우 이상적인 공간구분이다.

호수종가

2) 임고면 선원리

270년 전 입향한 영일 정씨의 동족촌락으로 총 126호 중 78호가 정씨이다. 특히 임고면 우항동은 고려말 충신이고 대성리학자로서 최초로 주자가례를 실천한 포은(圃隱) 정몽주 선생이 태어난 곳이다.

정씨는 자양면, 화북면, 부안면 등에 흩어져 살고 있는 영천군의 토성이다.

영천 정용준 가옥[중 107호] : 소유주의 8대조가 영조 원년(1725)에 건축한 것으로 살림채와 정자로 구성되어 있고, 정자 앞 연못에서 저절로 연꽃이 피어나 **연정 고택**이라는 이름으로도 불리는 아름다운 장택이다. 가옥은 전면에 一자형의 맞배지붕 사랑채와 문간채가 연이어져 있고, 후면에 ㄱ자형의 팔작지붕 안채, 맞배지붕의 곳간채 등이 튼 ㅁ자형 배치를 하고 있다. 안채는 전형적인 전후 툇집으로 앞마루와 뒤 툇마루가 있다. 사랑채는 비교적 협소하여 연당에 있는 정자 연정(蓮亭)이 사랑 기능을 대신하고 있다.

영천 정점교 가옥[비지정] : 전 소유자 정영감의 약 10대 선조가 안채를 건축하고, 사랑채는 부친이 약 50년 전에 건축하였다. 가옥은 상기 정용준 가옥과 동형으로 튼 ㅁ자형이고, 차이점은 안채는 一자형의 맞배지붕으로 다소 고식적이나, 사랑채는 ㄱ자형의 팔작지붕으로 그 반대라는 점이다. 특히 사랑의 돌출 누마루에는 들문을 달고, 계자난간을 둘러 정자처럼 아름답게 꾸며 놓았다.

정용준 가옥(상) 정점교 가옥(하)

영천 정동우 가옥[비지정] : 맞배지붕의 안채와 사랑채가 남부지방 전형의 직가 二자형 배치를 하고 있다. 안채 전면에는 툇마루가 큰방 앞에만 있는 고식적 가옥이고, 사랑채에도 2개의 마루가 있다. 오른쪽 언덕 위에는 별당인 鶴坡亭이 비상하고 있다. 그 외 이 마을에 있는 **정기주 가옥**, **정성식 가옥**[이상 비지정] 등은 안채가 각각 팔작지붕과 맞배지붕이고, 고식적 자태를 하고 있으나 돌보는 이가 없는 빈집이다.

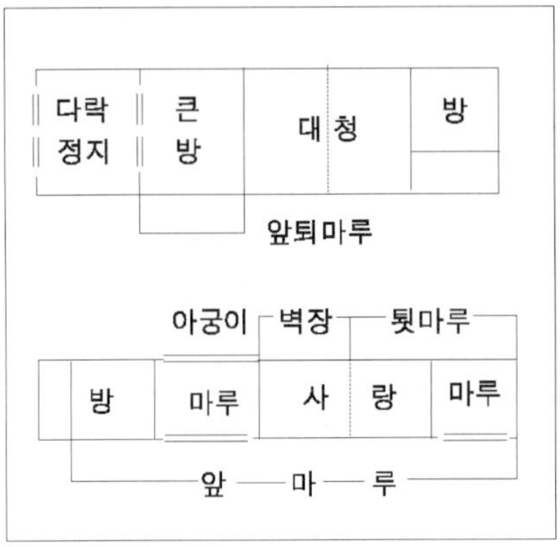

정동우 가옥

정기주 가옥(좌) 정성식 가옥(우)

3) 임고면 삼매리

선원리에서 피난하여 개척한 산간 협곡 마을이며, 현재 영일 정씨 동족촌락으로 22가구가 모두 정씨이다.

영천 정재영 가옥[중 24호] : 현 소유주 정재영의 10대조 梅山 정중기(1685-1757) 선생의 가옥으로 일명 **매산 종택**이다. 매산은 湖叟 정세아의 5세손으로 문장, 경학, 도학은 물론 특히 예학에 밝아 『가례집요』를 저술하였으며, 영조는 이를 『국조의례편』(國朝儀禮篇)에 수록토록 하였다. 이 가옥은 양 날개 ㄷ자형 뜰집에 <몸채-대청>의 중부 곡가형 평면이고, 사랑 우측의 누마루가 사랑방과 직각을 이루며 2중 돌출한 것은 전국에서 봉화 만해 고택과 함께 단 2가구뿐인데, 아름답기 그지없다. 특히 아래채 좌측의 아자난간과 우측의 계자난간의 조화가 가옥 전체를 더욱 멋스럽게 한다. 또 주거공간이라는 측면에서도 안방(안주인 거처), 머릿방(며느리 거처), 아랫방(할머니 거처)의 구성은 한 가족의 생활을 이상적으로 담아내고 있는 가옥이다.

영천 정옥창 가옥, 정수용 가옥[이상 비지정] : 약 200년 전 건립된 고옥으로 평면은 남부지방의 직가 一자형 6칸으로 이 지방 반가의 표준이고, 지붕은 고식적인 맞배지붕이다. 그러나 문화재로 지정되어 있지 않아 훼손이 심하다.

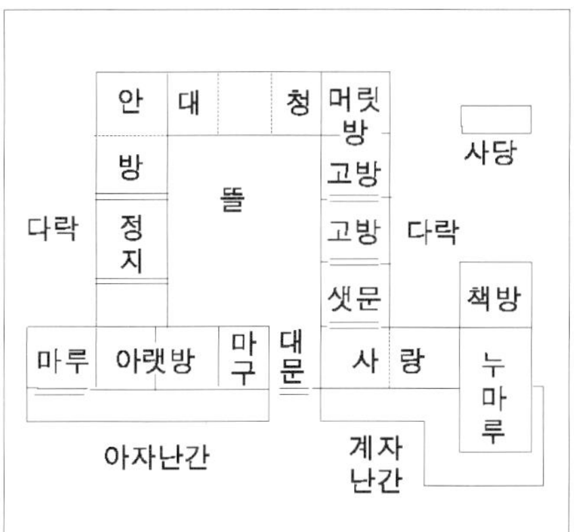

매산 종택(상)　　정옥창 가옥(하)

4) 임고면 황강리

경주 김씨 동족촌락으로 총 72호 중 40호가 김씨이다.

영천 경주 김씨 지사공 종택[문 373호] : 현 소유주 김종성의 15대조 김흡 공이 건립하였으나 화적 떼에 의하여 소실되고 19세기 초엽에 중건하였다. 그의 증손 南岡 김취려는 중종 때 중추부지사를 지내고, 임란 때 창의하여 순직하였다. 이 가옥은 一자형 안채와 ㅂ자형 아래채가 튼 口자형 배치이고, 묘막이 아닌 살림집으로 영남에서 유일한 평면구성이다. 사랑채는 젯방(제사방)과 사랑방 앞으로 넓은 대청을 두고, 뒤로 곳간과 방앗간을 배치하였다. 특히 대청의 아름다운 계자난간, 난간 앞 거북이형 디딤돌, 솟을대문 밖 연정전 등은 이 가옥에 고전미를 더해주고 있다.

지사공 종택

5) 자양면 성곡리

영일 정씨의 집성촌이었으나 자양 댐 준공으로 마을이 수몰되었다.

오회공 종택[유 72호] : 현 정남식 가옥은 광해군 12년(1620) 임진왜란 때 공을 세운 湖叟 정세아 공의 손자 三休 정호신을 분가시키기 위하여 건립한 주택으로 현재 안채가 수몰을 피하여 뒷산 중턱에 이건되어 있다. 평면은 직가 一자형 6칸으로 중류계층에 속하고, 지붕은 맞배지붕 좌우에 부섭지붕을 붙이고, 또 전후 퇴가 없는 초기의 고식적 가옥의 전형이다. 당호는 호수의 현손으로 효종 때 경전에 달통한 오회당(五懷堂) 정석현(1656-1730)의 호에서 따온 것이다.

6) 대창면 신광리

한때 창녕 조씨 집성촌락이었으나 지금은 교통이 불편한 오지로서 급속히 쇠퇴하는 촌락이다.

지산 고택[문 99호] : 선조 때 문신 芝山 조호익(1545-1609) 공의 종택이다. 최항의 무고로 강동에 배소되었으나 임란 때 풀려나 소막관(召幕官)이 되어 전공을 세웠다. 조호익이 1603년경 지산 촌으로 이거했다는 기록으로 보아 이 가옥은 이때에 건립된 것으로 추정된다. 평면은 직가 一자형의 안채와 곳간채, ㄴ자형의 사랑채가 전체적으로 떨어진 口자형 배치를 하고 있으며, 사당을 제외하고는 모두 팔작지붕이다.

오회공 종택(상) 지산 고택(하)

7) 금호읍 오계 1리

한때 창녕 조씨의 동족촌락이었으나 현재 총 60호 중 20호가 조씨이다.

만취당[중 175호] 및 살림집 : 芝山의 7세손으로 정조 때 전라도 병마절도사를 지낸 조학신(1732-1800) 공의 고택이다. 큰 사랑채 만취당(晩翠堂)은 현 소유자 조익현의 조부가 1915년 중수하였다. 가옥은 ㄷ자형 안채, 一자형의 큰 사랑채, 중 사랑채, 새 사랑채(光明軒), 행랑채, 대문채 등 6동으로 본채는 튼 口자형이고, 전체는 巳자형 배치를 하고 있다. 그 외 사당, 별묘인 체천위(遞遷位)[10], 재실(報本齋) 등이 있는 대저택으로 관리상태가 양호하여 아름다운 고옥의 자태를 유지하고 있다. 고옥의 모든 요소들이 하나의 주거공간으로 통합하는 모습을 잘 보여 주는 대표적인 조선 후기의 한옥이다.

금산당[유 333호] 및 살림집 : 현 조욱현 가옥은 상기 만취당의 작은집으로 一자형 맞배지붕의

---

10) 체천위란 제사를 모실 장손의 대가 끊긴 신주를 4대 이내의 자손들 중 가장 항렬이 높은 집으로 옮겨서 신위를 모시는 사당을 말한다.

안채와 ㄴ자형 팔작지붕의 사랑채(琴山堂)가 고전적인 아름다움을 간직하고 있는 한옥이다. 지금은 없는 아래채와 고방채를 포함하면 튼 ㅁ자형 가옥이 된다.

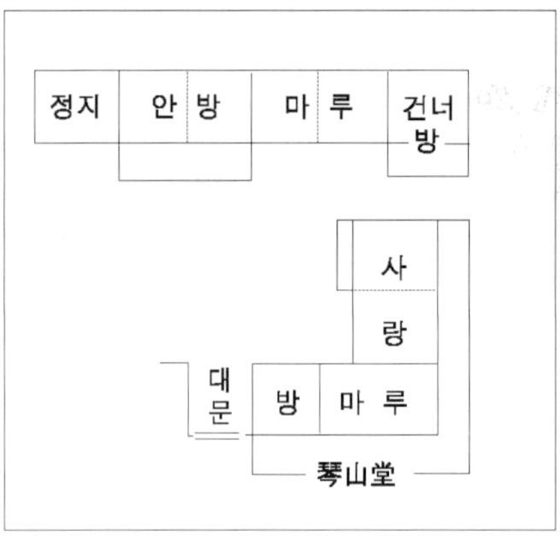

만취당(상) 금산당(하)

4. 경주시

1) 교동

경주 최씨는 조선 중기에 내남면 이조리에서 이곳으로 이주 후 그 후손이 계속해서 거주해 왔으며, 최씨의 고가가 지금도 7동이 남아 있다.

경주 최식 가옥[중 27호] : 1700년경에 건립되어 12대 만석지기를 지킨 경주 최씨 종가이다. 이곳에 지금도 남아 있는 재매정(財買井)이라는 우물은 부자가 되는 명당의 증거라고 한다. 항상 길손을 위해 음식을 준비해 두고, 또 가난한 사람들에게 곡식을 나누어 구휼했던 경주 최부자의 선행은 지금까지도 인구에 널리 회자되고 있다. 가옥은 ㄇ자형 안채[중 27-3호]와 一자형 중문채가 튼 ㅁ자형을 이루고,

그 외 一자형의 고방채와 대 문간채가 남아 있으며 1970년 사랑채와 별당이 불타기 전에는 99칸의 가옥이었다. 또 대문채 오른쪽에 있는 규모가 아주 큰 고방(사진)을 보면 최부자의 살림살이를 짐작할 수 있다.

최씨 고방

경주 최경 가옥[비지정] : 제일 어른이신 배신영 할머니가 경주 교동법주 기능 보유자[중 무 86-3호]이다. 최부자 댁의 비주는 조선 숙종 때 궁중에서 처음 빚었는데 술의 외관이 밝고, 미황 색을 띤다. 가옥의 평면은 종가와 대동소이하고, 사랑의 규모가 다소 확대되어 있으나 문화재로 지정되어 있지 않아 지금은 많이 퇴락되어 있다.

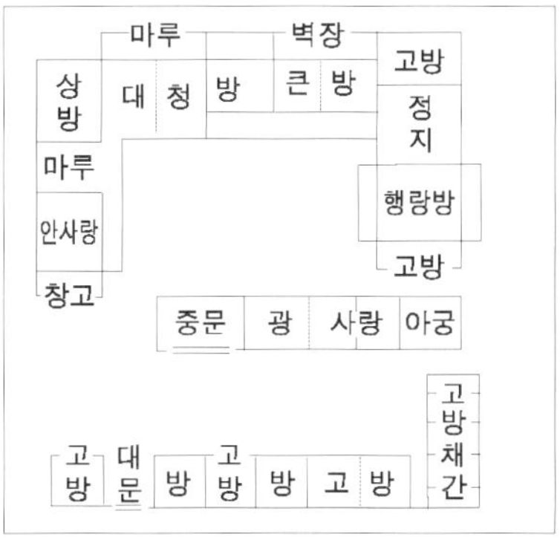

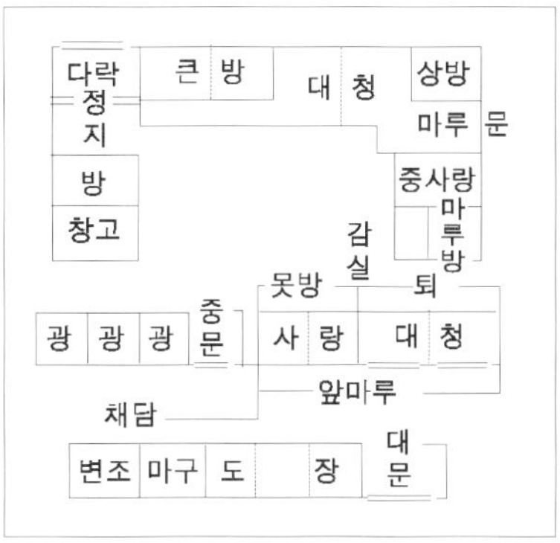

최식 가옥(상) 최경 가옥(하)

2) 탑동

경주 김씨 동족촌락으로 400여 년간 세거했으며 현재 70호 중 20호가 김씨이다.

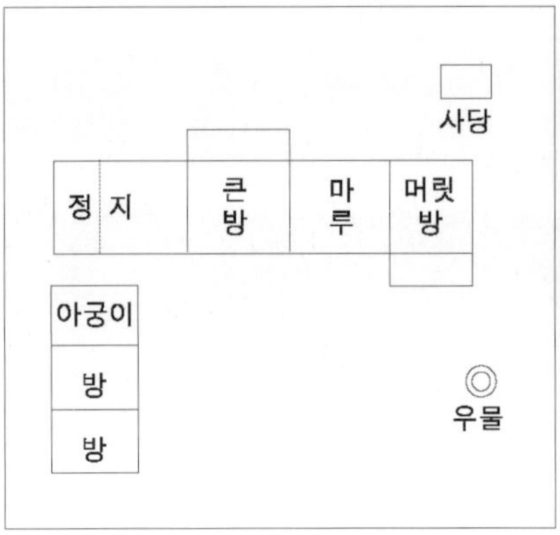

김헌용 가옥

경주 탑동 김헌용 고가옥[중 34호] : 17세기경에 세워진 집으로 임란 때 공을 세운 부산첨사 김호 공의 생가라고도 한다. 안채는 전후 퇴가 없는 4칸 맞배지붕 와가이고, 행랑채는 3칸의 우진각지붕 초가로서 문화재로 지정될 당시 솟을 삼문형 큰 대문을 세우니 오히려 안채가 궁색하였다고 한다. 또 부엌에 조명시설로 태백산간에나 쓰는 「코쿨」이 설치되어 있고, 마당에는 당시의 우물이 아직도 남아 있다.

3) 경주군 강동면 양동

월성 양동은 민속보존마을이고(중 189호), 풍수지리적으로는 勿자 형국의 명당으로 알려져 있다. 가옥은 勿자형이 만드는 네 골짜기 두동골, 물봉골, 안골, 장태골을 중심으로 능선 위로 올라가며 가옥이 위치한다. 그래서 한국의 전통적인 주거공간의 구성 특징을 잘 보여준다. 이 마을은 청송출신으로 이시애 난의 평정에 공을 세운 계천군(鷄川君) 손소(1433-84) 공의 처향으로 아들 우재(愚齋) 손중돈(1463-1529)과 그의 외손자로 五賢의 한분인 회재(晦齋) 이언적(1491-1553)이 성장하였다. 우재는 김종직의 문인으로 중종 때 상주목사와 우참찬을 지내고 청백리에 선정되었다. 회재는 10세 때에 부친을 여의고 12세에 외숙 우재의 전관임지를 따라 다니면서 수학하여 후일 대학자에 이르게 된다. 이후 양성의 집성촌이 된 양자동은 번창기에 272호 중 월성 손씨 52호, 여주이씨 146호가되었다. 가옥은 외날개 ㅁ자형을 제외한 一자, 二자, ㄱ자, ㄷ자, 튼 ㅁ자, ㅁ자, 양 날개 ㅁ자, 중복 뜰집 등이 있어서 모든 전통민가를 전시해 놓은 듯하다.

관가정[보 442호] : 우재(愚齋) 손중돈 선생을 기념하기 위하여 조선 중기에 지은 주택이다. 마을 입구 언덕에 있는 이 가옥은 양 날개 ㅁ자형의 뜰집에 <몸채-대청>의 중부 곡가형 평면으로 모두 맞배지붕 가옥이다. 평면에서 안채 우익사 마루방 2칸은 원래는 큰방이다. 사랑채는 누마루를 원기둥으로 받치고, 계자난간을 돌려 멋을 더하였다. 당호는 그 처마에서 들의 곡식이 자라는 모습을 보듯이

자식이 커 가는 모습을 본다는 뜻의 觀稼亭이다.

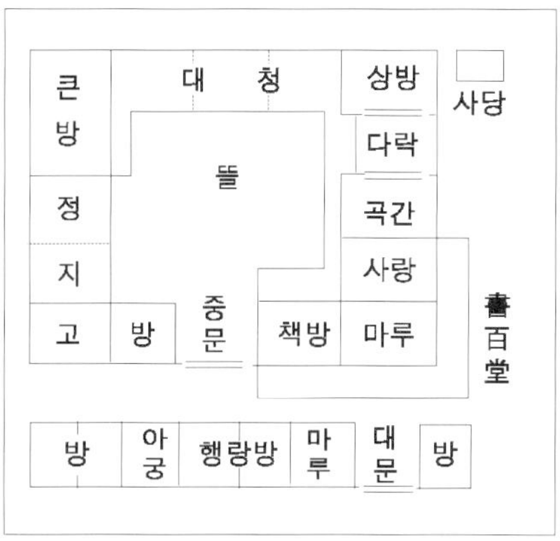

관가정(상)　　　손씨 종택(하)

월성 손씨 종택[중 23호] : 입향조인 손소 공이 1458년 건립하였으며, 우재와 회재가 태어난 곳이다. 구성은 一자형 대문채의 내측에 있는 口자형 뜰집에 <몸채-대청>의 중부 곡가형 평면이다. 우익사는 개방형 다락과 계속되는 쪽마루로 사랑과 연결되고 있다. 그 외 사당이 있고, 또 외지인이 기거하는 가람집이 있었다고 전해진다. 지붕은 모두 맞배지붕으로 書百堂이라 쓴 현판이 사랑채에 걸려 있는데, 하루에 참을 忍자를 백 번 쓴다는 뜻이다.

양동 낙선당[중 73호] : 종가의 북쪽에 있는 현 손영호 가옥은 입향조 손소 공의 셋째 아들 손숙돈이 분가할 때인 1540년경에 지은 고가이다. 이 가옥은 몸채가 ㄇ자, 중문간채가 一자가 되어 튼 口자형 가옥에 <몸채-안방 · 마루>의 남부 직가형 평면이다. 그러나 좌측에 별도로 一자형의 사랑채와 고방채가 있고, 우측에는 사당과 삼문이 있어서 다양하다. 낙선당(樂善堂)의 현판이 걸린 사랑채는 협문을 통해서 안채에 출입할 수 있고, 지붕은 모두 고식적인 맞배지붕이다.

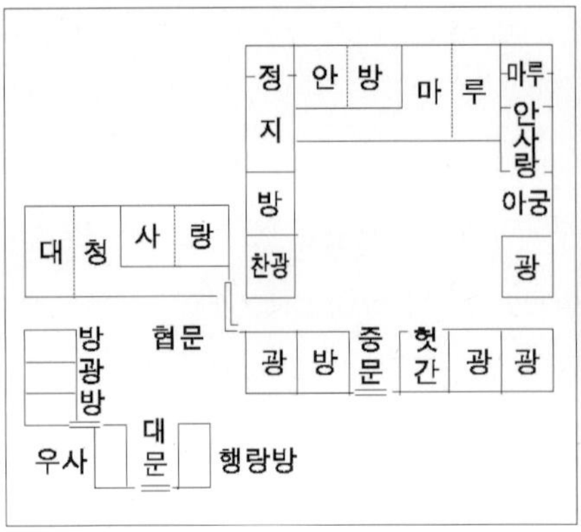

양동 낙선당

향단[40쪽 日자형 가옥 참조]

무첨당 및 여강 이씨 대종가[30쪽 ㅁ자형 가옥 참조]

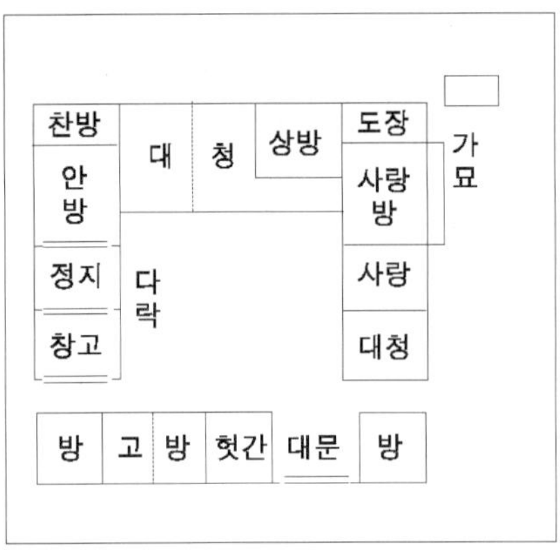

이원용 가옥(상) 수졸당(하)

양동 이원용 가옥[중 75호] : 영조 6년(1730)에 건립된 목조가옥으로 상춘 고택이라 부른다. 가옥은 몸채가 ㄇ자형, 아래채가 一자형으로 여강 이씨 종택과 동형인 튼 口자형 가옥이다. 그러나 안채 대청에 상방이 있기는 하나 부엌이 좌익사에 내려가 있어서 <몸채-대청>의 중부 곡가형 평면이다. 특히 후술하는 사호당과 유사하게 사랑이 몸채 우익사에 더부살이를 하고, 아래채는 행랑채로만 사용한다.

양동 수졸당[중 78호] : 현 이종환 가옥은 회재 선생 현손인 守拙堂 이의잠 공이 조선 광해군 8년(1616)경에 건립하였다. 가옥은 ㄱ자형 안채, 一자형 사랑채와 행랑채가 튼 口자형 배치이다. 안채는 모서리에 부엌이 있고, 정면에는 큰방과 대청이 있어서 남부 직가형 평면이다. 이와 유사한 가옥의 평면은 회재의 6대손인 이시중의 분가로 인하여 영조 49년(1773) 건축된 **이희태 가옥**[중 77호], 즉 두곡 고택이 있고, 현 이진원 가옥으로 숙종 21(1695)년 온양군수를 지낸 二香亭 이범중 공이 건축한 **이향정**[중 79호], 또 현 이동호 가옥으로 소박하고 간결한 18세기 중엽의 건물인 **대성헌**(對聖軒)[민 34호]이 있다.

이희태 고가(좌)　　이향정(우)

양동 이원봉 가옥[중 74호] : 현 이백 가옥은 헌종 때인 1840년 건축되었고, 진사를 지낸 사호당 이능겸 공이 살던 집으로 사호당 고택이라 부른다. 가옥은 경사지에 ㄷ자 몸채, 一자의 행랑채가 일견 튼 口자형을 이루고 있다. 이 가옥은 몸채의 우익사가 사랑으로 이곳에서 돌출한 사랑마루의 맞배지붕에 가적지붕을 붙여 팔작지붕처럼 보이는 조금은 기이한 가옥이다. 사랑이 몸채에 더부살이를 하는 것은 전술한 바와 같이 초기 고가옥에서 흔히 있는 유습인데, 이 가옥에서는 책방까지 두고 있다.

양동 이동기 가옥[중 76호] : 정조 4년 1780년에 건축하였으며, 참봉댁 또는 근암 고택이라 부른다. 평면은 중부지방 ㄱ자형 집으로 모서리에 부엌이 있고 큰방과 대청이 정면으로 나온 전형적인 남부 一자형 평면이다. 그러나 최근 우측에 사랑채를 복원해 두어 전체적으로 떨어진 口자형이 되었다. 이웃에는 유사한 평면을 가진 **이동수 가옥**[비지정]이 있다.

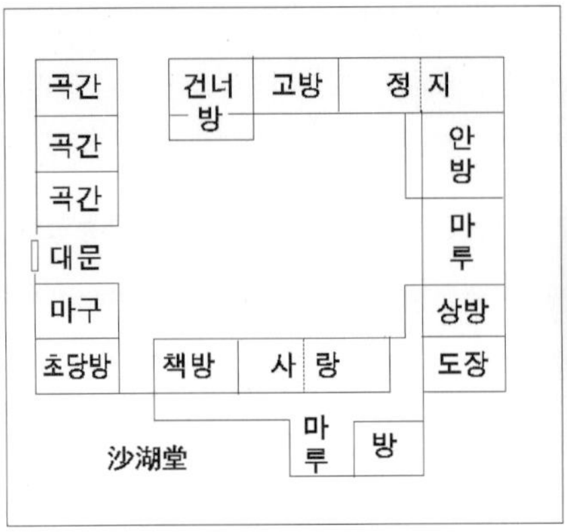

이원봉 가옥(상) 대성헌(좌하) 이동기 가옥(우하)

이동수 가옥(좌) 이흥식 가옥(우)

양동 이원철 가옥, 이흥식 가옥[이상 비지정] : 모두 약 300년 전에 건축된 곡가 ㄱ자형 가옥이고, 지붕은 맞배지붕으로 거의 동형이다. 차이는 이원철 가옥에는 우측에 부섭지붕이 있고, 그 아래는 꽤 넓은 옆마루가 생겨서 중 사랑 마루로 활용하고 있다는 점 정도이다. 건넌방을 머릿방, 부엌 옆에 있는 방을 중 사랑이라 부르는 것은 이 마을의 양식이고 호칭이다. 그 외에도 방 앞에는 상당히 많은 툇마루를 두었다.

양동 이원근 가옥[20쪽 ㄱ자형 가옥 참조]

양동 손병익 가옥, 손원락 가옥, 이석기 가옥, 이세동 가옥[이상 비지정] : 모두 직가 二자형의 구조로서 200여 년 전에 건축된 고식적인 맞배지붕이고, 영남양식의 전후 퇴가 있는 평면이다. 손원락 가옥과 이석기 가옥에서는 사랑채가 안채에 수직으로 배치되어 있고, 부섭지붕으로 부엌을 넓혀 놓았다. 그 외 단아한 직가 一자형 맞배지붕 가옥으로 **이춘연 가옥**, **백운용 가옥**[이상 비지정] 등이 있다.

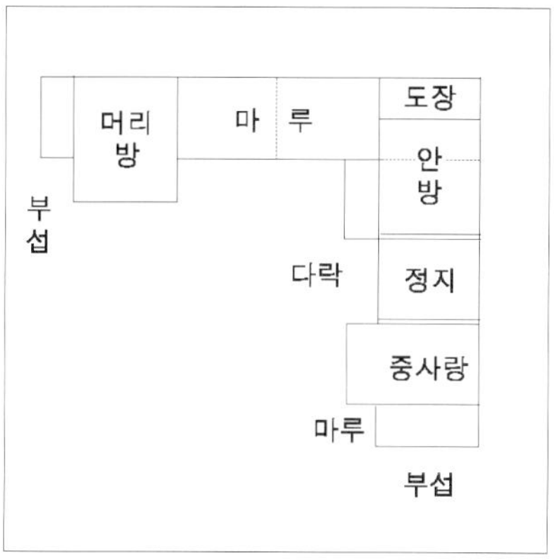

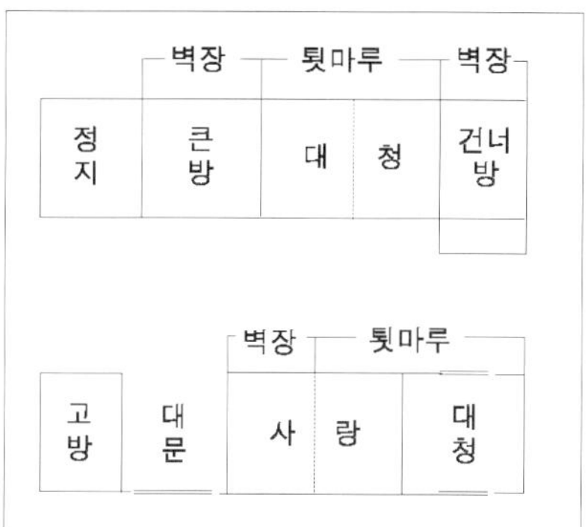

이원철 가옥(상)　손병익 가옥(하)

손원락 가옥(좌하)　이석기 가옥(우하)

4) 강동면 단구 1리

한때 월성 손씨 동족촌락으로 현재도 총 70호 중 40호가 손씨이다.

월성 주사댁

월성 주사댁[전 6호, 문 383호] : 월성 손씨 愚齋 손중돈의 11대 지손 손종호 공이 1780년에 건립한 조선 후기 부호의 주택이다. 고종 3년(1866) 현 소유주 손정호의 4대조 손명수가 급제하여 궁내부 주사가 되었으므로 손 주사댁으로 부르기도 한다. 가옥은 안채와 사랑채가 각각 ㄱ자형으로 좌우 나란히 위치하고 있는 쌍둥이 건물이다. 그 외 안마당에는 방앗간과 외양간이 있는 초가가 있고, 사랑마당에도 초당이 역시 나란히 있다.

5. 포항시 북구

1) 신광면 우각 2리

회재 선생의 5대손인 오이 공이 입향하여 그 후손이 300여 년간 세거해 왔는데, 코오롱을 창건한 이원만 사장도 이곳 출신으로 알려져 있다. 현재 총 113호 중 98호가되어 여강 이씨의 동족촌락이다.

우각 이정섭 가옥[16쪽 맞배지붕 가옥 참조]

우각 이지호 가옥, 편연이(구 이정환) 가옥, 이원부 가옥, 이동무 가옥 [이상 비지정] : 모두 직가 一자형 맞배지붕으로 200여 년 된 가옥이다. 평면도 넓은 앞마루 대신 높고 낮은 툇마루 내지 쪽마루가 있고, 그러면서도 인근의 보통 부락에서는 볼 수 없는 마루에 띠살문을 달아 마루방을 만들고 고옥의 멋을 내었다. 이들 가옥은 지금은 온갖 풍상을 겪은 주름살 많은 할머니의 정겨운 모습을 간직하고 있다.

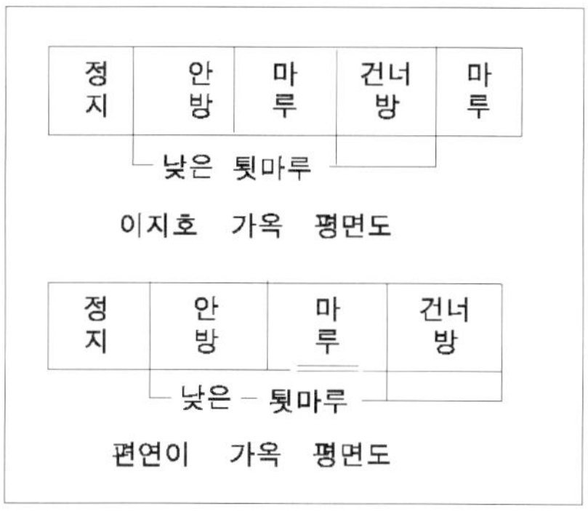

이지호 가옥(우상)　편연이 가옥(좌하) · 이원부 가옥(우하)

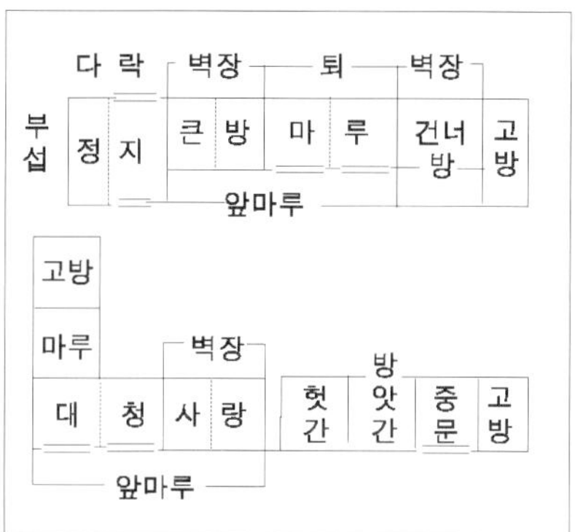

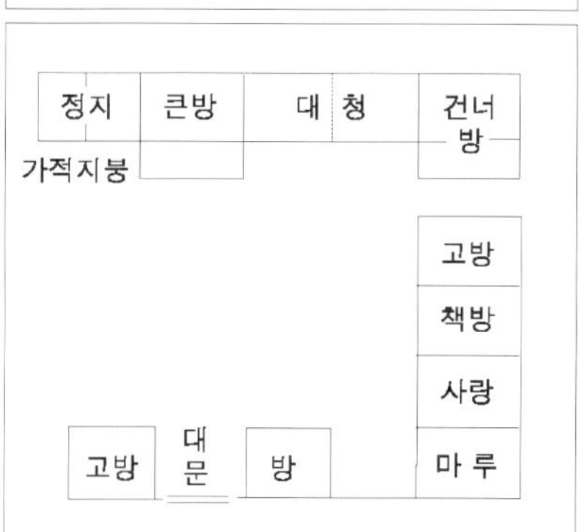

이동춘 가옥(상)　기천 고택(하)

우각 이동춘 가옥[비지정] : 약 300년 전에 건축된 부유한 사대부가 집으로 현재는 김기문이 구입하여 살고 있다. 가옥은 안채와 중문채는 一자형, 사랑채는 ㄴ자형으로 안채는 전후 툇마루를 두었고, 양측에 부섭지붕을 달고 부엌과 고방을 반 칸씩 넓혔다. 그 외 대청의 들문과 창방에는 빗살 교창이 멋을 부린 세련된 가옥이다.

2) 기계면 현내리

한때 경주 이씨가 100여 호가 되는 동족촌락이었다.

영일 기천 고택[문 205호] : 1800년대에 경주인 이승운(1793-1861) 공이 건축한 조선 후기 양반 가옥이다. 안채와 사랑채는 직가 一자형 맞배지붕인 고식적 가옥으로 현 소유주 김영정이 매입하여 관리하고 있다. 이 마을에는 고옥이 다수 있었으나 6.25 전쟁 때 이 가옥을 제외하고는 모두 파괴되었다.

3) 기북면 오덕 1리

한때 여강 이씨의 동족촌락이었으며, 현재도 총 50가구 중 20 가구가 이씨이다.

애은당 고택[민 80호] : 현 이동우 가옥은 전주 부윤을 지내고 임진왜란 때 함경도 경성과 길주에서 왕자들을 위해한 반란군을 진압하고, 연전 연승으로 평안도를 수복하는데 공을 세운 충의공 農圃 정문부 장군의 식솔들이 이곳으로 피난 와서 사용했던 가옥이다. 다시 전주 고향으로 이사하면서 손서 여강 이씨 四宜堂 이강에게 양여하였다. 가옥의 구성은 안채 ㄱ자형, 사랑채와 고방채는 一자형으로 전체적으로 튼 ㅁ자형 배치이다.

애은당

영일 사우정 고택[민 81호] : 정문부 장군의 조부인 정언각 공이 청송부사로 재직하고 있던 명종 1년(1546) 건축한 것으로 추정된다. 그 후 손서 이강에게 물려주었고, 이강의 후손인 이헌순이 그의 호를 따서 四友亭이라 하였다. 가옥은 ㄇ자형 안채와 一자형 사랑채가 튼 口자형에 <몸채-큰방·대청>의 남부 직가형 평면으로 모두 맞배지붕이다. 또 담장 모서리에는 사당지(祠堂池)가 있어서 조선 중기 사대부가의 생활상을 잘 반영하고 있는 고택이다.

사우정 고택

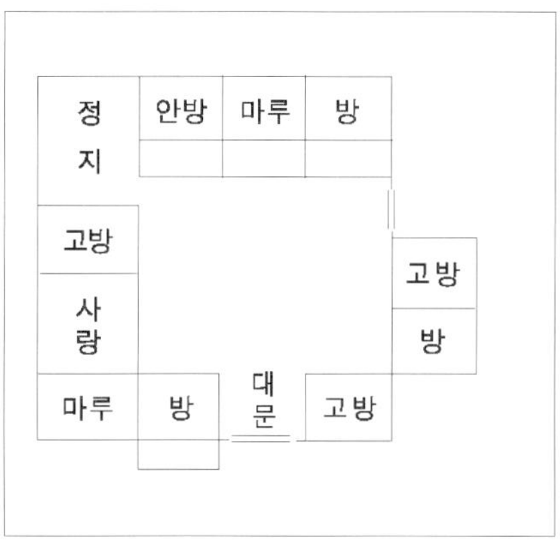

이원돌 가옥

오덕동 이원돌 가옥[문 206호] : 이강 공이 정문부로부터 물려받은 별옥일채(別屋一體) 중의 부속건물로서, 그의 2남 이덕령 이후 현재까지 후손들이 기거하고 있었는데, 현 소유주 이원돌은 9대손이다. 이 가옥은 조선 중기 사회상을 잘 나타내는 평면으로 안채와 사랑채가 특이하게 접합된 ㄷ자형이다. 지붕은 좌익사의 맞배지붕 박공이 정면으로 나와 있는, 전술한 「남부 영동지방 (외)측입형 가옥」으로 한반도에서 가장 남쪽에 위치하고 있는 측입형 가옥으로 볼 수 있다.

6. 울릉군 북면(나리리)

이곳은 눈이 많이 오는 지역으로 통나무를 우물 정(井)자처럼 쌓아올려서 육지의 귀틀구조처럼 든든한 벽을 만들었는데, 이러한 집을 투막집 또는 투방집이라 한다. 이 가옥은 통나무의 틈새를 진흙으로 막고, 또 처마 끝에서 억새로 이엉을 엮어 내려서 벽을 만들었는데, 이 외벽을 우데기라 일컫는다. 투막집의 지붕은 보통 억새나 너와로 하고, 그 평면은 一자형으로 3-5칸이 보통이다. 특히 본채와 우데기 사이의 공간을 축담이라 하는데, 이는 눈 속에 갇혀서도 어려움 없이 생활할 수 있도록 만들어 놓은 공간이다. 축담은 생활도구, 땔감, 양식을 보관하는 창고 역할도 겸하고 있다.

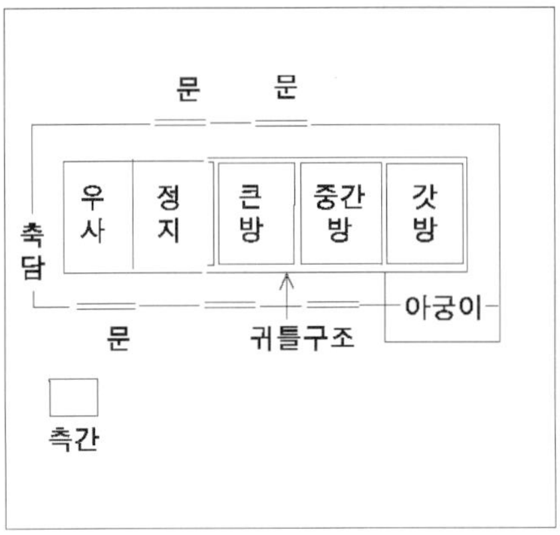

너와집(상)　투막집(하)

나리동 너와집[민 55호] : 옛 송상도 가옥으로 1940년경에 건축되었으며 울릉도 재래의 집 형태를 간직하고 있다. 방은 귀틀구조로 된 벽을 만들고, 지붕은 너와로 덮고 큰돌로 눌러 두었으며, 처마 끝에서부터 주위를 우데기(현재 판자로 교체)로 두른 것이다. 평면은 一자형 5칸으로 중간 방을 머릿방, 갓방을 사랑방으로 부르기도 한다. 큰방과 중간 방의 아궁이는 정지에서 내굴로 되어 있고, 갓방은 우데기 밖으로 아궁이가 돌출 되어 있다. 그 외 측간이 있다.

나리 투막집[민 56호] : 옛 김득호 가옥으로 현재는 울릉군의 소유이다. 1945년경에 건립된 것으로 개척 당시(1882) 투막집의 모습을 잘 간직하고 있다. 이 집은 一자형 4칸 집으로 큰방, 중간 방, 갓방은 모두 통나무를 역시 우물 井자로 쌓은 귀틀구조로 되어 있다. 또 부엌에는 별도의 벽을 두지 않고 옥수숫대를 세워 벽처럼 가렸다. 지붕은 산간에서 구하기 쉬운 새(茅)를 얹었고, 찬바람과 눈이 방벽에 직접 와 닿는 것을 막기 위해 우데기를 돌렸다 그 외 이곳에는 평면이 동형인 울릉군 소유의 **투막집 2**[민 57호], **고영환 가옥**(민 58호), **채기섭 가옥**(민 59호) 등이 있다.

18장 가야산·지리산 자락의 서부 경남 가옥

이 지역의 중심에 있는 함양, 안의, 산청 등의 고을은 선비형의 관리가 고을 원으로 부임하여 학문을 장려하였기에 옛날부터 좌 안동, 우 함양이라는 말이 나올 정도로 학문이 발달했던 곳이다. 그래서 가옥도 화려하지는 않지만 선비와 충절의 관리들이 낙향하여 거주한 고옥이 다수 있다. 또 이들은 조선조에는 주로 선비가 선호하는 가옥으로 중부지방의 곡가(ㄱ자, T자)형을 선택하고, 한말에는 주로 부농이 선호하는 가옥으로 예외 없이 남부지방의 직가(一자, 二자)형 채택하고 있다. 그래서 전자는 고식적인 맞배지붕이고, 특히 사랑채에는 가옥내의 정자로 볼 수 있는 내루(內樓)를 두어 멋을 내었다. 후자는 규모가 큰 팔작지붕으로 꽤 넓은 골방을 둔 준겹집구조가 특색이다.

1. 합천군

1) 묘산면 화양리

파평 윤씨의 동족촌락으로 50여 호가 윤씨이다.

묵와 고가[중 206호] : 현 윤경환 가옥은 선조시 선전관을 지낸 윤사성 공이 지은 건물로 안채, 사랑채, 행랑채, 문간채, 사당, 헛간 등 8동에 100칸이나 되는 고옥이다. 안채는 중부지방 ㄱ자형이고, 사랑채는 T 자형이다. 특히 돌출한 내루(內樓)가 이 가옥에서 유일한 팔작지붕인데, 크지도 작지도 않은 것이 그 자태는 아담하다.

2) 대병면 역평리

수몰 이전 총 60호 중 50호가 은진 송씨인 동족촌락이다.

역평리 송씨 고가[문 105호] : 현 송호월 가옥은 1866년 송종만 공이 이웃 유전리에 건립했던 것인데, 합천댐 조성으로 인한 수몰을 피해 현재의 위치로 이건되었다. 안채와 사랑채가 직가 二자형 맞배지붕이고 전후 툇집이다. 안채는 다소 높은 기단 위에 단아하게 세워졌고, 사랑채는 건넌방 앞의 高床 툇마루에 조그마한 계자난간이 이채롭다. 이 가문에는 유계공 6대 종부 윤광주 할머니가 빚은 「고가 송주(松酒)」가 일품이다.

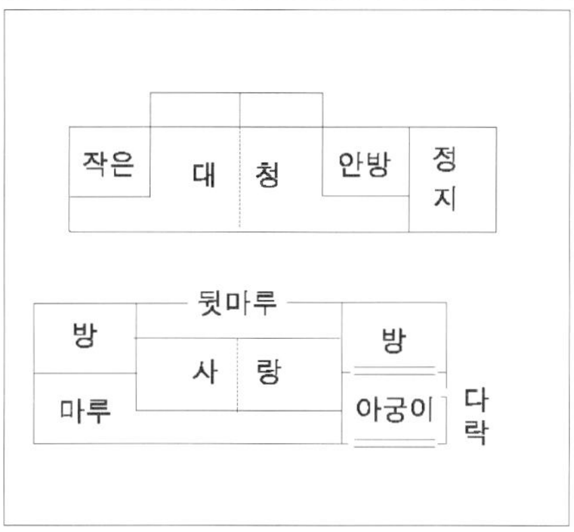

묵와 고가(상) 역평리 송씨 고가(하)

2. 거창군

1) 위천면 대정리

일명 황산 마을로 거창 신(愼)씨 동족촌락이다. 한때 140여 호 중 100호가 신씨이고, 현재 20여 호의 고가옥도 있다. 마을 중앙에 있는 쌍사당이 예법을 숭상하는 예사롭지 않는 마을로 보인다.

대정리 신씨 고가[민 17호] : 1927년에 다시 지어서 원학 고가라 하는데, 통일원 장관을 지낸 신도성 씨의 생가이다. 평면은 ㄱ자형 안채, ㅏ자형 중문채, 그 외 곳간채, 방앗간채가 모두 트인 ㅁ자형 배치이나, 관리인은 사랑채를 포함하여 日자형이라 자랑한다. 또 안채의 갓방(건넌방) 앞의 툇마루는 약간 높은 누마루로 멋을 내었다.

신용근 가옥[비지정] : 안채와 사랑채가 각각 二자형으로 안채는 현대적으로 개조하였으며, 사랑채의 책방이 감실과 겸하여 4대조까지의 위패가 모셔져 있다. 대문채는 선대의 효자 정려문(旌閭門)이 있는데, 붉은 현판에 <通政大夫承政院 副承旨>를 지낸 관직까지 기록되어 있다. 그 외 **신진범 가옥**, **문홍준 가옥** 등의 고옥이 다수 있다.

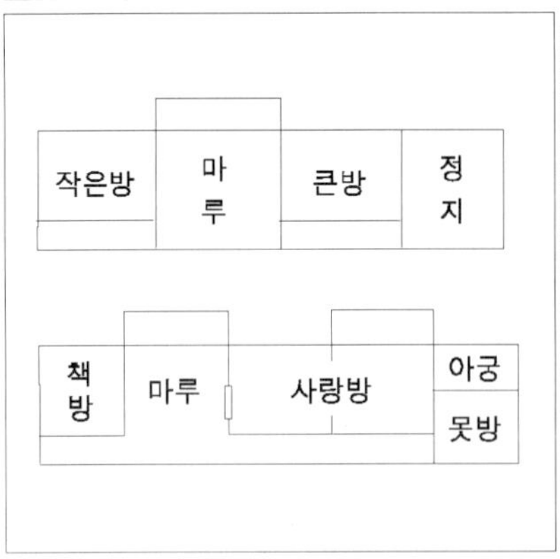

대정리 신씨 고가(상)　　신용근 가옥(하)

2) 북상면 갈계리

은진 임씨가 약 450년 전에 개척한 후 한때 임씨가 150여 호나 되었던 동족촌락이다. 당대의 학자로서 수성대에서 퇴계 선생과도 교유한 갈천 임훈(1500-84) 선생이 태어난 마을이다.

갈계리 임씨 고가[민 9호] : 현 임견종 가옥은 조선 중기 문신이며 사직서 참봉을 지낸 葛川 임훈 공의 가옥으로 중종 2년(1507) 건축된 조선 전기의 건축양식이다. 고택은 안채, 사랑채, 대문채가 직가 三자형 배치를 하고 있는데, 안채에는 대청 뒤에 큰 장안을 두어 책을 보관하고, 사랑채로 용도를 변경한 듯하다. 대문은 <孝子行 典署參奉 林薰之門>이라는 정문이 있고, 주춧돌에는 거북머리가 조각된 초석이 있다.

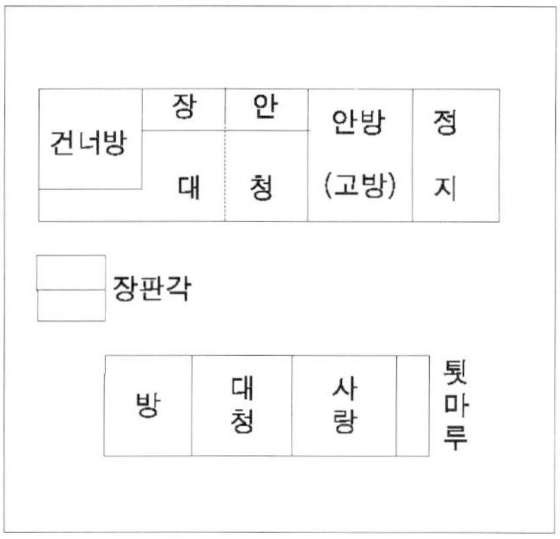

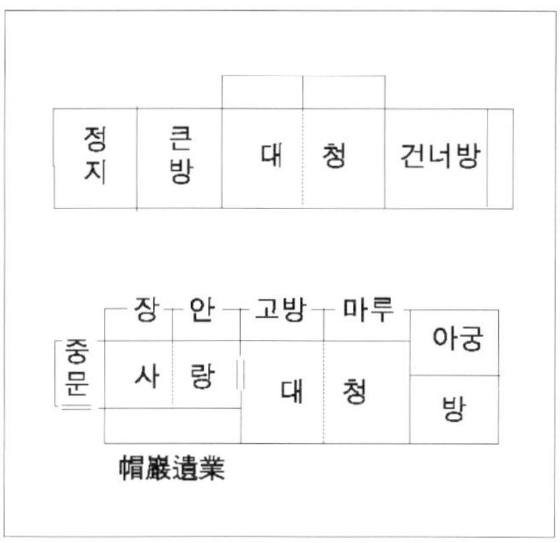

갈계리 임씨 고가(상)　　임이종 가옥(하)

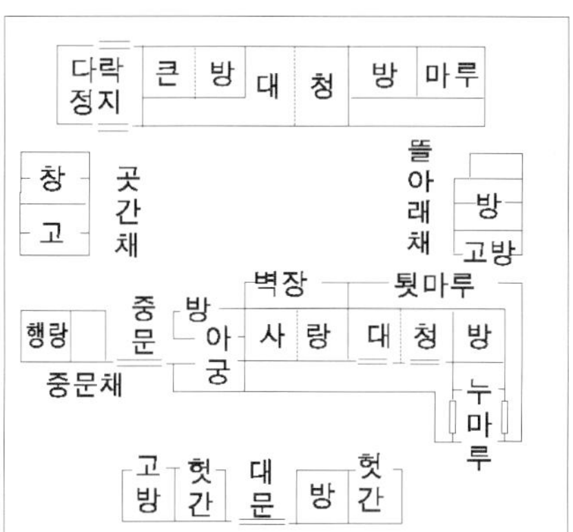

동계 고택

임이종 가옥[비지정] : 소유주의 증조부(진사)가 150년 전에 건축하였다. 안채는 一자형 5칸 홑집이고, 사랑채는 田자형 준겹집이다. 특히 4칸의 광채가 1,000석꾼의 부농임을 나타내고 있다. 사랑에는 진사의 업적을 나타내는 모암유업(帽巖遺業)이라는 현판이 있고, 대문에는 <通訓大夫 安奇道 察訪>이라는 선대의 관직이 기록되어 있다.

3) 위천면 강천리

초계 정씨 집성촌으로 현재 80호 중 20호가 정씨이다.

정온 선생 가옥[중 205호] : 병자호란 때 김상헌과 함께 척화파의 선봉장이 되어 절의를 굽히지 않았고, 『학기류편』(學記類編)을 펴낸 남명학(南冥學)의 계승자 동계(楝溪) 정온(1569-1641) 선생의 옛집이다. 저자가 볼 때 건축의 조화미와 평면배치의 균형미를 고루 갖추고 있는 영남에서 으뜸가는 고옥이다. 즉 안채 우측의 독립된 마루양식, 사랑채에 돌출한 내루 위의 예쁜 눈썹지붕, 사랑채 마루방의 창호의 문양과 난간 등이 이채로울 뿐만 아니라 아름답기 그지없다. 대문에는 인조 임금이 내린 선홍색 바탕에 흰 글씨로 쓴 <文簡公 楝溪 鄭蘊之門>의 정문(旌門)이 있다.

무릉리 정씨 고택(상) 양항리 윤씨 사랑채(하)

4) 남하면 무릉리

동래 정씨 동족촌락으로 50호가 세거하고 있다.

거창 무능리 정씨 고택[유 287호] : 숙종 12년(1686) 장사랑(將士郎)을 지낸 정응두 공의 현손이고, 현 소유주 정성환의 5대조인 山水亭 정형초 공이 건립하였다. 가옥은 ㄷ자형의 안채, ㄱ자형의 사랑채가 떨어진 ㅁ자형으로 중부지방의 배치양식이다. 지붕은 맞배지붕의 안채와 사랑채, 팔작지붕의 곳간채, 대문채가 있다. 특히 사랑채의 내루 위 박공면과 안채의 작은방 정면 아궁이 위의 다락이 멋스럽다.

5) 남하면 양항리

파평 윤씨가 500년 세거해 온 20여 호의 집성촌이다.

거창 양항리 윤씨 고가[유 260호] : 현 윤중묵 가옥은 임란 전에 건축되었다고 하나 교우(膠宇) 윤주하(1837-1908) 공이 중수하거나 건립한 것으로 보인다. 평면구성상 안채와 사랑채가 모두 곡가 ㄱ자형인 것은 그들이 중부지방에서 오래 거주했기 때문인 것으로 추정된다. 가옥의 외관은 무릉리 정씨 고택과 함께, 이 지방의 가옥의 미를 능가한다.

6) 웅양면 동호리

연안 이씨 동족촌락으로 현재 100호 중 70호가 이씨이다.

거창 동호리 이씨 고가[문 122호] : 현 이응진 가옥은 1830년에 이진악 공이 그의 아들 이준학이 참봉으로 있을 때 건립하여 그의 조부의 호를 따서 동호재(東湖齋)라 이름하였다. 이 가옥은 상기 고가에 비해 영남지방의 토속적인 정취가 물씬 풍기는 고옥이고, 특히 곳간채의 벽이 제주도 토담처럼 건축되어 이곳 산간의 겨울추위와 여름더위를 잘 극복하고 있는 듯하다. 이 마을에는 **이능화 가옥**[비지정] 외에 6가구의 고옥이 더 있다.

3. 함양군

1) 지곡면 개평리

일두(一蠹) 정여창(1450-1504) 선생은 한헌당과 함께 점필재 문인으로 유학의 논리적인 핵심 理氣論을 태동시킨 대학자이다. 집안은 누대로 하동에서 살았으나 증조부 때 함양 개평리에 입향한 후 하동 정씨 마을이 되었다.

일두 정여창 고택[중 186호] : 조선조 5현의 한 분인 일두 고택으로 그의 사후 1570년에 건립되었다. 솟을대문에는 충신, 효자의 정려패가 5개나 걸려 있으며 맨 위 것은 <孝子 通政大夫判典農寺

鄭復周之門>이라 쓰여 있다. 가옥은 一자형 안채와 아래채, 행랑채, ㄱ자형으로 누마루가 돌출한 사랑채가 합쳐서 떨어진 ㅁ자형 배치를 하고, 그 외 사당과 별당이 있다. 그래서 공간구성이 조화로우면서도 사랑마당과 안마당이 행랑채에 의하여 자연스럽게 구분되는 법도 있는 사대부의 가옥이다.

동호리 이씨 고가(상)　일두 정여창 고택(하)

함양 정병조 가옥[비지정] : 주인(전 성균관대학 교수)이 거주하지 않은 관계로 많이 퇴색되어 있다. 평면은 一자형 6칸이고, 전후 툇집으로 전형적인 영남 중·상류계층의 한옥이다. 그래서 안방에는 보통 가옥에는 없는 장안이라 부르는 골방이 있는 준겹집으로 그 활용도가 다양하다.

함양 정명균 가옥[비지정] : 현 소유자의 7대조 정진사가 약 250년 전에 건축한 가옥으로 남도양식의 전후 툇집일 뿐만 아니라 호남양식이 가미된 좌우 툇집이다. 그래서 안채의 양측에 부섭지붕을 붙여서 각각 부엌과 옆마루를 반 칸씩 넓혔다. 사랑채는 역시 준겹집으로 사랑방 뒤에 글방, 골방 등이 있는 것을 볼 때, 학문을 중시하는 선비가옥의 구조로 보인다.

정병조 가옥(상)　　정명균 가옥(하)

2) 안의면 금천리

안의면 소재지로 동족촌락이 아니다.

함양 허삼둘 가옥[중 207호] : 갑오개혁 이후 제도상으로 반상의 구별이 없어졌고 경제적인 여건만 되면 좋은 집을 지었는데, 허삼둘 가옥이 그 예이다. 1918년 당시 진양 갑부인 허씨 문중의 외동딸 허삼둘이 이곳 윤대흥에게 시집와서 건립하였다. 가옥은 안채가 ㄱ자형 7칸에 田자형 겹집이고, 전면 7칸 ㄴ자형의 사랑채, 一자형 행랑채가 떨어진 口자형 배치를 하고 있으며, 그 외 사랑 별당채가 있다. 평면에서 안채의 여성중심의 공간구성이 돋보이고, 뜰에서 부엌에 이르는 통로는 앞 툇마루를 열고 출입하도록 되어 있어 기이하다. 또 사랑채는 좌우 양측에 2개의 낮은 누마루를 둔 것이 다른 가옥에서는 볼 수 없는 구조이다.

4. 의령군

1) 화정면 상정리

창녕 조씨 동족촌락으로 총 200호 중 80호가 조씨이다.

의령 조씨 고가[민 15호] : 현 조병구 가옥은 조씨 종가로서 17세기부터 20세기까지 9동이 차례로 건축되었는데, 세기별 건축 특성을 비교하는 자료로서 그 가치가 높다. 가장 먼저 건축된 별채는 지금도 4칸의 초가로서 아들과 딸을 일시 거주시켜 분가시키는 집이다. 다음은 안채, 사랑채, 행랑채, 방앗간 채가 차례로 건축되었으며, 전체적으로 떨어진 ㅁ자형 배치이다. 그중 안채와 사랑채는 준겹집으로 부농의 민가 구조이다.

함양 허삼둘 가옥(상) 의령 조씨 고가(하)

2) 화정면 덕교리

진양 강씨 집성촌이다.

의령 강씨 고가[16쪽 맞배지붕 가옥 참조]

5. 산청군

1) 신등면 단계리

총 342호 중 안동 권씨 78호, 순천 박씨 26호가 거주하는 혼성촌락이었다. 이 마을은 20여 동의 고옥이 있어서 한옥보존지구로 지정되어 있다.

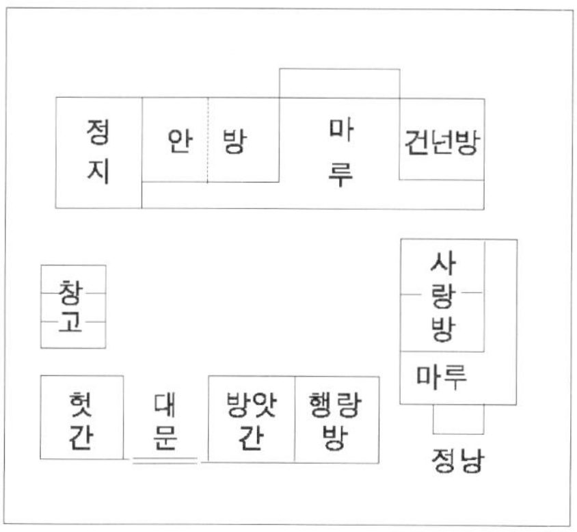

박정규 가옥(상)　　대종가 사랑채(좌하)　박우동 가옥(우하)

단계 박씨 고가[16쪽 맞배지붕 가옥 참조]

산청 단계리 박씨 고가[문 119호] : 현 박정규 가옥은 상기 소종가의 동생 집으로, 소종가보다 훨씬 후기(1910년경)에 건축된 것이다. 구성은 안채, 사랑채, 문간채, 곳간채가 떨어진 口자형이고, 전통민가의 상류주택 요소가 적절히 결합된 경남 서부지방 살림집의 원 모습을 잘 간직하고 있다. 그 외 **대종가 댁**[비지정] 현 박식동 가옥은 안채와 사랑채가 맞배지붕 고가이고, 종손은 입향조 용담공의 15대손이다. **박우동 가옥**은 비록 팔작지붕이긴 하나 이끼 긴 와당의 고옥이고, **박갑동 가옥**은 규모가 큰 가옥으로 몸채가 맞배지붕이고, 양측에 부섭지붕이 달려 있는 대칭적인 가옥이다.

단계 권씨 고가

산청 단계리 권씨 고가[문 120호] : 안채와 사랑채는 남부 一자형으로 1938년에 중건되었으며, 그 규모가 나주 박경중 가옥과 함께 전국에서 가장 큰 가옥으로 장중하다. 모두 팔작지붕으로 처마의 이중곡선이 경쾌하면서도 화려하게 가장 잘 나타나서 한옥 미의 극치를 보여준다. 평면은 안채가 준겹집[11] 구조로서 큰 골방을 두고, 대청 안쪽에는 마루방을 만들어 충청도처럼 감실로 사용하고 있다. 사랑채 역시 겹집으로 대청 뒷마루와 좌측에는 약간 높은 누마루와 다락을 두었다. 그 외 행랑채, 헛간채, 방앗간채, 대문채 등도 규모가 크다.

산청 단계리 권씨 고가 곳간채[18쪽 팔작지붕 가옥 참조]

산청 민창규 가옥

[11] 이곳 경상남도 부농의 준겹집은 비록 전열의 방보다는 후열의 방은 작으나 영동형에서 전열과 후열이 크기가 동일한 田자형 겹집의 방보다 결코 작지 않다.

2) 생초면 대포리

여흥 민씨의 집성촌으로 민씨는 40가구 중 20가구이다.

산청 대포리 민씨 고가[문 163호] : 현 민창규 가옥은 기록이 없어 정확한 연대는 알 수 없으나 선대에서 곤양 군수와 참봉을 지낸 부자(父子)가 건축한 것으로 전해진다. 안채의 평면이 중부 ㄱ자형으로, 이것으로 미루어 볼 때 건축주가 한때 중부지방에 거주했던 적이 있었던 것으로 보인다. 또 사랑채는 박공부분이 전면으로 나오는 전술한 남부영동형의 「외 측입형 가옥」의 일종으로 경남지방에서 볼 수 없는 가옥형이다.

3) 단성면 남사리(사월리)

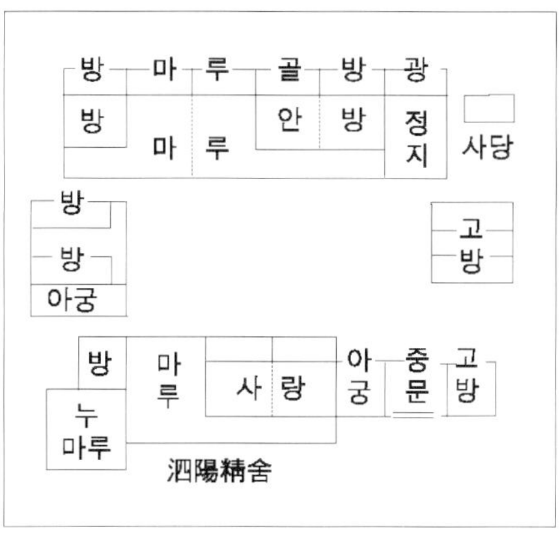

사월리 이씨 고가의 사랑채(상) 사월리 최씨 고가(하)

풍수지리적으로 두 마리 용이 꼬리를 물고 있는 쌍용교구(雙龍交拘)의 형국이라는 남사 마을은 500년 전 진양 하씨(세종 때 하연이 영의정을 지냄)가 개척한 이후 성주 이씨, 전주 최씨, 밀양 박씨,

연일 정씨, 재령 이씨 등이 세거하는 혼성마을(150호)이 되었다. 이 마을은 200여 년 된 고옥이 10여 동 있으며 모두 부농이 선호하는 팔작지붕이다. 그러나 조상들의 숨결이 서린 토담이 고옥들을 에워싸고 또 깊숙한 고샅(골목)을 형성하고 있다.

산청 사월리 이씨 고가[문 118호] : 현 성주인 이상택 가옥은 안채와 사랑채의 규모가 큰 부농의 가옥구조이고, 처마의 곡선이 아름다운 팔작지붕이다. 안채는 18세기 초, 사랑채는 20세기 초에 건립되었다. 특히 안채와 사랑채가 전후 툇집으로 특히 후퇴간이 넓은 田자형 겹집으로 뒷마루와 골방을 두어 수장공간으로 이용하고 있다. 사양정사(泗陽精舍)란 당호를 가진 사랑채는 정면 7칸, 측면 3칸 준겹집으로 비교적 규모가 크고, 사랑마루는 계자난간을 두른 누마루 형식이다.

산청 사월리 최씨 고가[문 117호] : 현 소유주 전주인 최재기 부친이 분가할 당시인 1920년경에 건축한 것으로 알려져 있다. 이 가옥은 7천 석 부농의 큰집에서 지어준 팔작지붕 가옥으로 웅장하다. 평면은 안채와 사랑채가 역시 골방이 있는 田자형 겹집으로 상기 이씨 고가와 거의 동일한 평면이다. 사랑채 좌우에서 안마당으로 통하는 중문을 2곳이나 설치하여 남녀공간을 엄히 구분하는 사대부가의 공간배치를 보여준다.

4) 단성면 소남리

함안 조씨가 80호 중 30호의 집성촌으로 선조 대에 단성현감을 한 후 이곳에 입향하였다.

소남리 권씨 고가

산청 소남리 권씨 고가[문 164호] : 조선말에 함안 조씨가 건축하였으나 현 소유주는 권갑용으로 고모 집을 구입하여 거주하고 있다. 평면은 안채, 사랑채, 헛간채가 나란히 있는 직가 三자형 배치이고, 모두 맞배지붕으로 고식적이다. 특히 안채는 양 측면에 부섭지붕을 붙였는데, 호남의 좌우퇴보다 약간 넓은 공간으로 좌측은 부엌을 넓히고, 우측은 공로청(空路廳)이라는 옆마루를 만들어 활용하고 있다.

소남리 조씨 고가

산청 소남리 조씨 고가[문 165호] : 현 소유주 조동윤의 선대가 1890년에 건립하였다. 가옥은 안채, 사랑채, 곳간채, 사당 등 사대부 가옥의 공간배치를 하고 있다. 안채는 一자형 6칸으로 당시 상류계층 표준가옥이고, 사랑채는 중부 ㄱ자형으로 내루(內樓)가 돌출한 겹집이다. 특히 사랑마루가 안채에서 가까운 사랑 뒤쪽의 모서리에 위치하여 안채와 연결을 하는 공간으로 활용하는 약간 독창적인 평면이다. 내루의 마루방은 들문과 계자난간을 둘러 누각의 분위기를 살리고 있는 이곳 산간 지방 양식이다.

산청 오산제(梧山齊)[17쪽 맞배지붕 가옥 참조]

6. 진주시

1) 대곡면 마진리

재령 이씨 동족촌락으로 100호 중 50호가 이씨이다.

마진리 이씨 고가[문 106호] : 현 이영 가옥은 숙종 44년(1718) 재령인 이덕관 공이 건립하여 13대째 종택으로 이어져 왔다. 안채가 전후 툇집이나 남부지방의 다른 가옥에 비해 후퇴간이 비교적 좁고, 마호당인 사랑채는 3칸으로 규모가 작은 팔작지붕이다.

2) 지수면 청원리

갈암 이현일의 문인이면서 일가인 정랑공 후손이 대대로 살아 온 재령 이씨 동족촌락으로 110호 중 100호가 이씨이고, 고가도 6가구가 있다.

마진리 이씨 고가

청원리 이씨 고가[문 107호] : 현 소유주 이창훈의 증조부이고, 경상도 관찰사를 지낸 청호공 이회가 고종 17년(1880) 건립하였다. 안채는 준겹집구조로서 대청 뒤 청방을 두어 제사용구를 보관하고 있으며, 그 창호는 섬세한 빗살의 2짝 미세기문으로 아름답기 그지없다. 사랑채 역시 대청 뒤에 골방을 두고 있는 준겹집이다. 특히 중문 외에 안채의 대문과 사랑채의 대문을 별도로 둔 법도 있는 선비가로 보인다.

청원리 이씨 고가

19장 낙동강 하류의 남부 경남 가옥

낙동강 평야의 풍부한 농산물 생산에 의한 부농형 가옥이 주류를 이루고 있으며, 특히 일제 강점기에 이르러 일본식으로 개조하거나 중건한 가옥도 있다. 그래서 지붕은 호남지방과 유사하게 팔작지붕이 압도적으로 우세하고, 가옥 규모도 크고 높아서 웅장하고 화려하다. 또 영남지방의 전후 퇴도 대부분의 고옥에는 다 있고, 안채와 사랑채 외에 부속 건물이 많은데, 부농으로 곡물을 보관하는 창고가 필요하였기 때문이다.

1. 창녕군

1) 창녕읍 술정리

읍 중심 시가지가 되어 진양 하씨가 거의 없다.

창녕 하병수 초가[13쪽 우진각지붕 가옥 참조]

2) 영산면 교리

영산 신씨가 약 200년 전에 입향하여 집성촌을 이루었으나 현재 총 113호 중 신씨는 겨우 10호에 불과하다.

창녕 신씨 고가[문 109호] : 현재도 안채의 공간과 사랑채 공간에 8동의 건물이 떨어진 日자형 배치를 하고 있는 만석꾼의 대저택이다. 지붕도 팔작지붕, 우진각지붕, 맞배지붕 등 다양하게 채택하고 있다. 일상생활에서도 남녀가 각각 독립된 공간을 사용하는 유교적 전통을 엿볼 수 있는 고옥이다.

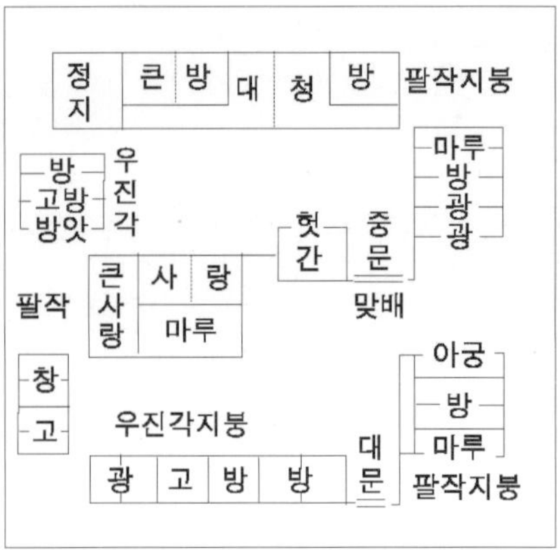

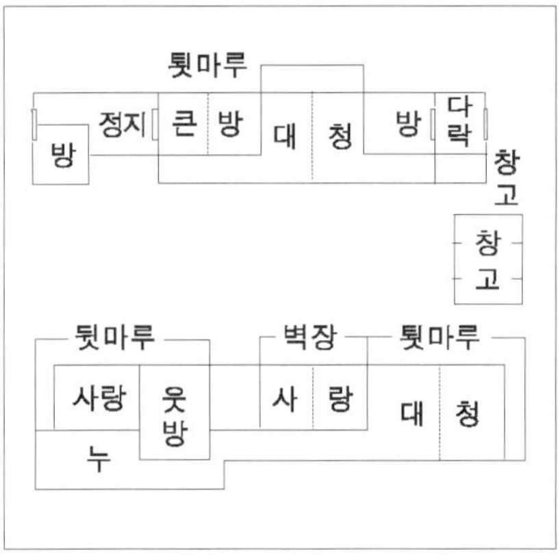

창녕 신씨 고가(상)　창녕 이대우 고가(하)

3) 부곡면 부곡리

임진왜란 이후 벽진 이씨의 세거지로서 현재도 총 80호 중 50호가 이씨인 동족촌락이다.

창녕 이대우 고가[비지정] : 안채 8칸, 사랑채 7칸으로 전후 퇴가 있는 규모가 큰 부농의 팔작지붕 가옥이다. 안채의 경우 좌측 부엌 내의 부방과 우단의 다락과 창고는 영남가옥에서는 잘 볼 수 없는 호남지방의 좌우 툇집 구조이다. 또 사랑채는 준겹집의 복잡한 구조이고, 좌측에 약간 높은 누마루를 두어 내루의 멋을 내었다. 이웃에는 문화재로 지정된 **이씨 고가**[문 108호]가 있는데, 지금은 사랑채만이 그 원형을 보존하고 있다.

창녕 이씨 고가 사랑채

2. 함안군

1) 군북면 원북리

함안 조씨 동족촌락으로 50호 중 30호가 조씨이다. 시조 조정 공은 원래 후당(後唐) 사람이었고, 고려의 개국공신 신숭겸, 배현경, 복지겸 등과 고창성(안동)에서 왕건을 도와 고려 통일에 공을 세웠고, 그 후손들은 함안에 세거하게 되었다.

함안 어계 생가[유 159호] : 단종조 생육신의 한 분인 漁溪 조여(1420-89) 공의 생가이다. 그는 영월에서 단종의 시신을 거두어 장례를 치루고, 벼슬을 버리고 이곳에서 초라한 4칸의 주택에 은거하였다. 그 후손들이 재실 원북재(院北齋)를 중수하여 **어계 고택**이라는 당호를 붙여 놓았다.

어계 생가

함안 주씨 고가

2) 칠원면 무기리

상주 주씨의 동족촌락으로 70여 호 중 40호가 주씨이다.

함안 주씨 고가[민 10호] : 영조 4년 이인좌의 난을 평정한 국담(菊潭) 주재성 공이 건립한 이후 주씨 집안 종택이 되었다. 고풍스러운 맞배지붕의 안채 외에 사랑채, 대문채, 사당, 별당과 연못까지 갖춘 대규모 저택이다. 대문에는 주재성의 충신정려(忠臣旌閭), 장남 감은재(感恩齋) 주도복의 효행정려(孝行旌閭)가 나란히 있어 <忠孝雙旌閭門>이라고 부른다.

3. 사천시 곤양면 (환덕리)

함안 조씨가 35호 중 15호이고, 지금까지 400여 년간 세거하고 있다.

사천 조씨 고가[문 116호] : 함안 조씨 덕곡파 11대손 조용헌 공이 1895년 건립하였다. 평면은 一자형의 안채, 중랑채, 사랑채, 곳간채가 떨어진 ㅁ자형 배치를 한 남부지방 부농 가옥이다. 안채와 사랑채에는 영남지방의 전후 퇴가 있고, 특히 안채 대청의 후퇴간을 판벽으로 막은 공간을 충청도처럼 제청으로 이용하고 있는데, 이는 사랑 뒷방에 감실을 두는 안동권과의 차이점으로 보인다.

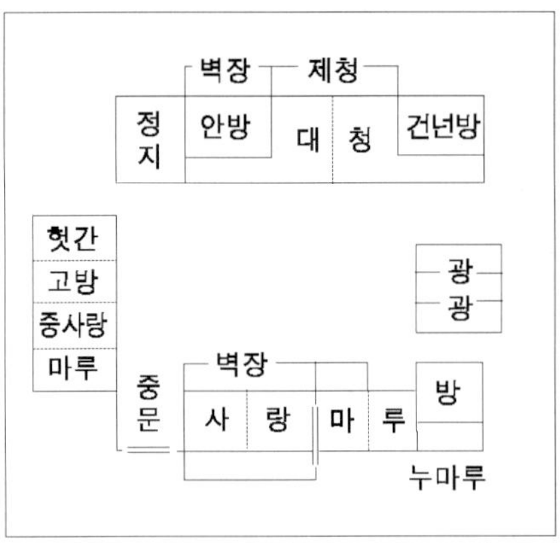

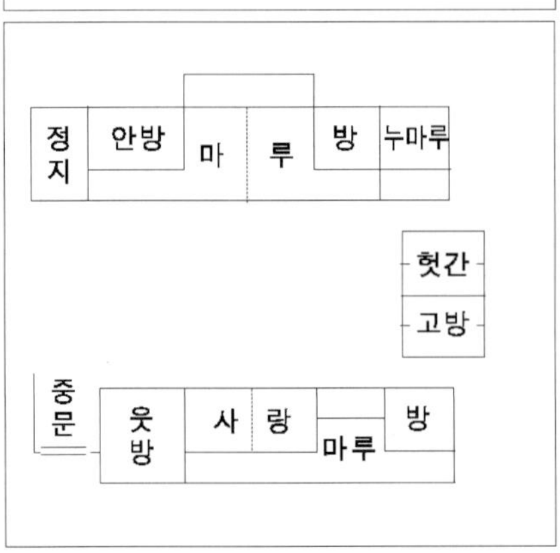

사천 조씨 고가(상) 고성 이씨 고가(하)

4. 고성군

1) 대가면 송계리

함안 이씨가 100호 중 30호이고, 400여년째 세거하고 있다.

고성 이씨 고가[문 162호] : 현 소유자 이경수의 증조부가 고종 17년(1880)에 건축한 것으로 전한다. 가옥의 구성은 안채, 사랑채, 곳간채가 떨어진 ㄷ자형 배치에 남부 一자형 평면의 부농 가옥이다. 특히 안채는 겹처마이고, 우측에는 독립된 높은 누마루를 두어 거창 정온 가옥의 안채처럼 좀처럼 보기 힘든 반가의 구조이다.

2) 하일면 학림리

사진에서처럼 마을 안 길이 잘 정돈되어 있는 전주 최씨 동족촌락으로 40호 중 20호가 최씨이고, 입향 후 600여 년 세거하였다.

학림리 최씨 고가 앞 마을길

고성 최영덕 고가[문 178호] : 현 소유주의 5대조 전주인 최태순 공이 고종 6년(1869) 지은 옛집이다. 이 가옥은 안채, 사랑채, 익랑채, 곳간채, 대문간채 등으로 구성되어 있고, 안채는 남부 一자형의 평면이다.

5. 밀양시(군)

1) 교동

한때 밀성 손씨의 집성촌이었다. 이곳 고가는 건물의 구성과 배치에서 독특하고, 부농 가옥의 구조와 형식을 지니고 있다.

밀양 교동 손씨 고가[문 161호] : 숙종 시 학자인 인묵재(忍默齋) 손성증 공이 창건하여 300년의 역사를 지닌다. 큰 사랑채는 1890년경 참봉 손영돈 공이 건립하여 그 후 만석꾼의 99칸 가옥이 되었다. 안채, 창고채, 행랑채, 가묘 등이 튼 ㅁ자형 배치이고, 그중에서 12칸의 긴 ㄴ자형 아래채의 중앙에서 돌출한 윗방이 행랑채와 창고채를 경계 짓고 있다. ㄱ자형 큰 사랑채와 중 사랑채 사이를 잘 가꾸어 놓은 정원, 넓은 대지에 공간 구분을 한 대문, 중문, 안문 등은 이 가옥이 짜임새 있는 상류계층 대저택임을 알 수 있게 한다.

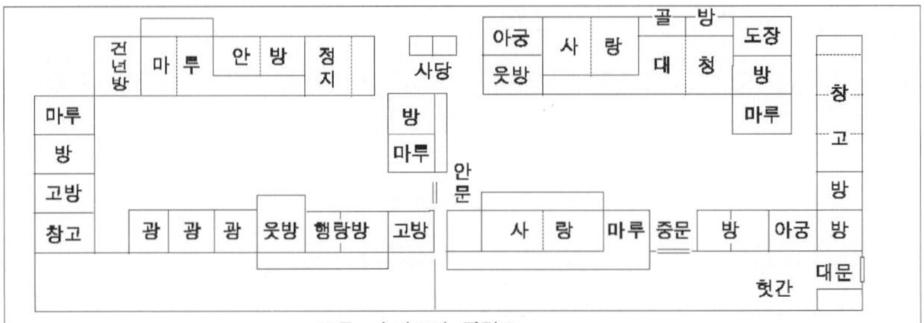

교동 손씨고가 평면도

교동 손씨 고가 행랑채(좌)　　　사랑채(우)

밀양 교동 손대식 고가[문 175호] : 건립연대는 19세기 후반으로 추정된다. 안채, 사랑채, 곳간채, 행랑채가 떨어진 ㄷ자 배치를 하고 있으며, 안마당, 행랑마당, 사랑마당의 구분이 명확한 한양 가옥의 공간 배치를 연상시킨다. 이웃 교동 **손병준 고가**[문 185호]는 1886년 건립된 듯하며 안채, 사랑채, 문간채, 곳간채로 구성되어 있다. 이 가옥은 안마당과 사랑마당을 구분하고 있으며, 특히 대청 뒤의 툇마루를 수장공간으로 개조하여 겹집이 되어 있다.

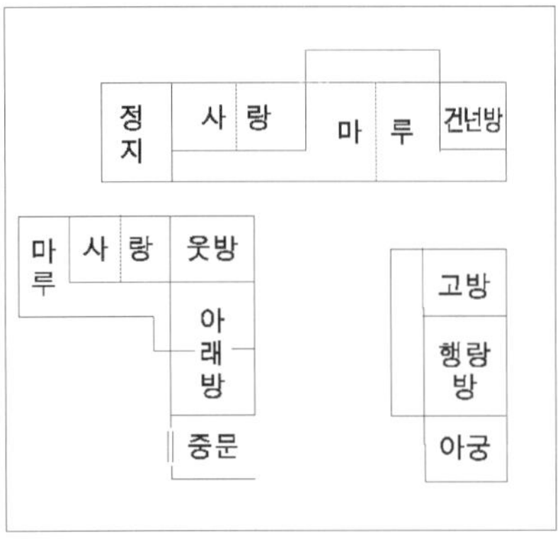

교동 손병순 고가

밀양 교동 손병순 고가[문 184호] : 건립연대는 1900년경으로 추정된다. 이 가옥은 一자형 팔작지붕의 안채와 행랑채, ㄱ자형의 맞배지붕 사랑채로 구성되어 있다. 가옥내부가 협소하며, 도시가옥의 배치유형과 특성을 보여준다.

2) 단장면 단장리

김해 또는 분성 허씨가 소수 살고 있다.

단장리 허씨 고가[문 110호] : 현 허용 가옥은 고종 27년(1890)경에 구한말 학자 금주(錦州) 허채가 김해에서 단장리에 이주해 오면서 지은 저택이나 고옥의 멋이 퇴색되어 있다. 조선 후기 목조 기와집으로 근대 유학자 허석, 허섭 등을 배출한 대저택이다. 현재는 팔작지붕의 정침, 우진각지붕의 중 사랑, 맞배지붕의 창고와 가묘 등 4동이 남아 있다.

허씨 고가(좌)　　손완헌 가옥(우)

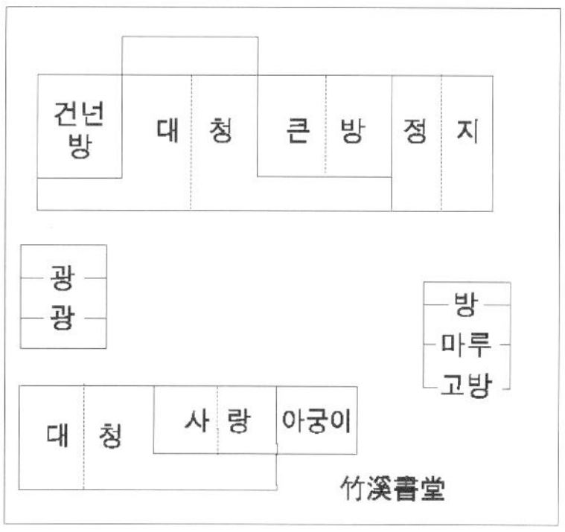

다죽리 손씨 고가

3) 산외면 다죽리

일명 죽서(竹西)마을로 일직 손씨의 집성촌이나 현재는 10여 호에 지나지 않는다.

다죽리 손씨 고가[문 111호] : 현 손준호 가옥은 영조 연간(1724-1776)에 일직 손씨인 병마절도사

손진민 공이 건립하여 손병사 고택으로 알려져 있다. 안채는 부엌이 2칸으로 넓고, 기명대(器皿臺), 찬간 등의 특이한 부엌 구조가 눈에 띈다. 사랑채에는 죽계서당(竹溪書堂)이라는 당호가 있는 것을 볼 때 학문을 숭상하는 선비가 임을 알 수 있다. 그 외 이 마을에는 **손완헌 가옥** 등 8동의 고가가 더 있다.

4) 부북면 퇴로리

24번 국도에서 갈라져 솔숲이 우거진 긴 마을길을 올라가면 금방이라도 까투리가 나올 분위기다. 또 산자락으로 저수지와 농경지가 펼쳐져서 조선시대 영남로를 연상시키는 길 끝자락에 높지도, 낮지도 않는 산들에 둘러쌓인 아늑하고 정겨운 마을이 나타난다. 이 마을은 한때 여주 이씨의 집성촌이었으나 현재는 6호뿐이다.

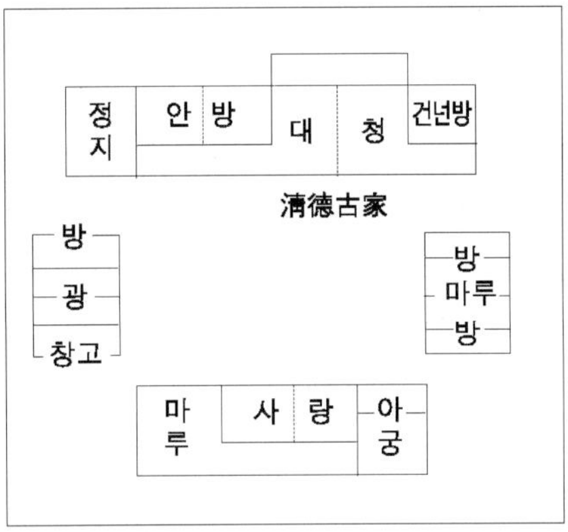

퇴로리 이씨 고가의 사랑채

이우성 가옥(좌)　　이희문 가옥(우)

퇴로리 이씨 고가[문 112호] : 1890년 이익구 공이 건립한 여주 이씨 종택이다. 이 가옥은 안채,

사랑채, 행랑채, 고방채가 떨어진 ㅁ자 배치이고, 특히 안채는 남도식 전후 툇집으로 건넌방의 앞마루를 약간 높이고 함실아궁이를 만들어 둔 대부분 영남 반가의 표준가옥으로 보인다. 또 안채는 팔작지붕으로 지붕의 곡선이 유난히도 아름다운데 사랑채와 중문채, 행랑채의 맞배지붕 직선이 조화를 더해 준다. 이웃에 있는 동생 **이우성 가옥**과 일가 **이희문 가옥**도 종택과 동형으로 모두 고옥의 품위와 멋을 간직하고 있다.

5) 부북면 청운리

여주 안씨가 140여 호 중 10호 정도이다.

청운리 안씨 고가[문 113호] : 현 소유주 안병기의 선조 안붕원 공이 입향한 후 1870년경 건립하였다. 이 가옥은 넓은 대지에 안채, 사랑채, 대문채, 곳간채, 광채 등이 떨어진 ㅁ자 배치를 하고 있으며, 모두 팔작지붕이다. 그 외 사랑채의 좌측에는 행랑채가 있고, 정면에는 솟을대문채가 있는데, 그 규모가 커서 부농의 가옥을 상징하는 듯하다.

청운리 안씨 고가

6. 울산광역시

1) 울주군 범서읍 사연리

달성 서씨 30여 호의 동족촌락이다.

사연리 서씨 고가[비지정] : 현 서상연 가옥은 200여 년 전 서달원 공이 이주해 지은 가옥이다. 지붕은 안채가 경남에서는 몇 안 되는 맞배지붕 가옥이다. 평면은 안채에서 전후 퇴는 물론 호남지방의 좌우퇴를 만들어 부엌을 넓히고, 옆마루를 두어서 신기하다. 또 안동지방에서 상방의 역할을 하는 머릿방을 큰방 우측에 두어 이 집안에서는 며느리방 또는 딸의 신행용방으로 사용하였다. 사랑채 대청 뒤의 별도의 공간에 빈소방을 두고 있어 법도 있는 유가로 보인다.

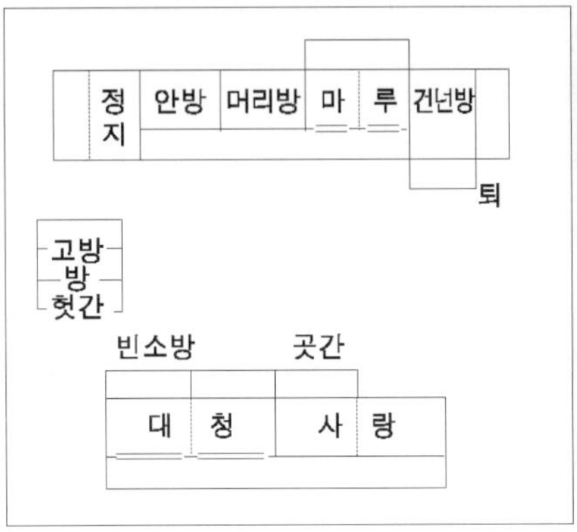

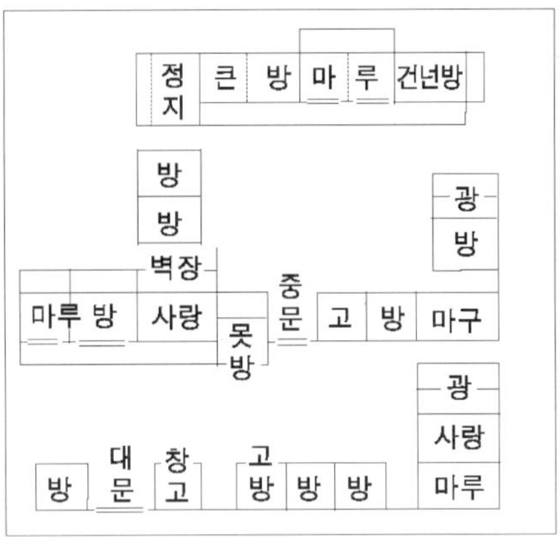

사연리 서씨 고가(상) 석천리 이씨 고가(하)

2) 웅촌면 석천리

학성 이씨의 집성촌이나 이씨는 현재 110호 중 10여 호이고, 경주 김씨가 20여 호로 오히려 더 많다.

석천리 이씨 고가[문 3호] : 영조 때 학성 이씨 시조 이예의 11대손인 이의창 공이 건립한 지파의 종가이다. 풍수지리적으로는 대문 안에서 조산(벼락띠산), 진산, 안산 등 3봉이 보이는 명당에 지었다고 한다. 이 고가는 안채, 사랑채, 대문채 등 모두 13동으로 규모가 아주 크고, 또 공간의 영역분리가 명료한 사대부가의 대저택이다. 특히 안채와 사랑채는 전후 퇴가 있을 뿐만 아니라 안채는 호남지방의 좌우퇴를 만들어 놓아, 전술한 창영 이대우 고가, 상기 서씨 고가와 거의 동형이다. 호남지방과의 가옥문화 교류를 시사하고 있는 고택이라 할 수 있다.

20장 자연환경에 적응한 제주도 가옥

제주도 초가는 지붕을 억새나 갈대로 덮고, 새끼줄로 바둑판처럼 얽어 놓는 점이 특이하다. 그래서 육지의 우진각지붕에 있는 용마루와 내림마루가 없어지고, 지붕이 민두리하게 된다. 또 낮은 가옥 주위에 높은 돌담 울타리를 쌓아 지붕이 여기까지 연장되는데, 벽과 돌담 사이의 뒤라지 일부는 고팡과 구들을 넓혀 사용하므로 제주도의 토속적인 가옥은 보통 겹집이 된다.

초가는 크기에 따라 2칸 집, 3칸 집, 4칸 집으로 구분되고, 울타리 안 동의 수에 따라 외거리, 두거리, 세거리, 네거리 집으로 부르고, 기능에 따라 안거리(안채), 밖거리(사랑채), 목거리(헛간채), 먼문간(대문), 이문간(대문간), 쇠막(외양간), 통시(변소)라 부른다. 또 명칭은 육지에서 부르는 마루방을 상방, 온돌방을 구들, 식사하는 작은방을 챗방, 고방을 고팡, 아궁이를 굴묵, 골목을 올래라 부른다.

1. 제주시

1) 화북동

옛날에는 김해 김씨가 다수 거주하였다.

김석륜 가옥[민 4-1호] : 안채는 제주도에서 보기 드문 고색 창연한 우진각지붕의 와가(瓦家)이고, 1913년에 건축된 것으로 전해진다. 가옥은 一자형의 안거리, 밖거리, 이문간이 트인 ㄷ자형 배치를 하고 있다. 이 가옥은 제주도의 전형적인 겹집으로 안거리는 상방 왼쪽의 챗방과 큰 구들, 오른쪽의 작은 구들과 고팡이 있는 제주도 상류계층의 가옥이다. 이웃 삼양 2동에는 다소 소규모의 초가인 **강운봉 가옥**[민 3-1호]의 안거리와 밖거리가 있으나 훼철 직전에 있으며 사람이 살지 않는다.

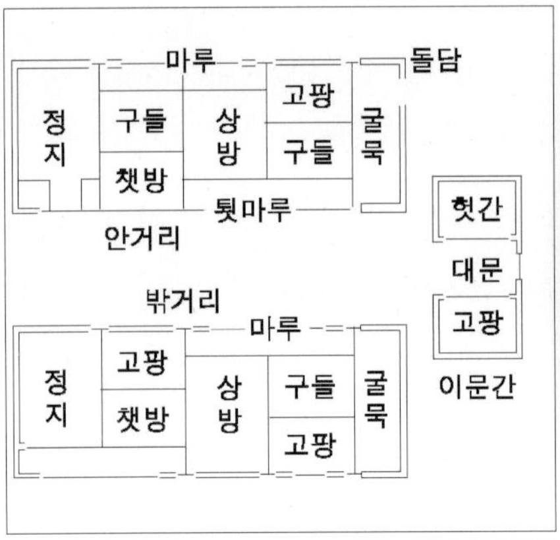

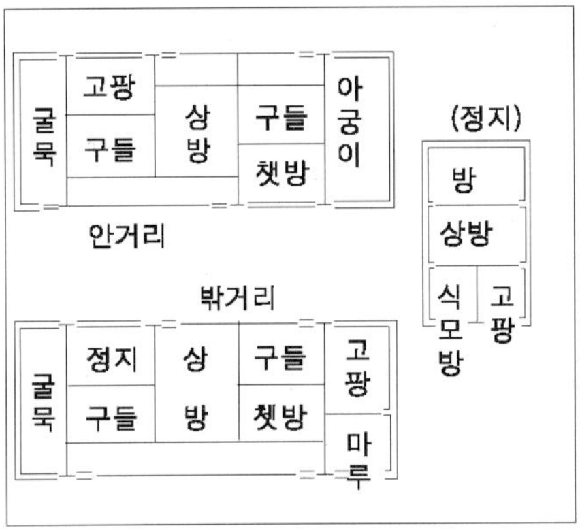

김석륜 가옥(상)　　　황인관 가옥(하)

2. 북제주군

1) 조천읍 조천리

조천리는 면소재지로서 동족촌락은 아닐지라도 김해 김씨가 가장 많이 살고있으며, 창원 황씨는 소수이다.

황인관 가옥[민 4-5호] : 안거리와 밖거리의 마루 가장자리를 창문으로 개조하고, 돌담을 검은색 현무암으로 쌓고 흰 매지를 넣어 중수하였으나 그래도 제주도의 특색을 간직한 고색 창연한 와가이다. 가옥의 주인은 제주의 옛 부호로서 후술하는 이웃 신촌리의 조규창과는 혼척관계(내외종)에 있다. 평면은 제주시의 김석륜 가옥과 유사한 겹집 구조이나 부엌의 문이 정면에 없는 것을 볼 때, 왼쪽의 별도 건물을 정지간으로 전용하는 상류계층의 가옥구조로 보인다.

2) 조천읍 신촌리

신촌리는 700여 호의 큰 촌락으로 김해 김씨, 양천 허씨, 남양 홍씨 등이 많이 거주하고 있다. 창녕 조씨는 수호에 불과하나, 300여 년 전에 입향하여 9대째 살고 있다.

조규창 가옥[민 3-20호] : 현 소유자 조균현의 5대조이며 무인으로 제주 명월 만호와 오이장을 지낸 조완승 공이 1822년경에 건립한 것으로 전해진다. 안거리[민 4-6호]는 3칸의 와가이고, 밖거리는 이문간이 포함된 5칸의 초가이다. 이 가옥은 긴 S 자의 올래를 갖춘 제주민가의 전형이다. 안거리는 겹집으로서 정지가 없는 것이 특색인데, 그것은 오른쪽 목거리에 별도로 정지와 챗방 등이 있는 정지간이 있기 때문이다. 그래서 이 가옥은 목거리에 식모방, 밖거리에 머슴방이 있는 북제주지방의 귀족형 가옥으로 알려져 있다.

조규창 가옥(상)　　조규희 가옥(좌하)　문시행 가옥(우하)

조규희 가옥[비지정] : 고 조규창씨의 동생 가옥이다. 안거리에 자연석이 아닌 마석을 사용하여 현대적으로 개조하는 제주도 돌담 집의 원형을 상실하여 문화재 지정이 취소되었다고 한다. 평면구조는 형 조규창의 가옥과 유사하여 밖거리와 정지간(목거리) 건물이 안거리 왼쪽에 별도로 있는 부농의 가옥이다.

3) 애월읍 하가리

현재 130여 호의 큰 마을로 백씨가 토성이나 윤씨, 임씨, 장씨가 많이 살고 있다. 현재 남평 문씨 4가구가 있고, 해주 오씨는 없다.

오경호 가옥[민 3-9호] : 안거리와 밖거리가 마주보고 있는 초가로서 안거리가 4칸의 겹집이고, 밖거리는 4칸의 홑집으로 중류계층의 농가로 보인다. 안거리는 전면에 돌담이 있는, 북제주에서 흔하게 볼 수 있는 구조이다. 상방 양쪽에 있는 구들에 식사 전용 공간인 챗방과 고팡이 딸려 있다. 밖거리는 이문간과 쇠막이 2칸을 차지하고 나머지 2칸은 상방과 구들이다. 큰길에서 집으로 가는 ㄴ모양의 긴 올래를 지나 이문간을 드나든다. 이 가옥의 관리인은 해주 오씨가 아닌 타인으로 챗방을 차방으로 고쳐 부르고 있다.

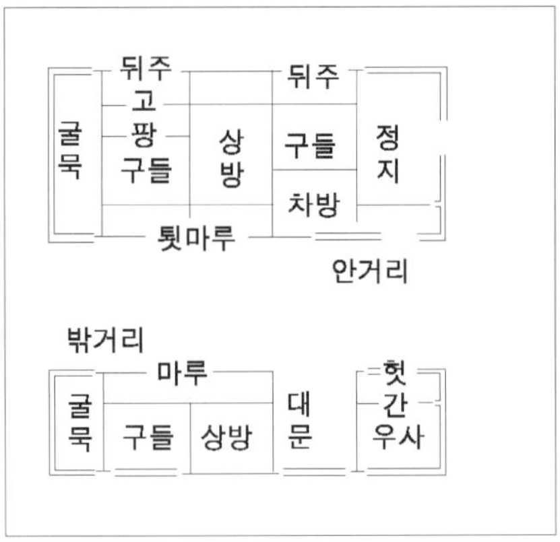

오경호 가옥

문시행 가옥[민 3-8호] : 안거리는 3칸으로 전열에는 상방, 구들, 정지가 있고, 후열에는 상방 뒤 고팡이 있어서 겹집이다. 밖거리는 2칸(구들과 토상)의 홑집으로 제주도에서 가장 소규모의 서민가옥이다. 그래서 가옥의 정면에 돌담이 적은 남제주 가옥형으로 보인다. 이 초가는 제주도의 가족구성과 생활양식을 잘 반영한 가옥이다.

4) 한림읍 협재리

한림공원 내 재암민속마을은 제주도 중산간지역에 있던 실제 초가를 원형 그대로 이건하고, 옛 주인이 사용하던 민구류를 함께 전시함으로써 제주의 옛 모습을 재현해내고 있다. 이곳에는 민가 3가구가 전시되어 있다.

종갓집[비지정] : 안거리, 밖거리, 행랑채 등 세거리 집으로 상류계층의 가옥이다. 인근 한림읍에서 이건해 놓았는데, 원래는 목거리(헛간채)가 있는 네거리 집으로 보인다. 안거리는 겹집으로 상방과 챗방은 우물마루로 되어 있고, 부엌 안에 일하는 사람의 부방이 별도로 있는, 북제주에서 유일한 가옥이다. 밖거리는 5칸으로 규모가 크고, 대문이 있으며, 대문 입구에 있는 설경식 수납공간이 매우 독특하다.

재암민속마을에 있는 종갓집

3. 남제주군

1) 안덕면 사계리

다수의 성씨가 살고 있으나 청주 정씨는 거의 없다.

사계 정춘화 가옥[비지정] : 산방산을 주산으로 앉은 사계마을에 관광객이 사시사철 찾아오는 덕에 이 가옥은 150년이라는 긴 세월 동안 남아 있을 수 있었다. 구성상 안거리와 쇠막(외양간)만 있는 단출한 가옥으로 재료가 상이한 기둥, 주초(柱礎), 벽채, 툇간이 하나로 어우러진 독특한 구조이다. 또 이문간에는 문 대신 정낭(문을 가로지르는 3개의 긴 나무자루)과 정주목(정낭을 걸치는 3개의 구멍이 뚫린 돌기둥)이 있는데, 이는 제주도의 토속적인 문간 시설이다(사진 참조).

2) 남원읍 신례 1리

제주 양씨의 동족촌락이다. 현재에도 총 450호 중 양씨가 380호나 되는, 제주도에서 제일 큰 집성촌이다.

양금석 가옥[민 3-45호] : 제주 양씨의 종가로서 풍수지리상 한라산을 조산(祖山) 내지는 주산(主山)으로 한 양택의 길지로 보인다. 구성상 안거리, 밖거리, 목거리가 떨어진 ㄷ자 배치를 하고 있는 중·상류계층 가옥이다. 가옥은 다양한 공간 구성을 보이나, 안거리는 부엌이 통칸이 아니어서 규모에 비해 비교적 작고, 밖거리는 제주도에서 옆마루가 있는 유일한 가옥이다. 특히 주위는 돌담이 아닌 팽나무 숲이 바람을 막아 주고 있고, 이 가옥 지붕의 완만한 경사 또한 바람을 막는 역할을 한다.

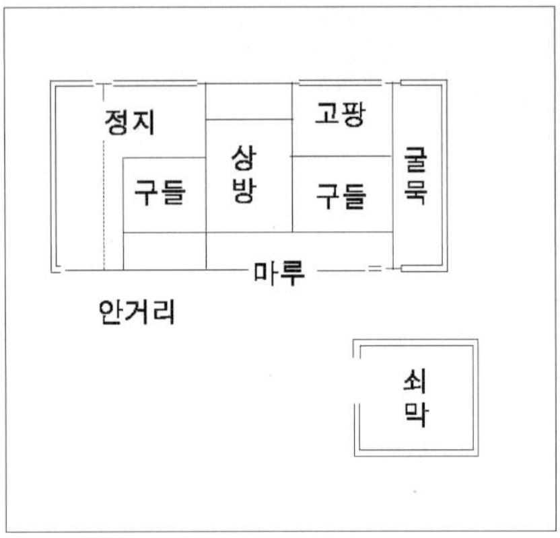

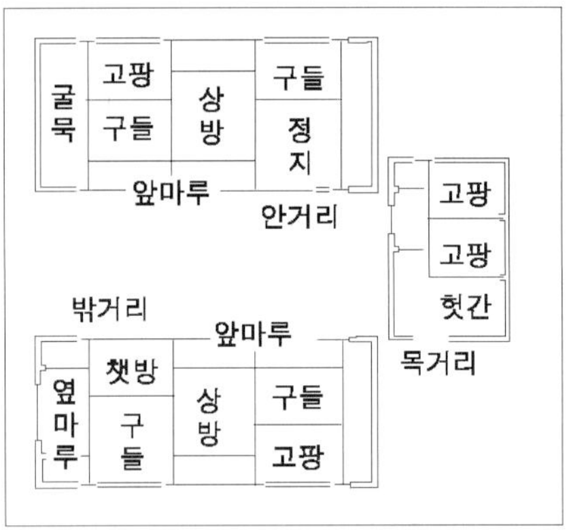

정춘화 가옥(상) 양금석 가옥(하)

3) 표선면 성읍리

성읍 민속마을[중 188호] : 문화재로 지정되어 있다. 한라산 동남쪽 기슭에 위치한 중산간 마을로 세종 5년(1423)부터 군현제가 폐지되던 1914년까지 약 500년 동안 정의현의 현청이 있던 곳이다. 성씨는 康, 金, 李, 洪, 高의 순서로 많아 동족마을이라 단정할 수 없다. 이곳은 재주의 향토색 짙은 민가 300여 동을 비롯하여 현청, 향교, 성문 등이 남아 있다.

성읍 조일훈 가옥[중 68호] : 현 소유주의 조부가 1901년에 건축하였으며, 一자형 우진각지붕 초가로서 안거리, 밖거리, 목거리, 이문간이 안마당을 중심으로 떨어진 ㅁ자형 배치이다. 그러나 원래 객주집이어서 헛간에는 말방애가 있고, 집안에도 마소를 매어 두는 곳이 많았다. 평면은 안거리가

3칸으로 상방 좌우에 정지와 큰 구들이 있고, 정지 뒤에는 작은 구들, 큰 구들 뒤에는 고팡이 있는 겹집이다. 이 가옥에도 정낭과 정주목이 있다.

성읍 고평오 가옥[중 69호] : 현 소유주 증조부가 순조 29(1829)년에 건립한 一자형 우진각지붕의 초가이다. 역시 안거리, 밖거리, 목거리가 갖추어진 떨어진 ㄱ자형 가옥이다. 안거리는 작은 구들이 없는 3칸 겹집으로 장항굽(장독대)만을 둘러싼 공간이 있다. 밖거리는 원래 관원들이 하숙을 하던 곳으로 상방이 양쪽에 있으며, 그 뒤에는 각각 골방이 있다. 좌측 목거리는 1970년대에 헐렸으나 우측 목거리에는 헛간 1칸, 창고 2칸이 남아 있다. 이와 유사한 구조를 가진 **성읍 한봉일 가옥**[중 71호]은 19세기 중엽에 건축되었다.

조일훈 가옥(상)　　　고평오 가옥(하)

성읍 이영숙 가옥[중 70호] : 19세기 초에 건립되었으나 20세기 초 성읍마을의 여인숙으로 사용되어 여관집으로 불리기도 한다. 3칸의 안거리와 2칸의 목거리가 마주 앉은 초가집으로 제주의 전통가옥 중에 가장 단출하고, 올래(골목)가 긴 가옥이다. 지금은 가옥주가 없는 빈집으로 관광객만 드나들고 있다. 이와 유사한 가옥으로 안거리와 목거리가 수직 배치를 한 **성읍 고상은 가옥**[중 72호]은 그의 증조부가 고종 16년(1879) 건립하였고, 옛날에는 대장간이었다.

성읍 이미생 가옥[14쪽 우진각지붕 가옥 참조]

이영숙 가옥(상)　송종선 가옥(하)

4) 표선면 하천리

다수의 성씨가 살고 있으나 여산 송씨는 수호에 불과하다.

송종선 가옥[민 3-46호] : 바람의 마찰을 피하기 위하여 높은 돌담을 두르고, 지붕선이 완만한 유선형으로 된 중류계층의 가옥이다. 즉 안거리는 3칸 겹집의 초가이고, 목거리는 3칸 홑집으로 슬레이트 지붕으로 개량되어 있다. 그 외 통시, 장항굽, 짚가리(눌왓) 등이 있다. 평면은 부엌이 후면에 있는 제주도에서 유일한 구조이고, 또 돌담은 검은색 견치석을 매끈하게 갈아 블록 방식으로 쌓아 자연스럽지 못한 점이 있다.

5) 표선면 표선리

제주 민속촌 박물관은 5만여 평의 부지에 100여 동의 가옥, 8,000여 점의 민속자료를 거주지역과 생업별 특성에 따라 전시해 놓았다. 이 마을은 영업이 목적이기 때문에 비록 문화재로 지정되지는 않았으나 원형에 충실하게 복원된 가옥이 많이 있다.

한림 고관현 가옥[비지정] : 북서부 어부의 마주 앉은 두거리 집으로 북제주군 한림읍 협재리에서 이건하였다. 이들 안거리와 밖거리는 모두 3칸이다. 안거리는 우측에 정지와 작은 구들을 두고, 좌측에 큰 구들을 배치하였다. 밖거리는 우측 전후로 큰 구들과 고팡이, 좌측에는 정지가 배치되어 있다. 그러나 홑집으로 볼 수 있는 소규모의 서민가옥이다.

성산 오인봉 가옥[비지정] : 세거리 집으로 남제주군 성산읍 수산리에서 이건 한 18세기 양식의 가옥이다. 한 울타리 안에서 안거리, 밖거리, 목거리가 떨어진 ㄷ자형으로 배치되었다. 안거리는 3칸으로 전열에 구들, 상방, 부엌이 있고, 후열에 고팡과 구들이 있는 겹집이다. 밖거리 역시 3칸 겹집으로 상방 양측에 구들이 있고, 그 후열에 모두 고팡이 있다. 목거리는 가운데 통로이고, 위측에 머슴방이 있고, 아래는 우사가 있다.

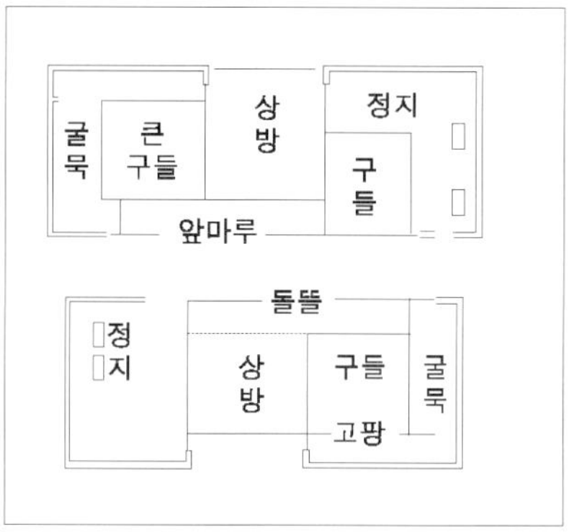

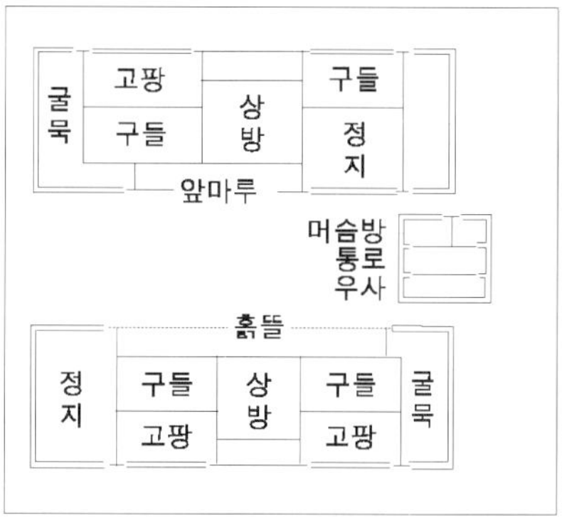

고관현 가옥(상) 오인봉 가옥(하)

한림 임병호 가옥[비지정] : 중산간촌의 마주 앉은 네거리 집으로 북제주군 한림읍 수원리에서 이건하였으며 19세기 양식이다. 안거리는 지붕을 받치고 있는 가구(架構)는 3칸이나 가옥의 평면은 중앙 상방 양측에 구들을 두고, 그 우측에 부엌이 있는 4칸 집으로 <위 3칸, 앞 4칸 집>이라고 부른다. 밖거리에는 좌측에 쇠막과 대문이 있고, 우측에 상방과 구들이 있다. 목거리는 좌우측에 배치되어 전체적으로 떨어진 ㅁ자형 배치이다. 특히 조천읍의 조규창 가옥과 같이 안거리 좌측에 별도의 정지간 건물이 있어 그곳에서 밥을 짓는 상류계층의 가옥이다.

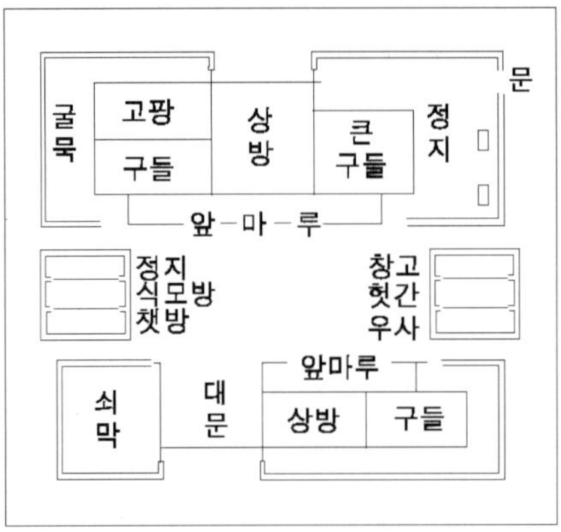

임병호 가옥

6) 구좌읍 종달리

성산 고태무 가옥[비지정] : 남제주군 성산읍의 성산 일출봉을 마주하는 마을(종달리)에 위치하여 붙여진 성산 고태무 가옥으로(남제주군 소속) 보인다. 그러나 사실은 이웃의 북제주군 구좌읍 종달리에 있었는데, 안타깝게도 주인이 철거하고 지금은 없다.

참고문헌

강영환, 1991, 한국주거문화의 역사, 기문당

곽동환, 1994, 선현의 발자취, 건들바우박물관.

김광언, 1994, 한국의 주거민속지, 민음사

김동현, 1995, 한국 목조건축의 기법, 발언,

김봉열, 1994, 한국의 건축, 공간사.

김용직, 1981, 안동하회마을, 열화당

김택규, 1982, 씨족부락의 구조연구, 일조각

류희걸, 1999, 안동에 왔니껴, 도서출판 한빛

매일신문 일월산 취재팀, 接神의 땅 일월산, 2001

박명덕, 1995, 한옥의 재발견, 주택문화사.

박태화, 1996, 교양인문지리학, 교학연구사.

손세관, 2001, 깊게 본 중국의 주택, 중국의 주거문화(下), 열화당

신영훈, 1995, 한국의 살림집(상, 하), 열화당.

안동김씨소산종회, 2002, 素山洞의 淵源,

영양군, 英陽의 얼, 1991

윤장섭, 1996, 한국의 건축, 서울대학교 출판부

이수건, 2003, 한국의 성씨와 족보, 서울대학교 출판부 ,

이수근, 1995, 영남학파의 형성과 전개, 일조각

이연자, 2001, 종가의 이야기, 북 21 컬쳐라인 사업본부

이용환, 2005, 옛집기행, 웅진 지식하우스

이종필 외 3인, 1983, 영남지방 고유취락의 공간구조, 영남대학교 풀판부

이형권, 1993, 문화유산을 찾아서 : 국토기행.

장경호, 1992, 한국의 전통건축, 문예출판사.

장보웅, 1981, 한국의 민가 연구, 보진재

조용헌, 2002, 명문가의 이야기, 푸른역사

주남철, 1999, 한국의 전통민가, 도서출판 아르케

주남철, 2001, 한국의 문과 창호, 대원사

주실마을회, 주실마을, 2000

천상문화보존회, 2001, 내앞마을

최석로 해설, 1994, 민족의 사진첩, Ⅰ.민족의 심장 · 정도 600년 서울의 풍물, 서문당.

최영준 외 4인, 2000, 용인의 역사지리, 고려대학교 민족문화연구원,

최영준, 1999, 경상남도의 향토문화(상), 한국정신문화연구원

충효당, 1997, 충효당사, 항하사

한국문화유산답사회, 1997, 경북북부-답사여행의 길잡이 10, 도서출판 돌베개

한옥 공간연구회, 2004, 한옥의 공간문화, 교문사

한필원, 2004, 한국의 전통마을을 가다 1. 2, 북로드

홍형옥, 1992, 한국 주거사, 민음사

島 之夫, 1937, '朝鮮の民屋' 日本民屋地理, 古今書院.

善生永助. 1935, 朝鮮の聚落, 後篇, 朝鮮總督府.

Amos R., 1969, House form and Culture, Prentice-Hall.

Jordan T. G. & L. Rowntree, 1982, The Human Mosaic, Harper & Row.

논 문

권선정, 2003, "사회적 지위 상징으로서의 경관", 지리학연구, 37/2

강영환, 1989, "한국 전통민가 연구의 동향과 과제" 대한건축학회지, 33/2,

김광언, 1989, "조선조의 주거풍속" 대한건축학회지, 33/2,

김종석, 1998, "陶山及門諸賢錄과 退溪 學統弟子의 범위" 한국의 철학, 퇴계연구소,

김홍식, 1975, 민가평면구성의 분류, 실례 및 기능, 문화재, 9,

박명덕, 1993, "조선시대 주거건축의 형태결정요인에 관한 연구", 대한건축학회지, 9/10,

박태화, 1998, "맞배지붕 민가의 발달과 구조", 지리학연구, 32/2

박태화, 2001, "뜰집 민가의 유형과 구조", 문화역사지리, 13/1

손승호 · 장규진 · 김종근, 2001, "강화지역 폐쇄형 가옥의 형성과 변화", 문화역사지리,

옥한석, 1978, "고려.조선시대 씨족의 이주지역 연구", 지리학론총, 14,

유승용, 1989, "민가연구의 상황", 대한건축학회지, 33/2,

윤장섭, 1973, "한국과 일본의 민가건축 비교고찰", 대한건축학회지, 23/8.

이영택, 1965, "평면구조상으로 본 한국가옥의 분포", 지리학연구, 1/1
이 찬, 1975, "중부지방 민가형태 연구개요" 지리학과 지리교육, 4.
임덕순, 1978, "茶山 丁若鏞의 지리론연구", 지리학론총, 14, 1-16
장보웅, 1980, "한국의 민가형 분류와 문화지역구분", 지리학, 22.
장성준, 1978, "안동 토계동의 주택유형에 관한 연구", 건축, 22/81.
정우락, 1999, "南冥文學의 硏究史的 檢討" 퇴계와 남명의 사상적 특성, 퇴계연구소,
정진영, 1999, "南冥의 現實認識과 對應" 퇴계와 남명의 사상적 특성, 퇴계연구소,
조성기, 1991, "한국 중부형 민가에 관한 연구", 대한건축학회논문집, 7/3,
주남철, 1966, "한국주택의 변천과 발달에 관한 연구 (Ⅲ)""", 건축학회지, 21.
최 일, 1989, "조선시대 한옥 변천과정의 해석방법에 관한 소론" 대한건축학회지, 5/1,
최기엽, 1978 "조선시대의 촌락의 지역성", 지리학론총, 14,

山田正浩, 1978, "한.일 촌락에 대한 역사지리적 비교연구 -서설-", 지리학론총, 14,
佐佐木史郎, 1978, "한.일 민가에 있어서의 飼畜공간의 배치방식", 지리학론총, 14,

색 인

(쪽 순서임)

ㄹ

ㅁ

ㅂ

ㅇ

ㅈ

ㅊ

ㅌ

ㅍ

ㅎ

박태화

출생 : 경북 고령
경북대학교 사범대학 지리교육과 교수
경북대학교 사범대학 지리교육과 졸업, 동 대학원 문학 박사
한국사진지리학회부회장, 한국지리교육학회 부회장
한국도시지리학회 부회장 및 회장

저서
한국의 위성도시, 형설출판사(1988)
아시아(ASIA)(공), 교학연구사(1994)
교양 인문지리학, 교학연구사(1996)
한국의 도시(편), 법문사(1999)
동족촌락의 전통민가, 경북대학교 출판부(2006)
지명의 지리학(편), 푸른길(2008)

논문
한국·중국·일본 3국 지붕의 변천(한국도시지리학회지) 외 50여 편

E-mail : parkth123@hanmail.net

동족촌락의 전통민가

초판 1 쇄 2006년 9월 11일
초판 2 쇄 2008년 2월 11일

지 은 이 박태화
펴 낸 이 노동일
펴 낸 곳 경북대학교출판부

등 록 일 1973년 10월 10일㉣ 97호
주 소 대구광역시 북구 산격동 1370번지
전 화 053-950-6741~3
팩 스 053-953-4692
이 메 일 press@knu.ac.kr
홈페이지 http://knupress.com

정가 29,000원

ISBN 89-7180-191-3 93380